陈越光 主编

中国文化书院导师名作丛书

文化交流的轨迹
——中华蔗糖史

季羡林 著

海南出版社

·海口·

图书在版编目（CIP）数据

文化交流的轨迹：中华蔗糖史 / 季羡林著 .

海口：海南出版社，2024. 12. -- (中国文化书院导师

名作丛书 / 陈越光主编). -- ISBN 978-7-5730-2167-0

Ⅰ. S566.1

中国国家版本馆 CIP 数据核字第 2024T3W804 号

文化交流的轨迹——中华蔗糖史

WENHUA JIAOLIU DE GUIJI——ZHONGHUA ZHETANGSHI

作 者：	季羡林
主 编：	陈越光
策 划 人：	吴 斌　彭明哲
特约编审：	江 力
责任编辑：	高婷婷
执行编辑：	车 璐　王桢吉
责任印制：	郄亚喃
印刷装订：	天津联城印刷有限公司
读者服务：	张西贝佳
出版发行：	海南出版社
总社地址：	海口市金盘开发区建设三横路 2 号
邮 编：	570216
北京地址：	北京市朝阳区黄厂路 3 号院 7 号楼 101 室
电 话：	0898-66812392　010-87336670
电子邮箱：	hnbook@263.net
经 销：	全国新华书店
版 次：	2024 年 12 月第 1 版
印 次：	2024 年 12 月第 1 次印刷
开 本：	880 mm×1 230 mm　1/32
印 张：	23.75
字 数：	511 千字
书 号：	ISBN 978-7-5730-2167-0
定 价：	130.00 元

致敬大时代狂飙中迎风而立的几代学人

——"中国文化书院导师名作丛书"总序

陈越光

2024 年，中国文化书院成立 40 周年。

20 世纪 80 年代"文化热"中涌现的中国文化书院，集合了一批在文化学术界卓有声望的导师。导师，是中国文化书院标志性的存在。创院院长汤一介先生说："对中国文化书院来说，也许最为宝贵的是，书院集合了一批有志发展和创新中国文化的老中青三代学者。"①

10 年前，我在中国文化书院 30 周年庆典致辞中做了这样的概括：中国文化书院是 80 年代有全国性重要影响的民间文化团体中唯一保持活动至今的，它在今天代表了 80 年代精神和思想的延续；中国文化书院是 80 年代文化热中唯一提出以中国文化为本位的全国性文化团体，它代表了一个历史的维度；中国文化书院汇聚了一批五四以来历尽动荡与政治风霜的学术老人和老中青三代

---

① 汤一介：《〈师道·师说：梁漱溟卷〉总序一》，载《师道·师说：梁漱溟卷》，东方出版社，2013 年 1 月第 1 版，第 1 页。

学者，它体现了中国知识分子坚守学术尊严与梦想的传承。

在代际意识凸现的 20 世纪 80 年代，中国文化书院建构了一种跨代际文化的集合，在文化书院的发起人和最早的导师队伍里，年龄跨度整整 60 年，正好呈现三代人的架构：以"创院五老"梁漱溟、冯友兰、张岱年、季羡林、任继愈为代表的老先生一代，诞生于十九世纪末至二十世纪二十年代前；以汤一介、庞朴、李泽厚、乐黛云、孙长江等为代表的中年一代，诞生于二十世纪二三十年代；以李中华、魏常海、林娅、王守常、鲁军等为代表的青年一代，诞生于二十世纪四五十年代。

这三代知识精英，如何在 80 年代创建中国文化书院的过程中融汇于时代，完成一次跨代际的文化结集呢？

经历了五四，经历了抗战，在新中国成立前已有了自己的学术和社会根基的老一代学人，当 20 世纪 40 年代末中国大地上摧枯拉朽的新的时代风暴席卷而来时，他们或赞同，或反对，或观望，或接受，无论怎样，表达的是他们的态度，他们自己的根还是扎在原来的土壤里。即使后来，曾经反对的成为赞成，以前观望的改为拥护，依然是对有的事心服，对有的事口服，偶尔还有心口皆不服的。80 年代来了，他们从自己的根基上直起腰来，将完成一次伸展。中国文化书院与其说是他们的舞台，不如说是他们在自我伸展中愿意照应的一片绿林。

在青春的前半期目睹抗战胜利后国民党统治的腐败与无能，倾心左翼意识形态，在青春的后半期投身于火红岁月的中年一代，他们在时代飓风来临时随风而去，他们当时还没有扎根，就企图让自己的根生长在风暴里，让自己成为时代风暴的一分子。

但风暴不是土壤，他们多被风暴抛弃。80 年代，他们大多已过天命之年，少数耳顺之际，对他们中的大多数人来说，真正属于自己的学问生命之根这时候才开始扎下，汤一介说："走了 30 年的弯路，把最可能有创造力的时光白白度过。我想，这不是我一个人遇到的问题，而是一两代学人遇到的问题。正如冯友兰先生所说，他在 20 世纪 50 年代之前的学术历程中是有'自我'的，但在 50 年代后则失去了'自我'，只是到 80 年代又找回了'自我'。因此，严格地说，我是 80 年代才走上学术研究的正轨。"①正是在这种学术生命的意义上，他们属于 80 年代，他们是 80 年代的人。中年一代是中国文化书院的中流砥柱，80 年代的中国文化书院是他们的舞台。

对于当时的年轻一代来说，时代风暴不是外来物，它是诞生他们的母体，又是他们生命成长的摇篮，他们就是风暴之子。他们还"时刻准备着"以生命和热血掀起新的风暴。然而，就一代人的整体来说，这一代人的自我觉醒，往往比中年一代更早。对于 80 年代，他们有一种特殊的认同，他们理解为是他们的时代。在 80 年代的中国文化书院，他们不是这个舞台上最辉煌的舞者，但他们融演者和观者为一体，他们是衔接未来的建构者。

今天，老一代导师均已作古，中年一代已渐行渐远，当年的年轻一代也多入耄耋之年。生命之路每一步都是远去，历史行程中尚未解答的问题却不随时间消失。我们依然面对贯穿 20 世纪

---

　　① 汤一介：《汤一介集·第一卷·哲学家与哲学工作者》，中国人民大学出版社，2014 年 4 月第 1 版，第 1 页。

中国学人的三大命题：传统文化创造性转化的现代性转型，通人之学到分科立学的学术范式转型，传统士人到现代知识分子的身份转型。

只要我们还没有真正实现传统文化的创造性转化和创新性发展，我们就依然难免在传统的传续或叛逆间失重；只要我们还没有拿出全球视野里令人敬畏的学术成果，我们就依然要寻思中国学术的现代范式如何确立；只要我们还没有树立现代社会公民个体的主体自觉，还不能在传授知识和开展社会批评外，承担对人的终极关怀和社会应然理想建设的使命，我们就依然要问："何谓知识分子？"

然而，一百年过去了，中华民族踏出其世界化进程中独特的现代化之路，成长中的新一代学人，又将如何面对前辈探索者的累累伤痕和他们留下的丰富遗产？在对待历史遗产的问题上，被法国大革命的火光照亮的几代社会变革者，在全球范围内都留下过遗憾，中国并不例外。历史哲学家柯林武德认为，历史"进步并不是以好的代替坏的，而是以更好的代替好的"，在这里"最困难的事，就莫过于要使在一个变动着的社会中正以自己的新方式生活着的某一代人，同情地进入前一代人的生活里面去"。①这种"同情地进入前一代人的生活"，在学术传承中就是共情地理解前辈的人生，从而真正懂得他们的境界和学问。

为此，我们组织编辑中国文化书院导师名作丛书，精选数十

---

① ［英］R.G.柯林武德：《历史的观念》，何兆武、张文杰译，中国社会科学出版社，1986年，第369页。

位导师有代表性、有影响力的作品，每人一册，附以导论和学术年谱，每年一辑，4 年出齐。这套书由大家所著、名家导读，名为"中国文化书院导师名作丛书"，经时间洗礼，历风云变迁，以回望 20 世纪中国文化冲撞、反思、传承与重建的百年史，以致敬在大时代的狂飙中迎风而立的几代学人。

2024 年 6 月　北京

穷搜百代　以竟厥功

——浅述季羡林先生撰写《蔗糖史》的动机、方法和内容

葛维钧

一、一部研究文化交流的学术著作

《蔗糖史》（内容分为"国内编"和"国际编"，本书只收录"国内编"）初版时名《糖史》，由于书中所讨论的糖类以蔗糖为主，故出版时改作此名。

《蔗糖史》和《吐火罗文〈弥勒会见记〉译释》，用季羡林先生自己的话说，是"两部在我一生六十多年的学术生涯中最完整的、其量最大的专著"。若于两者再做比较，则前者的篇幅明显巨大，长80余万字，在后者的三倍以上。《蔗糖史》的撰写经历了漫长的过程，从第一篇论文发表（1981年），到第二卷"国际编"出版（1998年），前后达十七年。十七年间，季先生做了门类不同的各种研究工作，发表文章，出版书籍，难以数计，但《蔗糖史》的写作，对他来说，却是念兹在兹，未曾释怀。收

集材料，撰写部分章节的工作从来没有停止过，其中1993年和1994年更是完全用于在北大图书馆内查阅典籍，收集资料，除周日外，"风雨无阻，寒暑不辍"。此书用去了他多少精力，我们很难想象。无论如何，如果说《蔗糖史》是他一生中凝聚了最多心血的浩大工程，当不会错。

为什么季羡林先生会拿出如此巨大的精力写一部关于糖的历史呢？事情的开始似乎有些偶然，尽管深想起来，自也有其必然性在。季先生很早就注意到欧洲众多语言中与糖有关的字皆源出于梵字 śarkarā 和 khaṇḍaka，于是便逐渐产生了一种意识，认为欧美原本无糖，糖最初来自印度。后来，一张写有印度造糖法的敦煌残卷落入他的手中，其中的汉文糖字，竟然也是 śarkarā 的音译"煞割令"。残卷的解析，使他进一步看到了以糖为载体的物质文化传播。数十年专注于世界尤其是中印古代文化研究，对于不同文化间的互动和影响始终保持着敏锐的感受，如今发现糖这种看起来似乎微不足道的东西背后，竟会"隐藏着一部十分复杂的，十分具体生动的文化交流的历史"，季先生对于它的兴趣，自然也就浓厚起来。以后，随着眼界的扩大，他的"兴致更高"，遂于"怦然心动"之余，发愿考究糖史，并最终完成了读者面前这部皇皇巨著。这或者就是注定，就是上面所说的必然吧。事实上，关心世界不同地域和种族之间的文化交流，注意人类文明发展的规律和趋势，一向是季先生学术活动的重要方面，而自20世纪80年代以来，这种关心则表现得尤其殷切，尤其热情。在他看来，人类的不同文化之间是非常需要互相借鉴，互相学习的。无论近在邻邦，还是远在殊俗，只要有了这种交流，那里人们的生活就会出现进步，获得改善。食糖从无到有，到成为日常必备，其制作技术在不同地域，不同民族间传播和发展的历史，正是说明这一事实的显著例证。季先生希望，通过对糖史的研究，使人们充分地认识到"文化交流是促进人类社会前进的主要动力之一"，从而鉴往追来，增强同呼吸，共命运，互依互助的意识，共同解决人类面临的重大问题。在鲁迅先生提出"拿来主义"半个世纪以后，季羡林先生又提出了"送去主义"。两种"主义"的目的，都在促进不同文化之间的积极往来，以利于人类社会的不断发展，共同繁荣。"拿来主义"提出数十年后，我们还在不断地拿来。"送去主义"的卓然成就，恐怕也要经过数代人的不懈努力之后，才能见到。20世纪末，季先生创议并策划出版"东方文化集成"丛书，是他为实现"送去主义"而迈出的具有实际意义的一步。不久，《蔗糖史》第一编纳入"集成"首批论著出版。这意味着，作为倡导者，尽管已至耄耋之年，他仍然身体力行，坚持站在这一长久事业的起点上，亲为发轫。

　　阅读任何学术著作都不是轻松的事，《蔗糖史》也不例外。它是一部内容涉及广泛，讨论问题复杂的鸿篇巨制，论证所用的资料异常丰富。季先生自己也曾担忧它是否好读。他把自己的这部著作形容为"原始森林"，担心它"林深枝茂，绿叶蔽天，人迹不见，蹊径无踪，读者钻了进去，如入迷宫，视野不能展开，线索无从寻求，……"为了帮助读者顺利阅读此书，出版社同季先生商量，希望在这个第一次以单行本面世的版本中，附一导读。季先生欣然同意，并把事情交给了我。写导读我是没有资格的。《蔗糖史》两卷我虽读过，但绝不敢说已经掌握了它的所有内容，透彻理解了它的种种意旨。读一部广博精深的书，固不必等到自己也具备了同等的学识。但是，学力不逮却强充解人，便难免自以为是而逞无知妄说，结果反会乱人耳目，陷读者于歧途。退一步讲，即使侥幸而无大错，仍不免引导其名，胶柱其实，原著中灵动的才思、潜藏的智慧俱遭埋没，固有的价值也会因而受损。想来想去，比较合适的，还是写一篇读书笔记样的东西，作为一个早读者，简要介绍我的所见，而所写也只局限在季先生的研究动机、方法和本书的主要内容等几个方面。

二、研究和写作方法

用于《蔗糖史》的研究方法，体现着季先生一向坚持的学术理念，即广集材料，严格考证，无征不信，言必有据，最后让事实说话，"于考据中见义理"。季先生为写《蔗糖史》而选来使用的，除一切近人的有关论著外，还有中国古代的正史、杂史、辞书、类书、科技书、农书、炼糖专著、本草和医书，包括僧传及音义在内的佛典、敦煌卷子、诗文集、方志、笔记、报纸、中外游记、地理著作、私人日记、各种杂著、外国药典、古代语文（梵文、巴利文、吐火罗文）以及英、德等西文文献。就类别说，几乎无所不包；就数量说，尽管不是每一类，但其中大多数又都是汗牛充栋。阅读量之大是我们难以想象的。古今典籍中凡他认为可资利用的，务必千方百计找来读过，穷搜极讨，而后心安。至于方式，用他自己的话说，就是用"最原始、最笨拙，但又非此不可的办法：把想查阅的书，不管多厚多重，一页一页地，一行一行地搜索"。他查阅过的图书，总计不下几十万页。然而，尽管季先生在选择访求对象上不乏判断能力，但是真正做到有的放矢却非易事。即如历代笔记，数不胜数，而内容排列又毫无规律，就中爬罗剔抉，"简直像是大海捞针，苦不堪言"。一部书翻检过后所获甚少或者了无所获，是完全可能的。这是一个漫长而又充满艰辛的踏勘过程，甚至还是一个跌宕起伏的情感历程。我们可以想象他既会有碧落黄泉，遍寻无着的深刻苦恼，也会有"片言苟会心，掩卷忽而笑"的由衷快乐。然而其中真正的甘苦，还是如季先生自己多次说过的，诚不足与外人道。正因为古今中外，搜采宏富，所以《蔗糖史》内集中了我们从不知道的有关甘蔗和食糖的种种知识，诸如甘蔗的种类、名称、产地、种植技术及其传播，糖的名称及其演变，糖的典故传说，糖的食用和药用，糖的产地分布和贩运，特别是糖的生产发展历史和制造工艺的传播，兼及国外的若干情况如印度的多种糖类和名称等，令人大开眼界。书中提到的甘蔗种类和异名之多，远过于《古今图书集成》，其引据的繁博，由此可见。

应该说明的是，季先生在《蔗糖史》中使用的材料，大部分来自中国古代文献。这有两个原因。第一，季先生撰写糖史的主要目的，是写一部以中国为中心的文化交流史；第二，世界上已有的一德一英两部糖史，由于汉文资料的支持很少，无不存在固有缺欠，而对于糖史研究来说，汉文资料无论在量上，还是在质上，都远胜其他文字的资料，需要特别重视。

在具体的写法上，本书所有的章节都大体遵行资料先行，阐释、分析、归纳、结论在后的次序安排。资料部分除个别地方转述他人成果外，主要由季先生大量阅读后所得的文献摘录构成，分别罗列，各从其类；间有按语和议论插入，那是作者即时的感受或观点，需要马上提醒读者注意的。由于事实往往已经存在于广征博引的材料之中，所以结论常常简短扼要，只起画龙点睛的作用。典据翔实周备，是季先生讨论问题的特点，因此，最后结论的得出，常能给人以水到渠成的印象。

为使读者对于季先生的研究工作能有具体的了解，我想举个实例，围绕它做一番切近的观察，看个究竟。这里我们拿他最重视的题目之——白糖研究来做标本，看看他对于其中涉及的中印文化交流问题是怎样论述的。在这个例子中，他首先为我们罗列了印度古代医籍 *Suśruta Saṃhitā*（公元 4 世纪以前）中五种纯度不等的糖的梵名，其中最为精良的 śarkarā 已较洁白。到 16 世纪，另一部医书 *Bhāvaprakāśa* 出现了，书中多了两种糖名：puṣpasitā 和 sitopalā。这里 sitā 和 sito（此处的 o 原应为 a，但后面同它遇合的字首字母是 u，故 a、u 相合，变成了 o）都是"白"的意思。又据印度学者 Rai Bahadur 的说法，puṣpasitā 在孟加拉又称 padma-cīnī 和 phul-cīnī。cīnī 的意思是"中国的"。至于中国，季先生遍搜自唐至清的有关古籍，不但得出白糖最迟到明季已能生产的结论，并从《闽书南产志》《物理小识》《竹屿山房杂部》《天工开物》《广阳杂记》《兴化府志》等书中钩求而得黄泥水淋脱色法，证明此法系由中国所发明。这一重要发明为明代以前已能大规模制造白糖提供了技术依据。至此，再返观恰值明中后期（16 世纪）成书的 *Bhāvaprakāśa* 提到白糖，以及孟加拉白糖名称中有cīnī的事实，则白糖及其制法早在此前已经从中国传入印度这一论断便获得了完满的证明。季先生怎样做学问，这个例子使我们得见一斑。

三、内容提要

《蔗糖史》"国内编"（本书所收录内容）和"国际编"的章次编排方式不同，前者用断代，后者用论题和国别。如按时代先后安排，而某一问题又有特别重要的意义，需要详加论述，则会为它单辟专章，立于相关章节之后。

这里把《蔗糖史》的内容，就我所能概括的，简述如下。

第一编　　"国内编"

在中国，最早出现的糖并非蔗糖，因此，要讲中国糖的历史，便不能不从"蔗前史"开始。饴、餳、餳、餹是中国糖族的最早成员。"国内编"第一章首先提出这四个成员，对其含义予以界定，以为古代制糖史的研究提供基础。经过分析比较，季先生用标音的方式总结他的看法，认为先秦时代人工制造的甜品可分两类：yi和tang，多用米（包括糯米）和小麦、大麦等做成。其性湿、软的称饴或餳，其性稠、硬，因而较干的称餳，或写作餹。至于今天普遍使用的糖字，则相对晚出。

关于周代以迄南北朝时期糖的生产历史的讨论，正是在饴、锡、钖、饧诸概念基本厘清的前提下展开的，而所采取的方式，则是通过考察四字所代表的实物演变的情况，求得这一时期制糖技术的发展线索。文献表明，先秦时代出现的，只有一个"饴"字。后来"饴""钖"混用，见于汉至南北朝的多种典籍。饴的价值至少在晋时还是很高的，但它的制作原料是米和麦，不是甘蔗。"甘蔗钖"的制作，不会晚于三国。甘蔗作为植物，记载一直不少，唯"蔗"字始见于汉，而先秦所用是"柘"。需要注意的是，"甘蔗"一词另有写法多种，往往音同而字不同，由此可见它是音译，其中的"甘"字也与味觉无关。这种植物最初是从外国引种的，作为名贵品种，长期不见于寻常百姓家。到南北朝时，甘蔗的种植明显普遍起来，但就地域来说，也还仅限于南方。

蔗糖的出现、使用和制作是此部糖史准备重点研究的问题。在进入讨论之前，季先生先设专章（第三章）就汉至南北朝几百年间"石蜜"的含义做了考证。据他统计，那一时代文献中有十一种不同食品都用"石蜜"来称，其中九种与蔗糖有关。它又常称"西极石蜜"，实在已经暗示了它的进口身份，不妨认为就是来自西方的糖。

那么中国本土蔗糖的制造始于何时呢？就此曾有二说：汉代和唐代。季先生在广泛征引农书和各异物志乃至汉译佛经的基础上，指出蔗糖的产生时间当在三国至唐之间的某一时代，其中南北朝时期特别值得注意。"糖"字无论如何在南北朝时已经明确无疑地出现了。

唐代经济文化繁荣昌盛，制糖业也获得了蓬勃发展。季先生在第五章里集中讨论了唐代的糖类应用和制糖问题。检点流传至今的各类典籍，包括正史、医书、佛典、诗文、类书和敦煌遗书等，可知唐代植蔗和用糖均已十分普遍。它们对于糖的来源、性味、食法、药效等都有明确记述。糖的制造，基本方法有二，即曝晒和熬煎。中国虽然早已能够制糖，但是直到唐初水平仍然很低。而印度，据西方学者 Noel Deerr 称，早在公元 4 世纪前即已掌握了熬糖的知识。唐太宗了解到印度技术先进后，遂"遣使取熬糖法"，并很快将学来的本领用于实践，使中国的制糖水平迅速提高，以至于产品的色味均能远远超过印度。盛唐时代，中外道路畅通，交流频繁，为中国制糖技术通过学习，求得进步，提供了十分有利的条件。

宋朝是甘蔗种植和蔗糖制造都有显著进步的时代。种植甘蔗的地区扩大了，虽然还是仅限于南方。甘蔗的品种也增多了，基本分为赤、白两类。赤色的有崐崘蔗，白色的有竹蔗、荻蔗等。印度和东南亚甘蔗的分类法也是如此。糖的价值不外两种：食用和药用。从大量笔记的记述中可以看出，糖的食用在宋代已经非常普遍。糖品五花八门，种类繁多，已经远非唐代所能比。在糖里加入不同的香料，做成各种口味的糖果，吸引儿童，看来已是寻常无奇的事。对于名目繁多的糖品名称，季先生做了谨慎的分析和归并，指出何为异名同物，何为一名多指。与此同时，季先生也就印度梵语糖名汉译进行了辨析。《梵语千字文》等佛教经典曾将 guḍa 译为"糖"，将 śarkarā 译为"石蜜"。他认为，准确地说，由于前者的根本义为"圆球"，后者的根本义为"砂砾"，故前者应为糖球，后者应为颗粒状的糖。相应的，历来所谓石蜜，其含义之一也应该是白砂糖。至于糖的药用，季先生在查阅了六七千页本草和医书后发现，宋代的记载已经不及唐代丰富，内容则同异互见。宋时最值得注意的是第一部炼糖专著——王灼《糖霜谱》的出现。该书在甘蔗的分类和种植、蔗汁的榨取、制糖的程序、品相的鉴别等方面都有详细的叙述。见载于《糖霜谱》和其他类书中的一则传说——邹和尚的故事，也很值得玩味，因为他的身份透露出了制糖术西来的传播途径。由于宋代大食和南海诸国与中国交往频繁，季先生特别举出《宋史》和《文献通考》中的例子，指明它们在砂糖和制糖技术传入中国方面，曾经起过特别重要的作用。

元代享祚较短，各类著述相对较少，但农书很多。《农桑辑要》即有关于甘蔗种植和蔗糖煎制方法的详细记载。甘蔗种植区域的北扩，是这一时代的重要特点。其原因不是气候变化，而是人工栽培技术的提高。蒙军西征，远至报达（即伊拉克巴格达），蒙古帝国巨大的版图使得东西方交通比以往任何时候都更顺畅。随着商贸和文化方面的频繁往来，阿拉伯商贾和其他人大批来华，其中华化甚深，乃至留华入仕的颇不乏人。东来的阿拉伯工匠将他们的制糖技术带到福州等地，使中国的制糖水平大大提高。他们教中国工人在炼糖时加入树灰，从而精炼出纯白的糖。季先生认为元代制糖技术的提高具有划时代的意义。

对于糖史研究来说，明代是一个资料丰富的时代，本草和医书无论在数量上，还是在质量上，都超过了前代。郑和七下西洋的壮举带来了海上外交的空前发达，地理书和中外游记随之大量出现。此外，伟大的科技著作也相继问世，以总结当时已经极其丰富的生产知识和工艺技术，《本草纲目》《普济方》《瀛涯胜览》《星槎胜览》《天工开物》《农政全书》等不过是其荦荦大者。这其中有关医药农工的，多为集大成的著作，它们在糖的分类、特性、制造技术和实际应用上，都有比以往更加精细，更为准确的描述。本草类著作就甘蔗品种所做的区分与前代无大区别，基本为赤、白两类；而对于糖的药性认识，则更加深入而充分。即以《本草纲目》为例，它将蔗与糖的特性明确地区别开来，指出蔗浆甘寒，能泻火热，而一旦煎炼成糖，就变得性甘温而助湿热了。因此蔗浆虽有消渴解酒的功效，而砂糖非但不能，反会助酒为热。李时珍发出告诫，称砂糖性温，不宜多食，人们往往贪图其味，而不知阴受其害。前人说它性寒冷利，其实"皆昧此理"。此外，《本草纲目》对于甘蔗种植、蔗种优劣、食糖类别、品色高下、药性辨析、服用禁忌等，也都有详细的说明。《普济方》广收历代方剂、单方、验方等，为空前绝后的医方巨著。季先生从该书中辑出配伍有糖的医方近150种，足见它的医用到明代已经十分普遍。游记和地理书在明代名篇巨制很多，但是一部较小的著作《闽书南产志》却很值得注意。该书除将甘蔗和糖品做了简要的分类外，还提到了未见于他处的制糖程序，如用蛋清促使渣滓上浮，用覆土法帮助增白等。关于后项技术，书中更讲述了它的发明故事：某糖户黄氏宅墙倒塌，压住糖漏，糖色由是转白，他遂于偶然中得此方法。这些记载的意义，在季先生看来，都是十分重要的。类似的有关制糖技术的记述亦见于各种笔记，如方以智的《物理小识》（用黄土）、宋诩的《竹屿山房杂部》（用山白土）等。在种蔗制糖方面具有划时代意义的著作，是宋应星的《天工开物》。该书将甘蔗明确分为仅供生食的果蔗和用于制糖的糖蔗两类，至于栽培方法，则对行宽、沟深、土厚、灌肥、锄耰等都做了具体规定。关于糖坊设备的制造和使用，书内也有详细叙述。特别应当提到的是，宋应星已将糖色漂白的方法称作"黄泥水淋"法。随着产量的增加和价格的降低，糖在明代已经遍见于民间，成为家家常备，人人必食之物。但有一点必须提到，即在制糖技术的进步上，中国曾经长久接受外来影响——唐代来自印度、波斯，宋代来自大食，元代来自阿拉伯；而言及对外影响，则迄于明末犹未见典籍记录。

由于明代糖的生产有了飞跃性的发展，季先生不得不单辟一章，专谈白糖的制作问题。在这里，他广泛征引了古代印度典籍《利论》《妙闻本集》和 16 世纪医书 *Bhāvaprakāśa* 等有关糖品种类的记载，以及后世学者 Rai Bahadur 有关其等次优劣的研究结果，指出糖的等级，是以纯度高低来划分的，而炼糖的过程，乃是不断除去杂质的过程。印度古代糖类中品色最优者在孟加拉的异称中多有 cīnī 字样，而该字的意思又是"中国的"，由此经过一系列论证后，季先生提出：中国曾将白砂糖出口到印度孟加拉地区，同时也传去了制糖术，推测时间，当在公元 13 世纪后半叶。（详见本书附录《cīnī 问题——中印文化交流的一个例证》）中国制糖技术的明显提高，端赖于黄泥水淋脱色法的发明。有关的发明故事已如前述，明清典籍中多见因仍，内容则大同小异。在近代化学脱色法出现以前，这一发明在精炼白糖上已属登峰造极。中国明代白糖及其制造技术的输出，正是在此法广泛普及的基础上实现的。

清代有关植蔗制糖的资料很多，无论是在医学、科技或地理著作中，还是在中外笔记、类书中，都能大量见到。但它们往往是蹈袭前代的结果，正如季先生在评论方志时所说，"抄录者多，而亲身调查者少"。其著例如邹和尚传授制糖法的传说、黄泥水淋增白法偶然发明的故事等，数百年来，递相祖述，直到清代，依然如故。然而清代积存的资料无论如何是极其丰富的。它们表明，随着制糖业的扩大和发展，糖品不仅进入了家家户户，其种类亦与现代相似，常见的糖粒、糖瓜、蓼花、芝麻糖、牛皮糖等，皆已出现。开办糖坊已经成为致富捷径。在广东等产糖地区，糖的运输也成了关税征收的重要来源。按照欧美的报道，在19世纪前叶，中国种植的甘蔗已经可供出口，而输往印度的糖不仅数量巨大，且纯净美观，口碑甚好。不过，直到光绪时代，中国还没有用机器制糖的记载。至于应用，在清代的本草和医书中，隋唐以来蔗和糖的药用价值不断下降的趋势表现得更加明显，即使见诸配伍，亦多居于臣佐地位。季先生对于中国蔗糖史的扼要总结是：甘蔗产于热带和亚热带，在中国则最先出现于南方。其名多有同音异字，故必为音译无疑。中国制糖业起步较晚，但后来居上，到明代已能将优质糖品出口南亚。糖在历史发展中的表现，总的说来，是产量越来越增，价格越来越低，药用越来越少，食用越来越多，终于由边缘而中心，得以侧身于柴米油盐等日常必需之列。制糖技术的发展，体现了文化交流的作用。文化交流是推动社会前进的动力之一，也由此而分明可见。

第二编 "国际编"

季先生写作蔗糖史，意在探讨体现在植蔗制糖上的文化交流，这在前面已经说过。"国内编"虽然重在描述中国国内两千多年以来自身发展的脉络，但是中外之间的交互影响难免也会涉及。为能承上启下，"国际编"先用第一章简要回顾了前编与此有关的内容。这里特别提到：最早的石蜜得自西方；"甘蔗"之名实为音译；唐代遣使往印度学习熬糖法；"西僧"邹和尚传授制糖法的传说饶有意味；唐宋时代天竺、波斯、大食都是重要的产糖国；元代在制糖术上影响中国的主要地区是埃及和阿拉伯；黄泥水淋脱色法的发明是中国对于世界制糖业的重要贡献。

谈蔗糖的历史，无疑要谈它的制作原料——甘蔗的历史，而首先涉及的，便是它的原生地问题。在这个问题上，几乎每一个专门家都有自己的理论，有根据植物学的，也有根据古代典籍的，结果自然是歧说纷纭。季先生详细介绍了外国——西方和印度——的所有说法。在各种假定中，南太平洋、印度等都在其列。有些语言学上的证据颇为耐人寻味，如孟加拉古称Gauḍa，而派生出该字的guḍa意义为"糖"；印度远古有甘蔗族，其名Ikṣvāku源自ikṣu（甘蔗）。此外，印度种植甘蔗的历史很长，其孟加拉地区也有着适合各种植物生长的地理条件。凡此种种，都使"印度为甘蔗故乡"的观点获得了较多的应合。国内学者也有主张中国为原产地的，季先生对此并未认同。他坚持"甘蔗"一词为外来语的音译，并认为唐慧琳《一切经音义》以"此既西国语，随作无定体也"一语解释甘蔗为何多有异称，非常值得注意。总之，季先生坚信甘蔗的原生地不会是多元的，只不过目前距原生地问题的最终解决，还很遥远。

另一个涉及产地的是石蜜问题。在中国古代典籍中，石蜜几乎和西极石蜜等义，意味着是进口货。正史中最早提到石蜜的是《后汉书》，表明至迟到东汉它已传入；而其传入时间的上限，据季先生推断，则不会早于西汉高祖时代。至于"西极"或"西国"，从历代典籍和诗文中的证据看，应指天竺、南天竺、波斯、罽宾，实即古代印度、波斯（伊朗），以后还可加入大食（阿拉伯）。唐太宗遣使往摩揭陀取熬糖法所要熬制的，应该就是石蜜。

古代印度的植蔗制糖以及蔗、糖在该国的应用，始终是"国际编"重点关注的问题。原因至少有如下几个，即印度是制造和应用糖品历史最久的国家之一，是在制糖技术上与中国交流最为密切的国家，也是相关的古代文字资料在中国保存得最为丰富的国家。谈到资料，汉译佛经当然是最重要的一种，而其中尤其需要注意的，是律藏。佛经的利用无疑也包括巴利文和梵文原典。经检阅，在最古的《法句经》和《上座僧伽他》等经典中有蜜而无糖。由此似可断定，在佛教初兴时人们尚不知以蔗制糖。在较晚的《方广大庄严经》中，石蜜一词开始出现。《本生经》中甘蔗、砂糖、石蜜等词频见，而糖更有糖粒、压碎的糖、糖浆等不同类别，可见它在本生故事诞生时代印度人的生活中，已经占有重要地位。汉译律藏的内容更其丰富。这里有着关于蔗和糖的各种记载，如它们的药用（甘蔗的体、汁、糖、灰等服法各异，石蜜、黑石蜜、砂糖等药效不同）、食用（包括制浆、酿酒）、甘蔗种植（地分田间、园内，方法又有根种、节种、子种等五种），以及糖的制造（加入填料，如乳、油、米粉、面粉等）等等。佛教经典中的丰富资料，在很大程度上深化了我们对于印度糖类应用和制糖技术发展情况的认识，对于我们考虑中国可能在哪些方面受到过影响，也有帮助。

中印两国近为邻邦，彼此间的交往源远流长。"唐太宗与摩揭陀"一章专谈中国向印度学习制糖技术的问题。这种学习的前提是一有主观需要，二有客观条件。从印度古代经典的记载看，其蔗糖制造的历史远长于中国，且技术发达。印度典籍有关糖的分类多达五种，而中国仅有两种，在一定意义上说明了中国制糖术比较简单，相对落后，确有学习的必要。在客观上，中印文化交流赖以实现的孔道，无论西域、南海，都很畅通。此外还有尼泊尔路和川滇缅印路可以利用。季先生用一份初唐九十年内的中印交通年表证明，当时两国人员的往来确实极其频繁，且多为实际需要，而非礼仪虚设，所涉方面，则政治、经济、宗教、语言、文学、艺术、科技，几乎无所不包。学习制糖法的使者就是在这种背景下被唐太宗派往印度摩揭陀的。此事在正史中的记载始见于《新唐书·西域列传》，后各类史书、类书、本草、笔记等迭相传述，除《续高僧传·玄奘传》记载稍异外，已经得到普遍的承认。但是，更为具体的问题，比如唐人到印度所学的究竟是制造哪一种糖的技术，因受资料限制，目前尚无法断定。

在中国糖史上与唐太宗遣使摩揭陀同样值得注意的，是大历年间邹和尚在遂宁教民造糖的传说。据称，邹和尚传授制糖法后，中国的糖产便有了"遂宁专美"的说法。这个故事，无论是神话，还是历史事实，都说明遂宁的制糖技术是从外国传来的，而且是通过"西僧"，传自西方。季先生根据唐代本草和其他著作的记载，通过考证，认为这一"西方"，当指波斯。他的论据来自以下五个方面。一是按照中国资料，波斯开始制造石蜜和砂糖的时间不晚于5世纪末，而不是Lippmann所说的7世纪。另一是有关年表说明波斯人来华频繁，而从本草等典籍看，波斯方物传入中国的种类也非常多。第三是从正史、方志、诗文、佛书等资料看，当时中波之间陆海交通方便，尤其是川滇缅印波道路通畅。第四是唐代流寓蜀地的波斯人很多，僧俗皆有，且往往华化很深。第五是孟诜《食疗本草》有"石蜜，自蜀中、波斯来者良"这样的具体记载。第六章最后的推论是：四川的制糖技术（至少有部分）来自波斯，而其最可能的传入途径，则是川滇缅印波道。

关于欧、非、美诸洲的制糖历史，西方人Lippmann和Deerr在他们的大部头糖史著作中已有详细叙述。季先生在第七章中利用欧美学者不可能找到的汉文材料，特别是魏源的《海国图志》和王锡祺的《小方壶斋舆地丛钞》等，对已有的考证做了重要补充。通过中国典籍得到的结论是：法国是最早制糖的欧洲国家之一，所用原料为莱菔；英国是从中国进口糖的国家；非洲很多地方都曾植蔗产糖；埃及在传播制糖技术方面曾有贡献；马达加斯加和毛里求斯曾是非洲产糖最多的国家；美国的甘蔗移自欧洲；美国的制糖技术高超，可在输入粗糖后加工成细白糖出口；美国用枫树制糖；中、南美洲产糖普遍，古巴、秘鲁皆是其例；中国在世界制糖技术的传播和提高上起过重要作用，特别是在亚洲地区。

亚洲，季先生首先关注的是南洋。这或者与他的如下认识有关，即他认为这里非常可能是甘蔗的原生地。从第八章征引的大量资料看，在历史上，南洋曾经是重要的产蔗制糖地区之一，当无疑问。泰国、越南、缅甸、柬埔寨、老挝、槟榔屿、苏门答腊、爪哇、吕宋、夏威夷等都是这样的地方。值得注意的是，无论种蔗还是制糖，都有大量的华人参与其生产活动，并起关键作用，婆罗洲、爪哇、槟榔屿、菲律宾、夏威夷等地无不如此。"中国人在南洋蔗糖业方面做出了巨大的贡献"，季先生的这一结论应该说并无夸张。另外需要提到的，是阿富汗产糖的有关记载。这一记载在植蔗造糖技术从印度传往波斯、阿拉伯以及世界其他地方的路线上，补足了一个中间环节。

日本植蔗制糖的历史相对较短，然而其发展道路却令人深思，尤其值得中国人反省。日本古代无糖，据黄遵宪《日本国志》称，到十六世纪末方始有人从中国带去蔗种，并初学制糖，无奈并不得法。而大约与此同时，中国商船携黑、白糖航抵日本已见于日方记录。直到十九世纪七八十年代，日本本国所产糖量仍然"足供半额"，其余全靠进口，且什九输自中国。日本政府自不甘心这种状况继续下去，遂制定政策，一方面加重进口关税，另方面鼓励国民自行生产，以图改变。他们终于成功，不再在糖的消费上仰给于他国，特别是中国。中国明末清初以来在制糖业上明显优于日本的形势亦随之彻底逆转。

琉球即今冲绳，由于产蔗产糖，故本书单列专章予以讨论。在清人的见闻实录中，可以看到当地有以甘蔗的成长来说明月令的习俗，以及当地人向中国派驻人员供应甘蔗的事，可见这里有种植甘蔗的传统。明嘉靖年间陈侃出使琉球，曾撰《使琉球录》一书，书中引有不少他人对于当地风物的记述。细读这些记述，可以得到一个有趣的发现，即关于花木的部分有甘蔗，而关于饮食的部分却无糖。《四夷广记》亦有类似记载。由此可以推断，琉球的甘蔗仅供生食，而迄于明代仍未用来造糖。到清乾隆年间，在使臣周煌《琉球国志略》对于该地物产的记录中，已见有糖。不过据清代档案，自1767年至1875年的百余年内，琉球多次从中国进口大量白糖和冰糖，有时达三万斤以上，可见其自产不敷食用。所以如此，当地所产甘蔗含糖量低可能是一原因。

波斯和阿拉伯为植蔗造糖技术在世界范围内传播交流的重要环节，已如前述。马可·波罗在他的游记中谈到蒙古大汗曾派来自巴比伦的人到福建去传授制糖新技术，可见巴比伦所指的埃及或伊拉克在这方面已经达到了很高水平。后他约七十年来华的伊本·白图泰则称中国的蔗糖比起埃及所产的有过之而无不及。看来中国的制糖技术在此期间已经有了很大提高。阿拉伯地区在早期，至少在穆罕默德创立伊斯兰教之前，并没有关于蔗和糖的记载。二者最初是作为商品或药品从印度运来的。到8世纪中叶，糖的享用在宫廷中变得越来越普遍，相关的贸易也发达起来。在巴格达的哈里发宫廷御医Al-Razi的论著中，糖的应用已经十分习见，糖和糖制品的种类也增加了。后于他的阿维森纳在其著作中也有相同叙述。此时（9—10世纪）阿拉伯地区的炼糖技术显然已经达到了很高水平。阿拉伯人用糖的实践进一步突显出这样一个事实，即在印度、波斯和阿拉伯，甘蔗和糖最初只作药用，后来才药、食并用；而中国不同，似乎开始即以食用为主，后药用最盛时亦不及阿拉伯广泛，再后则更是大大减少。埃及引种甘蔗在公元 710 年左右，尔后尼罗河畔蔗田遍布，大规模的糖厂也纷纷建立起来。其所产糖量大质优，除供国内几近奢侈的需求外，仍能出口，成为政府税收的重要来源。伊本·白图泰有穷人进入糖厂，可随意用面包蘸食糖浆的记载。埃及糖业的发达，由此可见。

"国际编"的最后一章，是季先生阅读《东印度公司对华贸易编年史》中译本的札记，属资料性质。《编年史》反映的是 1635 至 1834 年该公司在华贸易状况，其中也包括从中国购糖。这里值得注意的是，中国出口的只有糖和冰糖两个品种，在近二百年的糖类交易中，价格上升的幅度并不算大。

"国际编"所附的《新疆的甘蔗种植和沙糖应用》是对于三部新疆出土的于阗文、梵文和吐火罗文残卷的研究。统计分析结果表明，糖的应用在这些医籍方书中甚为普遍，间接反映出印度、波斯和阿拉伯医学的用药风格。这些残卷对于若干植物所具药性的理解和在具体方剂中的选择使用，与中国传统医学颇多相似之处，胡椒、蒜、莲、藕等都是这样的例子。季先生认为，所有这些，以及多元配伍的用药方式等，都是东方医学的共同特点。

作为《蔗糖史》全书的总结，季先生在"国际编"后面增加了一个不长的第三编——"结束语"。在这里，他特别提醒读者注意他已经强调再三的写书意图，即他的目的首先不是写一部科技史，而是写一部以中国为中心的文化交流史。他认为，"推动人类社会进步的力量是多方面的，文化交流是其中比较重要的一个方面"。而就在糖这种司空见惯的日常食品背后,在他看来,便正好"隐藏着一部遍及五大洲几乎所有国家的文化交流的历史",尽管它曲折复杂,时隐时彰。季先生要做的,便是从各种典籍,特别是浩如烟海的古代汉文典籍中,挖掘出有用的史料,分门别类,予以整理,进而把"表现在甘蔗和蔗糖上的文化交流史"勾绘出来。结果证明,在糖的发展史上,中国占有自己独特的地位。中国尽管不可能是甘蔗的原生地,而用蔗制糖也起步较晚,但后来居上,终于在白砂糖的制造上取得了一定时期内的世界领先地位。明代黄泥水淋脱色法的发明对于中国率先制出精纯白糖贡献莫大。由于中国糖工在东亚、南洋、美洲等地的勤苦劳作,中国在甘蔗种植和砂糖制造技术的传播上,也曾起过重要作用。

　　本书附录所收的论文中,《一张有关印度制糖法传入中国的敦煌残卷》最长,也最重要。这篇论文的主要论点是:甘蔗一词,写法很多,唐僧慧琳早已指出"此既西国语,随作无定体也",故说它是外来语的音译,不会有错。无论在印度还是在中国,甘蔗都有多种,然而粗分起来,不过仅供生食和足资造糖两类。至于成糖,则依品色高下而有多层区分,只是这种区分中国比印度简单得多,仅有砂糖、石蜜而已。石蜜当来自梵文 śarkarā,残卷中的"煞割令"即其音译,为最值得注意的高质糖品之一。不过,汉译佛典也曾不止一次将梵文 phāṇita 译作石蜜,何以如此,却迄无的解。至于制造"煞割令"的具体方法,原件在"小(少)许"一语前有所脱漏。季先生据印、中古代文献内多处对于造糖所需填料的具体描述,补以"灰"字,遂使原文语义贯通，意旨明了。文末的"后记"和更后的"补充"（《对〈一张有关印度制糖法传入中国的敦煌残卷〉的一点补充》）虽然在形式上游离于论文主体，但在内容上却仍可视为其有机部分。"后记"300字，解决了一个"挍"字的合理解释问题。"补充"纠正了前者的一句误判，而就自己对于"挍"字的解释，则又提出了大量例证以为拥护，卒使论文更加完善。论文所研究的残卷是20世纪初伯希和从敦煌带走的，数十年辗转于众多中外学者之手，却始终可观而不可玩。难以排除的主要障碍在于不知"煞割令"是何所指。季先生经过苦思后揭破了它的意义。症结由此化除，残卷的全部内容亦随之通解无碍。

另外两篇论文谈 cīnī 问题。在印度，cīnī 这个字有"中国的"的意思，同时也用来称白砂糖。季先生在研究文献资料后指出，这是中国曾经向印度出口白糖的证明，其时间当在13世纪后叶。国外学者有关中国糖不曾输入印度的观点应该纠正。

《蔗糖史》的主要内容简述如上，不可能全面，也不可能深刻。至于季先生书中烛幽发覆的精彩论述，只有请读者自己去体认了。我仅有的希望是没有在"原始森林"中乱施斧斤，最后传达了歪曲的信息。

《糖史》自序①

　　经过了几年的拼搏，《糖史》第一编国内编终于写完了。至于第二编国际编，也已经陆续写成了一些篇论文，刊登在不同时期的不同杂志上。再补写几篇，这一部长达七十多万字的《糖史》就算是大功告成了。

　　书既已写完，最好是让书本身来说话，著者本来用不着再画蛇添足、刺刺不休了。然而，我总感觉到，似乎还有一些话要说，而且是必须说。为了让读者对本书更好地了解，对本书的一些写作原则，对本书的写作过程有更清楚的了解，我就不避啰唆之嫌，写了这一篇序。

　　我不是科技专家，对科技是有兴趣而无能力。为什么竟"胆大包天"写起来看来似乎是科技史的《糖史》来了呢？关于这一点，我必须先解释几句，先集中解释几句，因为在本书内还有别的地方，我都已做过解释。但只不过是轻描淡写，给读者的印象恐怕不够深刻。在这里再集中谈一谈，会有益处的。不过，虽然

---

　　①　此书收录于《季羡林全集》第十八卷，该分类内容为《糖史》的"国内编"，序文内容保持原貌。

集中，我也不想过分烦琐。一言以蔽之，我写《糖史》，与其说是写科学技术史，毋宁说是写文化交流史。既然写《糖史》，完全不讲科技方面的问题，那是根本不可能的。但是，我的重点始终是放在文化交流上。在这一点上，我同李约瑟的《中国科学技术史》是有所不同的。

我之所以下定决心，不辞劳瘁，写这样一部书，其中颇有一些偶然的成分。我学习了梵文以后，开始注意到一个有趣的现象：欧美许多语言中（即所谓印欧语系的语言）表示"糖"这个食品的字，英文是sugar，德文是zucker，法文是sucre，俄文是caxap，其他语言大同小异，不再列举。表示"冰糖"或"水果糖"的字是：英文candy，德文Kandis，法文是candi，其他语言也有类似的字。这些字都是外来语，根源就是梵文的śarkarā和khandaka。根据语言流变的规律，一个国家没有某一件东西，这件东西从外国传入，连名字也带了进来，在这个国家成为音译字。在中国，眼前的例子就多得很，比如咖啡、可可等，还有啤酒、苹果派等等，举不胜举。"糖"等借用外来语，就说明欧洲原来没有糖，而印度则有。实物同名字一同传进来，这就是文化交流。我在这里只讲到印度和欧洲。实际上还牵涉到波斯和阿拉伯等地。详情在本书中都可以见到，我在这里就不再细谈了。

中国怎样呢？在先秦时期，中国已经有了甘蔗，当时写作"柘"。中国可能还有原生蔗。但只饮蔗浆，或者生吃。到了比较晚的时期，才用来造糖。技术一定还比较粗糙。到了7世纪唐太宗时代，据《新唐书》卷二二一上的《西域列传·摩揭陀》的记载，太宗派人到印度去学习熬糖法。真是无巧不成书，到了

80年代初，有人拿给我一个敦煌残卷，上面记载着印度熬糖的技术。太宗派人到印度学习的可能就是这一套技术。我在解读之余，对糖这种东西的传播就产生了兴趣。后来眼界又逐渐扩大。扩大到波斯和阿拉伯国家。这些国家都对糖这种东西和代表这种东西的字的传播起过重要的不可或缺的作用。我的兴致更高了。我大概是天生一个杂家胚子，于是我怦然心动，在本来已经够杂的研究范围中又加上了一项接近科学技术的糖史这一个选题。

关于糖史，外国学者早已经有了一些专著和论文，比如德文有 von Lippmann 的《糖史》和 von Hinüber 的论文；英文有 Deerr 的《糖史》等。印度当然也有，但命名为《糖史》的著作却没有。尽管著作这样多，但真正从文化交流的角度上来写的，我是"始作俑者"。也正是由于这个原因，我的《糖史》纯粹限于蔗糖，用粮食做成的麦芽糖之类，因为同文化交流无关，所以我都略而不谈。严格讲起来，我这一部书应该称之为《蔗糖史》。

同 von Lippmann 和 Deerr 的两部《糖史》比较起来，我这部书还有另外一个特点。我的书虽然分为"国内编"和"国际编"，但是我的重点是放在国内的。在国际上，我的重点是放在广义的东方和拉美上的。原因也很简单：上述两书对我国讲得惊人的简单，Deerr 书中还有不少的错误。对东方讲得也不够详细。人弃我取，人详我略，于是我对欧洲稍有涉及，而详于中、印、波（伊朗）、阿（阿拉伯国家，包括埃及和伊拉克等地）。我注意的是这些国家和地区间的互相影响的关系。南洋群岛在制糖方面起过重要的作用，因此对这里也有专章叙述，对日本也是如此。

写历史，必须有资料，论从史出，这几乎已成为史学工作者的 ABC。但是中国过去的"以论代史"的做法至今流风未息。前几天，会见一位韩国高丽大学的教授，谈到一部在中国颇被推重的书，他只淡淡地说了一句话："理论多而材料少。"这真是一语破的，我颇讶此君之卓识。我虽无能，但决不蹈这个覆辙。

可是关于糖史的资料，是非常难找的。上述的两部专著和论文，再加上中国学者李治寰先生的《中国食糖史稿》，都有些可用的资料，但都远远不够，我几乎是另起炉灶，其难可知。一无现成的索引，二少可用的线索，在茫茫的书海中，我就像大海捞针。蔗和糖，同盐和茶比较起来，其资料之多寡繁简，直如天壤之别。但是，既然要干，就只好"下定决心，不怕牺牲"了。我眼前只有一条路，就是采用最简单、最原始、最愚笨然而又非此不可的办法，在一本本的书中，有时候是厚而且重的巨册中，一行行，一页页地看下去，找自己要找的东西。我主要利用的是《四库全书》，还有台湾出版的几大套像《丛书集成》《中华文史论丛》等等一系列的大型的丛书。《四库全书》虽有人称之为"四库残书"，其实"残"的仅占极小一部分，不能以偏概全。它把古代许多重要的典籍集中在一起，又加以排比分类，还给每一部书都写了"提要"，这大大地便利了像我这样的读者。否则，要我把需用的书一本一本地去借，光是时间就不知要花费多少。我现在之所以热心帮助编纂《四库全书存目丛书》，原因也就在这里。我相信它会很有用，而且能大大地节约读者的时间。此外，当然还有保存古籍的作用。这不在话下。

然而利用这些大书，也并不容易。在将近两年的时间内，我几乎天天跑一趟北大图书馆，来回五六里，酷暑寒冬，暴雨大雪，都不能阻我来往。习惯既已养成，一走进善本部或教员阅览室，不需什么转轨，立即进入角色。从书架上取下像石头一般重的大书，睁开昏花的老眼，一行行地看下去。古人说"目下十行"，形容看书之快。我则是皇天不负苦心人，养成了目下二十行，目下半页的"特异功能"，"蔗"字和"糖"一类的字，仿佛我的眼神能把它们吸住，会自动地跳入我的眼中。我仿佛能在密密麻麻的字丛中，取"蔗""糖"等字，如探囊取物。一旦找到有用的资料，则心中狂喜，虽"洞房花烛夜，金榜题名时"也不能与之相比于万一。此中情趣，实不足为外人道也。但是，天底下的事情总不会尽如人意的。有时候，枯坐几小时，眼花心颤，却一条资料也找不到。此时茫然，嗒然，拖着沉重的老腿，走回家来。

就这样，我拼搏了将近两年。我没有做过详细的统计，不知道自己究竟翻了多少书，但估计恐怕要有几十万页。我决不敢说没有遗漏，那是根本不可能的。但是，我自信，太大太多的遗漏是不会有的。我也决不敢说，所有与蔗和糖有关的典籍我都查到了，那更是根本不可能的。我只能说，我的力量尽到了，我的学术良心得到安慰了，如此而已。

对版本目录之学，我没有下过真功夫，至多只不过是一个半吊子。每遇到这样的问题，或者借阅北大馆藏的善本书，甚至到北京图书馆去借阅善本书，我多得北大善本部张玉范先生、王丽娟先生和刘大军先生，以及教员阅览室岳仁堂先生和丁世良先生之助。在北京图书馆帮助过我的则有李际宁先生等。我想在这里借这个机会向他们表示我衷心诚挚的感谢。没有他们的帮助，我会碰到极大的困难。

资料勉强够用了。但是，如何使用这些来之不易的资料，又是一个必须解决的问题。写过文章的人都知道，解决这个问题的办法不外两个。一个是拟好写作提纲就动手写起来。遇到需要什么资料的地方，就从已经收集到了的资料中选用其中一部分，把问题说清楚。但是，这种做法显然有其缺点。资料往往都是完整的，从中挖出一段，"前不见古人，后不见来者"，资料的完整性看不出来了，还容易发生断章取义的现象。另外一种做法就是，先把资料比较完整地条列出来，然后再根据资料对想要探讨的问题展开分析和论述，最后得出实事求是的结论。记得在清华读书时，我的老师陈寅恪先生，每次上课，往往先把资料密密麻麻地写在黑板上，黑板往往写得满满的，然后才开始讲授，随时使用黑板上写的材料。他写文章有时候也用这个方法。经过一番考虑，我决定采用这个办法。先把材料尽可能完整地抄下来，然后再根据材料写文章。虽然有时似乎抄得过多了一点，然而，有的材料确实得之不易，虽然有时会超出我使用的范围，可对读者会非常有用的。

此外，还有一点我必须在这里加以说明。我抄资料是按中国历史上朝代顺序的。一个朝代写成的书难免袭用前代的材料，这是完全顺理成章的。前代的材料在后代书中出现，这至少能证明，这些材料在后代还有用，还有其存在的意义。这当然是好的，但也有不足之处，就是容易重复。这种情况，我在本书尽量加以避免。实在无法避免的，就只好让它存在了。

在上面，我在本文开头的部分中已经说过，我写本书的目的主要在弘扬文化交流的重要意义，传播文化交流的知识。当然，本书所搜集的其量颇大的中外资料，对研究科技史、农业史、医药史等等，也不无用处。但主要是讲文化交流。我为什么对文化交流情有独钟呢？我有一个别人会认为是颇为渺茫的信念。不管当前世界，甚至人类过去的历史显得多么混乱，战火纷飞得多么厉害，古今圣贤们怎样高呼"黄钟毁弃，瓦釜雷鸣"，我对人类的前途仍然是充满了信心。我一直相信，人类总会是变得越来越聪明，不会越来越蠢。人类历史发展总会是向前的，决不会倒退。人类在将来的某一天，不管要走过多么长的道路，不管要用多么长的时间，也不管用什么方式，通过什么途径，总会共同进入大同之域的。我们这些舞笔弄墨的所谓"文人"，决不应煽动人民与人民、国家与国家、民族与民族之间的仇恨，而应宣扬友谊与理解，让全世界的人们都认识到，人类是相互依存，相辅相成的。大事如此，小事也不例外。像蔗糖这样一种天天同我们见面的微不足道的东西的后面，实际上隐藏着一部错综复杂的长达千百年的文化交流的历史。我之所以不厌其烦地拼搏多少年来写这一部《糖史》，其动机就在这里。如果说一部书必有一个主题思想的话，这就是我的主题思想。是为序。

《糖史》（国内编）自序[①]

    这是拙著《糖史》的第一编——国内编。可以独立成书，因名之曰《文化交流的轨迹——中华蔗糖史》，收入《东方文化集成·中华文化编》。

    我对科技所知不多，但是我为什么又穷数年之力写成这样一部《糖史》呢？醉翁之意不在酒，我意在写文化交流史，适逢糖这种人人日常食用实为微不足道，但又为文化交流提供具体生动的例证的东西，因此就引起了我浓厚的兴趣，跑了几年图书馆，兀兀穷年，写成了一部长达七八十万字"巨著"。分为两编，一国内，二国际。西方研究糖史的学者已经写过的，我基本上不再重复。我用的都是我自己从浩如烟海的群籍中爬罗剔抉，挖掘出来的。

    现在为什么把第一编称为《中华蔗糖史》呢？糖有广狭二义，广义的糖泛指蔗糖、甜萝卜糖，还有麦芽糖等等。我仅取其前者，以蔗糖为主，间亦涉及甜萝卜糖，因为这两种糖与文化交

---

    ① 此序是作者为第一版《文化交流的轨迹——中华蔗糖史》所写的序，内容保持 1996 年作序时原貌。

流密切相联，而后一种则无此作用，所以我略而不取。

书中有几章已在一些杂志上发表过。已经发表过的那一些章，我虽还没来得及同我的原稿细细校对；但是，根据我和别人的经验，在个别地方，难免为所谓"责任编辑"所改动过。如果改得对，我当然十分感激。可情况往往不是这个样子。在我的一篇文章中，我使用了"寨窦"二字，这并不是什么稀见的怪字，连小学生用的小词典中都有。可是我们的"责任编辑"却大笔一挥改为"蟋蟀"二字，真令我啼笑皆非。别的作者也有同样的不愉快的经验。兹事体大，这里先不谈。总之，本书中不管已经发表过或者尚未发表的章节，现在出版时，一律根据我的原稿。这决非我狂妄自大，吾不得已也。

但是，阅读一部长达三十五六万字的书稿，确是一件苦事。我现在年迈昏聩，"老年花似雾中看"，字比花更难看，我已无此能力。只好请我的学生王邦维教授担任这一件苦差事。他精通汉语古典文字，又通多种外语，他是完全能胜任的。对我来说，在垂暮之年，这是一件难得令人愉快的事情。

现在采用这种分开来出书的办法，是应急之举，不得已而为之的。将来两编合为一书，仍称《糖史》，加入江西教育出版社出版的《季羡林文集》中。

1996 年 6 月 5 日

引　言

缘　起

我不是自然科学家。数学、物理、化学、生物等等重要的自然科学分支，我最多也不过是中学水平。为什么竟忽发奇想写起什么《糖史》①来了呢？

这有一个颇长的过程，我先谈上一谈。

人们大概都认为，糖是一种十分微末不足道的东西。虽然我们日常生活几乎是离不开糖的，吃起甜甜的，很有滋味——我们不能够想象，如果没有糖的话，我们的生活将是什么样子；但是，恐怕很少有人注意到，考虑到，猜想到，人类许多极不显眼的日用生活品和极常见的动、植、矿物的背后竟隐藏着一部十分复杂的，十分具体生动的文化交流的历史。糖是其中之一，也许是最重要的一个。

我是从什么地方，从什么时候起，注意到"糖"这种东西背后隐藏着一段不寻常的历史呢？只要看一看现代西方最流行的语

① 本书全集初版名《糖史》，引言内的书名因行文需要未改。

言中表示"糖"这种东西的单词儿，就可以一目了然：

英文	sugar
德文	zucker
法文	sucre
俄文	caxap
意大利文	zucchero
西班牙文	azúcar

另外表示"冰糖"的单词儿：

英文	candy
德文	kandis-zucker　此外还有一个动词
	kandieren
法文	candi，sucre candi
俄文	кандированный caxap
意大利文	candito
西班牙文	candi

我举的例子不要求全面，那是没有必要的。只从几个主要语言中就可以看出，表示"糖"和"冰糖"这两种东西的单词儿，在这些语言中同一个来源，都是外来语。既然是外来语，就说明，"糖"和"冰糖"这两种东西不是在这些国家中产生的。

这些外来语都来自印度吠陀语和古典梵文的śarkarā，还有khandaka，巴利文sakkharā。这说明，欧洲的"糖"和"冰糖"是从印度来的。这两种东西从印度传入欧洲不是直接的，而是经过波斯和阿拉伯的媒介。这个问题在下面本文中还要谈到，这里不过提纲挈领地提上一句而已。

中国怎样呢？中国同欧洲不同，我们很早就知道了甘蔗，后来又能从蔗浆炼糖。这些都是欧洲没有的。但是，中国在制糖的过程中，也向印度以及阿拉伯国家和波斯学习了一些东西。《新唐书》二二一上：

> 贞观二十一年，（摩揭陀）始遣使者自通于天子，献波罗树，树类白杨。太宗遣使取熬糖法，即诏扬州上诸蔗，拃沈如其剂，色味愈西域远甚。

《续高僧传》卷四《玄奘传》：

> 并就菩提寺僧召石蜜匠。乃遣匠二人、僧八人，俱到东夏。寻敕往越州，就甘蔗造之，皆得成就。

两部书讲的应该是一件事。这说明，中国确实从印度学习过制糖术。在敦煌藏经洞中发现的写经残卷中，有一页的背面上用非常拙劣的笔法写着有关制造煞割令（śarkarā 的音译，汉文是"石蜜"）的一段话，从字体上来看，不是出自文人学士、有道高僧之手。在根本不产甘蔗的临近沙漠的敦煌地区，似乎是一个工匠的人竟然写了这样一段话。可见制石蜜术已经深入老百姓中。既然用了一个从梵文借来的外来语"煞割令"，其来自印度，当已不成问题。

然而，在另一方面，印地文中有一个单词儿 cīnī（中国的），意思是"白糖"。这又肯定说明了印度从中国学习炼制白糖的方法，或者从中国输入白糖。

中印两国在制糖方面互相学习，不是昭然若揭了吗？

这个事实引起了我极大的兴趣。在印度学范围内，我在德国时专治佛典混合梵语。回国初期，我缺少这方面最起码的图书报刊,不得已而暂时来了一个小改行,转而治中印文化关系史。我对上述互相学习的事实感到兴趣,是非常自然的。我于是就开始留意这方面的著作。在欧洲方面,我读过两部巨著:

Lippmann:*Geschichte des Zuckers*(《糖史》)

Noel Deerr:*The History of Sugar* (《糖史》)

还有一些论文。在印度方面,迄今还没有见到类似《糖史》的著作。但在古代文献里,包括佛教和婆罗门教(印度教)等教派,有大量关于甘蔗和糖的记述,有极大的史料价值。此外,还有两部非常重要的书:

Suśruta Saṃhitā《妙闻本集》

Caraka Saṃhitā《羯罗伽本集》

以及一些书中有关的记载。所有这一些书都大大地扩大了我对于甘蔗和糖的知识,提高了我对于这个问题的兴趣。

在中国当代学人中,颇有一些人注意到甘蔗种植和沙糖制造的问题。我读到下列诸文:

吉敦谕:《糖和蔗糖的制造在中国起于何时》,《江汉学报》,1962 年第 9 期,第 48—49 页。

同上:《糖辨》,《社会科学战线》,1980 年第 4 期,第 181—186 页。

吴德铎:《关于〈蔗糖的制造在中国起于何时〉》,《江汉学报》,1962 年第 11 期,第 42—44 页。

同上:《答〈糖辨〉》,《社会科学战线》,1981 年第 2 期,第 150—154 页。

袁翰青:《中国制糖的历史》,见《中国化学史论文集》。

于介:《中国经济史考疑二则，白糖是何时发明的？》，《重庆师范学院学报·哲学社会科学版》，1980年第4期，第82—84页。

李治寰:《从制糖史谈石蜜与沙糖》，《历史研究》，1981年第2期，第146—154页。

同上:《中国食糖史稿》，农业出版社，1990年。

周可涌:《中国蔗糖简史·兼论甘蔗的起源》，《福建农学院学报》，第13卷，第1期，1984年。

此外还有一些篇幅比较短的文章，不一一列举。在这些学者中，李治寰先生是专门研究中国制糖史的。他既懂科技，又通历史，因而创获独多，成就最大。

除了上面列举的这些书和文章以外，中国古典文献中有大量关于甘蔗种植和蔗糖制造的书，我也一一读过了，详情下面再谈。

读了上面提到的这些书以后，我不但了解了有关甘蔗和糖的一些情况，而且也了解了在这方面中国与印度、伊朗和阿拉伯国家交流的事实。我觉得后者更为重要。我一向认为，文化交流是促进人类社会进步的重要动力之一。研究人类历史，不能不研究国与国之间，民族与民族之间的文化交流。这种交流在意识形态领域内可以见到，在科技方面也能找到。甘蔗种植和蔗糖制造属于后者。因此，即使我不通科技，也想在这方面做些探索工作，从文化交流的角度上来探索。

这就是我写《糖史》的最根本的缘起。

资　料

　　研究任何一门学问，都离不开文献资料，不需要科学实验的社会科学和人文科学，更是如此。

　　我在上面列举的我读过的专著和论文，都属于资料的范畴。下面在我的叙述中，在适当的地方将要加以引用，这里不再谈。我现在想集中谈一谈中国古典文献中的资料，因为这些资料有一些特殊性。对于这些文献典籍我在这里也只做一般的介绍，详细内容都将见于下面的论述中。对于这些资料的介绍，我也不求全。我只举出几个著名的例子。我的目的只在说明，研究糖史这一门学问，同一些别的学问一样，中国人有得天独厚的地方。中华民族是一个异常爱好历史的民族，在全世界民族之林中，实无其匹。中国的历史著作，是中国人对整个人类文化的一大贡献。其意义决不能低估。

　　我在下面基本上按历史顺序介绍一些与甘蔗种植和沙糖制造有关的中国古典文献。

《异物志》

　　自后汉一直到魏晋南北朝，中国人对所谓"异物"发生了极大的兴趣。"异物"就是"奇异之物"，多半产生于中国边疆地区和外国。当时出现了很多《异物志》，头绪纷繁，互相抄袭；有时候作者和产生时代都很难弄清楚。为了说明情况，我现在把清张澍的《凉州异物志·序》抄在下面，这篇序对这个十分纷乱的问题做了言简意赅的叙述：

> 澍按：王伯厚《玉海》云：《隋志》：后汉议郎杨孚
> 纂《异物志》一卷。一云《交州异物志》。《水经注》引作
> 《南裔异物志》。吴丹阳太守万震《南州异物志》一卷，朱
> 应《扶南异物志》一卷。《唐志》：沈莹《临海水土异物
> 志》、陈祈畅《异物志》各一卷。房千里《南方异物志》、
> 孟琯《岭南异物志》各一卷。又《文选·注》引谯周《异
> 物志》，即《史记正义》所引《巴蜀异物志》也。《文
> 选·注》又引薛莹《荆扬已南异物志》。《一切经音义》引
> 薛珝《异物志》。《隋志》作薛翊。《晋书》续咸著《异物
> 志》十卷。《太平御览》《艺文类聚》引曹叔雅《异物志》。
> 《太平寰宇记》引作《叔雅庐陵异物志》。苏颂《本草》引
> 徐衷《南州异物志》。《史记正义》引宋膺《异物志》。是
> 异物有志，在昔繁矣。而《凉州异物志》著于隋唐志，隋
> 一卷，唐二卷。《博物志》《水经注》均引作《凉土异物
> 志》。惜不传作者姓字。观其写致敷词，颇谐声律，采藻
> 精华，方诸万氏，又未尝不叹其散佚也。宋膺《异物志》，
> 隐匿鲜章，史注所引，多说西方。且月氏羊尾，文与《凉
> 州异物志》全同。《太平广记》引《凉州异物志》羊子生
> 土中，文亦与宋膺《异物志》同。疑《凉州异物志》即宋
> 膺所纂。汉晋之时，敦煌宋氏俊才如林，文采多丽，亶其
> 然乎。以无左证，未能质言耳。

张澍把《异物志》的问题说得很清楚。虽《异物志》中所言，与
我要研究的问题有关者，仅限于甘蔗。但却能启发我想到许多问

题，是非常有用的资料。

晋嵇含（262—306 年）撰的《南方草木状》二卷，应该归入此类。

《齐民要术》

北魏贾思勰撰。成书于公元 533—544 年。此书引用先秦至魏晋古籍一百余种，农谚二十余条，还有探询老农的资料。全书十一万多字，共九十二篇，较系统地总结了 6 世纪以前黄河中下游地区的农业经验，是我国现存的最早最有系统的农业科学著作，也是世界科技史上最可宝贵的农学文献之一，被中国和世界的农学家视为瑰宝。

《糖霜谱》

宋王灼撰，一卷。约成书于宋绍兴二十四年（1154 年）。全书共七篇："原委第一"，述唐大历（766—780 年）中始创糖霜之事。其后六篇，皆无篇名。第二篇讲制蔗糖始末。第二篇讲种甘蔗方法。第四篇讲选糖之器。第五篇讲制糖之法。第六篇讲制糖结霜与否的原因。第七篇讲糖霜之性味和制食诸法。这是中国第一部系统地讲制糖霜方法的书，也可以说是世界上的第一部。因此有极高的学术价值。王灼，四川遂宁人。遂宁自唐代起即以制糖术名闻全国。王灼之所以写这一部书，之所以能写这一部书，是有其历史渊源的。

与王灼同时而稍后的著名学者洪迈（1123—1202 年），对王灼的著作非常感兴趣。他把王灼七篇的内容压缩了一下，写成一篇不太长的文章。他写道：

> 宣和（1119—1126 年）初，王黼创应奉司。遂宁常贡外，岁别进数千斤。是时所产益奇，墙壁或方寸。应奉司罢，乃不再见。当时因之大扰，败本业者居半。久而未复。遂宁王灼作《糖霜谱》七篇，具载其说。予采取之，以广闻见。（见《钦定古今图书集成·经济汇编·食货典》）王灼原书，版本颇多。李治寰：《中国食糖史稿》，农业出版社，1990 年，收入"附录"。

《本草纲目》

明李时珍（1518—1593 年）撰，五十二卷。中国古代以《本草》名书者，颇有几本。最古的当推《神农本草》。北宋唐慎微（1056—1063 年）撰《经史证类备急本草》，简称《证类本草》，共三十一卷。到了李时珍，以《证类本草》为底本，结合自身经验，遍访名医宿儒，广搜民间验方，亲自观察收集药物标本，深山旷野，无所不至，参阅八百余古代文献，历时二十七年，三易其稿，撰成此书，完成于万历六年（1578 年），约一百九十万字，可谓集《本草》之大成者。本书总结了我国 16 世纪以前的药学理论，对研究生物、化学、地质、地理、采矿等等方面，都有参考价值。不但在中国有广泛的影响，在世界上也被誉为"东方医学巨典"，有多种外国文字的译本。

《天工开物》

明宋应星（1587—1666年）撰，三卷。宋应星于明崇祯七年（1634年）至十一年（1638年）任江西省分宜县（今宜春地区分宜县）儒学教谕。在此期间，他撰成此书。卷上分为"乃粒第一"，讲谷物；"粹精第二"，讲谷物加工；"作咸第三"，讲制盐；"甘嗜第四"，讲制糖、养蜂；"膏液第五"，讲食油；"乃服第六"，讲纺织；"彰施第七"，讲染色。卷中分为"五金第八"；"冶铸第九"；"锤锻第十"；"陶埏第十一"；"燔石第十二"。卷下分为"杀青第十三"，讲造纸；"丹青第十四"；"舟车第十五"；"佳兵第十六"，讲兵器和火药；"曲糵第十七"，讲造酒；"珠玉第十八"。

从这个简略的内容介绍中就可以看出本书内容之丰富，几乎涉及与国计民生有关的各个方面。它确实是中国明代生产知识和工艺技术的总结，是中国科技史上的代表作，在世界科技史上也占有重要的地位。因此，它在国内和国际上产生的影响至深且广。在中国有很多刊本，在国外有很多译本。中国迄今最好的版本是潘吉星著《〈天工开物〉校注及研究》，巴蜀书社，1989年。此书上篇是"《天工开物》研究"，下篇是"校注"。在"研究"中，著者首先论述了《天工开物》产生的时代背景，然后谈宋应星的事迹，接着讲此书的科学技术成就和它在科学史上的地位，讲它的国际影响，讲它的版本，最后讲本书所引文献探原。

潘著是一本非常优秀的著作。

我现在不再列举单本的书，而是综合地按照类别介绍一些有关的著作。

第一类是正史。

我在上面已经说到，中华民族是最爱历史的民族。每一个朝代都有一部叙述这个朝代全部历史的书，几乎都是官修的，几千年来没有间断。这在全世界是独一无二的。《隋书》卷三三《经籍志》说："自是世有著述，皆拟班、马，以为正史，作者尤广。"意思是"正史"自司马迁和班固算起，一般的说法是"二十四史"，也有"二十五史"之说。二十四史的内容和体例，由于有因袭的关系，所以大同小异。书中不但叙述各有关朝代的历史，也涉及外国情况。研究中外文化交流，是不可或缺的典籍。中国同印度的关系，其中颇多记述。关于印度制糖法传入中国的情况，就见于《新唐书》二二一上《西域列传·摩揭陀》。

正史之外，还有所谓"杂史"等，也有与我的研究有关的资料，这里不谈了。

第二类是地志。

所谓舆地之书，亦曰地方志。这一类书籍在中国也可以说是汗牛充栋。省有省志，比如《云南通志》之类；府有府志，县有县志，比如《遂宁县志》之类。里面详细地记录了本省、本府、本县各方面的详细情况，有极大的参考价值。在有关的省、府、县志中，往往可以找到有关甘蔗种植和沙糖制造的记述，是研究中国糖史重要的资料。

第三类是笔记。

这也可以说是中国特有的一种著述体裁。"笔记"，就是随笔记录。这种书籍的量异常大，从古代就有。尽管不一定用"笔记"这个名称，内容则是一样的。一个读书人有所感，有所见，读书有点心得，皆随笔记下。不一定按内容分类。看起来十分庞杂，实则资料对不同学科的研究者都非常有用。精金美玉，随处可见，学者可以根据自己的需要，各取所需。对于中国的甘蔗种植和沙糖制造，在许多笔记中可以找到许多别的地方找不到的资料。这一类书多得无法一一列举，我在这里只举几个例子：明刘献廷的《广阳杂记》，明王世懋的《闽部疏》，明高濂的《遵生八笺》，明陈懋仁的《泉南杂志》，清屈大均的《广东新语》等等。

上面介绍了我使用资料的特点，换句话说，我把重点放在使用中国古典文献中的资料上。这决非是我的偏见，我只是面对事实，面对现实，离开了中国资料，我的《糖史》是没有法子写的。这是我们中国研究这一门学问的学者得天独厚之处，所谓"近水楼台先得月"者便是。外国学者在这方面是相形见绌的。

我决无意贬低外国的历史资料，古代特别是中世纪外国许多国家也有许多很有价值的著作，特别是伊朗和阿拉伯国家一些学者和旅行家的著作，其中有很多涉及甘蔗种植和沙糖制造的资料，都是非常珍贵的。治此学者决不能轻视或忽视。

做　法

我这一部书，虽然也名之为《糖史》，但是同 Lippmann 和 Deerr 的同名著作却有一些显著不同之处。第一，我的书中，虽然也难免涉及一些科技问题；但是，我的重点却不在这方面。我不想写一部科学技术史，而是想写一部文化交流史。第二，根据上面这个想法，我把重点放在中国。我只用一章来讲欧、非、美三大洲的甘蔗种植和沙糖制造，在这方面我不求全面。Lippmann和 Deerr 讲过的我基本上不再重复。我只是利用我自己找到的材料，独立地写我自己探索的结果，至多也不过是这些学者的著作的一个补充。我把本书第一编的篇幅全部用来写中国，而把第二编——国际编绝大多数的篇幅用到叙述中国在种蔗制糖方面与印度、南洋、伊朗和埃及的交流情况。

目　的

最后，我想讲一讲本书的目的。

我希望，我这一本书能成为一本在最严格的意义上讲的科学著作。删除废话，少说空话，不说谎话。言必有据，无征不信。因此，在很多地方，都必须使用严格的考据方法。为了求真，流于烦琐，在所难免。即使受到某一些反考据斗士的讥诮，也在所不辞。

但是，我决不会为考据而考据。在很多地方我都说过为考据辩护的话。原因就是，我认为考据是有用处的，写科学著作必不可少的。没有清代那一些考据大师的工作，我们的古代典籍能读得懂吗？即使是为考据而考据，也是未可厚非的。可是我仍然不想那样做。我希望能够做到于考据中见义理。换句话说，我希望把自己的一些想法通过考据工作弄清事实的真相然后表达出来。

先师陈寅恪先生为国内外公认的国学大师，他于考据最擅胜场，因此颇招来一些非议。但是，我窃以为寅恪先生实不同于清代许多考据大师。在极其严格的甚至貌似流于烦琐的考据的后面，实在隐藏着他所追求的一种理想，一种义理，一种"道"。我觉得，在这一点上，寅恪先生颇乏解人。他曾多次赞美宋司马光的《资治通鉴》。他对"天水一朝"的文化颇为推崇。从表面上看起来，颇难理解。深入思考，就不难理解他的用意之所在。这一点，现在理解的人越来越多了。我认为，这是一件好事。

以予驽钝，焉敢望先师项背！但是，在过去颇长的时间以内，我通过对中外文化交流史的研究，逐渐形成了一些想法。这些想法，由支离到完整，由模糊到清晰，由抽象到具体，终于颇有了一点体系。我想通过现在这一本书，把这些想法表达出来。我的想法是什么呢？简短点说，就是文化交流是促进人类社会前进的主要动力之一。人类必须互相学习，取长补短，才能不断进步，而人类进步的最终目标必然是某一种形式的大同之域。尽管需要的时间会很长很长，道路会非常坎坷弯曲，这个目标必然要达到，这是我深信不疑的。

当前，由于科学技术一日千里的发达，地球实际上变得越来越小了，不同的人民和民族靠得越来越近了。然而以前从来没有想到过的、能够威胁人类生存的问题，也越来越暴露出来了。如果人类还想顺利地在这个地球上共同生活下去的话，人类应该彻底改弦更张，丢掉一直到现在的想法和做法，化干戈为玉帛，化仇恨为友爱，共同纠正人类在过去所犯下的错误，同心戮力，同自然搏斗。我个人认为，今天的人类应当有这个共识。

　　但是，可惜得很，居今之世，懵懵懂懂根本没有认识到这一点的大有人在。我个人人微言轻，我所能做到的事情是很有限的。即使是力量很有限吧，我也不甘心沉默。我的一个小小的希望就是通过我这一本《糖史》，把一个视而不见的历史事实揭露给大家，让大家清醒地意识到，在像糖这样一个微末不足道的日用食品的背后，居然还隐藏着一部生动的人类文化交流史。从这一件小事情上，让人们感觉到实在应该有更多的同呼吸共命运的意识，有更多的互相帮助互相依存的意识，从而能够联合起来共同解决一些威胁着人类全体的问题，比如人口问题、环保问题、资源问题、粮食问题、自然界生态平衡的问题，甚至还有淡水问题、空气问题，等等，等等。人类再也不应当鼠目寸光，只看到鼻子底下那一点小小的利益了。这样下去，有朝一日，整个人类会面临着威胁自身生存的困难。

　　如果我这样一个素来不重视义理，不重视道的人，今天也想宣传一点义理，宣传一点道的话，就让这一点想法成为我的义理，成为我的道吧。

　　从这个意义上来讲，我们应该大力提倡中外文化交流史的研究。中外文化交流史不能算是一门新兴学科；但又似乎是一门新兴学科。因为，尽管中国从20年代起就有了这方面的著作，可是直到今天还没有很多颇有水平的著作，许多大学的历史系不见得都能开出这样一门课，社会上的重视也很不够。这方面的学会虽然已经建立起来了，而且已经做了许多很有价值的工作；可是我总觉得，中外文化交流史还没有成为一门有理论、有纲领的独立的学科。我诚恳地希望，我们国家，甚至世界上其他国家的志

同道合、有志有识之士，能够多方协作，共同努力，写出一些国
与国之间的文化交流史，也可以就某一事件或某一事物，比如说
类似糖这一类的事物，经过认真探讨，不尚空论，写出一些比较
让人满意的专著；在这些专著的基础上，到了适当的时候，写成
一部或多部世界文化交流史。到了那时候，我们人类的共识就会
大大地提高，我们人类的前途看起来就会比现在更光明。跂予
望之！

目　录

第一章　飴餳餹餭　001

第二章　周秦至汉魏两晋南北朝时期的飴餳餹餭以及
　　　　甘蔗和蔗浆　013

第三章　石蜜　041

第四章　蔗糖的制造在中国始于何时　055

第五章　唐代的甘蔗种植和制糖术（618—907 年）　067

第六章　宋代的甘蔗种植和制糖霜术（辽金附）
　　　　（960—1279 年）　111

第七章　元代的甘蔗种植和沙糖制造（1206—1368 年）　211

第八章　明代的甘蔗种植和沙糖制造（1368—1644 年）　269

第九章　白糖问题　393

第十章　清代的甘蔗种植和制糖术（1616—1911 年）　429

附录一　清代糖史部分资料索引（杨宝霖制）　　　　　　　603

附录二　浅述明朝、清前期广东的甘蔗种植业和制糖业
　　　　（杨国儒）　　　　　　　　　　　　　　　　610

附录三　一张有关印度制糖法传入中国的敦煌残卷（季羡林）　622

附录四　对《一张有关印度制糖法传入中国的敦煌残卷》的
　　　　一点补充（季羡林）　　　　　　　　　　　　644

附录五　cīnī 问题——中印文化交流的一个例证（季羡林）　648

附录六　再谈 cīnī 问题（季羡林）　　　　　　　　　　660

季羡林学术年表（张远）　　　　　　　　　　　　　663

第一章

飴餳餳餹

现在要写"糖史"，无法像写其他一些事物的历史那样，能够追溯到渺茫的远古去。因为糖或其他糖的变种是很容易消失的东西，不能在地下保留很长的时间。考古工作对我们的这项研究不能提供任何帮助。因此我现在唯一依靠的就是古代文献记载。

按时代顺序，这一章应该放在第二章的位置上，因为它涉及先秦，又深入汉代。但是，我觉得，如果我选出的饴、餳、餹、餭四个字其确切含义得不到界定，研究先秦和汉代的糖的问题，都会有极大的困难。所以我就决心先解决这四个字的问题，然后再按时代顺序继续写下去。

在这四个字中，正式见于先秦古籍的只有一个饴字，比如《诗·大雅·緜》："周原膴膴，堇荼如饴。"《礼记·内则》："子事父母，枣栗饴蜜以甘之。"《山海经·南山经》有"其味如饴"的话。tang这个音也已出现，比如《楚辞·招魂》："粔籹、蜜饵，有餦餭些。"据学者们的意见，"餦"字取其双声，"餭"字取其叠韵，合起来就成为"tang"，至于用哪个字来表示，则我们现在还无法确知。这个问题下面还要讨论。

到了汉代，陆续出现了餳、餳、餭等字。这些字决不仅仅是单个的字，它们背后隐藏着一部制糖史，对我们很有启发。我现在就对这几个字进行一些分析。

研究古文字离不开《说文》，而要研究《说文》，又离不开清代几个朴学大师的有关著作。其中最著名、创获最多、影响最大的当推段玉裁（1735—1815年）的《说文解字注》。王念孙异常推崇这一部书，说"盖千七百年来无此作矣"。我的分析主要依靠这一部书，旁及桂馥（1736—1805年）、朱骏声（1788—1858年）等人的有关著作。

我首先把段书中的有关资料抄在下面。段书中引证多，提出的问题多，解决的问题也多，所以我抄得比较详尽。这样一来，实际上是避免了我再加以引证，节约了篇幅。

饴（《说文解字注》五篇下）

正文：米糵煎者也。

注：者字今补。米部曰：糵，芽米也。火部曰：煎，熬也。以芽米熬之为饴。今俗用大麦。《释名》曰：饧，洋也。煮米消烂，洋洋然也。饴，小弱于饧，形怡怡也。《内则》曰：饴蜜以甘之。

正文：从食，台声。

注：与之切，一部。

下面是一个籀文饴字，正文：从异省。

饧

正文：饴和馓者也。

注：不和馓谓之饴，和馓谓之饧。故成国云：饴弱于饧也。《方言》曰：凡饴谓之饧，自关而东，陈楚宋卫之间通语也。"杨子浑言之，许析言之。《周礼·小师》注：管，如今卖

飴餳所吹者。《周颂》笺亦云。

正文：从食，易声。

注：各本篆作餳，云易声，今正。按餳从易声，故音阳，亦音唐，在十部。《释名》曰：餳，洋也。李轨：《周礼》音唐是也。其陆氏音义，《周礼》辝盈反，《毛诗》夕清反。因之《唐韵》徐盈切。此十部音转入于十一部，如行庚觥等字之入庚韵。郭璞《三仓解诂》曰：杨，音盈协韵。晋灼《汉书音义》反杨恽为由婴，其理正同耳。浅人乃易其谐声之偏旁。《玉篇》《广韵》皆误从易。然《玉篇》曰：餳，徒当切。《广韵》十一唐曰：糖，飴也。十四清曰：餳，飴也。皆可使学者知餳糖一字，不当从易。至于《集韵》始以餳入唐韵、餳入清韵，画分二字，使人真雁（膺）不分，其误更甚。犹赖《类篇》正之。餳，古音如洋，语之转如唐，故《方言》曰：餳谓之餹。郭云：江东皆言餹，音唐。

段注关于餳和餳，就抄这样多。

　　段玉裁在这里提出了一些重要的问题。最主要的是改餳为餳。桂馥《说文解字义证》和朱骏声《说文通训定声》，均未改。《四部丛刊》景宋本《说文》和《方言》，均作餳，而不作餳。这个问题下面还要谈。其次，段注把飴和餳的区别说得非常清楚。《说文解字》本已交代清楚：餳，飴和馓者也。但是段玉裁在注中又着重加以区分。他对馓字也作了详细注解，里面有几个地方很重要，我也抄在下面。

　　馓

　　正文：熬稻粻饁也。

注：饧，依《韵会》从食。各本作𥺀。盖因许书无饧改之耳。《楚辞》《方言》皆作饧饧。古字盖当作张皇。《招魂》：有饧饧些。王曰：饧饧，餳也。《方言》曰：餳谓之饧饧。郭云：即干饴也。诸家浑言之，许析言之。熬，干煎也。稻，稌也。稌者，今之稬米，米之黏者。煮稬米为张皇。张皇者，肥美之意也。既又干煎之，若今煎𥻸饭然，是曰𥻦。饴者，熬米成液为之。米谓禾黍之米也。𥻦者，谓干熬稻米之张皇为之。两者一濡一小干，相盉合则曰餳。此许意也。杨、王、郭以餳饴释饧饧，浑言之也。豆饴谓之𥺌，见豆部。

正文： 从食，散声。

注：苏旱切，十四部。

在这里，段玉裁对饴和餳与𥻦的关系说得更清楚了。原注具在，不再重复。

桂馥《说文解字义证》卷一四，保留了饴和餳，餳没有改作饧。对饴字的注，有的与段玉裁相同，有的不同。相同的我不再重抄。不同之处在于，桂馥引用了一些古籍，比如《楚策》《吕氏春秋·异用篇》《淮南·说林训》。他还引用《急就篇》颜注，区别饴和餳。又引《齐民要术》作糵法，以小麦和大麦为糵。又引《本草》，说明饴即软糖，北人谓之餳。对于餳字，桂馥注引用了《方言》、《楚辞·招魂》，卢谌《祭法》、《齐民要术》、《宋书·颜竣传》、《幽明录》、《白帖》、《十道志》、《南齐书·周颙传》、《隋书·梁彦先传》、《傅芳略记》等书。

桂馥又在注中引赵宧光曰："南方之胶餳，一曰牛皮糖，香稻粉熬成者。"他接着说：

馥案：今以蔗作者，沙鍚也。《江表传》："孙亮使黄门就中藏吏，取交州所献甘蔗鍚。"《广志》：甘蔗，其鍚为石蜜。《一切经音义》十一：蔗餹，以甘蔗为鍚餹也。今沙糖是也。《北堂书钞》有沙鍚，引张衡《七辩》：沙鍚石蜜，远国贡储。盛翁子《与刘颂书》：沙鍚，西垂之产。馥谓：此皆非飴和餳之鍚也。

羡林按：桂馥的意见是正确的。上面列举的这一些都是甘蔗制成的，而飴和餳之鍚则是米或麦制成，当时还不知道用甘蔗制糖。

下面一段是讨论发音问题的，很重要。我照抄在下面：

易声者，当为易声。《六书故》：鍚，徒郎切。《方言》：鍚谓之糖。易与唐同音。孙氏徐盈切。易非徐盈之音。《六经正误》，诗有簪笺，卖鍚作鍚，误。《荆楚岁时记》，元日进胶牙鍚。《御览》引《风俗通》，作胶牙糖，卢君文弨曰：《说文》鍚，从食，易声，徐盈切。案：易声殊不相近，自当从易。刘熙《释名》云：鍚，洋也。谐声取义。《周礼·小师》注：管，如今卖飴鍚所吹者。《释文》音辞盈反。又云：李音唐。徐盈，辞盈，其音近精，与唐实一声之转。又曰：鍚，从易，古音唐，亦或读为辞精、辞盈、夕清等切者，以阳、唐、庚、耕、清本相通也。李善注《文选·王僧达祭颜光禄文》引郭璞《三仓解诂》曰：杨（楊），音盈，与上声下英协韵。《玉篇》：易，雉杏切，又音畅。可知凡字从易者，皆有两音。《说文》从埸，偶脱中间一画耳。不可执是过生分别。馥案：哀十二年《左传》：郑人为之城虎牢、戈、鍚。《释文》：鍚，

音羊，一音星历反。《容斋三笔》：天台士人左君，颇有
才，最善谑。杨和王之子除权工部侍郎，张循王之子带
集英修撰。左用歇后语作绝句云：木易已为工部侍（郎），
弓长肯作集英修（撰）。此皆易易混淆。《广雅》：粆餭饴
餕饟餳也。曹宪音辞精反。宪岂不知餳从易者，盖转音
也，音转而字体因之以讹。

桂馥已经讲得非常清楚。他的话"凡字从易者，皆有两音"，值
得重视。但是，我认为，问题可能比这还要更复杂。这同我要讨
论的问题关系不大，我不再细究了。

朱骏声《说文通训定声》，由于"定声"，所以打乱了原有
的顺序，把饴字归入颐部第五。对于这个字他的注较以上二者为
少。他说：

> 古以芽米熬之成液，今或用大麦为之，再和之以馓，
> 则曰餳。

简短扼要，说明了原料的转变。他把餳字归入壮部第十八，注也
极为简单。他说："饧餭合音为餳。"也简短准确。他说餳字亦作
餹，作糖。他没有分清餳、餹与糖的极其重要的区别，这个问题
下面还要谈到。

此处还有一个馎字。《说文解字》：申时食也。与饴餳无关。
但是《释名》却有："哺，馎也。如餳而浊可馎也。"我抄在这
里，以供参考。

上面我引证了段玉裁、桂馥和朱骏声三本关于《说文解字》
的书，抄了他们引用的一些资料。问题看起来比较复杂，甚至有
点混乱。经过深思熟虑，我现在提出我自己对这个问题的看法，

不一定很成熟，但是我觉得是能够成立的。我认为，在先秦时代，人民喜欢吃甜的东西，除了天然产生的蜜以外，人工制造的主要有两种：一种叫 yi，一种叫 tang。人民群众的方言最初是只有音的。两者都是开头用米，特别是糯米来制作的，后来（其中也可能包括一些地域的原因），也用小麦和大麦。这样制作出来的东西，清者也就是软一点、湿一点、稀一点的叫 yi。yi 这个音写法有分歧，有的写作飴，有的写作餳。稠者也就是硬一点、干一点的叫 tang。tang 这个音写法也有分歧，有的写作餳，有的写作餹，有的干脆用拼音（反切）的方法来表示，这就是饧餭、张皇、粆餭、粆粍[1]，前者取其双声，后者取其叠韵，拼起来就是tang。至于餳和餳之间的关系，用桂馥的"凡字从易者皆有两音，《说文》从易，偶脱中间一画耳"的说法，解释不通这个问题。餳和餳二字不是一个意思。《方言》有一段话：

餳谓之饧餭即干飴也，飴谓之餩音该，餦谓之餚以豆屑杂餳也音髓，餳谓之餹江东皆言餹，音唐，凡飴谓之餳，自关而东，陈楚宋卫之通语也。

这里的"餳"都应写作餳。这一段值得思考。但是方言以音为主，不以字为转移。

我对飴、餳、餳、餹四个字的意见大体上就是这个样子。

我在《引言》中谈到的李治寰《中国食糖史稿》也谈到了类似的问题。他在这本书的论述中发表了很多很精彩的意见。有的问题我不想也没有能力来谈论，比如"糖和人类的关系"等等，我从中都学习了很多有用的东西。我们的书，正如我在《引言》提到的那样，目的是不相同的，重点也因之不能相同；但是，正因为如此，两本书是可以互相补充的。这一点读者自会明了，用不着我再来啰唆。可是李著中仍然有一些地方是有商榷的余地的。我在这里首先谈一下与我讨论的四个字有关的问题。

李治寰先生在他的书中有几个地方，比如第 35 页、第 40 页，都引用了《说文解字》：

糖　饴也，从米，唐声。

这似乎就有问题。《四部丛刊》景宋本《说文解字》，确实有李治寰的上列引文。但是，李先生却似乎忽略了其中的几个字："文六，新附"。所谓"新附"，意思就是新附加上的，原来并非如此。事实上，我检查了段玉裁的《说文解字注》、朱骏声的《说文通训定声》、桂馥的《说文解字义证》等书，都没有"糖"字。足征"糖"字的晚出。徐锴《说文解字通释（系传）》卷一三，米部也没有"糖"字，更证明了此字的晚出。在中国古代韵书中，确有此字的，比如《广韵》就有"糖"字。但是这一部书的出现也不太早，最早只能追溯到隋代的陆法言。原为梁顾野王撰的《玉篇》中，也有"糖"字。此书虽较《广韵》为早，也还连汉代都够不上，无论如何也证明不了"糖"的早出。因此，李治寰先生引用《说文解字》中"新附"的东西，把"糖"字与"饴""钖""锡"等字并列，给人造成了一个印象，好像先秦时代"糖"字已经出现了，似乎不妥。也许有人要问：为了一个字出现的早晚，你竟费了这么多的笔墨来讨论，岂非小题大做？答曰：否，否！这决不是小题大做，而是大题大做。究竟底细如何？以后还要谈到。这里先就此打住了。

其次，我想谈一谈"餔"字的问题。李著第 40 页引《释名》："如餳而浊者曰餔。"原文是"餔，餔也，如餳而浊可餔也"。但是，在《说文解字》中，"餔"字只有"申时食也"一义。因此，在先秦时代，"餔"字是否有"餳而浊者"的含义，是值得考虑的。

最后，我还再谈一下"餹"字。这个字我在上文中已经谈到过，我把它同"飴""餳""錫"并列。从发音上来看，道理是有的。但是"餹"字并不见于《说文解字》。《方言》里有这个字，足征这个字是比较晚出的 [2]。

注释：

1　参阅姜亮夫《楚辞通故》，1985 年，齐鲁书社，第三辑，第 195—197 页，"饧馇"条。

2　我在这里再补充一点资料。李治寰《中国食糖史稿》，第 39 至 40 页说："西汉启蒙识字课本《急就章》'枣、杏、瓜、棣、馓、飴、錫'，高二适引前人注谓颜师古本作易。其字从易不从易。'居段'金文餳，高明同志释为錫字（《古文字研究》、《古文字类编》）。秦篆餳作錫。两字都从易不从易。"羡林按：高二适原著《新定〈急就章〉及考证》，上海古籍出版社，1982 年，卷上，第 136—137 页，高手书作錫，不作餳。高二适说："又錫作餳，云颜本作枣作錫是也……如餳，章草易旁与易旁无别。"我在上面讲到段玉裁关于这个问题的意见。高的意见可以参考。

第二章

周秦至汉魏两晋南北朝时期的

饴锡锡餹以及甘蔗和蔗浆

上面第一章的重点是界定飴、餳、餳、餹四个字的确切含义。因为，如果这四个字的确切含义不能界定，以后按时代顺序进行叙述时就容易造成概念混乱。界定时，我基本上没有考虑时代问题，笼统地讲就是古代，这样也就够了，它并不影响本书基本上按时代顺序叙述的结构框架。

本章的重点是叙述从秦汉以至南北朝时期这四个字在文献中出现的情况，以及这四个字所代表的实物演变的情况。还有一个重点是讨论甘蔗和蔗浆的问题。在叙述这两个重点以前，我想说得再远一点，讲一讲最古时代的甜东西以及甜这个味觉的原始含义。因此，本章就可以分成三个部分：

（一）古代的甜东西。

（二）秦汉至南北朝时期的飴餳餳餹。

（三）这一时期的甘蔗和蔗浆。

下面分别依次加以叙述。

（一）古代的甜东西

几乎所有的人（甚至一些动物）都喜欢吃甜东西。这是一个生理问题，与我们研究糖的历史关系不大，我在这里不讨论。我只讲最古的人吃的甜东西。

这个问题，李治寰在他的《中国食糖史稿》[1]中，已经做了很细致周到的阐述，我没有必要再重复论述，请读者自行参考。我只想做一点补充。第一点补充是讲一讲中国古代文献中对"甜"这一味觉的理解或者解释。第二点补充是再讲一讲蜜。李治寰在该书第二章中谈到自然糖的食用史，第三讲的是蜜，第一是乳糖，第二是果实。

古代对甜这一味觉的理解或者解释，我只能通过语言文字来探讨。最古的文字甲骨文和金文，蒙昧渺茫，邈乎远矣。我不想去谈它。我想从《说文》谈起。《说文解字》的注本很多，我使用的是最有权威的清段玉裁的《说文解字注》[2]。在《说文解字》中，表示"甜"的含义的字有几个，最重要的是甘、甜、旨、美四个字。

甘 五篇上，甘部，第202页上。"甘，美也。"《注》："羊部曰：美，甘也。甘为五味之一，而五味之可口者，皆曰甘。""从口含一，一，道也。"《注》："食物不一，而道则一。所谓味道之腴也。""凡甘之属，皆从甘。"

甜 同上篇、部、页。"甛，美也。"《注》："周礼注恬酒，恬即甛字。"

旨 五篇上，旨部，第202页下。"旨，美也。"《注》："叠韵，今字以为意恉字。""从甘，匕声。"《注》："职雉切，十五部。""凡旨之属，皆从旨。"

美 四篇上，羊部，第146页下。"美，甘也。"《注》："甘部曰：美也。甘者，五味之一，而五味之美皆曰甘。引伸之，凡好皆谓之美。""从羊大。"《注》："羊大则肥美。""羊在六畜主给膳也。"《注》："周礼，膳用六牲，始养之曰六畜。将用之曰六牲。马、牛、羊、豕、犬、鸡也。膳之言善也。羊者，祥也。故美从羊。此说从羊之意。""美与善同意。"《注》："美羴義羑皆同意。"

《说文解字》就引这样多。引文本身已经把事情说得非常清楚，我再加解释反而会成为多余的了。《说文解字》一说："甘，美也。"又说："美，甘也。"这几个字的相互关系，实际上成了一而二，二而一的关系，用不着再细说。

值得注意的是中国"美"字的来源和最基本的含义以及美与善的关系。这虽然似乎像是题外的话；但是，我认为，讲上一讲，会对研究中国美学、伦理学等等的学者有很大的启发。

人类，不管是东方人，还是西方人，爱美都可以说是天性。自古以来，中西各国都形成了一门专门研究"美"的学科：美学。研究美学的书籍，汗牛充栋；对美的本质的争论也是剑拔弩张。我对这些书籍颇多涉猎。公说公有理，婆说婆有理，议论纷纭，莫衷一是。最近读到了周来祥、陈炎合著的《中西比较美学大纲》[3]。我觉得这是一部十分精彩的书，立论有据，逻辑清晰，把这一个异常抽象的美的概念讲得生动具体。他们讲的"美"，同我上面引用《说文解字》讲的"美"有密切联系。所以我就抑制不住自己，来谈上一谈。先引一段原书：

　　动物性的快感是与其个体和族类的生存欲望密切相关的，前者表现为"食"，后者表现为"性"。在原始人那里，最初的食、性活动还只是为了满足肉体的生物本能，然而随着劳动生产和社会实践的出现，这些生物性本能渐渐演化为精神享受：食不仅仅是为了果腹，而且是一种美味；性也不单单是为了交配，而且是一种爱情。这就是动物性快感向人类美感进化的历史过程。在这一历史过程中，不同的民族有着不尽相同的侧重点和倾向性。从现在的资料看，中国古代的审美活动最初显然与"食"有着密切的联系，而西方古代的审美活动最初或许与"性"更加相关。这大概也就是人们将中国文化称为"食文化"，将西方文化称为"性文化"的原因之一吧。[4]

我在上面的引文中的"美，甘也"，"美"这个字来源于肥美的羊，充分证明周、陈的书中论断的准确性。谈糖而谈到甘，谈甘而谈到美，谈美而谈到美的起源，谈美的起源而谈到中西美的起源之不同，虽然似乎扯得远了一点，却还没有到"下笔千言，离题万里"的程度。

从《说文解字》中"美与善同意"这一句话中，从"善"这个字也来源于羊这个事实中，我还想再扯远一点，讲一讲东西哲学家和其他一些什么家都常谈到的"真善美"这三个概念的相互关系。至少是在中国，美与善是"同意"的。关于这一点，我不想进一步去阐述。我只在这里点出这个问题，供有关学者思考。

话还是扯得远了一点。闲言少叙，书归正传。现在我来对李治寰讲的自然糖的第三种：蜂蜜做一点补充。

蜂蜜大概是人类食用的自然糖中最甜的、最普通的一种。世界上各民族几乎都有吃蜜的习惯。这从语言上就可以得到佐证，比如印欧语系各语言表示"蜜"的字是：

梵文	madhu
古希腊文	μέθν，μέθη
斯拉夫系	medǔ
立陶宛文	midùs，medùs
日耳曼系	meth
英文	mead

这只是例子，是有代表性的，其余的用不着多举了。这些字显然源于一个共同的原始印欧语。先有事物，然后才能有表示这个事物的字。"蜜"这一种东西大概在原始印欧人中是普遍食用的。

在中国，"蜜"字出现得很早。我仍然从《说文解字》谈起。《说文》，蜜，十三篇下，虫部，第 675 页上：䖿"蜂甘飴也。"《注》："飴者，米蘗煎也。蜂作食，甘如之。凡蜂皆有䖿。《方言》：蜂，大而蜜者，谓之壶蜂。郭云：今黑蜂穿竹木作孔，亦有有蜜者。是则蜂飴名䖿，不主谓今之蜜蜂也。"

"蜜"字还见于其他一些先秦古籍中，不具引。我只想讲一讲楚辞的情况。《楚辞·招魂》："粔籹蜜饵，有饧餭些。""饧餭"就是 tang（餹、餳），我在第一章中已经谈过，请参阅。对《招魂》中的这一句话，王逸注："言以蜜和米面，熬煎作粔籹，捣黍作饵。"[5]

我顺便讲一讲楚辞里面的"甘"字。在楚辞中，"甘"字凡四见，其中为木名"甘棠"，与我所要谈的问题无关，不具引。其他三处皆"味美"一义之引申。《招魂》："此皆甘人，归来恐有遗灾些。"王注："甘，美也。"《招魂》又曰："辛甘行些。"王

注："辛，谓椒姜也。甘，谓饴蜜也。"《大招》："有鲜蠵甘鸡和楚酪些。"王注："言取鲜洁大龟，烹之作羹，调以饴蜜；用肥鸡之肉，和以酢酪，其味清烈也。"[6]

对李治寰《中国食糖史稿》第二章的补充就到这里为止"[7]。

（二）秦汉到南北朝时期的飴、餳、餲、餹

飴、餳、餲、餹等四个字的确切含义，第一章已经作了界定，目的是给人一个全方面的概念。在现在这一段里，我想按照历史顺序，讲一讲这几个名词出现的情况，目的是给人一个历史概念。从时间顺序上来讲，先秦时代出现的只有一个"飴"字，"餹"字最晚出。根据我在第一章中的意见，这四个名词实际上只代表两种东西：飴和餲同读为yi，指软一点、湿一点、稀一点的用糯米或小麦、大麦制成的甜东西。餳和餹同读为tang，指稠一点、硬一点的[8]。除了这四个字以外，我在第一章里还谈到"餦""餔"等字，含义已阐述过，今后就不再谈了。

下面按照顺序谈这四个字。

飴 餳

我想先条列引文，然后再加以分析，从中得出可能得到的一些结论。引文不求完备无遗，那是很难做到的，重要的决不会遗漏。上面已经引过的，除了极其重要的非引不行的以外，不再

重复[9]。

《诗·大雅》 参阅上面页 3。

春秋时代（公元前 770—前 476 年） 青铜器"居毁"上有餳字[10]。

《礼记·内则》 参阅上面页 3。

《山海经·南山经》：

又东三百七里曰仑者之山。其上多金玉，其下多青雘。有木焉。其状如谷而赤理。其汁如漆，其味如飴，食者不饥，可以释劳。其名曰白䓘，可以血玉。

《吕氏春秋·审时》：

得时之黍，芒茎而徼下，穗芒以长，抟米而薄糠，舂之易，而食之不嚘而香，如此者不飴。

史游《急就篇》：

䬫生侃反、飴、餳。

《方言》：

餳，谓之饹餭。飴，谓之餃。䬼，谓之餽。餳，谓之餹。凡飴谓之餳[11]，自关而东，陈楚宋卫之通语也。

注：饹餭，即干飴也。餽，以豆屑杂餳也。餹，江东皆言餹。

《释名》卷四《释饮食》第十三：

餳，洋也。煮米消烂，洋洋然也。

飴，小弱于餳，形怡怡然也。

哺，餔也。如餳而浊可餔也。

《说文》上面第一章已讲过，请参阅。

《淮南子·说林训》第十七：

柳下惠见饴曰："可以养老。"盗跖见饴曰："可以黏牡。"见物同而用之异。

注：牡，门户籥牡也。

张衡《七辩》：

沙锡石蜜，远国贡储。

崔寔《四民月令》：

十月洗水冻作煮（京）锡，煮暴饴。

《太平御览》《古今图书集成》引。"水"《集成》作"冰"。

卢谌《祭法》：

冬祠用荆锡。

《太平御览》《古今图书集成》引。"锡"《集成》作"锡"。

《后汉书·后纪》：

明德马皇后报章帝曰："吾但当含饴弄孙，不能复关政矣。"

《太平御览》《古今图书集成》引。

《晋书·石崇传》：

（崇）与贵戚王恺、羊琇之徒以奢靡相尚。恺以粕澳釜，崇以蜡代薪。

《世说新语·汰侈》第三十：

王君夫以粕糒澳釜。石季伦用蜡烛作炊。君夫作紫丝巾步障碧绫裹四十里。石崇作锦步障五十里以敌之。石以椒为泥。王以赤石脂泥壁。

羡林按："粕"即"饴"字。《说文》无"粕"字。

《幽明录》：

王允祖安国张显等，以太元中乘船，见仙人赐糖飴三
饼，大如比轮钱厚二分。

《太平御览》《古今图书集成》引。

关于"飴"字的引文就引这样多。有一个小问题想在这里
说明一下。李治寰上引书，第40页说："糖：《说文解字》谓：
'糖 飴也。'"我在前面已经谈过这个问题，在这里再交代一句。
"糖"字并不见于《说文》，只见于"新附"。

把上面的引文归纳一下，我们可以看到，只有"飴"字见于
先秦典籍，后来"飴""餳"混用，见于多种汉至南北朝典籍中。
制造"飴"的原料是大米和麦，尚无用甘蔗者。至于"飴"的价
值，大概是非常高的，否则南北朝时期的石崇和王恺斗富炫侈，
决不会用粓（飴）的。

餳 餹

我仍然先条列引文：

《方言》 上面已引过。

《释名》 上面已引过。

《说文》 上面已讨论过。

崔寔《四民月令》上面已引过。值得注意的是：《太平御览》
作"餳"，《古今图书集成》作"餳"。

《盐铁论》：

洗爵以盛水，升降而进餳，礼虽备，然非其实也。

卢谌《祭法》：

> 冬祠用荆锡。

《太平御览》《古今图书集成》引。

值得注意的是：前者引作"锡"，后者引作"锡"。

《三国志·吴志·孙亮传》注《江表传》：

> 亮使黄门以银碗并盖，就中藏吏取交州所献甘蔗锡。黄门先恨藏吏，以鼠矢投锡中，启言：藏吏不谨。亮呼吏持锡器入。问曰："此器既盖之，且有掩覆，无缘有此。黄门将有恨于汝邪？"吏叩头曰："尝从某求宫中莞席。宫席有数，不敢与。"亮曰："必是此也。"复问黄门，具首伏。即于目前加髡鞭，斥付外署。

《古今图书集成》引。

贾思勰《齐民要术》卷九，"锡饧"第八十九：

这里主要讲的是"锡"的制作方法。有"煮白锡法""黑锡法""琥珀锡法""煮饧法""食经作饴法""食次曰白茧糖法""黄茧糖"等。值得注意的是：《齐民要术》似乎把"饴"与"锡"混为一谈，不加区分。第二，锡是用大麦、小麦制成的。"煮白锡法"中说："用白牙散蘖佳，其成饼者则不中用。""黑锡法"中说："用青牙成饼蘖。"详细制作过程，请参阅李治寰书第42—43页。

《宋书·颜竣传》：

> 竣为丹阳尹，加散骑常侍。时岁旱，民饥。竣上言，禁锡一月，息米近万斛。

《古今图书集成》引。这里明确说明，锡是米作的。

《王大令集》：

　　　餳大佳。柳下惠言餳可常饵，亦觉有益耳。

《古今图书集成》引。

　　把上面引文归纳一下，我觉得，有几点值得注意。第一，"餳""餳"二字经常混淆，上面举的只是两个例子，类似的情形还多得很。第二，"餹"字只见于《方言》。实际上，"餹""餳"二字，实即一字，都代表的tang音。朱骏声《说文通训定声》"壮部第十八"说："餳，从食，易声。字亦作'餹'，作'糖'。"说"作糖"，是不知道"糖"字晚出。第三，把"餳"与"餳""飴"混淆起来，是没有分清二者的区别。我在上面几次谈到，yi音代表的是软的东西，tang音代表的是较硬一点、较干一点的飴。第四，《江表传》中使用了"甘蔗餳"三字。这非常值得重视。自周秦起，制作"飴"或"餳"用的原料都是米或麦。这里第一次见到用甘蔗作的餳，时间是三国时代（220—280 年）。这个问题下面还要谈到。《江表传》用的是"餳"字，按照我上面的说法，是比较硬的，比较干的。但是，从《江表传》的上下文来看，"餳"要用银碗来盛，而且里面还能搀上老鼠矢，足见它还没有凝结成块，仍然是比较稀的。

（三）这一时期的甘蔗和蔗浆

　　甘蔗，原生地大概不在中国。这个问题在"国际编"第二章"甘蔗的原生地问题"中还要谈到。

在中国先秦时代，只有"柘"字，没有"蔗"字。到了汉代"蔗"字才出现。这是两个同音字。因此，我猜想，这两个字同是zhe音的音译，至于zhe究竟是什么语言，目前还说不清楚。它很可能是印度支那半岛某一个古国的某一种文字[12]。

在汉文中，"甘蔗"的写法很多。《古今图书集成·草木典》第一一三卷，归纳出来了一些写法：

玕蔗	《神异经》	亦作玕睹
甘蔗	《草木状》	
藷	《说文》	
竹蔗	陶弘景	
荻蔗	陶弘景	
崑崘蔗	孟诜	
杜蔗	《糖霜谱》	
西蔗	《糖霜谱》	
芎蔗	《糖霜谱》	
蜡蔗	《糖霜谱》	
红蔗	《糖霜谱》	
紫蔗	《糖霜谱》	

这个归纳很混乱，又很不全，聊备一格而已。

对于"甘蔗"的名称，我也有一个归纳，请参阅本书附录《一张有关印度制糖法传入中国的敦煌残卷》。这里不重复。

同一个或两个音竟然有这样多的写法，可见这些都只能是音译，连"甘"字也只能是一个注音符号，与"甘甜"的"甘"无关。

现在来谈秦汉至南北朝时的甘蔗与蔗浆问题。因为先秦已经出现了"柘"字，所以要把时间上限往上挪一点，挪到周代。

我仍然按照上面的办法，先条列引文，然后再加以论述：

《楚辞·招魂》：

胹鳖炮羔，有柘浆些。

王逸注："柘，藷蔗也。言复以饴蜜，胹鳖炮羔，令之烂熟，取藷蔗之汁，为浆饮也。""柘，一作蔗。一注云：胹鳖炮羔，和牛五藏臛为羹者也。"洪补："相如赋云：'诸柘巴苴'，注云：'柘，甘柘也。'"朱熹注："柘，一作蔗。柘，藷蔗也。言取藷蔗之汁为浆饮也。"[13]

这是先秦时期"柘"（蔗）字唯一的一次出现。

汉刘向《杖铭》：

都蔗虽甘，殆不可杖。佞人悦己，亦不可相。

《古今图书集成》引。

《说文》：

三个注本不尽相同。我现依次抄在下面：

段玉裁《说文解字注》："柘，柘桑也。三字句。各本无柘字，今补……从木，石声……"没有谈到假借为"蔗"。

桂馥《说文解字义证》，在注中也只讲到"柘"即是桑。

朱骏声《说文通训定声》说到，"假借为蔗，《楚辞·招魂》'有柘浆些'，《汉书·礼乐志》，'泰尊柘浆析朝酲'"。

至于"蔗"字，段书是："藷，藷蔗也。"注是："三字句。或作诸蔗，或都蔗。藷蔗二字，叠韵也。或作竿蔗，或干蔗，象其形也。或作甘蔗，谓其味也。或作邯睹。服虔《通俗文》曰：荆州竿蔗。"羡林按：段注"谓其味也"，恐有问题。把全部蔗名归纳起来，"甘"只能是译音。

桂书的注比较长，他引用了很多书，比如《广雅》、《子虚赋》、《古文苑·蜀都赋》、《南齐书·扶南国传》、《西京杂记》、《本草》陶弘景注、《蜀本图经》、《通俗文》、《荆州图》、《永嘉郡记》、《寰宇记》、《南州异物志》、《异物志》、《吴录·地理志》、《南方草木状》、司马相如《乐歌》、《容斋四笔》、张协《藷蔗赋》、李伯仁《七欸》、《唐书·摩揭陀传》、卢谌《祭法》、范汪《祠制》、曹植《矫志诗》、冯衍《竹杖铭》，等等。提供的资料很有用，我现在抄一部分在下面：

> "藷，蔗也。从草，诸声"。《南都赋》"藷蔗姜蟠"。注："甘蔗也。"按藷蔗叠韵连语，与《尔雅·释草》"茦茎著之草五味"。《释木》"味茎著之木五味"。《广雅·释草》"藷芌，署预也"。《北山经·景山》"其中多草藷芌"即今山药同音。单言曰蔗，累言曰藷蔗耳。《南都赋》四物并言，疑藷当为藷芌本字。《汉书音义》训甘蔗，则四字为三物，恐非。《山海经》郭注，草藷芌，今江南单呼为藷，语有轻重耳。又按苏颂《本草图经》闽中出一种薯蓣，根如姜芋而皮紫，极有大者。土人单呼为藷。此疑即苏俗所云山芋，形短而椭圆，与山药不同。

羡林按：藷蔗之"藷"，与山药之"藷"恐系两码事，不能混为一谈。

曹丕《典论》：

> （邓展）求与余对。酒酣耳热，方食干蔗，便以为杖，

下殿数交，三中其臂。

《艺文类聚》引。《太平御览》引。

魏文帝《感物赋》并序：

南征荆州，还过乡里，舍焉，乃种诸蔗于中庭，涉夏历秋，先盛后衰。悟兴废之无常，慨然永叹，乃作斯赋，云：伊阳春之散节，悟乾坤之交灵。瞻玄云之蓊蘙，仰沉阴之杳冥。降甘雨之丰霈，垂长溜之泠泠。掘中堂而为圃，植诸蔗于前庭。涉炎夏而既盛，迄凛秋而将衰。岂在斯之独然，信人物其有之。（《四库全书》，846，761 上）

曹植《矫志诗》：

都蔗虽甘，杖之必折。

桂馥《说文解字义证》引。《艺文类聚》引。《三国志·吴志·孙亮传》注《江表传》，上面已抄。

司马相如《子虚赋》：

诸柘巴苴。

张衡《南都赋》：

其园则有蓼、蕺、蘘荷、蔗蔗、姜、蟠、菥蓂、芋、瓜。

《汉书·礼乐志》：

上引朱骏声《说文通训定声》中已抄录。

《吴录·地理志》：

交阯句漏县，干蔗大数寸，其味醇美，异于他处。筦以为餳，曝之，凝如冰，破如博棋，入口消释。

《太平御览》引。参阅上引《江表传》中的“甘蔗餳”。

《南中八郡志》：

> 交阯有甘蔗，围数寸，长丈余，颇似竹。断而食之，甚甘。笮取汁，曝数时，成饴，入口消释。彼人谓之石蜜。

《艺文类聚》引。请与上引《地理志》文参照。这里使用的字是"饴"，而不是"餳"。

虞翻《与弟书》：

> 去日南远，恐如甘蔗，近抄即薄。

《太平御览》引。

应璩《与尚书诸郎书》：

> 檀氏园，葵菜繁茂，诸蔗瓜芋亦离尚萌。未知三生复何种植。

《太平御览》引。

冯衍《杖铭》：

> 杖必取材，不必用味。相必取贤，不必所爱。都蔗虽甘，犹不可杖。佞人悦己，亦不可相。

《太平御览》引。

左思《蜀都赋》：

> 其园则有蒟蒻茱萸，瓜畴芋区。甘蔗辛姜，阳蓲阴敷。

张协《都蔗赋》：

> 若乃九秋良朝，元酎初出。黄华浮觞，酣饮累日。挫斯柘而疗渴，若漱醴而含蜜。清滋津于枣梨，流液丰于朱橘。

《太平御览》引。

李伯仁《七欸》：

　　副以甘柘，丰弘诞节。纤液玉津，旨于饴蜜。

《太平御览》引。

范汪《祠制》：

　　孟春祠用甘蔗。

《太平御览》引。

张载诗：

　　江南都蔗，酿液沣沛。三巴黄甘，瓜州素棣。凡此数
品，殊美绝快。渴者所思，铭之裳带。

《太平御览》引。

《晋书·顾恺之传》：

　　（顾恺之）每食甘蔗，恒自尾至本。人或怪之，云：
"渐入佳境。"

《太平御览》引文稍异。《艺文类聚》卷八七引文稍异，注明
引《世说》。又引《世说》："扶南蔗一丈三节，见日即消，风吹
即折。"

《宋书》：

　　庾仲文好货。刘雍自谓得其助力，事之如父，夏中送
甘蔗。

又：

　　元嘉末，魏太武征彭城，遣使至小市门，致意求甘蔗
及酒。孝武遣人送酒二器、甘蔗百挺。

以上二则《太平御览》引。

《齐书》：

> 宜都王铿善射。常以埘的太阔，曰："终日射侯，何难之有！"乃取甘蔗插地，百步射之，十发十中。

《太平御览》引。

又：

> 范云永明十年使魏。魏人李彪宣命至云所，甚见称美。彪为设甘蔗黄粽。随尽复益。彪笑谓曰："范散骑小验之！一尽不能复得。"

《太平御览》引。

《梁书》：

> 庾沙弥性至孝。母刘亡，好啖甘蔗。沙弥遂不食焉。

《太平御览》引。

《三国典略》：

> 陆纳反湘州，分其众二千人，夜袭巴陵。晨至城下。宜丰侯修出垒门，座胡床以望之。纳众乘水来攻，矢下如雨。修方食甘蔗，曾无惧色。

又：

> 侯景至朱雀街。南建康令庾信守朱雀门。信众撤桁，始除一舶，见景军皆着铁面，退隐于门，自言口燥，屡求甘蔗。俄而飞箭中其门柱。信手中甘蔗应弦而落。

《太平御览》引。

《隋书》：

> 赤土国物产，多同于交阯，以甘蔗作酒，杂以紫瓜根。酒色黄赤，味亦香美。

《永嘉郡记》：

　　乐城县三州府，江有三洲，因以为名。对岸有浦，名为菰子，出好甘蔗。

《太平御览》引。

　　《扶南传》：

　　安息国出好甘蔗。

《太平御览》引。

　　《广志》：

　　甘蔗，其錫为石蜜。

《太平御览》引。

　　《云南记》：

　　唐韦齐休聘云南。会川都督刘宽使使致甘蔗。蔗节希似竹许。削去后，亦有甜味。

《太平御览》引。

　　《神异经》：

　　南方荒内肝睹林，其高百丈，围三丈，促节多汁，甜如蜜肝音干
睹音柘。

　　请注意"肝睹"这个写法。

　　《异物志》：

　　甘蔗，远近皆有。交阯所产特醇好。本末无薄厚，其味甘。围数寸，长丈余，颇似竹。断而食之，既甘。生取汁为饴餳，益珍。煎而曝之，凝如冰。

　　《甄异传》：

> 隆安中，吴县张牧字君林。忽有鬼来，无他。须臾，
> 唯欲啖甘蔗。自称高楬。主人因呼"阿楬"。牧母见之，
> 是小女，面青黑色，通身青衣。

《太平御览》引。

《袁子正书》：

> 岁比不登。凡不给之物，若干蔗之属，皆可权禁。

《太平御览》引。

《齐民要术》[14] 这一部非常重要的书，在前面几章讲种植五谷（卷一、卷二）、菜蔬（卷三）、果（卷四）、树木（卷五）等的时候，没有提到甘蔗。本书最后一章，第十章，标题是"五穀果蓏菜茹非中国物产者"。后面还加了一个小注："聊以存其名目，记其怪异耳。爰及山泽草木任食非人力所种者，悉附于此。"在这一章里出现了"甘蔗"。我现在把原文引在下面，以供参考：

> 《说文》曰："藷蔗也。"案书传曰：或为芋（羡林按：或当作"芉"）蔗，或干蔗，或邯睹，或甘蔗，或都蔗，所在不同。

> 雩都县，土壤肥沃，偏宜甘蔗，味及采色，余县所无，一节数寸长。郡以献御。

> （《异物志》，上面已引，不重引。）

> 《家政法》曰："三月可种甘蔗。"

羡林按：甘蔗在这里所处的地位很奇特，下面再谈。

引文就到此为止。引文多了一点，目的是为了论证方便，而且也便于读者。我在上面已经说过，引文不求全；有的引文只根据类书引用，没有核对原文，其原因我在本章注"[9] 中已经详尽

阐述，这里不再重复。我只想再补充说明一点，就是我引书基本上没有按照时代顺序，只是大体上按照而已。因为有一些书出现的时间很难确定，特别是所谓"伪书"，学者间意见极为分歧。在这方面费很多精力，问题不见得能得到解决，仍然得不偿失。

统观上述引文，我想着重指出以下几点：

第一，从先秦一直到六朝的典籍中讲到甘蔗的地方，颇为不少，"柘"字只不过是"蔗"字另一个拼法。甘蔗种植的地方也不算少。但是，从许多例子都可以看出来，甘蔗还是相当名贵，还没有能走入寻常百姓家。

第二，关于甘蔗产地的问题。在国内，基本上都在南方，引文中提到或暗示的地方有楚国、安徽亳县、南都（今河南南阳）、檀氏园、吴国、蜀都（四川成都）、江南、南方、巴陵、永嘉、云南等地。在国外，则有安息（波斯，伊朗）、赤土（泰国或苏门答腊）、扶南（柬埔寨一带）、交阯（越南一带）等地。比较详细的情况，请参阅李治寰上引书有关章节。

第三，种植问题。左思《蜀都赋》有"其园"这样的字样，可见当时甘蔗是种植在"园"中的，与一些瓜果并列，并不像后代在郊外大面积地像种粮食谷物那样种植的。

第四，引文中讲到甘蔗，不是生吃，就是饮蔗浆，没有讲到用甘蔗制糖的。罗颀《物原·食原》卷一〇说："孙权始效交阯作蔗糖。"我觉得其中似有问题。因此，在上面引文中我没有引用。请参阅本书第四章，"蔗糖的制造在中国始于何时"。

第五，吴、蜀问题。在上面引文中讲到甘蔗产地的时候，有两个地方引起了我的注意和联想：一个是长江上游的蜀，一个是长江下游的吴。如果不去联想，决不会发现什么问题：两地都有生产甘蔗的权力，何必硬往一处扯呢？但是，在中国与佛教有关的典籍上，吴、蜀总是连在一起出现，比如唐礼言的《梵语杂名》，中国地名只有三个：京师 矩畞娜曩，kumudana；吴 播啰缚娜 paravada；蜀 阿弭里努 Amrdu[15]。《大宝积经》卷一〇，《密迹金刚力士会》第三之三："其十六大国……释种、安息、月支、大秦、剑浮、扰动、丘慈、于阗、沙勒、禅善、乌（焉）耆前后诸国、匈奴、鲜卑、吴、蜀、秦地……"[16] 以上两例可以证明，吴、蜀两地是常常连在一起的。这个现象怎样解释呢？吴、蜀都濒临长江，交通方便，二者关系密切，可以理解。但是，愚见所及，可能还有一个同国外交通的问题，具体地讲，就是从蜀起经过滇、缅甸，一直到印度和波斯。这个问题比较复杂，在"国际编"第六章"邹和尚与波斯"中有所探讨。

第六，疏勒种植甘蔗的问题。甘蔗是热带或半热带的产物。上面的引文可以充分证明这一点。引文中提到的产地，在国外是印度支那半岛和南洋群岛；在国内是多在南方。这是完全合理的。但是有个别的书上竟把甘蔗的产地放在新疆一带，比如《太平寰宇记》，卷一八一说：

> （疏勒）土多稻、粟、甘蔗、麦、铜、铁、绵、雌黄……

疏勒在中国新疆，毗邻沙漠地带，怎么能种植热带或半热带植物甘蔗呢？然而白纸黑字，不容怀疑。这个问题同在敦煌卷子中发现有关制糖的记载，同样难解。参阅本书附录《一张有关印度制糖法传入中国的敦煌残卷》[17]。

第七，《齐民要术》第十章那个小注的问题。原文上面已引过，请参看。我认为，这里暗示着一个重要的问题。到了南北朝贾思勰的时代，甘蔗在中国早已成为习见之物。为什么贾思勰竟在书中给它安排了这样一个位置？这是否意味着贾思勰认为甘蔗非中国所产呢？这个问题我还不敢回答。

第二章就写这样多[18]。

注释：

1　农业出版社，1990 年，第一、二、三章。参阅本书第一章注 2。

2　上海古籍出版社出版，1988 年。

3　安徽文艺出版社，1992 年。

4　上引书，第 27 页。

5　参阅姜亮夫：《楚辞通故》，齐鲁书社，1985 年，第三辑，第 197—198 页。关于"饛饂"，参阅同书、辑，第 195—197 页。

6　同上书，第四辑，第 70—71 页。

7　本段写完，我忽然想到一个问题。上面列举的印欧语系众语言表示"蜜"这个概念的字，都以 m 音起首而以齿音 t，th，d，dh 为尾音。汉文的"密"字以 m 音起首，这是很清楚的：但是整个字今天北方话读作 mi。古音不是这样子的。根据高本汉（Karlgren）的 *Analytic Dictionary of Chinese*，"蜜"字古音是 mi̯ět。这还可以从汉字音译梵字中得到证明。比如梵文 prajñāpāra-mitā 汉字音译为"般若波罗蜜多"，mi（蜜）后面有 tā（多），才是齿音。又如常见的梵文人名中有 mitra，音译为"蜜多罗"，mi（蜜）后面也有 t。也许有人认为，tā 自成一个音节，与上文 mi 无涉。实际上这只是皮相之谈。后面的字，即使自成音节，也影响前面的字。最著名的例子是"南无"，梵文、巴利文是namo（ah）和namo。"南"字的古音是nam，不是今天的nan。上面的例子都说明"蜜"字的古音是m起首t结尾，与印欧语系众语言中表示"蜜"字概念的字完全相当。我这样说，并不想证明汉印欧同源。印度学者师觉月（P.C.Bagchi）曾有过这种想法，德国有一位华裔的汉学家也有这种主张。但我认为，下这种结论还为时过早。不过，无论如何，中国的"蜜"字与印欧语系既然如此相近，其中不可能没有原因的。

8　参阅上面33—34页。飴餳为一物，餳餹为一物。

9　关于引文，有一个重要问题，必须交代一下。作文章难免引用古书原文，而引文又难免间接引用，比如利用唐《艺文类聚》、宋《太平御览》等古代所谓类书。这些类书引文，大概是为了尽量压缩，往往改写原文。我曾想把这些类书引用的文字，源源本本地、一字不易地查出来。这当然很好，我也努力做过；但是，古代类书引用古书，往往只写书名，比如《诗经》《汉书》等等，这样的古书有的几十万字，有的上百万字，没有章节，查找起来，宛如大海捞针，艰苦异常。就以《太平御览》为例，我在本章中引用了其中的一些材料，也按照我的想法，同原书进行核对。然而只有书名，没有章节，我尝尽了苦头，有的仍然查不到。我于是就下决心，改弦更张，只引其引文，不再进行核对。如果是搞校勘学的话，这样做是绝对不行的。但我只是利用资料，只要出现的时间与地点基本清楚，就决无损于我的探讨工作，我的目的就算达到了。因此，今后我不再核对原文。偶尔遇到原文，我就写在注中，供读者对比。

　　还有一点，我也想在这里说明一下。我的探讨目标是"飴"等字所代表的东西出现的时间和地点。至于制造工序和使用材料，李治寰的书中有详尽的叙述，我不再重复，请读者自行参阅。

10　李治寰上引书，第 39、41 页。

11　疑当作"餳"。这两个字在古书中经常相混。

12　参阅 B. Laufer: *Sino-Iranica,* Chicago, 1919, 376 页。Laufer 认为甘蔗可能原生于印度或东南亚国家。

13　参阅姜亮夫：《楚辞通故》，齐鲁书社，1985 年，第三辑，第 187—188 页。

14　我用的是《四部丛刊》上海涵芬楼借江宁邓氏群碧楼藏明钞本影印。

15　《大正新修大藏经》54，1236 上。

16　同上书，11，59 上。参阅岑仲勉：《中外史地考证》上册，第 108—114 页《蜀吴之梵名》。岑先生学问广博，甚多建树。但是对中外地名人名的对音问题，却确是一个门外汉，梵文字母看来他都不懂。然而却乐此不疲，说了许多极其离奇荒诞的话，请读者千万要注意。

17　B.Laufer：*Sino-Iranica*，p.376，注 2。

18　《文选》里面还有一些地方提到甘蔗，没有必要再加以征引了。

第三章

石蜜

"石蜜"一词儿最早出现于后汉时期。李治寰说:"石蜜最初是进口商品。"[1]这是非常可能的。"石蜜"有时被称作"西极石蜜",或"西国石蜜","石蜜"简直就等于"西极(国)石蜜"。这两个词儿有时候难解难分,不辨彼此。

中国古代典籍中使用"石蜜"的地方不少。这个词儿在长期的历史演变中,把多种含义集中到了自己身上。有的同我现在讲的"石蜜",除了名称相同外,毫无共同之处。这样的例子我也引在这里,目的是让读者对这个名词儿有一个全面的了解。此外,其中当然也有中国自己制造的"石蜜",与从外国进口的石蜜并列。在这样的情况下,本书既然分为"国内"和"国外"两编,我就不得不把石蜜也分别在两编中加以讨论。我尽力把在国内制造的石蜜与从外国进口的区分开来。二者的关系既然是难解难分,所以我的区分有时候也难以十分准确,甚至劳而无功。但是我仍要努力去做。

我在本章里主要讲汉魏两晋南北朝的石蜜,隋唐以后的则分别在有关的章中论述。但是,为了让读者能够对"石蜜"这个词儿有一个比较全面的了解,隋唐以后的文献也不得不征引一些,免得支离破碎,过分分散。这只限于名词解释,与制造有关的问题，仍在有关章节中加以论述。

根据我的统计，在中国古代文献中，"石蜜"这个词儿共有以下含义：

（一）糖浆

（二）固体石蜜

（三）糖水、牛乳、米粉合成的乳糖

（四）片糖、捻糖

（五）享糖、飨糖、响糖[①]、兽糖

（六）白沙糖

（七）糖霜

（八）冰糖

（九）飴

（十）崖蜜、岩蜜

（十一）樱桃

我在下面分别加以论述。仍然按照上面的老办法，先征引原文，然后加以阐释分析。至于与"石蜜"一词儿相对应的印度梵文原文，则留待"国际编"第三章"西极（国）石蜜"中去探讨。

（一）糖浆

《南中八郡志》：

---

① "飨糖""响糖"此处保留作者用字，引文多作"饗糖（餹）""響糖（餹）"。

甘蔗围数寸，长丈余，颇似竹，断而食之，甚甘。榨
取汁，曝数时成饴，入口消释，彼人谓之石蜜。[2]

晋郭义恭《广志》:

蔗餳为石蜜。

"蔗餳"就是浓缩糖浆。

（二）固体石蜜

《凉州异物志》:

石蜜非石类，假石之名也。实乃甘蔗汁煎而曝之，则
凝如石而体甚轻，故谓之石蜜也。[3]

这里有几点值得注意。首先，凉州接近丝绸之路，从西域进口
东西是很容易的。其次，"异物"二字也有特殊含义，说明这
种"固体石蜜"很可能不是国货，而是域外进口的。第三，这
种"石蜜"来自蔗浆，是把蔗浆熬了以后又在太阳中曝晒，终于
成为固体的东西。总之，这种石蜜似乎就是"西极石蜜"了。在
"国际编"中还要谈。

我在这里还必须谈一谈"煎而曝之"的问题，因为这牵涉到
石蜜制造的过程。晋嵇含《南方草木状》卷上，"甘蔗"条说:

交趾有甘蔗，围数寸，长丈余，颇似竹。断而食之甚
甘。筰取汁，曝数时成饴，入口消释，彼人谓之石蜜。

《齐民要术》卷一〇，"甘蔗"条引:

《异物志》曰：甘蔗，远近皆有。交趾所产甘蔗特醇

好。本末无薄厚，其味至均。围数寸，长丈余，颇似竹。斩而食之既甘。迮取汁如饴饧，名之曰糖，益复珍也。又煎而曝之，既凝如冰，破如砖其（？）。食之入口消释。时人谓之石蜜者也。

"砖其"二字，颇怪。《太平御览》卷八五七，引《异物志》作"破如博棋"，疑"砖其"二字即"博棋"之讹。

李时珍《本草纲目》引用了万震《凉州异物志》中的那一段话，见上面所引。

类似的资料还有一些，我不再引用了。从这条引文中就可以看出，正如我在上面"引言"中"资料"一节中所说的，当时出现了不少的《异物志》，头绪纷乱，互相抄袭。我不想，也没有能力把这个问题梳理清楚；看来也无此必要。因为我探讨的重点不是这个问题。

我想探讨的是"煎"与"曝"的问题，换句话说就是：这种固体石蜜是熬成的呢？还是晒成的？或者先熬后晒成的？《南方草木状》只讲到"曝"，《异物志》则是"煎而曝之"。孰是孰非，我目前还无法判断[4]。

（三）糖水、牛乳、米粉合成的乳糖

唐苏恭《新修本草》（《唐本草》）：

石蜜用水［羡林按：李治寰《从制糖史谈石蜜和冰糖》（《历史研究》1981 年第二期）说：此处脱一"糖"

字，应为"糖水"。我看是正确的]、牛乳、米粉和煎成
块，作饼坚重。西域来者佳。江左亦有，殆胜于蜀。

请注意：这里用的是"煎"字。

和苏恭一起修《唐本草》的孔志约[5]说：

> 石蜜出益州、西域，煎沙糖为之，可作饼块，黄
> 白色。

这里用的也是"煎"字。

唐孟诜《食疗本草》：

> 石蜜自蜀中、波斯来者良。东吴亦有，不及两处者。
> 皆煎蔗汁、牛乳，则易细白耳。

这里同样用的是"煎"字。

以上引用的都是唐人的说法。但是，我怀疑，这种制造法也许唐代以前就有，所以我在这里论述。至于宋代以后的说法，这里就暂且不谈了。

（四）片糖、捻糖

宋寇宗奭《本草衍义》卷一七：

> 石蜜，川浙者最佳。其味厚，他处皆次之。煎炼以铜
> 象物，达京师。至夏月及久阴雨多，自消化。土人先以竹
> 叶及纸裹包，外用石夹埋之，不得见风，遂可免。今人谓
> 之乳糖。其作饼黄白色者，谓之捻糖，易消化，入药至少。

李治寰，上引文，第148页说：

石蜜制成饼状或块状是为了便于包装运输，制成人物鸟兽状是作为馈赠礼品。前者如宋寇宗奭所说的捻糖及以后演变为我国民族性的传统产品的片糖。

明宋应星《天工开物》中所说的"兽糖"就属于这一类。

（五）享糖、飨糖、响糖、兽糖

这一些糖名同上面（四）片糖、捻糖有时难以区分。为了全面起见，姑分为两类。

明宋应星《天工开物·造兽糖》：

> 凡造兽糖者，每巨釜一口，受糖五十斤。其下发火慢煎。火从一角烧灼，则糖头滚旋而起。若釜心烧火，则尽沸溢于地。每釜用鸡子三个，去黄取青，入冷水五升化解。逐匙滴下用火糖头之上，则浮沤黑滓尽起水面，以笊篱捞去。其糖青白之至。然后打入铜铫，下用自风慢火温之。看定火色，然后入模。凡狮象糖模，两合瓦为之。勺泻糖入模，随手覆转倾下。模冷糖烧，自有糖一膜靠模凝结，名曰享糖，华筵用之。

明李时珍《本草纲目》：

> 以白沙糖煎化，模印成人物狮象之形者，为饗糖，《后汉书》所谓猊糖是也。

李治寰，上引文，第 149 页说："这些享糖、飨糖、响糖、兽糖等，也是唐宋时的石蜜。"

（六）白沙糖

明李时珍《本草纲目》果部第二十二章，"石蜜"条：

> 石蜜，即白沙糖也。凝结作饼块如石者为石蜜。轻白如霜者为糖霜。坚白如冰者为冰糖。皆一物有精粗之异也。

李治寰，上引文，第151—153页认为：李时珍的石蜜即白沙糖的说法有点误解，请参阅原文。我在下面第八章讲到明代制糖术的时候，还要讨论这个问题。

（七）糖霜

（八）冰糖

我把糖霜和冰糖结合在一起来讨论，因为没有法子分得清楚。石蜜、糖霜和冰糖，似是一物，但有时又有区别，其间关系错综复杂。

上面（六）中引用了李时珍的说法，他把石蜜、糖霜和冰糖都说成是来自白沙糖，只是制成的形式有点差别，"皆一物有精粗之异也"。在中国汉魏两晋南北朝时期的赋和文中，以及这一时期的正史中，只有"石蜜"一个词儿，没有"糖霜"和"冰糖"的名称。"石蜜"把这些东西都代表了。引文见"国际编"第三章，"西极（国）石蜜"，这里不引。

至于"糖霜"与"冰糖"的关系，也是混淆不清的。明末清初的顾炎武（《天下郡国利病书·福建》）和李调元（《粤东笔记》卷一四），都说糖霜就是冰糖。丁国钧《荷香馆琐言》说："糖霜当是冰糖。"近人余嘉锡《四库提要辨证》，也认为糖霜应是冰糖[6]。

（九）饴

宋洪迈《糖霜谱》：

《南中八郡志》云：笮甘蔗汁，曝成饴，谓之石蜜。

《太平御览》八五七，饮食部：

《本草经》曰：石蜜，一名饴。

在以上九项中，虽然石蜜的称谓不同，但都是人工制造成的，都是真正属于糖一类的。可是在中国古典文献中，也有不是人工制造的糖一类的东西，而名称却叫"石蜜"的。我在下面也举出两个例子。

（十）崖蜜、岩蜜

（十一）樱桃

我把这两项结合在一起来讨论，这样会更方便一些。

《野客丛谈》:

> 东坡《橄榄诗》曰：待得微甘回齿颊，已输崖蜜十分甜。《冷斋夜话》谓事见《鬼谷子》。"崖蜜"，樱桃也。漫叟渔隐绪公引《本草》石崖间蜂蜜为证。余谓坡诗为橄榄而作，疑以樱桃对言。世谓枣与橄榄争曰："待你回味，我已甜了。"正用此意，蜂蜜则非其类也。固自有言蜂蜜处，如张衡《七辩》云："沙餳石蜜"，乃其等类。闽王遗高祖石蜜十斛。此亦一石蜜也。尝考石蜜有数种。《本草》谓崖石间蜂蜜为石蜜。又有所谓乳餳为石蜜者。《广志》谓蔗汁为石蜜。其不一如此。崖石一义，又安知古人不以樱桃为石蜜乎？观魏文诏曰："南方有龙眼荔枝，不比西国葡萄石蜜。"以龙眼荔枝对言，此正樱桃耳，岂餳蜜之谓耶？坡诗所言，当以此为证。

这一段话，内容丰富又驳杂。主要讲石蜜是樱桃，也说崖蜜为石蜜。

《神仙传》:

> 飞黄子服中岳石蜜及紫粱，得仙。[7]

在以上两段引文中，第一段明确说崖蜜就是石蜜，第二段没有那么明显，但是飞黄子在这种场合服食的决不会是人工制造的石蜜，而是崖蜜或者岩蜜。什么叫崖蜜或者岩蜜呢？《天工开物》卷上"甘嗜·蜂蜜"中说：

> 凡深山崖石上，有经数载未割者。其蜜已经时自熟。土人以长竿刺取，蜜即流下。或未经年而扳缘可取者，割炼与家蜜同也。

《广东通志》说：

> 凡海山岩穴，野蜂窠焉。酿蜜无收采者。草间石隙，在在泛溢。抛露日久，必缩蛇虺之毒。倘以为甘而过食，必大霍乱而死。[8]

这样的"崖蜜"，在中国古典文献中，多次出现。

我在这里还想补充讲几句。《本草纲目》"蜂蜜"，"释名"说：

> 蜂糖　生岩石者名石蜜　石饴　岩蜜
>
> 李时珍曰：蜜以密成，故谓之蜜。本经原作石蜜。盖以生岩石者为良耳。而诸家反致疑辩。今直题曰蜂蜜，正名也。

我在上面讨论了十一项同石蜜在本质上或者名称上有联系的东西。这十一项大体上可以分为两大类：1.与蔗糖有关的或者用蔗糖制成的，这里包括前九项。2.与蔗糖毫无关系的、只有"石蜜"之名的，这里包括最后两项。特别值得注意的是（二）、（三）两项。这与"西极（国）石蜜"有关，我将在"国际编"第三章"西极（国）石蜜"中再加以讨论。"石蜜"这一个名称，宋代以后逐渐消失。除了明代李时珍的《本草纲目》以外，其他有关的书几乎都不见了。至于李治寰提出的"石蜜最初是进口商品"的意见，也等待下面再讨论，这里暂且不谈了[9]。

注释：

1　李治寰，上引书，第120页。

2　《艺文类聚》卷八七"甘蔗"条引此条时，前面有"交阯有甘蔗"一句，李治寰引，缺。

3　根据《古今图书集成·经济汇编·食货典》转引。

4　隋唐以后的石蜜制造过程，参阅下面有关章节。宋洪迈《糖霜谱》
　　引《南中八郡志》，强调"曝成饴，谓之'石蜜'"。此是后话，下面
　　再谈。

5　《古今图书集成·经济汇编·食货典》第三〇一卷"蜜部"，引作
　　"马志约"。

6　详细论述请参阅李治寰，上引文，第153页。

7　转引自《古今图书集成·经济汇编·食货典》第三〇二卷，"蜜部"，
　　"蜜部外编"。

8　转引自《古今图书集成》，同上编、卷。

9　石蜜问题，日本学者讨论者颇多。我只举出一篇来：洞富雄《石
　　蜜·糖霜考》，见《史观》，第六册。这篇文章没有什么值得注意的
　　卓见。可参考。

第四章

蔗糖的制造在中国始于何时

根据我上面的叙述，我们可以看到，蔗糖的熬制开始的时间是一个重要的问题。在这个问题上，我正在写一本关于制糖术在世界上一些国家传布的历史的书，其中涉及蔗糖制造在中国起于何时的问题。在这个问题上，吉敦谕同志和吴德铎同志有针锋相对的意见，展开了一些讨论。我仔细拜读了他们的文章，查阅了一些资料，现在提出一个同他们两位都不相同的意见，请吉、吴两位同志，以及其他对糖史有兴趣的同志们批评指正。

　　吉敦谕同志在《江汉学报》1962年9月号上发表了一篇文章：《糖和蔗糖的制造在中国起于何时》。他主张蔗糖的制造开始于汉代。他引用杨孚《异物志》说，杨孚讲的"笮取汁如饴饧，名之曰糖"，就是沙糖。他又引用"汉晋之际"宋膺所撰《凉州异物志》，证明石蜜出于甘柘，"王灼所说的'糖霜'实际上在汉代已经有了"。晋永兴元年（304年），嵇含著《南方草木状》讲到用甘蔗汁晒糖。5世纪末，陶弘景编修的《神农本草经集注》则说："蔗[1]出江东为胜，庐陵亦有好者，广州一[2]种数年生，皆大如竹[3]，长丈余，取汁[4]为沙糖，甚益人。"李时珍《本草纲目》卷三三甘蔗条集解也引了这一条，只说是"弘景曰"。所有这些著作都证明蔗糖的制造不始于唐贞观年间。

对于吉敦谕同志的这个看法，吴德铎同志提出了不同意见。他在《江汉学报》1962 年第 11 期上发表了一篇文章：《关于"蔗糖的制造在中国起于何时"》，副标题是：《与吉敦谕先生商榷》。他说："吉先生所提供的这四方面的证据，全不可靠。"他首先指出，陶弘景的原书早已失传。吉文中引的那一段，根据唐本《新修本草》，是夹注，而非正文。也就是说，"今"指的是唐代，不是梁代。"这则材料反而成了只有唐朝时才有'沙糖'这个名称的有力的反证。"（第 43 页第一栏）至于嵇含的《南方草木状》，余嘉锡在《四库提要辨证》中提出大量事实，证明此书非嵇含原作。所谓汉杨孚的《异物志》，只是吉敦谕同志认为是这样。以《异物志》命名的书多得很，实在无法证明此书是汉杨孚所撰。清曾钊辑佚本认为是杨孚所作，是很有问题的。书中有关糖的一条，曾钊辑自《齐民要术》卷一〇，但《齐民要术》中根本没有注明这是杨孚的著作，只有《异物志》三个字。而且《齐民要术》卷一〇全是"果蓏菜茹，非中国物产者"，因此吴德铎同志说"吉先生提出的这一证据，似乎只能说明当时的'中国'（指'黄河流域'），不但不能制蔗糖，甚至连甘蔗都没有"。至于吉敦谕同志所引的《凉州异物志》，是根据清张澍的辑佚本，张澍并没有肯定说，这确实是宋膺所撰。吴德铎同志最后的结论是："我国开始炼取蔗糖的时间是唐朝，并不是像吉先生所说的'始于汉代'。"

十八年以后，吉敦谕同志在《社会科学战线》1980 年第 4 期发表了一篇《糖辨》。吴德铎同志在同一个刊物上，1981 年第 2期，发表了《答〈糖辨〉》。这两篇文章实际上是上一次论战的继续，各人仍坚持自己的观点，但新提出来的资料不多。我上面根据十八年前的文章所作的介绍基本上能概括后两篇文章的内容，我在这里不再详细加以叙述。

我仔细拜读了两位同志的论文，我觉得，两位同志的意见都有合理的部分，但又似乎都有点走了极端。根据现有的资料，经过力所能及的去伪存真的剔抉，我只能采取一个中间的态度，做一个折衷派。吉敦谕同志的推理方式有合理的成分，比如他说："甘蔗既是我国土生土长并已广有种植之物，何能迟迟至数百年后，我国人民还不懂制造蔗糖，而从印度学得了此种技术呢？"（《糖辨》第182页）甘蔗在中国是否是"土生土长"，我在另外一个地方再详谈这个问题。但是对于他整个的想法，我是觉得合情合理的。中国这个民族是既善于创造又善于学习的民族。从汉朝就接触到"西极（国）石蜜"（是什么东西，另文讨论），中间经过魏晋南北朝，在许多《异物志》里都有记载，却一直到了唐初才从印度学习熬糖法，在五六百年漫长的时期中竟对此事无所作为，这使人不大容易理解。

根据现有的材料来看，制蔗糖的程序不外两种，一种是曝晒，一种是熬炼。按道理讲，前者似乎比较简单，只要有甘蔗汁，在太阳下一晒，就可以凝稠。此时恐怕还只是稠糖，而不是沙糖。这种曝晒的办法许多书中都有记载。比如《吴录·地理志》、宋王灼和洪迈《糖霜谱》引《南中八郡志》："曝成饴，谓之石蜜。"嵇含《南方草木状》"曝数时成饴"等等。但是很多书却曝煎并提。比如杨孚（？）《异物志》说"又煎曝之，凝而（如）冰"；《凉州异物志》说"煮而曝之"。因此，我们很难说，曝煎二者，哪个在先，哪个在后。用曝煎的办法制造蔗糖可能在南北朝时期已经有了。到了唐太宗时，《新唐书》明确说，向摩揭陀学习的是"熬糖法"，是专门用煎熬的办法，根本不用曝晒的办法。

至于记载曝晒的办法和曝煎并举办法的那一些《异物志》，吴德铎同志的两篇论文都作了比较细致的分析，基本上是可信的，有说服力的。但也有不足之处。我很久以前就有一个想法，三国魏晋南北朝时期，出现了各种各样的《异物志》，吴德铎同志文中引了一些。在当时好像形成了一种《异物志》热，在中国历史上这是空前的也是绝后的。原因大概是，当时中国地理知识逐渐扩大、增多，接触到了许多外国的以及本国边远地区的动植物等等，同日常习见者不同，遂一律名之曰"异物"。这些《异物志》的作者也并不是每个人都自己创新，而是互相抄袭，比如《齐民要术》引的、吉敦谕同志认为是汉杨孚《异物志》中的那一段话：

> （甘蔗）围数寸，长丈余，颇似竹，斩而食之既甘，筰取汁如饴饧，名之曰糖。益复珍也。又煎曝之，凝而（如）冰，破如砖，食之，入口消释，时人谓之石蜜。

这一条，张澍辑本《凉州异物志》全部收入。李时珍引用此条（《本草纲目》卷三二）则作万震《凉州异物志》。互相抄袭的情况可见一斑。不管这些《异物志》是否抄袭，是否某人所作，产生的时期总是在三国魏晋南北朝时期，不能晚至唐代。所以蔗糖的出现，不能早至汉代，也不能晚至唐代。

所谓"异物"，我的理解是不常见之物，是产生在凉州、南州、扶南、临海、南方、岭南、巴蜀、荆南、庐陵等地的东西。
这些地方都有自己的《异物志》，当时这些地方有的是在国内，
有的在国外。那里的东西有的稀有少见，故名之曰"异物"。我
们恐怕不能笼统地说，都不是中国东西。《齐民要术》卷一〇里
面记述的东西，贾思勰说："非中国物者。聊以存其名目，记其
怪异。"贾思勰确实记了一些怪异。但也有的没有什么怪异的，
比如他在这卷中所记的麦、稻、豆、梨、桃、橘、甘（柑）、李、
枣、奈、橙、椰、槟榔等等，难道都不是"中国物"吗？在另一
方面，这些东西，包括蔗糖在内，内地很少生产，并不是广大人
民都能享受的东西。这也是国际通例。糖这种东西，今天在全世
界各国都是家家必备，最常见而不可缺少的食品，但在古代开始
熬制时，则是异常珍贵。比如在印度、伊朗，最初只作药用，还
不是食物的调味品。当时在中国也不会例外。我想只是在以上这
几种情况下糖才被认为是"异物"。

　　此外，吴德铎同志在论证吉敦谕同志引用的那些书的时候，
过分强调这些书不是原作，不能代表汉代的情况，这些论证绝大
部分我是同意的。但即使不是原作，不能代表汉代的情况，如果
六朝时期的著作中已经加以引用的话，难道也不能代表六朝时期
的情况吗？如果能代表的话，不也起码比唐代要早吗？我举一个
例子。我上面抄的吉敦谕同志认为是汉杨孚《异物志》中的那一
段话，吴德铎同志认为非杨孚原话，但是既然后魏贾思勰的《齐
民要术》中引了它，它起码也代表后魏的情况。既然《凉州异
物志》也收入这一段话，那么，贾思勰所说的"非中国物产者"，
就不能适用。又如《凉州异物志》：

> 石蜜之滋，甜于浮萍，非石之类，假石之名，突出甘
> 柘，变而凝轻。甘柘似竹，味甘，煮而曝之。则凝如石而
> 甚轻。

吴德铎同志用了"即使""果真"之后，下结论说："这种东西，在当时中国人民中，还是传说中的'异物'。我们无法根据这样的材料得出'我国蔗糖的制造始于汉代'的结论。"我们要问一下：即使不能证明汉代已有蔗糖，难道还不能证明在汉唐之间某一个时代某一个地区已经有了蔗糖吗？

关于上面引用的吉敦谕同志引陶弘景的那一段话，吴德铎同志认为是唐本《新修本草》的夹注，不是陶弘景的原话。仅就《新修本草》这一部书来看，他这意见可能是正确的。但是，李时珍《本草纲目》卷三三，果木部，甘蔗条《集解》也引了陶弘景这几句话。这可能是引自陶弘景的《名医别录》。对于这个问题，我缺少研究，特向中国医药专家耿鉴庭同志请教。承耿老热心解答。他认为，这几句话是陶弘景说的。他说，最近有人在对《名医别录》作辑佚的工作，不久即可完成。他为这个辑佚本写了一篇文章：《〈名医别录〉札记》。他送了我一份油印稿，我从中学习了很多有益的知识。谨记于此，以志心感。我对于这个问题不敢赞一词，只有接受耿老的意见。既然这几句话是生于齐梁时代的陶弘景（456—536年）说的，那么至晚在齐梁时代已经有了沙糖，当然就是不成问题的了。李治寰同志在《历史研究》1981年第2期中发表了一篇文章：《从制糖史谈石蜜和冰糖》，他在这里也引用了陶弘景这几句话。他直截了当地说是引自《名医别录》，但对《名医别录》这一部书没有作什么说明。请参看。

此外，我们还可以从另外一个角度来证明我的这个意见。在南北朝时期的一些翻译的佛典中，很多地方讲到甘蔗和石蜜，间或也讲到糖。其中以石蜜为最多，这是可以理解的。因为在汉代典籍中，"石蜜"这个词儿多次出现，但是，都与"西极"或"西国"相连，说明这东西还不是中国产品，至于"糖"字则为数极少。我举几个例子。

宋罽宾三藏佛陀什共竺道生译《五分律》卷八：

> 彼守僧药比丘，应以新器盛呵梨勒阿摩勒、鞞醯勒、毕跋罗、干姜、苷蔗、糖、石蜜。（《大正新修大藏经》22，62b）

宋元嘉年间（424—454年）僧伽跋摩译《萨婆多部毘尼摩得勒伽》卷二：

> 甘蔗时药，汁作非时药，作糖七日药，烧作灰终身药。（《大正新修大藏经》23，574b）

> 若屏处食酥、油、蜜、糖食、虫水，波夜提。（同上书卷，577a）

同上书卷六：

> 糖怯陀尼，根怯陀尼，石蜜怯陀尼。（同上书卷，599a）

同上书卷九：

> 比丘言："我食糖。"（同上书卷，617b）

我们怎么来解释这个"糖"字呢？在汉代书籍中出现过"糖"字。焦延寿《易林》卷七："饭多沙糖。"注说："糖当作糠。"桓宽《盐铁论》有"糖粔"字样，据周祖谟先生的意见是"后来抄改"，我觉得他的意见很正确。是不是也有可能是"糠"字之误呢？梁顾野王《玉篇》："糖，饧饵也。"隋陆法言《广韵》："糖，饴也，又蜜食。"这两个"餹"字都出自唐本。总之，汉代大概还没有"糖"字，而只有"餹"字，指的是麦芽糖之类的东西。因此六朝佛典中的"糖"字就值得我们特别注意。

我在上面谈到"糖"同"石蜜"比起来，出现的次数要少得多。这说明，就是在印度梵文或巴利文佛经中，糖也是比较稀见的。但是中译佛典中既然已经用了"糖"字，难道糖这种东西中国就没有而是通过佛典才把这个字传入中国的吗？汉代没有"糖"字上面已经讲到。六朝则确实有了"糖"字。有一个地方同"餹"字混用。"糖"字在六朝时期的出现说明了什么问题呢？有可能只是"有名无实"吗？因此我推测，在六朝时期我们不只是有了这个字，而且有了这种东西。否则就无法解释"糖"这个字是怎样产生的。糖与石蜜，在印度只表示精炼的程度不同，搀杂的东西不同，本质是一样的。这同上面讲的一些《异物志》中的记载，可以互相补充，互相证明。

到了唐初，玄奘《大唐西域记》提到沙糖和石蜜。义净翻译的佛典中也有糖字，比如唐义净译《根本说一切有部毗奈耶》卷四：持钵执锡，盛满稣、油、沙糖、石蜜。（同上书卷，646c）

根据以上的论述，我的意见是：中国蔗糖的制造始于三国魏晋南北朝到唐代之间的某一个时代，至少在后魏以前。我在篇首讲的"同他们两位都不相同的意见"，简单说起来，就是这样。

注释：

1　唐本《新修本草》作"今"。

2　唐本作"人"。

3　唐本作"皆如大竹"。

4　唐本有"以"字。

第五章 唐代的甘蔗种植和制糖术（618—907年）

在我国历史上，唐代是经济和文化都异常繁荣昌盛的时代。从甘蔗种植和沙糖炼制方面来看，也可以如是说。在这两个方面，唐代都超越了前代。历史事实确实是这样。但是，这里也有不利之处。尽管唐初地理著作和类书都有一些；但是专门研究甘蔗和糖的著作却一本也没有。这和宋代和明代比较起来，大为逊色了。

我在上面说到历史事实。这个历史事实，对于蔗种的传入和制糖术的提高，却是非常有利的。唐代前期，太宗雄才大略，开疆拓土，控制了整个西域，被西域小国尊称为"天可汗"。因此对外交通异常畅达，中外文化交流继两汉南北朝之后，达到了另一个高潮。当时的长安实为世界经济文化中心。住在那里的"胡人"的数目达到了惊人的程度。这对于在制糖技术方面的交流，当然极为有利，特别是同印度和波斯（伊朗）的交流，更为显著。这一些历史事实都见于中外载籍中，甚至见于敦煌残卷中。

但是，今天我们来叙述唐代的"糖史"，仍然遇到上述缺少专著的困难。我们搜集这方面的资料，宛如在汪洋浩瀚的书海中游泳，往往事倍而功半，甚至连"半"都不到；有时候在畅游一通之后，空手而归。此中情况，实不足为外人道也。我的做法是，把自己本来就贫枯的想象力发挥到极度，在一切沾亲带故的典籍中爬罗剔抉，搜寻出有用的片言只语，加以引申、联系，从而得出实事求是的结论。

在这一章里，我主要谈国内的情况。至于对外交流的情况，则留待"国际编"去谈。这是本书体例使然，不得不尔。但是国内外又实有密不可分的联系，有时多少有点重复，势亦难免。

本章的内容是：

（一）材料来源。

（二）甘蔗种植。

（三）沙糖制造。

（四）外来影响。

（一）材料来源

材料来源于上面所说的"沾亲带故"的典籍。这些典籍有下列这一些：

1. 正史

2. 本草和医书

3. 敦煌卷子

4. 诗文

5.《一切经音义》

6. 僧传

7. 中外游记

8.《梵语千字文》等书

9.笔记及类书

现分述如下。我先抄资料，然后再归纳分析。

1. 正史

唐代正史中有一些关于甘蔗种植和沙糖制造的资料，为前此所未有，条列如下。

《新唐书》卷二二一上《摩揭陀》：

> （摩揭陀）遣使者自通于天子，献波罗树，树类白杨。太宗遣使取熬糖法，即诏扬州上诸蔗，拃沈如其剂，色味愈西域远甚。

《新唐书》卷二二一上《西域列传·天竺》：

> 南天竺濒海，出师子、豹、狸、橐它、犀、象、火齐、琅玕、石蜜、黑盐。

《新唐书》卷二二一下《西域列传·康（国）》：

> 生儿以石蜜啖之，置胶于掌，欲长而甘言。

《新唐书》卷二二一下《西域列传·吐火罗》：

> 多稻米、石蜜。

《新唐书》卷四二《地理志·成都府·蜀郡》：

> 土贡锦、单丝罗、高杼布、麻、蔗糖、梅煎生春酒。

《旧唐书》卷一九八《西戎列传·康国》：

> 生子必以石蜜内口中，明胶置掌内，欲其成长，口常甘言，掌持钱，如胶之黏物。

同上书、卷《波斯国》：

出骋及大驴、狮子、白象、珊瑚树高一二尺、琥珀、车渠、玛瑙、火珠、玻璨、琉璃、无食子、香附子、诃黎勒、胡椒、荜拨、石蜜、千年枣、甘露桃。

2. 本草和医书

在中国医学史上，研究药物的书叫作"本草"，其中动植矿物都有。蔗汁、沙糖和石蜜都能用作药物，所以在"本草"中可以找到一些关于这些东西的记载。数量虽然极少极少，但从中得到信息的意义，却极大极大。"本草"以外的众多的医书，也起同样的作用。所以我写《糖史》决不能忽略利用这些典籍。

"本草"的历史极为悠久，种类极其繁多。详细叙述，没有必要。但是，读者也需要有一些一般的了解；因此我在这里简要地叙述一下"本草"的历史和演变。因为我现在是谈唐代的问题，所以我叙述的时间下限就截止到唐代。唐以后的各个朝代将在下面依次叙述。

在"本草"大家庭中，最早的一部叫作《神农本草经》，一看这名称，就知道是伪托。这部书最早著录于梁代阮孝绪的《七录》中。《隋书·经籍志》："梁有《神农本草经》五卷。"此书另外还著录了《神农本草经》四卷，想系一书。至于作者和时代，都不清楚。可以肯定的是，作者非一人，时代非一代。大约是秦汉以来许多药物学家的研究成果，到了东汉时期才最后加工成书[1]。

梁陶弘景（456—536 年）有《本草经集注》。到了唐代，由于经济文化的繁荣，中外交通的畅通，西域的医药影响了中国，新药品的数目不断增加，早已冲破了陶著的框框。此时出现了许多新的有关"本草"的著作，也出现了不少的医书，一方面继承和整理过去固有的传统，一方面吸收新东西。在众多的同类著作中，规模最大的、内容最丰富的是苏敬（恭）的《新修本草》（659 年），此书"正经"二十卷，"药图"二十五卷，"图经"七卷，目录二卷，共有五十四卷之多。在《本草经集注》的基础上，增加了很多新药，共载药 844 种，分玉石、草木、禽兽、虫、鱼、果、菜、米、谷等项。最值得注意的是增加了砂糖，这在中国"本草"中还是第一次。其重要意义不言自喻。砂糖之外还有石蜜，其意义相同 [2]。在这部书里有一段话：

> 沙糖，蜀地、西戎、江东亦有之。笮甘蔗汁煎成，紫色。

《新修本草》之外，唐代还出现了一些其他的"本草"。比较重要的是陈藏器的《本草拾遗》和韩保昇的《蜀本草》。陈藏器生卒年月不详，浙江四明（今浙江鄞县）人，生活于公元 8 世纪。《本草拾遗》约于 738 年著成，主要是为《新修本草》拾遗补缺。共十卷（序例一卷，拾遗六卷，解说三卷），补充了许多新药品，仅矿物药一项，就增加了 110 多种。《本草拾遗》一书起了扩大药品范围的作用。明代大医药专家李时珍对陈藏器大加推崇，说："其所著述，博及群书，精核物类，绳订谬误，搜罗幽隐，自本草以来，一人而已。"

《本草拾遗》后二百多年，到了五代时期，蜀人韩保昇又著《蜀本草》。韩保昇约生活于 9 世纪，此书是在蜀主孟昶倡导下编撰而成的，以《唐修本草》为蓝本，除增加了新药外，还配上了图经。全书共二十卷，对药品的性味、形态和产地增加了新内容和新说明。图形绘制精细，对后世影响颇大。

我在上面已经说过，唐代疆域扩大，对外交流频繁，新药物输入是必然的，因而也就出现了记载外来药物的书。郑虔，737年为广文馆博士，撰《胡本草》七卷，已佚。唐代所谓"胡"或"海"，犹今之所谓"洋"，意思是"外来的"或"外国的"。在郑虔一百多年以后，李珣著《海药本草》。李珣，祖籍波斯人，约生活于9世纪末至10世纪初，生卒年月不详。其家以经营香药为业，由于家业关系，对于外国药物特别注意，故有《海药本草》之撰著。全书共六卷，一说二卷，载药124种，其中大多数是从海外传入的。

药食同源，中国旧有此说。到了唐初，饮食疗法已成为一门专门学问。孟诜（621—713年）于是有《食疗本草》之作，共三卷。原书久佚，敦煌残卷中保留了一部分。详情将在下面3."敦煌卷子"中叙述，这里先不谈。

除《食疗本草》外，唐代还有蜀人昝殷于公元853年撰成的《食医心鉴》。原书宋代尚存，后佚失。日人从朝鲜医书《医方类聚》中辑出，成一卷。

到了五代后唐934年，陈士良将《神农本草经》《新修本草》《本草拾遗》中有食疗作用的药物加以分类整理，成《食性本草》十卷，此书久佚。

本草学发展到了唐五代，研究范围日益扩大、深化，药物学工具书从而产生。甄立言、李含光、殷子年、孔志约等，都编了《本草音义》，萧炳编了《四声本草》，杨损之编了《删繁本草》，江承宗编了《删繁药味》。这些书都已相继佚失[3]。

本草之外，还有医书。唐代医学家，在先人已经达到的水平上，又提高了一步，撰述了一些医书，对后世产生了深远的影响。首先应该提到的是孙思邈。他生于 581 年，另有生于 511、541 和 560 年以前诸说；卒于 682 年，京兆华原（今陕西耀县孙家塬）人。于 652 年撰成《备急千金要方》三十卷，总计 232 门，合方论 5300 首，有方有论，内容异常丰富。晚年，682 年，又著《千金翼方》三十卷，作为对《千金要方》的补充。这两部书对中国医学的发展作出了巨大的贡献[4]。

这两部书中，药物品名很多，我只选择与甘蔗、沙糖、石蜜有关的摘抄下来，看看唐初这三样东西作为药物所起的作用如何。

我先从 652 年撰成的《千金要方》谈起。我依照原文顺序依次抄出与甘蔗、沙糖、石蜜有关的资料。

卷一　　"药名"中没有三者。

卷五下　治舌肿强满方：满口含糖醋良。

卷六　　治舌肿强满口方：满口含糖酢少许，时热通即止。

羡林按：以上两条讲的是一码事。

卷十九　大建中汤，治失精气短目充眴眴惚惚多忘方：饴糖八两（按：还有别的药，下同）。

羡林按："饴糖"指的恐怕是麦芽糖之类。又方（治五劳七伤等）：饴糖半斤（下面还有多处有"饴糖"，同我要研究的关系不大，不再抄录）。

前胡建中汤：白糖六两

卷一二　坚中汤：糖三斤

卷一三　大补心汤：粘糖一斤

羡林按："粘糖"含义不明，可能即"糖"。

前胡汤，又方：錫三两

卷一四　补心汤，又方：糖一两

卷一六　治鱼骨哽方：服沙糖水

治骨鲠在喉众治不出方：取粘糖丸如鸡子黄大，吞之。

治吞金银镮及钗等：白糖二斤，一顿渐渐食之，多食益佳。

卷一七　止气嗽通声方：崖蜜　饴糖（按：与我要研究者无关，录之供参考对比）。

治肺寒损伤气嗽及涕唾鼻塞方：白糖。

大蒜煎：石蜜

卷一八　治欬嗽上气方：砂糖五合。又方：白糖五分

治忽暴嗽失声语不出方：砂糖

百部圆：糖

卷一九　前胡建中汤：白糖六两

人参汤：白糖

卷二一　酸枣圆：石蜜四两半

卷二三　治乳痈方：粘糖八两

小槐实汤，治五痔十年老方：白糖一斤

《千金翼方》

此书晚于《千金要方》三十年。对比二者，其间的变化与差别，极有意义。

此书首列"目录"，主要是罗列药物名称。其中"果部"二十五味中有：

甘蔗

石蜜　乳糖也

沙糖

这非常清楚。但其前"虫鱼部"七十一味，首列"石蜜"。这个"石蜜"与果部的"石蜜"决非一物。我在上面第三章"石蜜"中，曾列举"石蜜"一词的含义十一种，其中第十"崖蜜""岩蜜"，就是"虫鱼部"的"石蜜"。这情况给我们制造了不少的困难。在我下面的抄录中，凡有"石蜜"字样之处，有的就难以区分究竟何所指。

卷一　"药名第二"又列"甘蔗、石蜜、沙糖"。"药出州土第三"，列剑南道，益州出沙糖。"用药处方第四"，"惊痫第五"：石蜜。"补五脏第十二"：石蜜。"下气第三十二"：甘蔗。"热极喘口舌焦干第六十"：石蜜。"口疮第六十四"：石蜜。

卷四　"本草下，虫鱼部"：石蜜，参看上面。

"果部"：

"甘蔗　味甘平，无毒。主下气和中，助脾气，利大肠。"

"石蜜 味甘寒，无毒。主心腹热胀，口干渴。
性冷利。出益及西戎。煎沙糖为之。可作饼块，黄白色。"

"沙糖 味甘寒，无毒。功体与石蜜同，而冷
利过之。笮甘蔗汁煎作。蜀地、西戎、江东并有之。"

羡林按：这几条引文非常重要，下面还要谈到。

卷四 治乳痈方：糖捌两。

参阅上面《千金要方》卷二三。那里也有治乳痈方，药品列的有
"粘糖八两"。二者一对比，可见"粘糖"就是"糖"，至少是"糖"
的一种。

卷七 广济：沙糖。

卷一二 耆婆汤，主大虚冷风羸弱无颜色方：糖一斤。

羡林按："耆婆汤"这个名称，值得注意。

卷一五 人参汤：白糖。

卷一八 前胡建中汤：白糖。

卷一九 治口干燥方：石蜜四两。

泽兰子汤：糖一斤。

卷二四 治疥癣：白糖八两。

王焘《外台秘要》

王焘，陕西郿县人，约生于 670 年，卒于 755 年。于 752 年
（天宝十一载）撰成《外台秘要》，是中国古代又一部伟大的医
书，对后世产生了深远的影响[5]。

此书晚于孙思邈的《千金要方》整整一百年，晚于《千金翼

方》七十年。三者对比，可见其间的进步与发展。

我把这部书中有关甘蔗、沙糖、石蜜的资料依次抄下来。

卷六 广济疗卒干呕不息方，又方："甘蔗汁温令热服一升，日三服"，但下面加了一个注："一云甘草汁，张文仲同，并出第三卷中。"

卷八 又疗鱼骨哽在喉（一曰腹）中众法不能去者方："取饴糖丸如鸡子黄大，吞之；不去，又吞，此用得效也。"

羡林按：我在上面说到"饴糖"含义不明确，恐为麦芽糖。但此处之"饴糖"，证之以孙思邈《千金要方》卷一六，此处作"粘糖"；又证之以《千金翼方》卷四及《千金要方》卷二三，"粘糖"即"糖"，则"饴糖"亦即"糖"。但这个推论不能无限扩大。

又疗以银钗簪箸擿吐因气吸误吞不出方：多食白糖，渐渐至十斤，当裹物自出。此说与葛氏小异^{并出第}_{五卷中}

古今录验疗误吞银镮及钗者方："取饴糖一斤，一顿渐渐食尽。多食之，镮及钗便出。"《小品集验千金》同《千金》，作"白糖"。

羡林按：上面的"饴糖"，也等于"白糖"。

卷九 《肘后》疗卒欬嗽方，又方：饴糖^六_分。

《备急》卒欬嗽方：芫花^{二两}_熬 右一味水二升，煮四沸，去滓，内白糖一斤，服如枣大。勿食咸酸物。亦疗久欬。

《千金》疗冷嗽方：胶饴^一_斤。

又疗忽暴欬失声语不出：沙糖一斤。

《延年》杏仁煎主气嗽方：糖一合。

又疗气嗽煎方：白糖五合。

疗欬嗽积年不差者胸膈干痛不利方：餳大半升。

羡林按：不知"餳"指的是什么。

《千金》竹皮汤，主欬逆下血不息方：飴糖一斤。

疗肺伤欬唾脓血：飴糖一升。

足膝胫寒汤方：飴糖一升。

又疗欬嗽喘息喉中如有物唾血方：糖一升。

卷一〇 《肘后》疗肺痰欬嗽吐涎沫心中温温咽燥而渴者方：飴糖。

《延年》天门冬煎，主肺热兼欬声不出方：糖五两。

蜜膏酒止气欬通声方：崖蜜 飴糖。

恶心，心下坚满，饮多食少，疗疰并淋通气势丸方：胶飴。

卷一三 又疗骨蒸欬出脓病重者方：白餳一两。

又疗骨蒸传尸方：黑餳大如鸡子。

羡林按："白餳"和"黑餳"，不知何所指。

卷一六 建中汤疗肺虚损不足神气方：飴糖。

卷一七 "黄芪建中汤：飴糖一斤。"《古今录验》黄芪汤：飴糖半斤。""黄芪汤：飴糖六两。""芍药汤：飴糖一斤。""建中黄芪汤：飴糖半斤。"下面熬法中有"去滓下糖"等字样，这里的"糖"，是否指"飴糖"？

卷二一 这一卷一开始专讲治眼病的药。有意思的是，这里有"天竺经论眼序"一首，后面的解释是："陇上道人撰。俗姓谢，住齐州，于西国胡僧处授。""胡僧"显然指的是印度人。这个问题下面再谈。

卷二二　肺寒鼻齆方：饧糖$\overline{一升}$。

卷二六　《千金》小槐实丸：白糖$\overline{一斤}$。

卷三〇　深师疗癣秘方：白糖$\overline{二两}$。

卷三一　药所生州土：剑南道益州沙糖。疗腹内诸毒方"合罂中，密封以糖。""岭南将熟食米及生食甘蔗巴蕉之属。"

卷三四　下乳漏芦散方：秒[6]糖水下。

卷三五　满口含糖醋。

卷三八　又若发口干小便涩方：取甘蔗去皮尽，吃之，咽汁；若口痛，捣取汁服之。

3. 敦煌卷子

我在上面 2."本草和医书"中讲到了一部叫作《食疗本草》的书。此书久佚，敦煌残卷中保留了一部分，所以我就拿到本节来谈。

罗振玉《敦煌石室碎金》中有《食疗本草残卷》，里面讲到石蜜和沙糖。现将原文抄录如下：

石蜜　自蜀中、波斯来者良。东吴亦有，不及两处者。皆煎蔗汁、牛乳，则易细白耳（引文见《古今图书集成·经济汇编·食货典》第三〇一卷，蜜部）。

石蜜^寒 右（主）○心腹胀热，口干渴。波斯者良。注少许于目中，除去热膜，明目。蜀川者为次。今东吴亦有，并不如波斯。此皆是煎甘蔗汁及牛膝（乳字为是○），煎则细白耳。又和枣肉及巨胜人（仁），作末为丸，每食后含一丸，如李核大，咽之，津润肺气，助五藏津。

沙糖^寒 右（主）功体与石蜜同也。多食令人心痛，养浊，消肌肉，损牙齿，发疳䘌（䘌），不可多服之。又，不可与鲫鱼同食，成疳虫。又，不可共笋食之。笋不消，成症病，心腹痛重，不能行李（履）○。

敦煌残卷《食疗本草》，除了罗振玉的刊本外，还有赵健雄编著的《敦煌医粹》《敦煌遗书医药文选校释》（贵州人民出版社，1988 年）中的《食疗本草残卷》。此本对原文做了一些解释，上面用○作记号的三个地方就是，这些解释看来是正确的。

《敦煌医粹》中还有《医方残卷》一章，其中讲到石蜜。我现在也抄在这里：

紫苏煎 治肺病上气咳嗽或吐脓血方，其中有"石蜜五两"。

此书又引《食疗本草》：

石蜜治眼热膜。

此外，在王筠默、王恒芬辑著的《〈神农本草经〉校证》（吉林科学技术出版社，1988 年）中也有关于石蜜的记载。因为在这以前我没有谈到"本草"，没有机会引用，我也引在这里：

石蜜 味甘平，主心腹邪气、诸惊痫痉，安五藏诸不足，益气补中，止痛解毒，除众病，和百药，久服强志，轻身，不饥，不老。一名石饴，生山谷。

此书并引陶隐居（弘景）的话：

> 石蜜，即崖蜜也。

看来这里说的"石蜜"指的是"崖蜜"或"岩蜜"，与沙糖熬成的"石蜜"不是一种东西。但是，正如我在上面已经提到的那样，在《外台秘要》等医书中，二者有时难以区分。所以，我就抄了下来，供参考。

除了《食疗本草》以外，敦煌残卷中还有一些涉及糖和石蜜的卷子，虽然简短，但很重要。我现在抄在下面：

吐蕃申年（828 年）等沙州诸人施舍疏十二件

1　发壹两　沙唐（糖）伍两，入大众

2　有弟子薄福，离此本乡，小失翁母，处于大蕃，配充驿

3　户。随缘信业，受诸辛苦，求死不得，乃贪生路，饥食

4　众生血肉。破斋破戒，恶业无数。今投清净道场，请

5　为念诵

6　申年正月五日，女弟子张什　二谨疏

7　沙唐（糖）一两崇哲取准三斗 7

另外，P. 3303 背面有一段制糖的记载。从字体上来看，它不像一些佛经那样字体端正秀丽，显然出自饱学秀才之手。在这里，字体有些潦草，间有错别字。尽管如此，其意义是极端重要的。现在，我把我的读法写在下面：

1　西天五印度出三般甘蔗：一般苗长八尺，造沙唐（糖）多

2　不妙；第（第）二，按一二尺距，造好沙唐及造最上煞割令；第三

3　般亦好。初造之时，取甘蔗茎，弃却椋（梢）叶，五寸截断，着

4　大木白，牛拽，拶出汁，于瓮中承取，将于十五个铛中煎。

5　旋写（泻）一铛，著筋（？筋？），瑱（置）小（少）许。冷定，打。若断者，熟也，便成沙唐。不折，不熟。

6　又煎。若造煞割令，却于铛中煎了，于竹甋内盛之。禄（漉）水下，闭（阒？闩？）门满十五日开却，

7　着瓮承取水，竹甋内煞割令禄出，干后，手遂一处，亦散去，曰煞割

8　令。其下来水，造酒也。其甘蔗苗茎似沙、高昌糜，无子。取

9　茎一尺，截买于犁垅便生。其种甘蔗时，用十二目（？月？）。

以上两件涉及糖、甘蔗和石蜜（煞割令）的敦煌残卷，虽然残缺不长，但所含内容则极重要。吐蕃统治时期的沙州老百姓以糖布施僧伽，请为念诵。这糖是从哪里来的呢？当地是半沙漠地带，不生甘蔗，更无从造糖。至于 P. 3303 残卷，对造糖和种蔗都有简

短而具体的描述。我们会提出同样的问题。下面本书附录《一张有关印度制糖法传入中国的敦煌残卷》将专章讨论这一段残卷，请参阅。

4. 诗文

唐代是中国文学史上的一个黄金时期，诗文都是量多而质高。其中间有涉及甘蔗及糖者。因为是出现在诗文中，不可能与甘蔗种植和沙糖制造有多少牵连，对我现在进行的探讨研究不可能有多少帮助。我立此一节，不过聊备一格而已。

唐代诗文浩如烟海，我不可能从头至尾认真翻检。听说深圳大学将《全唐诗》输入电脑，我于是写信给郁龙余教授，请他协助。蒙他不弃，转请有关同志，将有关"甘蔗"的条目利用电脑检出。他来信说，电脑调试尚未臻完善，其他条目尚未能查检，只有俟诸异日。基于我上面说的理由，我没有再敢麻烦他。现只将"甘蔗"条目写在下面，聊供参考而已。

深圳大学输入电脑，使用的本子是《全唐诗》，中华书局，1960 年版，全 25 册：

（1）卷数：133 册数：4 页数：1353 行数：5 作者：李颀 诗题：送刘四赴夏县 原文：

> 明主拜官麒麟阁，光车骏马看玉童。高人往来庐山远，隐士往来张长公。扶南甘蔗甜如蜜，杂以荔枝龙州橘。

（2）卷数：133 册数：4 页数：1358 行数：2 作者：

李颀　诗题：送山阴姚丞携妓之任兼寄苏少府　原文：

> 才子风流苏伯玉，同官晓暮应相逐。加餐共爱鲈鱼肥，醒酒仍怜甘蔗熟。知君练思本清新，季子如今德有邻。他日如寻始宁墅，题诗早晚寄西人。

（3）卷数：218　册数：7　页数：2291　行数：15　作者：杜甫　诗题：遣兴五首　原文：

> 吾怜孟浩然，裋褐即长夜。赋诗何必多？往往凌鲍谢。清江空旧鱼，春雨余甘蔗。每望东南云，令人几悲咤。

（4）卷数：243　册数：8　页数：2728　行数：9　作者：韩翃　诗题：送山阴姚丞携妓之任兼寄山阴苏少府　原文：

> 才子风流苏伯玉，同官晓暮应相逐，加餐共爱鲈鱼肥，醒酒仍怜甘蔗熟。知君炼思本清新，季子如今德有邻。他日如寻始宁墅，题诗早晚寄西人。（按：此与上面李颀诗实为一诗，作者说法不同，故两出。）

（5）卷数：488　册数：12　页数：4535　行数：18　作者：元稹　诗题：酬乐天江楼夜吟稹诗因成三十韵　原文：

> 甘蔗销残醉，醍醐醒早眠。深藏那遽灭，同咏苦无缘。雅美诗能圣，终嗟药未仙。

（6）卷数：568　册数：17　页数：6497　行数：7　作者：薛能　诗题：留题　原文：

> 茶兴复诗心，一瓯还一吟。压春甘蔗冷，喧雨荔枝深。骤去无遗恨，幽栖已遍寻。峨眉不可到，高处望千岑。

我从深圳大学得到的材料就这样多。看样子是不全的。但是，我本来也没有希望唐代诗文能给我提供非常有用的资料。引这些诗，不过想告诉读者，唐代诗人写到甘蔗而已。有一点值得提一提的，甘蔗浆能醒酒，汉代已经知道了。

此外，我还从《全唐诗引得》中找到了"燋糖幸一桴""偶然存蔗芋""蔗浆归厨金碗冻""茗饮蔗浆携所有"（杜甫《进艇》等诗），韦应物"姜蔗傍湖田"，王维"蔗浆菰米饭"这些诗句，目的同前，不去细细追究了。

另外，《分门集注杜工部诗》，卷一一《发秦州》有"崖蜜"一词，注"石蜜"。可供参考。

5.《一切经音义》

在这里，《一切经音义》包括两部书，一是《玄应音义》，亦名《大唐众经音义》，共二十五卷，后出别本间作二十六卷。唐大慈恩寺翻译僧玄应撰，书成于贞观末年，体例近于唐陆德明《经典释文》。于 454 部佛教著作中录出梵文汉译和生僻字词，加以注释。征引古籍多至百数十种，保存了大量的古籍佚文与异文。是一部难得的佳作。另一部是《慧琳音义》，亦名《大唐音义》。唐释慧琳（737—820 年）撰。共一百卷，书成于唐宪宗元和二年（807 年）或五年（810 年）。体例本于《玄应音义》，于汉唐一千三百部五千七百余卷佛教著作中选择词语作注。慧琳旁征博引，共写成约六十万字。在古代辞书中，援引古书之多，保存佚文之富，首推此书[8]。这书里面有一些对于甘蔗和糖的注释，我现在抄在下面。我根据的本子是《大正新修大藏经》，第一个数字表示卷数，第二个表示行数，第三个表示栏数：

54，341c 甘蔗 下之夜反 （《大般若波罗蜜多经》）

54，343b 甘蔗 之夜反。《文字释调》云：甘蔗，美草名。汁可煎为砂糖。《说文》：藷也，从草从遮，省声也。（《大般若波罗蜜多经》）

54，402a 甘蔗 上音甘，下之夜反。或作蘸蚶草。煎汁为糖，即砂糖，蜜缤等是也。 （《大宝积经》）

54，408c 干蔗 经文或作芋柘，亦同，下之夜反。《通俗文》：荆州干蔗，或言甘蔗，一物也。经文从辵，作蘸，非也。 （《阿阇贳王女阿术达菩萨经》）

54，430c 甘蔗 遮舍反。王逸注《楚辞》云：蘸，藷也。《蜀都赋》所谓甘蔗，是也。《说文》云：从草，庶声。（《宝星经》）

54，461a 苷蔗 上音甘，下之夜反。《本草》云：能下气治中，利大肠，止渴，去烦热，解酒毒。《说文》：蔗，藷也。从草，庶声。苷或作甘也。（《大悲经》）

54，489a 甘蔗 之夜反。诸书有云：竽蔗，或云藉柘，或作柘，皆同一物也。（《妙法莲华经》）

羡林按：竽，原书作"芋"，疑误。

54，628b 油糖，又作餹，同徒郎反。锡餹也。又沙糖也。煎甘蔗汁作之。锡，似盈反。（《瑜伽师地论》）

54，650c 蔗餹，又作糖，同徒郎反。以甘蔗为餹也，今糖是也。（《中阿含经》）

54，654b 于柘 之夜反。或有作甘蔗，或作竽蔗。此既西国语，随作无定体也。（《增一阿含经》）

羡林按："于柘"，原书如此。疑当作"干柘"。又"竽蔗"，疑当作竿或芉蔗。"西国语"一词，十分值得注意。可见"甘蔗"一词来自"西国"。

54, 669b　甘蔗，下支夜反。(《治禅病秘要法经》)

54, 701a　竿蔗　音干，下又作柘，同诸夜反。今蜀人谓之竿蔗，甘蔗通语耳。(《四分律》)

54, 734a　蔗芋　上，之夜反。考声，䕫草名也。《本草》云：蔗，味甘，利大肠，止渴，去烦热，解酒毒。下，于句反。《本草》：芋，味辛，一名土芝，不可多食，动宿泠病。《说文》：芋，叶大实根，堪食。二字并从草，庶于皆声也。(《四分尼羯磨》)

54, 735a　蓲蔗　上，蕊佳反。字书：蓲，草也。《本草》有荙蓲，草也。考声苑，垂貌也。《说文》：草木华盛貌也。或作蕤。经文作藌，俗字也。下，之夜反。王逸注《楚辞》云：蔗，美草名也。汁甘如蜜也。或作"蔗"。(《四分律删补随机羯磨》)

54, 739c　沙糖　又作餹，同徒郎反。煎甘蔗作之也。(《善见律》)

54, 803c　甘蔗　下，遮夜反。(《百千诵大乘经地藏菩萨请问法身赞》)

54, 835b　藷根　煮如反。《说文》：藷，蔗也。今非此物也。蔗，即甘蔗，人但食苗，根不堪吃。传云：藷根，明非甘蔗。案：《本草》署预，一名土藷，一名山芋。《异苑》曰：署预，野人谓之土诸。《玉篇》亦说，故不疑也。(《大唐西域求法高僧传》)

6. 僧传

这里所谓"僧传"，指的是：

（1）《大唐西域记》

（2）《大慈恩寺三藏法师传》

（3）义净：《南海寄归内法传》

（4）道宣：《续高僧传》

（5）《唐大和上东征传》

（6）《代宗朝赠司空大辩正广智三藏和上表制集》

我现在依次将有关资料抄在下面。

（1）《大唐西域记》

卷二，印度总述，十七物产：

> 至于乳酪、膏酥、秒糖、石蜜、芥子油、诸饼麨，常
> 所膳也。

（2）《大慈恩寺三藏法师传》

卷二：

> 别营净食进法师，具有饼、饭、酥、乳、石蜜、刺
> 蜜、蒲桃等。（㉹54，227b）

（3）义净《南海寄归内法传》

卷一：

> 次授干粳米饭，并稠豆䐑，浇以热酥，手搅令和，投

诸助味。食用右手。才可半腹，方行饼果。后行乳酪，及
以沙糖。渴饮冷水，无间冬夏。（㊅54，209c）

（4）道宣《续高僧传》

卷四，《玄奘传》：

> 又敕王玄策等二十余人，随往大夏。并赠绫帛千有余
> 段。王及僧等，数各有差。并就菩提寺召石蜜匠。乃遣匠
> 二人、僧八人，俱到中夏。寻敕往越州，就甘蔗造之，皆
> 得成就。（㊅50, 454c）

（5）《唐大和上东征传》

这是日本僧人元开撰写的一部书，专门记述唐代中国高僧
鉴真东渡日本弘扬佛法的经过。当时航海到东瀛，万分困难。鉴
真五次尝试渡海，最后一次终于达到了目的，到了日本，住在奈
良。在一千多年内，他受到日本朝野上下的无限崇敬，他成了中
日友谊的化身。天宝二年（743 年）那一次尝试东渡时，他备办
了许多东西，要随船带往日本，其中有船上食用的"干胡饼"、
干蒸饼等等；有佛像、佛经等等；有铜瓶、袈裟等等；有大小铜
盘等等；有麝香、沉香等各种香，最后是：

> 毕钵、呵梨勒、胡椒、阿魏、石蜜、蔗糖等五百余
> 斤。蜂蜜十斛，甘蔗八十束。（㊅51, 989a—b）

（6）《代宗朝赠司空大辩正广智三藏和上表制集》

这个大和上指的是不空。他受到唐代宗极高的宠遇。皇帝时

常赏赐他一些东西，其中也包括一些食品。他随时奏上谢恩表，在大历八年（773年）的一个表中，不空写道：

> 其文殊阁先奉恩命，取今月十四日上梁。天泽曲临，特赐千僧斋饭，上梁赤钱二百贯，蒸饼二千颗，胡饼二千枚，茶二百串，香列汤十瓮，苏蜜食十合槃，甘橘子十五个，甘蔗四十茎。（大52，843b）

我在这里想附带说上几句。甘蔗在唐代大概还是比较贵重的。根据《古今图书集成·博物汇编·草木典》一一三卷"甘蔗部·甘蔗部杂录"："郭汾阳在汾上，代宗赐甘蔗二十条。"此事见于宋江亨《搜采异闻录》卷五。

7. 中外游记

中国人的游记，我选了杜环的《经行记》。杜环是《通典》的作者杜佑（736—812年）的族子。天宝十载（751年），中国同大食在怛逻斯打了一仗，唐将高仙芝大败，几乎是全军覆没，被大食俘虏了二万多人，杜环是其中的一个。他得以到了大食，亲眼看到了那里的情况，把自己的所见所闻写成了一部书，就是《经行记》。这一部书为近现代中外研究中亚史和文化交流史的学者所极度重视，其中一些重要部分被译为英文和法文，在欧美广泛流传。书中也讲到了石蜜。我现在将这一段抄在下面：

> 土地所生，无物不有，四方辐辏，万货丰贱，锦绣珠贝，满于市肆。驼马驴骡，充于街巷。刻石蜜为卢舍，有似中国宝舆。[9]

羡林按：石蜜既然能够刻为卢舍，可见得是固体而硬的东西。有个别学者另作解释，我认为是画蛇添足之举，可以置之不理。

外国人的游记，主要是阿拉伯人的游记。在中古时期，阿拉伯人和波斯（伊朗）人的游记有很高的学术价值。我在这里选的一本是《中国印度见闻录》，书成于 9 世纪中叶至 10 世纪初，惟著者是谁，颇有分歧意见[10]

我现在把书中有关资料抄在下面。

页 8　十四：

> 越过海尔肯德海，便到达名叫朗迦婆鲁斯岛的地方，那里的居民既不懂阿拉伯语，也不懂商人们所能讲的别的语言。那些人一丝不挂；他们肤色白净，没有胡须。船上人员说，从未见到女人；因为从岛上前来迎接他们的都是男人。划着由一段木材挖空而成的独木舟，满载着椰子、甘蔗、香蕉和椰子酒。

羡林按："朗迦婆鲁斯"，中译者认为就是"狼牙修"，或"棱加修"，或"狼牙须"，或"朗迦戍"，或"龙牙犀角"。见中译本，第 36 页。

页 11　二十二：

> 中国人的粮食是大米，有时，也把菜肴放入米饭再吃。王公们则吃上等好面包及各种动物的肉，甚至猪肉和其他肉类。水果有苹果、桃子、枸橼果实、百籽石榴、榅桲、丫梨、香蕉、甘蔗、西瓜、无花果、葡萄、黄瓜、睡莲、核桃仁、扁桃、榛子、黄连木、李子、黄杏、花楸核，还有甘露、椰子果。……在中国，人们用米造醋、酿

酒、制糖以及其他类似的东西。

羡林按：这里讲到"制糖"，但是原料却是米，看来这不会是蔗糖[11]。

8.《梵语千字文》等书

所谓"等书"，指的是同《梵语千字文》类似的一些书。

佛教从印度传入中国，到了唐代，翻译佛典和西行求法的人数，都大大增加。学习梵语于是就成了当务之急，从而出现了一些梵语启蒙的书籍。高僧义净开风气之先，写成了一本《梵语千字文》[12]，并在书前加了一段短序：

> 为欲向西国人作学语样，仍各注中梵音，下题汉字。其无字者，以音正之。并是当途要字。但学得此，则余语皆通。不同旧《千字文》。若兼悉昙章读梵本，一两年间，即堪翻译矣。

本书中有：

guḍa　糖

ikṣu　蔗 （大 54，1192a）

义净还有一本《梵语千字文别本》。其中有：

guṇa　虞拏　糖 （大 54，1203c）

ikṣu　伊乞蒭二合　蔗 （大 54，1204a）

唐全真集《唐梵文字》。其中有：

guḍa　糖 （大 54，1218c）

ikṣu　蔗 （大 54，1219a）

唐礼言集《梵语杂名》。其中有：

甘蔗　ikṣu　壹乞刍二合（大54，1237c）

沙磄　guda　遇怒（大54，1238b）

僧怛多蘗多、波罗瞿那弥舍沙二合出《唐梵两语双对集》。这书有一个特点，就是没有梵文原文，只有汉语音译。书中有：

石蜜　舍嘌迦啰

沙糖　遇奴（大54，1243b）

这里值得注意的是，"石蜜"一词在同类书中，仅见于此处。虽无梵文原文，但"舍嘌迦啰"毫无疑问是梵文 śarkarā 的音译。上面讲到的敦煌卷子中的"煞割令"者就是此字的另一个音译。

9. 笔记及类书

在中国，笔记似乎是一种相当流行的著述体裁，其他国家比较少见。这一点我在上面已经提到了。唐代不是笔记最发达的时代，但是也颇有一些。其中可以找到一些关于甘蔗和沙糖的材料。所谓"类书"，有点像近世的百科全书。在中国，很早就有这种书籍。我使用的笔记和类书有以下几种。

（1）《酉阳杂俎》

（2）《云仙杂记》

（3）《北堂书钞》

（4）《艺文类聚》

（5）《通典》

（6）《白氏六帖》

（1）《酉阳杂俎》

唐段成式（803—863年）撰。二十卷，包括前集二十卷三十篇，续集十卷六篇，凡1288条，约20万字。参用张华《博物志》体例，按门纂录所辑秘府典籍、杂著、传闻等，有的地方颇为驳杂。书中关于蔗、糖材料不多。卷七，《酒食》部有"一丈三节簜"，肯定指的是甘蔗。同部中有"糖颣蝗子"，这里的"糖"字，不知何所指。"荆餳"可能指的是谷类制成的东西。卷一七有"糖蟹"，这个"糖"字同样不知何所指。

卷一八"广动植物之三，木篇"有"菩提树"一节，其中说：

> 昔中天无忧王剪伐之，令事大婆罗门积薪焚焉。炽焰中忽生两树。无忧王因忏悔，号灰菩提树。遂周以石垣。至赏设迦至，复掘之，至泉，其根不绝。坑火焚之，溉以甘蔗汁，欲其燋烂。后摩揭陁国满冑王，无忧之曾孙也。乃以千牛乳浇之，信宿树生如旧。

这里讲到"甘蔗汁"，但讲的是印度事情。

（2）《云仙杂记》

唐金城冯贽编。其中有几条关于糖的记载。

卷五：

> 糖蜜莫逆交
>
> 陈昉得蜀糖，辄以蜜浇之曰："与蜜本莫逆交。"

卷八：

> 洗心糖
>
> 茅心经冬，烧去枝梗，至春取土中余根白如玉者，捣

汁煎之，至甘，可为洗心糖。

这不是蔗糖，而是用茅根煎成的"糖"。

（3）《北堂书钞》

隋末唐初虞世南（558—638 年）编。《隋志》记一百七十四卷，两《唐志》记一百七十三卷，今传本为一百六十卷。卷一四八　酒食　第四十四为"酪"，第四十八为"沙餳"。由第四十八以下至第五十九"糟糠"，共十六篇，缺。后代整理者注云："今案以下十六篇，旧钞原阙。陈本代为补辑，非也。当仍其旧，不必妄作。"我认为，这个意见是正确的。可惜的是，对我来说至关重要的"沙餳"适在所缺的十六篇中，不知道虞世南究竟钞了些什么。但是，话又说了回来，保留"沙餳"这一个名词，也是颇有意义的。这使我们知道，当时食品中有"沙餳"。

（4）《艺文类聚》

唐欧阳询（557—641 年）等奉敕编。一百卷。共分天、岁时等等四十四部（一作四十八或四十七部）。每部又分若干子目，每目下"事居于前，文列于后"，辑录经史百家等书中有关资料。第八七卷中有"甘蔗"一条，引用了很多有关的书籍。我现在抄一些。上面已经提到过的，不再抄。不是唐代的也抄，因为，既然收在唐代的类书中，它就表示唐代对于甘蔗的了解水平。

《广志》曰：

于（干）蔗，其餳为石蜜。

《神异经》曰：

南方荒内有肝睹林焉。其高百丈，围三丈八尺，促节多汁，甜如蜜。

魏文帝《典论》曰：

常与平虏将军刘勋、奋威邓展等共饮。宿闻展有手臂，晓五兵。余与论剑。良久谓余言："将军法非也。"求与余对。酒酣耳热，方食于（干）蔗，便以为杖，下殿数交，三中其臂。左右大笑。

沈约《宋书》曰：

魏主致意安北："远来疲乏。若有甘蔗及酒，可见分惠。"世祖遣人答曰："知行路多乏。今付酒二器，甘蔗百挺也。"

《世说》曰：

顾恺之为虎头将军。每食蔗，自尾至本。人或问。曰："渐入佳境。"

（5）《通典》

唐杜佑（735—812年）撰。二百卷。书成于贞元十七年（801年）。第一九三卷"大食"条引杜环《经行记》全文。关于石蜜的记载，上面 7."中外游记"中已抄录。

（6）《白氏六帖》

又称《唐宋白孔六帖》。唐白居易（772—846年）编，宋孔传续编。一百卷。白原编三十卷，凡235目，分1367门，另附503小目，凡1870。第五卷"蜜22"引《三国志·吴志·孙亮传》

注《江表传》那一段记述，见上面第二章（二）餳　餹那一段。第三〇卷“草木杂果·甘蔗十九”，专引与甘蔗有关的文献，其中“为杖”引《典论》；“都蔗”引曹植诗；“疗渴”引晋张协《都蔗赋》；“孙亮取”引《吴志》；“渐入佳境”引《世说》顾恺之那一段话。这些引文，我在上面都已用过，不再引。

材料来源就引这样多[13]。

（二）甘蔗种植

根据上面介绍的材料，我现在进行一些分析。首先谈甘蔗种植。关于这个题目，我想谈三个方面的问题：1. 种植的历史；2. 甘蔗的种类；3. 地理分布。

1. 种植的历史

甘蔗在世界上的原产地问题是有争论的。这个问题留待“国际编”第二章“甘蔗的原生地问题”中去讨论。这里暂且不谈。

专就“甘蔗”这个词儿而论，它不会是一个中国固有的名词，因为，第一，它的写法非常分歧［参阅上面第二章（三），下面还要谈这个问题］；第二，上面引用的㊅ 54，654b 明确说：“此既西国语，随作无定体也。”至于“西国”指的是哪一国，这里也暂且不谈。

中国有一种野生甘蔗，学名是 Saccharum spontaneum 中的

Saccharum sinense, Roxb., amend., Jeswiet。拉丁文sinense，意思是"中国的"。中国既然有原生甘蔗，为什么又取一个"西国"名字？这问题我们目前还不敢说已经研究得非常清楚。

不管怎样，至迟到了周代，在南方楚国一带已经种植了甘蔗，楚辞有"柘浆"这样的字样，"柘"就是"蔗"。在北方的典籍中则没有甘蔗的记载。其后，到了两汉魏晋南北朝时期，种植一直不断，而且地域越来越扩大。仅仅根据我在上面引用的材料，就有以下这些甘蔗种植地区：扬州、蜀郡（剑南道，益州）、沙州（？）、扶南、荆州、越州、交趾等等。

2. 甘蔗的种类

世界上究竟有多少种甘蔗，是一个迄今还没有完全弄清楚的问题。Jeswiet的分类法为多数学者所接受。他把甘蔗分为两大类：

（1）Saccharum spontaneum

（2）Saccharum officinarum

前者是野生的，后者一般可以说是栽培的，但其中还有问题。因此N.Deerr建议分为三类[14]：

（1）Saccharum spontaneum

（2）Saccharum robustum

（3）Saccharum officinarum

至于小的品种，恐怕有上百上千[15]。我在这里就不详细谈了。

在印度，甘蔗种植有较长的历史[16]。在最早的文献中已有"甘蔗"这个词儿。后来在两部重要的医典中，提到了甘蔗的品种。一部是 *Caraka-Saṃhitā*，一部是《妙闻集》*Suśruta-Saṃhitā*。前者提了两个品种。第一个品种是紫色的，原文叫 *ikṣu*，或 *kṛṣṇa ikṣu*（*ikṣu* 这个梵文字已见上面引用的义净《梵语千字文》等书中）。这个品种亦名 vamsaka。第二个品种是白色的，梵文叫作 paundra 或 paundraka。

在比较晚一点的 *Suśruta-Saṃhitā* 中，甘蔗品种增加到十二个之多：paundraka, bhiruka, vamsaka, sataporaka, kantara, tapasa, kastha, suchi-patraka, naipala, dīrgha-patraka, nilapatraka, kosakara。其中 paun-draka 和 vamsaka 已见 *Caraka-Saṃhitā* 中。品种这样多，这就表明，在从 Caraka 到 Suśruta 这一段期间，印度人对甘蔗的观察和研究更细到了。从这些梵文原名中可以看出，有的名指蔗叶的长短，有的名指甘蔗的出产地 [17]。

上面引用的敦煌残卷，写的地方虽然是在中国，然而讲的却是印度，卷子一开头就说："西天五印度出三般甘蔗。"品种数目多于 Caraka，而少于 Suśruta。

至于中国唐代的情况，唐孟诜说：

> 蔗有赤色者，名昆仑蔗，白色者名荻蔗、竹蔗，以蜀及岭南者为胜。江东虽有而劣于蜀产。会稽所作乳糖，殆胜于蜀。

羡林按：孟诜是《食疗本草》的作者。《食疗本草》原书已佚，敦煌石室所保留的残卷中，没有上面这一段话。它见于《本草纲目》及《古今图书集成》博物汇编，草木典一一三卷，甘蔗部。有意思的是，这里同敦煌残卷一样，也讲了三个甘蔗品种，并明确说明：品种的区分在于颜色，一赤一白。这同上面谈到的印度品种是一样的。

3. 地理分布

上录资料中，这方面的信息很少。苏敬的《新修本草》中讲到沙糖说："蜀地、西戎、江东并有之。"甘蔗种植地区，在中国国内，不外蜀地和江东。

（三）沙糖制造

从我上面所引用的资料中，我们可以看到，中国甘蔗锡和蔗糖制造的方法，不外两种：一种是曝，一种是熬或者煎，而以后者为主。在太阳中晒或者在锅里熬，目的都是把蔗浆加热，使之凝固，并排除杂质。排除杂质，只有熬才能做到。排除杂质以后，才能造出比较纯净的糖。

"甘蔗锡"见于上面第二章（二）"锡饧"一节中引用的《三国·吴志·孙亮传》。上面第二章（三）引用了《南中八郡志》："笮取汁，曝数时，成饴，入口消释。彼人谓之石蜜。""甘蔗锡"恐怕就是这种曝晒成的"石蜜"，还没有成为固体。上面第三章引《凉州异物志》："实乃甘蔗汁煎而曝之，则凝如石而体甚轻，故谓之石蜜也。"这是又一种"石蜜"，是煎与曝双管齐下造成的。

到了唐代，中国早已有了熬制沙糖的技术。可能是因为感到其中还有不足之处，所以唐太宗才"遣使取熬糖法"。取来后，"诏扬州上诸蔗"，按照印度办法（如其剂）拃沈。大概经过了改进，"色味愈西域远甚"。

　　熬制的方法是什么呢？中国正史和僧传中都没有记载。幸而在敦煌石室里保存了一张有关甘蔗和石蜜（煞割令）的残卷。虽极简短，但颇具体，是十分难得的好材料。我猜想，唐太宗派人到印度去学习的熬糖法，可能就是这个样子。

　　我在这里想介绍一下一个西方学者关于熬糖的意见。Noel Deerr 的《糖史》在上面已多次引用。在本书第 28 章，专门讲炼糖（refining）。英文"熬糖""炼糖"是 refine。Deerr 的解释是，此字有两个意思，二者有关联，但又有区别。第一个意思，前缀 re- 表示"加强的行动"（intensive action）。第二个意思表示"重复的行动"（repetition）。Deerr 举了两个例子。第一个例子是马可波罗使用的一个词儿 offinar，意思是，在一次加强的行动中炼制出比较纯净的沙糖。第二个例子是 Sala 使用的一个词儿 reafinatio，意思是，把生糖再熔化，在多次性的行动中提炼出比较纯净的沙糖。按照 Deerr 的意见，中国敦煌残卷中的制法，好像是一次性的，用甘蔗汁直接炼糖，不经过生糖这个阶段。

　　至于这种熬糖法开始使用的日期，Deerr 认为，目前还难以确定。不过，他举了一本书，叫作 *Bower Manuscript*。这些 manuscripts（残卷）是在中国新疆出土的，写成的时间约在公元 375 年左右。其中有一些与糖有关的名词儿：sito sarkara（白糖），sitosarkara pala（成块的白糖）和 sito sarkara churna（成粉末的白糖）。Deerr 说，这表明，那时已经有了一些熬糖的知识。这个熬制过程可能同今在恒河流域僻远地区的那些叫作 khandsarries 的糖厂中的熬法差不多。把从乡村中收集来的 gur（糖浆）装在袋子里，堆在一起，让它自然排出水分。袋上也可以压上一些东西，增加压力，把水分压出。也可以用杠子压，达到同样目的。这样产生出一种略带黄色的东西，这可能与 sito sarkara 相当。在一些 khandsarries 中，这些东西再被熔化，熬炼，产生出一种大粒的糖，可能与 sito sarkara pala 相当。再把这种东西压碎，就产生出 sito sarkara churna。这并不是说，古代印度已经有了有组织的炼糖工业。这样的工业可能是在甘蔗于公元 600 年左右传入波斯以后景教徒们在 Gondev Shapur 开始形成的。参阅 Deerr 上引书，第449 页。有关这方面的情况，下面有关章节还要谈到 [18]。

（四）外来影响

谈完了唐代的甘蔗种植与沙糖制造以后，我现在来谈外来影响。在这两个方面的外来影响，不自唐代始。中华民族很早就同域外的民族有文化交流的关系，有出也有入，从而促进了我们社会的发展与进步。到了唐代，由于我在上面已经谈过的政治和经济的原因，这种文化交流达到了空前的程度。在甘蔗种植和沙糖制造两个方面，都有所表现。这方面的情况，我留待"国际编"中去谈。在这里我只极其简略地谈一下，而且仅限于上面引用的资料。

笼统地说，唐代在蔗和糖两个方面的外来影响主要来自印度、波斯（伊朗）、大食（阿拉国家）和印度支那半岛。

　　谈到印度，上面引文中已经引了不少。特别是唐太宗从摩揭陀国引进熬糖法，煌煌然见于中国的正史《新唐书》，更是值得注意。我在这里就不再细谈了。

　　至于波斯，这里甘蔗种植和沙糖制造的历史，远不如印度那样长。我在上一节中已经说到，甘蔗公元 600 年左右才传入。然而古代伊朗人不久就在熬糖方面取得了突出的成就，这成就对世界一些地方产生了极大的影响。在极短的时间内也传入了中国。生活于 621—713 年的孟诜，在自己的著作中讲到沙糖时说："蜀地、西戎、江东亦有之。""西戎"一词不知何所指。在讲到石蜜时，他却明确说出："自蜀中、波斯来者良。"看来上面的"西戎"很可能指的就是波斯。

　　有一件事情，我觉得很有意思。事情发生在唐代，记述却见于宋朝。这就是邹和尚的传说。详情请参阅"国际编"第六章"邹和尚与波斯"。我在本书第六章"宋代的甘蔗种植和制糖霜术"中还要谈一下这个问题。

　　至于大食，由于伊斯兰教兴起较晚，穆罕默德唐初还在世。所以在唐代，除了大食能雕刻石蜜以外，没有别的关于蔗和糖的记载。唐代以后，阿拉伯的影响逐渐扩大。在世界上制糖法的传布方面，阿拉伯人起了很大的作用。那是后话，这里先不提了。

注释：

1　甄志亚主编《中国医学史》，人民卫生出版社，1991 年，第 96—
　　97 页。

2 辛树帜:《中国果树史研究》,农业出版社,1983 年,第 73 页。

3 以上诸节材料多取自甄志亚《中国医学史》,第 142—145 页。请参阅薛愚主编《中国药学史料》,人民卫生出版社,1984 年,第二编中国中古时期的药学,第四章两晋南北朝及隋唐时期的药学,第二节本草学的发展。

4 《中国医学史》,第 152 页。

5 同上书,第 156—157 页。

6 这个"秒"字很怪,是否等于"沙"字?

7 这一个资料由王永兴教授提示,谨表谢意。

8 详情参阅吴枫主编《简明中国古籍辞典》,吉林文史出版社,1987年,第 1—2 页。

9 对于这几句话的解释,请参阅张一纯笺注的《经行记笺注》,1963年,中华书局,第 52—53 页。

10 详情请参阅穆根来、汶江、黄倬汉译本,1983 年,中华书局,第3—34 页。

11 请参阅上引书,第 55 页,注 20。

12 是否真为义净所著,有人怀疑。

13 我本来期望在唐徐坚的《初学记》这一部类书里会找到一些有关甘蔗和沙糖的记载,但竟然没有。有当然很好,没有也值得注意。

14 参阅 Noel Deerr, *The History of Sugar*, vol.I, London 1949, pp.12—13;李治寰:《中国食糖史稿》,农业出版社,1990 年,第 64—65 页。

15 Deerr 上引书,第 12—13 页;李治寰上引书,第 60—65 页。

16 参阅"国际编"第四章。

17 参阅 Deerr 上引书,第 15—16 页。

18 关于这个问题的参考书非常多，我简单地举几种，供有兴趣者
　　参考：李治寰：《从制糖史谈石蜜和冰糖》,《历史研究》1982 年
　　第 2 期，第 146—154 页；李治寰：《中国食糖史稿》，第 60—86、
　　100—135 页；日本洞富雄：《石蜜·糖霜考》,《史观》第六册。

附

关于唐代制糖法的一点小考证

1993 年年初，我曾写过一篇论文：《唐代的甘蔗种植和制糖术》，是拙著《糖史》的第一编第五章。

最近翻看北京大学图书馆收藏的有关《本草》的善本书，无意中翻到一本唐李勣等撰写的《（新修）本草》。同时翻到一本日本抄本《仁和寺本〈新修本草〉之影摹》。这两个本子实际上是一码事。

这一部书撰成于唐高宗显庆四年（659 年）。日本抄本中有几句话：

> 此本旧抄于天平中。天平距显庆仅六七十年，则盖是
> 当时遣唐之使所赍而归。

这说明了日本抄本抄成的时间和原本撰成的时间，仅仅相距六七十年。这个事实有极其重要的意义。

这个本子卷一七有甘蔗、石蜜、沙糖等条目。"沙糖"条目是这样写的：

> 味甘寒，无毒，功体与石蜜同，而冷利过。笮甘蔗汁
> 煎作。蜀地、西戎、江东并有，而江东者先劣后优。

这一段话后，附有"新附"二字。所谓"新附"者，意思就是"新近或者后来附加上去的"。附加在什么书上呢？可能指的是《神农本草经》（参阅甄志亚等《中国医学史》第 96—100 页）。

这是中国最早的一部《本草》。后来的关于《本草》的著作多依附此书。"新附"的"新"字同书名的"新修"这个字样遥相呼应。

在这一段话里，有两点很值得注意：一是"江东"，二是"先劣后优"。这要从《新唐书》卷二二一上《摩揭陀》中的那一段有名的话谈起：

> （摩揭陀）遣使者自通于天子，献波罗树，树类白杨。太宗遣使取熬糖法，即诏扬州上诸蔗，拃沈如其剂，色味愈西域远甚。

这一件事情系在贞观二十一年（647 年）。把这一段话同上引《新修本草》中的那一段话相比，后者所说的"扬州"，就是前者的"江东"。后者所说的"愈西域远甚"，就是前者的"先劣后优"。"先劣后优"，说明中国早就知道熬糖法，不过稍"劣"而已。为什么后来又"优"了呢？前者没有答复，后者却明确地说明是从摩揭陀（印度）学来的。

这一件事情本身没有什么可怪之处。一般的文化交流都会起到这个作用的。所可注意者是这个由劣到优变化的过程所用的时间。把熬糖法从印度学回来，下诏扬州上诸蔗，然后拃汁熬制，优劣当时即可见。但这只是小范围内的事情。必然是屡试不爽，在大范围内得到认可，然后才可能被写进书中，这里当然就是《新修本草》。太宗遣使到印度取熬糖法的时间和《新修本草》撰成的时间，我在上面都说到了，前者是 647 年，后者是 659 年，其间相距只有 12 年。12 年是很短的一段时间。在这样短的一段时间内，中国的熬糖法竟然走完了"先劣后优"的过程，这不能不引起人们的注意。另外一方面,《新修本草》的那一段话,完全证明了《新唐书》中的"色味愈西域远甚"说的完全是实话,毫无夸大之处。

1994 年 1 月 4 日

第六章

宋代的甘蔗种植和制糖霜术
（辽金附）（960—1279年）

这一章基本上仍然遵照前一章的写法。全章分为五大段：

（一）材料来源。

（二）甘蔗种植。

（三）糖霜制造。

（四）甘蔗、沙糖、石蜜、糖霜的应用。

（五）外来影响。

但是，由于时移世迁，五大段的内容不能完全同唐代一样，这是可以理解的，用不着过多的解释。

宋代享国三百多年，在中国历史上算是一个中等长的朝代。开国于960年，到了1127年，金人南侵，宋王室被迫迁都至杭州，偏安一隅，在战伐声中，又勉强统治了一百多年（1127—1279年），为元所灭。前一段通常称之为"北宋"，后一段为"南宋"。

从中国全部历史上来看，宋代一向并不被认为是富强盛世，不能与汉唐相比，因而颇受到一些专家的轻视。然而从文化发展上来看，宋代自有其特点。有的人认为宋代是文化昌盛的时代。严复十分强调宋代对中国人的民族性和世界观的形成有重大影响。陈寅恪先生非常重视推崇宋代文化，屡见于他的文章中。他对于司马光的《资治通鉴》给予很高的评价，这是很多人都知道的事实。仔细思考起来，这些学者的意见是公允的、正确的。因为同我现在要讨论的问题关系不大，且存而不论。

专就甘蔗种植和沙糖制造而论，宋代较唐代有了显著的进步。这首先当然应该归功于历史的发展和社会的进步。但是，宋代的文化环境在其中已起了作用，恐怕是难以否认的。

（一）材料来源

内容同唐代大同小异。大同的原因，无须解释；小异的表现，下面再说。我先将条目胪列如下：

1.正史

2.本草和医书

3.炼糖专著

4.诗文

5.地理著作

6.中外游记

7.笔记

8.类书

只要把这个表同唐代的一比，其差异立即可见。唐代表中的 3.“敦煌卷子”；5.“《一切经音义》”；6.“僧传”；8.“《梵语千字文》”等书，为宋代所缺。原因极为简单：或者因为宋代没有此等书，或者虽有而没有蔗和糖的资料，比如僧传。唐代没有宋代所增者是上列表3.的"炼糖专著"。这一缺一增意义极大。仅从这一点上也可以看出，较之唐代，宋代在炼糖技术方面是大大地进步了，进步到有了专著的水平。这一点，在中国"糖史"上，是值得大书特书的。

我在下面依次加以叙述。

1. 正史

在这里，所谓"正史"指的就是《宋史》。为了叙述方便起见，我把在《宋会要辑稿》中找到的一点资料也附在这里。

《宋史》，元朝官修。以脱脱（1314—1355年）等为都总裁，揭傒斯（1274—1344年）、张起岩（1286—1353年）、欧阳玄（1283—1357年）等为总裁。元世祖时曾诏修辽、宋、金三史，因体例未定，书亦未成。至顺帝至正三年（1343年）议以三史各为正统再修，本书遂于至正五年（1345年）成书。记建隆元年（960年）至祥兴二年（1279年）两宋319年的历史。对于本书的评价颇多，我把清纪昀等《四库全书提要》中的一段话抄在下面，这一段话简短而中肯。《提要》说：

臣等谨案：《宋史》四九六卷，元托克托等奉敕撰。其"总目"题"本纪"四十七，"志"一六二，"表"三十二，"列传"二五五。然卷四七八至卷四八三，实为"世家"，六卷"总目"未列，盖偶遗也。其书仅一代之史，而卷帙繁芜，与梁武帝《通史》相埒。检校既已难周，又大旨以表章道学为宗，余事皆不甚措意，故舛谬不能殚数。

《宋史》的情况大体上就是这样。

现在简略介绍一下《宋会要辑稿》的情况。此书为清代徐松（1781—1848 年）所辑。《宋会要》原稿二千二百余卷，系宋仁宗以来秘书省会要所据日历、实录、档案累朝相续编成。宋亡，元代据以纂修《宋史》诸志。此后，屡经沧桑，原稿面目不复可见。嘉庆十四年（1809 年），徐松任唐文馆提调兼总纂官时，将《永乐大典》中《宋会要》遗文托名"全唐文"，授官录出，约五六百卷。后来刘承幹延刘富曾等整编为三六六卷，分正、续两编，就是现在这个本子，是研究宋史的很有用的资料。

先谈《宋史》中的资料。

在这一部长达五百多万言的皇皇巨著中，我能翻检到的有用的资料，简直是寥寥无几，同我所付出的劳动不成比例。

在《宋史》中，我主要翻看了《食货志》《地理志》和《外国传》。对前二者的目的是搜寻蔗和糖的产生地，并以之与唐代相比较。对后者的目的是搜寻蔗和糖在中外文化交流中所占的地位。前二者颇使我失望。我原以为能够找到一些甘蔗和沙糖（石蜜、糖霜）种植和制造的地方，而且应该比唐代多一点，在这些地方唐代已有种蔗和制糖的记录，然而结果却完全不能尽如人意。我举几个例子。第一个是扬州。《新唐书》卷二二一摩揭陀说："（太宗）即诏扬州上诸蔗。"说明扬州产蔗。然而《宋史》中却找不到了。第二个是四川，唐代典籍中称之为"蜀地"。《新唐书》卷四二《地理志·成都府·蜀郡》贡品中有蔗糖。唐苏敬（恭）《新修本草》中说："沙糖，蜀地、西戎、江东并有之。"四川的遂宁更值得重视。在唐大历间（766—780 年），这里出了一个邹和尚，善制糖霜。我在本章下面还要谈这个问题，请参看。然而在《宋史》中，在卷八九《地理志》成都府，遂宁府条下却只写着："贡樗、蒲绫。"怎样来解释这个现象呢？我认为可能有两个原因：一、《宋史》遗漏了；二、有关地区的种植和制造情况有了改变。第一个原因最可能。

最让我吃惊然而高兴的是一次不期而遇。我飞速翻阅《宋史》卷九〇，《志》第四十三，《地理》六时，在"广南东路·广州"这一段里，我的眼前一亮，忽然发现下面这一段话：

> 元丰，户十四万三千二百六十一。贡胡椒、石发、糖霜、檀香、肉豆蔻、丁香母子、零陵香、补骨脂、舶上茴香、没药、没石子。

"糖霜"怎么会出现在这里呢？这是我最没有期望它能出现的地方。糖霜在这里有两个可能：一个是本地生产的，一个是舶来品。证之以同列的基本上都是舶来品的这些东西，我认为，第二个可能最大。

在《宋史》卷四八七至卷四九〇的《外国传》里，我的搜寻工作比较使我满意。现将有关资料条列如下：

卷四八九　　占城

果实有莲、甘蔗、蕉子、椰子。

三佛齐国

开宝四年（971 年），遣使李何末以水晶、火油来贡。五年（972 年），又来贡。七年（974 年），又贡象牙、乳香、蔷薇水、万岁枣、褊桃、白沙糖、水晶指环、瑠璃瓶、珊瑚树。

阇婆国

果实有木瓜、椰子、蕉子、蔗、芋。

卷四九〇九　　大食

雍熙元年（984年），国人花茶来献花锦、越诺、拣香、白龙脑、白沙糖、蔷薇水、琉璃器。

至道元年（995年），其国舶主蒲押陀黎贵蒲希密表，来献白龙脑一百两、腽肭脐五十对、龙盐一银盒、眼药水二十小琉璃瓶、白沙糖三琉璃瓮……

阿拉伯国家（大食）在宋代向中国贡白沙糖，这一个历史事实非常值得注意。至于"眼药水"，看似微末，实有深义[1]。

把上面所写的归纳一下，我总的印象是：在利用《宋史》搜集资料方面，同《唐书》相比，前者国内国外在量的方面不相当，国内少而国外多。后者国内国外基本相当。

还有一个情况，必须在这里提一下。唐太宗派人到印度去学习造石蜜法，这说明印度在这方面一定有独到之处。但在《宋史》卷四九〇《外国传》"天竺"一条却根本没有谈到石蜜。是造石蜜术在印度失传了呢？还是同上面一样，《宋史》遗漏了？我认为后者符合事实。

现在再谈《宋会要辑稿》。我根据中华书局的影印本将有关资料条列如下：

第196册，蕃夷

7713页　真腊

7734页　交趾

以上二国都没有关于蔗、糖的记载。

第 197 册，蕃夷四

7744 页　占城：

果实有莲、甘蔗、蕉子、椰子。

7756 页　天竺

没有讲到石蜜。

7759 页　大食：

真宗咸平二年（999 年）闰三月，遣蒲押提黎来贡象牙四株、拣香二百斤、千年枣、白沙糖、葡萄[2]各一琉璃瓶，蔷薇水四十瓶，贺皇帝登位。

7761 页　蒲端：

在海上，与占城相接，未尝与中国通。

时又有三麻兰国主娶兰遣使贡瓶香、象牙、千年枣、偏桃、五味子、蔷薇水、白沙糖、瑠璃瓶、驮子。勿巡国主乌惶蒲，婆罗国主麻勿和勒，并遣使贡瓶香、象牙。皆海上小国也。

这一段记载又见于同书 7848 页下；但文字稍有不同：

大中祥符四年（1011 年），四月廿七日，蒲端国主悉离芭大遯至。三麻兰国舶主聚兰，勿巡国舶主蒲加心、乌惶蒲婆众国麻勿加勒、大食国使陁婆离、延州诸族军暮尾埋，并诣行在朝贡。

要注意几个不同的字：上面"娶兰"，这里作"聚兰"；上面作"主"，这里作"舶主"，看来"舶主"是正确的；上面"麻勿和勒"，这里作"麻勿加勒"。

2. 本草和医书

本草和医书，到了宋代，同唐代相比，在量的方面有了增长。这是意料中的事。仅仅根据甄志亚、傅维康等的《中国医学史》，第218—222页，就有下列这些本草：

（1）《开宝本草》

（2）《嘉祐本草》

（3）《图经本草》

以上官修《本草》。

（4）《日华子诸家本草》

（5）《重广补注神农本草图经》

（6）《经史证类备急本草》

（7）《本草衍义》

（8）《宝庆本草折衷》

（9）《本草成书》

（10）《本草正经》

（11）《履巉岩本草》

（12）《珍珠囊》，金代张元素撰

以上医家撰著的《本草》。

至于医书，也根据《中国医学史》，第224—227页，列一个简明的表。我先声明一句：我这里仅列"方书"，因为这对我的研究最有用：

（1）《普救方》

（2）《太平圣惠方》

（3）《太平惠民和剂局方》

（4）《圣济总录》

以上政府颁行方书。

（5）《博济方》

（6）《苏沈良方》

（7）《旅舍备要方》

（8）《史载之方》

（9）《普济本草方》

（10）《鸡峰普济方》

（11）《三因极一病证方论》

（12）《济生方》

（13）《活人事证方》

（14）《仁斋直指方》

以上医家撰著的方书。

上面列举的《本草》与医书，显然还不完备。量大了，对搜集资料来说，当然是好事；但同时也是苦事，苦不堪言。

由于所有的书都没有索引，更谈不上输入电脑，我又不愿意草率从事，总想竭泽而渔，因此我就被迫使用最原始、最笨拙，但又非此不可的办法：把想查阅的书，不管多厚多重，一页一页地，一行一行地搜索。我已经练就了一套目下二十行的本领，飞速翻看下去。我想寻找的字样：甘蔗、沙糖、白沙糖、石蜜、糖霜等等，会自动地跃入我的眼中。然而，有时候，凝神静目，努力睁开昏花的老眼，看下去，看下去，直看得书上的字在我眼前跳舞，一动不动，枯坐几个小时，全身疲软，头昏耳鸣，如果能找到一两条对我有用的资料，我就兴会淋漓，手舞足蹈了。专就《本草》和"方书"而论，我翻阅的书籍（主要是文渊阁《四库全书》，因为这最方便。《四库全书》虽有"四库残书"之名，然而我并不研究版本，对我毫无影响），至少有六七千页之多，其中辛苦真难言矣。

痛苦诉尽，书归正传。我在下面分两个层次，来介绍我搜集到的资料，先《本草》，后"方书"。

本 草

《本草》种类繁多，已如上述。如果真想彻底竭泽而渔的话，那就必将付出巨大的劳动然而却是事倍功半，不会有多大成效。看来还是采用一种优选法，更为顺理成章。我在众多的宋代《本草》中选取了两种：一种是《经史证类备急本草》，简称《证类本草》；一种是《本草衍义》，以前者为主。

《证类本草》

北宋唐慎微（1056—1063年）[3] 撰，共三十一卷。慎微蜀州晋原（今四川崇庆）人，是著名的医生，有长期的实践经验。于元丰五年至六年（1082—1083年）撰成此书。原本二十二卷，大观二年（1108年）修订本称为《大观经史证类备急本草》，三十二卷，又称《大观本草》。政和元年（1111年）官修，称之为《政和》本，三十一卷，六十余万字，引历代"经史方书"二百七十多种，介绍各种药品1746味，其中有编者新增628种。

明代李明珍的《本草纲目》即以此书为底本，可见此书之重要。

我使用的是《四库全书》本。根据本书一开头所介绍的情况，本书"补注所引书传"，共有下列诸书：

《开宝新详定本草》　　　《食疗本草》

《开宝重定本草》　　　　《本草拾遗》

《唐新修本草》　　　　　《四声本草》

《蜀重广英公本草》　　　《本草性事类》

《吴氏本草》　　　　　　《南海药谱》

《药总诀》　　　　　　　《食性本草》

《药性论》　　　　　　　《日华子诸家本草》

《药对》　　　　　　　　《删繁本草》

由此可见本书引证之周备。

现将有关资料条列如下：

卷二　口疮　石蜜^{平微温}

　　　吐唾血　饴糖^{微温} [4]

　　　妇人崩中　饴糖^{微温臣}

　　　乌头天雄附子毒　饴糖

卷二三　果部

　　　石蜜　甘蔗^{音柘}　沙糖^{唐附}

　　　石蜜^{乳糖也}　味甘寒，无毒。主心腹热胀，口干渴。性冷利。出益州及西戎，煎炼沙糖为之。可作饼块。黄白色者佳。（夹注）唐本注云：用水、牛乳、米粉合煎，乃得成块。西戎、江左亦有，殆胜蜀者。云用乳汁和沙糖煎之，并作饼坚重。今注此石蜜，其实乳糖也。前卷已有石蜜之名，故注此条为乳糖。唐本先附。臣禹锡等谨按：孟诜云：石蜜治目中热膜，明目。蜀中、波斯者良。东吴亦有，并不如两处者。此皆煎甘蔗汁及生乳汁，则易细白耳。和枣肉和苣藤末丸，每食后含一两丸，润肺气，助五藏津。

《图经》^{文具甘蔗条下}

《衍义》曰：石蜜，川浙最佳，其味厚，其他次之。煎炼成入铜锡器，达京都。至夏月及久阴雨，多自消化。土人先以竹叶及纸裹，外用石灰埋之，仍不得见风，遂免。今人谓乳糖。其作饼黄白色者，今人又谓之捻糖，易消化。入药至少。

甘蔗^{音柘} 味甘平，无毒。主下气和中，助脾气，利大肠。（夹注）陶隐居云：今出江东为胜。庐陵亦有好者。广州一种，数年生，皆如大竹，长丈余。取沙以为沙糖，甚益人。又有荻蔗，节疏而细，亦可啖也。今按别本注云：蔗有两种，赤色名崑崙蔗，白色名荻蔗。出蜀及岭南为胜。煎为沙糖，今江东甚多而劣于蜀者，亦甚甘美。时用煎为稀沙糖也。今会稽作乳糖，殆胜于蜀。去烦，止渴，解酒毒。臣禹锡等谨按：蜀本《图经》云：叶似荻，高丈许。有竹荻三蔗。竹蔗茎粗，出江南。荻蔗茎细，出江北。霜下后，收茎，笮其汁为沙糖，炼沙糖和牛乳，为石蜜，并好。日华子云：冷，利大小肠，下气痢，补脾，消痰，止渴，除心烦热。作沙糖，润心肺，杀虫，解酒毒。腊月，窖粪坑中。患天行热狂人，绞汁服，甚良也。

《图经》曰：甘蔗，旧不著所出州土。陶隐居云：今江东者甚胜。庐陵亦有好者。广州一种数年生者，如大竹，长丈余。今江、浙、闽、广、蜀川所生，大者亦高丈许。叶有二种，一种似荻，节疏而细短，谓之荻蔗。一种似竹，粗长。笮其汁以为沙糖，皆用竹蔗。泉、福、吉、广州多作之。炼沙糖和牛乳为石蜜，即乳糖也。惟蜀川作之。荻蔗但堪啖，或云亦可煎稀糖。商人贩货至都下者，荻蔗多而竹蔗少也。

《食疗》主补气兼下气，不可共酒食，发痰。

《外台秘要》主发热，口干，小便涩。取甘蔗，去皮尽，令吃之咽汁。若口痛，捣取汁，服之。

《肘后方》主卒干呕不息。甘蔗汁温令热，服半升，日三。又以生姜汁一升服，并差。

《梅师方》主胃及朝食暮吐，暮食朝吐，旋旋吐者，以甘蔗汁七升，生姜汁一升，二味相和，分为三服。

《食医心镜》理正气，止烦渴，和中补脾，利人肠，解酒毒，削甘蔗去皮食（尽？）后吃之。

张协《都蔗赋》云：挫斯蔗而疗渴，若漱醴而含蜜。

《衍义》曰：甘蔗，今川、广、湖南北、二浙、江东西皆有。自八九月已堪食。收至三四月方酸坏。石蜜、沙糖霜皆自北（此？）出。惟川浙为胜。

沙糖

味甘寒，无毒。功体与石蜜同，而冷利过之。笮^音甘蔗汁煎作。蜀地、西戎、江东并有之。（夹注）唐本先附。

臣禹锡等谨按：孟诜云：沙糖，多食令人心痛。不与鲫鱼同食，成瘕虫。又不与葵同食，生流澼。又不与笋同食，使笋不消，成症，身重不能行履耳。

《图经》文具甘
蔗条下

《食疗》云：主心热，口干，多食生长虫，消肌肉，损齿，发疳䘌，不可长食之。

《子母秘录》治腹紧，白糖以酒二升煮服，不过再差。

《衍义》曰：沙糖又次石蜜、蔗汁清，故费煎炼，致紫黑色，活心肺大肠紧，兼唊驼马。今医家治暴热，多以此物为先导。小儿多食，则损齿，土制水也。及生蛲虫，裸虫，属土，故名甘遂生。

寇宗奭《本草衍义》卷一七

石蜜

《嘉祐本草》，石蜜，收虫鱼部中，又见果部。新聿取苏恭说，直将石字不用。石蜜既自有本条，煎炼亦自有法。今人谓之乳糖，则虫部石蜜自是差误，不当更言石蜜也。本经以谓白如膏者良。由是知石蜜字乃白蜜字无疑。去古既远，亦文字传写之误。故今人尚言白沙蜜，盖经久则陈白面沙，新收者惟稀而黄。次条蜜蜡故须别立目，盖是蜜之房，攻治亦别。至如白蜡，又附于蜜蜡之下。此又误矣。本是续上文，叙蜜蜡之用，又注所出州土，不当更分之为二。何者？白蜡本条中盖不言性味，止是言其色白尔。既有黄白三色，今止言白蜡，是取蜡之精英者。其黄直置而不言。黄则蜡陈，白则蜡新，亦是蜜取陈，蜡取新也。唐注云：除蜜字为佳。今详之，蜜字不可除，除之即不显蜡自何处来。山蜜多石中或古木中有，经二三年或一年而取之，气味醇厚。人家窠槛中蓄养者，则一岁春秋二取之。取之既数，则蜜居房中日少，气味不足，所以不逮陈白者，日月是也。虽收之才过夏，亦酸坏。若龛于井中近水处，则免。汤火伤，涂之痛止。仍捣薤白相和，虽无毒，多食亦生诸风。

上面这一大段，看起来头绪纷繁，实际上是讲了几种东西：石蜜、蜜蜡、白沙糖等。关键在于石蜜一词。上面第三章"石蜜"中，我讨论了这个问题。最容易混淆的是石蜜一词众多含义中的两个：一个是乳糖等的石蜜，一个是崖蜜和岩蜜等的石蜜。请参阅该章。

方　书

下面谈医书或者"方书"。

方书的书名表已经列在上面。这个表虽然看上去已经不小，但是离完备还有很长的距离。《四库全书》中所列的方书其量要比《中国医学史》大得多。面对这样大量的方书，我仍然采用了我那种最笨拙、最原始的办法。我几乎把《四库全书》（文渊阁本，台湾商务印书馆影印）第738册、739册、741册、742册、743册、744册，数千页密密麻麻小字翻了一个遍。现在将找到的资料条列如下：

《寿亲养老新书》

宋陈直撰,《四库全书》第 738 册。

卷一

食治老人膈上风热,头目赤痛,目赤瞇瞇竹叶粥方

竹叶五十片洗净　石膏三两　沙糖一两　浙粳米三合　右以水三大盏煎石膏等二味,取二盏去滓澄清,用煮粥熟,入沙糖(原作塘)食之。

食治老人上气咳嗽喘急,烦热,不下食,食即吐逆,腹胀满姜糖煎方

生姜汁五合　沙糖四两

食治老人咳嗽,虚弱,口舌干燥,涕唾浓粘甘蔗粥方

甘蔗汁一升半　青粱米四合净淘

食治老人上气热,咳嗽,引心腹痛满闷桃仁煎方

桃仁二两去皮尖熬末　赤锡四合

这里的"赤锡",不知道是什么东西。既然治咳嗽,就可能与糖有关。

《圣济总录》

是北宋末年,政府组织曹孝忠等八位医官编成,历时七年(1111—1117 年)。全书共二百卷,约二百万字,分六十余门,方近二万首,前代方书几乎全被囊括,内容十分丰富。对后世医学的发展颇有影响。《四库全书》第 739 册。

现将在本书中找到的资料条列如下:

卷四

伤寒后失音不语

杏仁煎　治暴嗽失音，语不出

杏仁炒研二两　百合　木通　五味　贝母　紫花　桑白皮一两　姜汁五钱　白蜜　沙糖四两

卷一五

治病后津液燥少，大便不通肠结方

糯米二合炒灰存性研　猪胆一枚取汁　沙糖少许

地黄煎丸方　治结阴便血

生地黄汁　小蓟汁各一升　沙糖一两同上二味熬成者　地榆　阿胶炙令燥　侧柏各二两

卷一七

点眼黄连煎方　治眼目暴赤，磣涩疼痛

甘蔗十二两汁　黄连研半两

卷一九

橘皮丸方　治骨鲠在喉中不出

陈橘皮去白半两　乌贼鱼骨去甲　沙糖各一分

在长达二百万字的《圣济总录》中，我努力找到的就只有以上寥寥几条。书中有很多药方中有"饴糖"，我就根据我在上面谈过的理由，一律不抄了。

《全生指迷方》

宋王贶撰，《四库全书》第 741 册。

卷一九

小儿卫生总论方

治癣新生

右以沙糖、硇砂各一小块，同烂抓破除之。

又方治如前（一治诸癣）

斑猫 五个去翅足微炒　盐豉 四十九粒浴令润　砂糖 皂子大一块

《仁斋直指》

金刘完素撰，《四库全书》744册。

卷五

丹溪治茶癣方

石膏　黄芩　升麻各等分

右为末，沙糖水调下。

卷二二

去水膏，治痈疽破穴后误饮皂水及诸毒水，以致头痛

甘草 生为末一分　砂糖　糯米粉 各三分

右为膏，摊在绢上，贴，毒水自出，驴马汗及尿粪，

一切青（毒？）水皆治之

方书的介绍到此为止。

我在上面只列举了四部方书，三宋一金，非不愿也，是不能也。我翻看的方书的数目要超过这个数目许多倍。我翻看的虽多，但是找到的资料却极少。有时简直令人丧气。我原以为，宋代在唐代已经达到的基础上，对于甘蔗、沙糖、石蜜和糖霜等的药用会有更广阔的发展。实际上却正相反。我写上一章唐代的情

况时翻看了许多唐代的《本草》和医书，对甘蔗、沙糖等药用方面有了一些了解。这些东西治什么病，那里讲得清清楚楚。然而在宋代的方书中，在同样病的章节下，药品中却不见甘蔗、沙糖等的踪影。这种例子举不胜举。拿唐代的《外台秘要》和宋代的《圣济总录》相比，在同样的病的章节中，唐代有甘蔗和沙糖等，而宋代却没有。其他宋代方书完全相同。这是一个颇为反常的现象。原因何在呢？目前我还解释不了，只有留待将来了。

3. 炼糖专著

这是宋代与唐代最大区别之所在。唐代没有一本专门讲炼糖的专著，而宋代则有，这就是王灼的《糖霜谱》。

这是一部奇书，在宋代就已引起人们的注意。此书约成于绍兴二十四年（1154年）。几乎与王灼同时代的洪迈（1123—1202年），在他所著的《容斋随笔·五笔》第六卷中就已扼要介绍了《糖霜谱》的内容。介绍完了以后，洪迈写道：

> 遂宁王灼作《糖霜谱》七篇，具载其说。予采取之，以广闻见。

清乾隆时，修《四库全书》，此书被收入，纪昀等在《提要》中对它作了简短而扼要的介绍，并且提出了自己对糖的一些看法，很有启发意义，我现在将《提要》抄在下面：

> 臣等谨案：《糖霜谱》一卷，宋王灼撰。灼字晦叔，号颐堂，遂宁人。绍兴中尝为幕官。是编分七篇。惟首篇题"原委第一"，叙唐大历中邹和尚始创糖霜之事。自第

二篇以下，则皆无标题。今以其文考之，第二篇言以蔗为糖始末，言蔗浆始见楚词，而蔗餳始见《三国志》。第三篇言种蔗。第四篇言造糖之器。第五篇言结霜之法。第六篇言糖霜或结或不结，似有运命。因及于宣和中供御诸事。第七篇则糖霜之性味及制食诸法也。盖宋时产糖霜者凡福唐、四明、番禺、广汉、遂宁五地，而遂宁为最。灼生于遂宁。故为此谱。所考古人题咏始于苏黄。案古人谓糟为糖。《晋书·何曾传》所云"蟹之将糖，躁扰弥甚"是也。《说文》有"飴"字，无"糖"字。徐铉新附字中乃有之。然亦训为"飴"，不言蔗造。铉，五代宋初人也。尚不知蔗糖事，则灼所征古文实始于元祐，非疏漏矣。惟灼称糖霜以紫色为上，白色为下；而今日所尚，乃贵白而贱紫。灼称糖霜须一年有半乃结。其结也以自然，今则制之甚易，其法亦不相同。是亦今古异宜，未可执后来追议前人也。乾隆四十六年十二月恭校上。

从这一篇《提要》中，完全可以看出本书的梗概。在中国制糖史上，《糖霜谱》是一部空前的专著。篇幅不长，我把它整个抄在下面，比由我来摘抄要好得多。在下面讲宋代甘蔗种植和沙糖制造时，我还要利用书中的资料。我使用的是《学津讨原》本，第15集，第10册：

原委第一

糖霜，一名糖冰，福唐、四明、番禺、广汉、遂宁有之，独遂宁为冠。四郡所产甚微而碎，色浅味薄，才比遂宁之最下者。凡物以希有难致见珍。故查、梨、橙、柑、荔枝、杨梅，四方不尽出，乃贵重于世。若甘蔗所在皆植，所植皆善，非异物也。至结蔗为霜，则中国之大，止此五郡，又遂宁专美焉。外之夷狄戎蛮[5]皆有佳蔗，而糖霜无闻，此物理之不可诘也。先是唐大历间，有僧号邹和尚，不知所从来，跨白驴登伞山，结茅以居。须盐米薪菜之属，即书付纸系钱，遣驴负至市区。人知为邹也，取平直，挂物于鞍，纵驴归。一日，驴犯山下黄氏者蔗苗。黄请偿于邹。邹曰："汝未知窨蔗糖为霜，利当十倍。吾语汝，塞责可乎？"试之果信。自是流传[6]其法。糖霜户近山或望伞山者皆如意，不然万方终无成。邹末年弃而北走通泉县灵鹫由龛中，其徒追蹑及之，但见一文殊石像。众始知大士化身，而白驴者狮子也。邹结茅处今为楞严院。糖霜户犹画邹像，事之拟文殊云。敷文阁待制苏公仲虎尝守遂宁，谓蜀士指眉阳水秀、普慈石秀，乃不知此邦平衍清丽之为土秀也。土爱稼穑，稼穑作甘，糖霜之甘擅天下，非土之特秀也欤？

第二

自古食蔗者，始为蔗浆。宋玉作《招魂》所谓"胹鳖炮羔有柘浆"是也。王逸注：柘藷蔗也。又云柘一作蔗。其后为蔗锡。孙亮使黄门就中藏吏取交州所献甘蔗锡是也。其后又为石蜜。《广志》云："蔗锡为石蜜。"《南中八郡志》："笮甘蔗汁曝成锡，谓之石蜜。"《本草》亦云："炼糖和乳为石蜜"是也。唐史载太宗遣使至摩揭陀国取熬糖法，即诏阳[7]州上诸蔗，柞沈如其剂，色味愈西域远甚。按《集韵》：酢笮醯醢通用。而《玉篇》：柞，侧板切，疑字误。熬糖沈作剂，似是今之沙糖也。蔗之技尽于此，不言作霜。然则糖霜非古也。战国后论吴蜀方物，如左太冲《三都赋》，论旨味，如宋玉《招魂》、景差《大招》、枚乘《七发》、傅毅《七激》、崔骃《七依》、李尤《七疑》、元鳞《七说》、张衡《七辩》、曹植《七启》、徐幹《七喻》、刘邵《七华》、张协《七命》、陆机《七徽》、湛方生《七欢》、萧子范《七诱》，水陆动植之产，搜罗殆尽，未有及此者。历世诗人模奇写异，不可胜数，亦无一章一句。至本朝元祐间，大苏公过润州金山寺，作诗送遂宁僧圆宝有云："涪江与中泠，共此一味水。冰盘荐琥珀，何似糖霜美。"元符间，黄鲁直在戎州作颂答梓州雍熙光长老寄糖霜有云："远寄蔗霜知有味，胜于崔浩水晶盐。正宗扫地从谁说，我舌犹能及鼻尖。"遂宁糖霜见于文字实始于二公。然则糖霜果非古也。吾意四郡所产亦起近世耳。

第三

伞山在小溪县涪江东二十里，孤秀可喜。山前后为蔗田者十之四，糖霜户十之三。蔗有四色，曰杜蔗；曰西蔗；曰芳蔗，《本草》所谓荻蔗也；曰红蔗，《本草》所谓崑崘蔗也。红蔗只堪生啖。芳蔗可作沙糖。西蔗可作霜，色浅，土人不甚贵。杜蔗紫嫩，味极厚，专用作霜。藏种法：择取短者芽生节间，短则节密而多芽，掘坑深二尺，阔狭从便。断去尾，倒立坑中，土盖之不倒则雨水入夹叶久必坏。凡蔗田，十一月后深耕耙搂燥土，纵横摩劳令熟。如开渠，阔尺余，深尺五，两旁[8]立土垅。上元后二月初区种，行布相傽，灰薄盖之。又盖土不过二寸。清明及端午前后，两次以猪牛粪，细和灰薄盖之。盖土常使露芽。六月半，再使溷粪，余用前法。草不厌数耘，土不厌数添。但常使露芽。候高成丛，用大锄翻垅上土尽盖。十月，收刈。凡蔗最因地力，不可杂他种，而今年为蔗田者，明年改种五谷，以休地力。田有余者，至为改种三年。糖霜成，处山下曰礼佛坝，五里又曰干滩坝，十里曰石溪坝，江西与山对望曰凤台镇，大率近三百余家，每家多者数十瓮，少者一二瓮。山左曰张村，曰巷口。山后曰霭池，曰吴村。江西与山对望，曰法宝院，曰马鞍山，亦近百家。然霜成皆中下品。张村属蓬溪县，凤台镇属长江县。并山一带曰白水镇，曰土桥，虽多蔗田，不能成霜。岁压糖水，卖山前诸家。

第四

糖霜户器用曰蔗削，如破竹刀而稍轻。曰蔗镰，以削蔗，阔四寸，长尺许，势微弯。曰蔗凳，如小杌子，一角凿孔，立木叉。束蔗三五挺，阁[9]叉上，斜跨凳剉之。曰蔗碾，驾牛以碾所剉之蔗，大硬石为之，高六七尺，重千余斤，下以硬石作槽底，循环丈余。曰榨斗，又名竹袋，以压蔗，高四尺，编当年慈竹为之。曰枣杵，以筑蔗入榨斗。曰榨盘，以安斗，类今酒槽底。曰榨床，以安盘，床上架巨木，下转轴，引索压之。曰漆瓮，表裹漆，以收糖水，防津漏。凡治蔗，用十月至十一月，先削去皮，次剉如钱，上户削剉至一二十人。两人削供一人剉。次入碾。

碾缺则舂。碾讫号曰泊。次乑泊，乑透出甑入榨，取尽糖水投釜煎，仍上乑生泊，约糖水七分熟，权入瓮，则所乑泊亦堪榨。如是煎乑相接。事竟，歇三日过期则酿，再取所寄收糖水煎，又候九分熟稠如饧十分沙脚，太稠则成沙音嗄。插竹编瓮中，始正入瓮，籔箕覆之。此造糖霜法也。已榨之后，别入生水，重榨作醋极酸。

第五

糖水入瓮两日后，瓮面如粥文染指，视之如细沙。上元后结小块。或缀竹梢如粟穗，渐次增天如豆，至如指节，甚者成座如假山，俗谓随果子结实。至五月，春生夏长之气已备，不复增大。乃沥瓮过次伏不沥则化为水下户急欲前四月沥。霜虽结，糖水犹在。沥瓮者，庠出糖水，取霜沥干。其竹梢上团枝，随长短剪出就沥。沥定曝烈日中极干，收瓮四周循环连缀生者曰瓮鉴。颗块层出如崖洞间钟乳，但侧生耳。不可遽沥，沥须就瓮曝数日令干硬，徐以铁铲分作数片出之。凡霜一瓮中品色亦自不同。堆积如假山者为上，深琥珀次之，浅黄色又次之，浅白为下。不以大小，尤贵墙壁密排，俗号马齿霜。面带沙脚者刷去之。亦有大块或十斤或二十斤，最异者三十斤。然中藏沙脚，号曰含。凡沙霜性易销化，畏阴湿及风。遇曝时，风吹无伤也。收藏法：干大小麦铺瓮底，麦上安竹箟，密排笋皮，盛贮绵絮，复箟，籔箕覆瓮。寄远，即瓶底着石灰数小块，隔纸盛贮，原封瓶口。

第六

糖霜户治良田，种佳蔗，利器用谨土作，一也，而收功每异。自耕田至沥瓮，殆一年半。开瓮之日，或无铢两之获，或数十斤，或近百斤，有暴富者。村俗以卜家道盛衰。霜全不结，卖糖水与自熬沙糖，犹取善价，于本柄亦未甚损也。其得糖者，水或余半，亦以卖或自熬沙糖。惟全瓮沙脚者，水耗十之九。春中先沥瓮曝干，少缓则化为水。宣和初，宰相王黼创应奉司，遂宁常贡外，岁进糖霜数千斤。是时所产益奇，墙壁或方寸。应奉司罢，不再见。岂天出珍异，不为凡庶设乎？然当时州县因之大扰，败本业者居半，至今未复。又有巧营利者，破获竹编狡猊灯毯状，投糖水瓮中，霜或就结，比常霜益数倍之直，第不能必其成。又惧州县强索，无以应矣。近岁不作。

第七

《本草》称，甘蔗消痰止渴，除心烦热。今糖霜亦如之。然沙糖招痰，饮殊不可晓也。有作汤者，作饼者。并附其法：对金汤，糖霜、干山药等分细研。凤髓汤，糖霜、干莲子、干山药等分细研，内莲子去赤皮。妙香汤，糖霜一斤，细研，别研吴氏龙涎香七分，饼和之。糖霜饼，不以斤两，细研，劈松子或胡桃肉，研和匀，如酥蜜，食模脱成，模方圆雕花各随意，长[10]不过寸。研糖霜，必择颗块者，沙脚即胶粘不堪用。

范蔚宗作《香谱》，蔡君谟作《荔枝》《茶》两谱，皆极尽物理，举世皆以为当。晦叔作《糖霜谱》，余闻之且久。偶获七篇，尽读于大慈之方丈院。将见与范蔡之文并驰而争先矣。绍兴三十四年甲戌季春初六卧云庵守元书。

王灼的《糖霜谱》抄完了。大家可以看到，这一部书的内容是颇为丰富的。我在下面还将会引用此书。此书的版本，除了《四库全书》和《学津讨源》以外，还有《楝亭十二种》《美术丛书》和《丛书集成》。

4. 诗文

宋代诗文，浩如烟海，在历史上各个朝代中名列前茅。《全唐诗》虽也卷帙浩繁，却已输入电脑，尽管操作似乎还有问题，终能查出一些有用的资料。至于宋代诗文，听说也已输入电脑，但是我还不能用。尽管我模仿前一节的办法，列上了"诗文"一项，我却从来没有想求全，目前这是完全办不到的。退一步想，即使我肯费上傻劲，付出巨大的劳动，把全宋诗文翻检一遍，所获得的资料未必能像《本草》、医书或笔记那样，对我的研究探讨工作有所裨益。因此，我决定在手头现有的资料中，选出几首诗，聊备一格而已。

我的所谓"现有的资料"，主要指的《糖霜谱》，这部书中提到了苏轼和黄庭坚。我现在将二人诗的全文查出来，抄在下面：

苏　轼

《送金山乡僧归蜀开堂》[11]

撞钟浮玉山，迎我三千指。

众中闻謦欬，未语知乡里。

我非个中人，何以默识子。

振衣忽归去，只影千山里。

涪江与中泠，共此一味水。

冰盘荐琥珀，何似糖霜美。

清王文诰注此诗，"公在海南，程天侔馈糖冰，似皆始于唐时也。"这里有"糖冰"一词，值得注意。

黄庭坚
《答梓州雍熙长老寄糖霜》

远寄蔗霜知有味，胜于崔子水晶盐。

正宗扫地从谁说，我舌犹能及鼻尖。

以上两首诗讲的都是糖霜，都与四川有关，这是很自然的。根据《古今图书集成》博物汇编草木典甘蔗部录出：

舒　亶
《咏甘蔗》

瑶池宴罢王母还，九芝飞入三仙山。

空余绛节留人间，云封露洗无时闲。

节旄落尽何斓斑，野翁提携出茅菅。

吴刀戛戛鸣双环，截断寒冰何潺潺。

相如赋就空上林，倦游渴病长相侵。

刘伶爱酒真荒淫，狂来歌倒沧溟深。

此时一嚼轻千金，垆边何用文君琴。

五斗一石安足斟，坐想毛发生青阴。

萧瑟甘滋欲谁让，柤梨橘柚纷殊状。

冷气相射杯盘上，顾郎不见休惆怅。

佳境到头还不妄，诗成虽愧阳春唱。

全胜乞与将军杖。

全诗并没有多少新意，不过是讲甘蔗能解酒。此意汉郊祀歌已先言之。

此外，还找到一些零碎的诗句，比如钱惟演的"蔗浆消内热"，陆游的"蔗浆那能破余酲"，《古今图书集成》引。还有金庞铸的"蔗蜜浆寒冰皎皎"，也见于《古今图书集成》。

5. 地理著作

北宋开国后不久，就出现了宋代的第一部重要的地理著作：乐史（930—1007年）的《太平寰宇记》，二百卷，目录二卷，现在实存一百九十七卷半。乐史，字子正，宜黄（今江西）人，太平兴国进士，官至水部员外郎。自太平兴国四年（979年）起，他开始撰写此书，成书不迟于雍熙三年（986年）。《四库全书提要》说："盖地理之书，记载至是书而始详，体例亦至是而大变。然史（疑当作"是"）书虽卷帙浩博，而考据特为精核。"可见是书之价值。此书按宋初行政区域划分，叙事以州府为单位，均载其沿革、领县、州府境、四至八到、户口、风俗、姓氏、人物、土产及各县置废、山川、古迹、要塞等。幽云十六州虽已属辽，但仍在叙述之列，以明志在恢复。上列诸项目中，对我的搜求最有用的当然是"土产"一项。这一项书中叙述均极简短，但于我仍然有用。现将所获资料条列如下：

　　卷四五　河东道　潞州

　　　　石蜜

我怀疑，这恐怕是"崖蜜"之类，不是我们的"石蜜"。

卷七二　剑南道

今贡、旧贡中都没有糖。

卷七六　资州

土产　麸金　高良姜　甘蔗

卷八二　剑南东道　梓州　富顺监

土产　沙糖

卷九六　江南东道　八越州

土产　甘柘

"柘"，疑即"蔗"字的古写。

卷一〇〇　江南东道　十二福州

土产　干白沙糖今贡

卷一〇八　江南西道　虔州

土产　糖

卷一二三　淮南道　扬州

既无蔗，也无糖。

卷一五七　岭南道　广州

既无蔗，也无糖

卷一七七　赤土国

以甘蔗作酒，杂以紫瓜根，酒色黄赤，味亦香美。

真腊国

饮食多酥酪、沙糖、粳米、饼。

多摩长国（居南海岛中）

所食尚酥、乳、酪、沙糖、石蜜。……有……甘蔗等果。

卷一八一　疏勒国

土多稻、粟、甘蔗、麦、铜、铁、绵、雌黄。

疏勒国产"甘蔗",十分值得注意。

卷一八三　天竺国

又有旃檀、郁金等香,甘蔗诸果,石蜜、胡椒、姜等,黑盐。

卷一八五　波斯国

胡椒、毕拨、石蜜、千年枣。

卷一八六　大食国

引唐杜环《经行记》:"刻石蜜为庐舍,有似中国宝辇。"

下面介绍《方舆胜览》。

南宋祝穆撰,七十卷。穆,建阳(今属福建)人,曾受学于朱熹,官至迪功郎,任兴化军涵江书院山长。此书成于理宗嘉熙三年(1239年),博采群书,按南宋十七路行政区划,分记所辖州、府(军)。《四库全书提要》说:"书中体例,大抵于建置、沿革、疆域、道里、田赋、户口、关塞、险要,他志乘所详者,皆在所略。……而诗赋序记所载独备,盖为登临题咏而设,不为考证而设。名为地理,实则类书也。"叙述次序,大抵有以下内容:郡名、风俗、形胜、土产、山川、学馆、堂院、亭台、楼阁、轩榭、馆驿、桥梁、寺观、祠墓、古迹、名宦、人物、名贤、题咏、四六。不言自喻,其中"土产"一项,对我最有用处。

现将资料条列如下:

卷一二　泉州

土产蕃货　诸蕃有黑白二种,皆居泉州,号蕃人巷。

每岁以大舶浮海往来，致象、犀、玳瑁、珠玑、玻璃、玛瑙、异香、胡椒之属。

注意：货品中没有沙糖。

卷三四　广州

外国之货日至，珠、香、象、犀、玳瑁、奇物，溢于中国，不可胜用。

土产盐、珠、香、犀、象、玳瑁、荔支

卷四四　扬州　土产芍药

卷五一　成都府路

土产　蜀笺、蜀锦、嘉鱼、海棠、桐花凤

卷六三　遂宁府

土产蔗霜　（夹注）《容斋五笔》：宣和初，王黼创应奉司。遂宁尝贡糖霜。黄鲁直在戎州作颂赠答雍熙长老寄糖霜诗：远寄蔗霜知有味，胜如崔子水晶盘（按："盘"，应作"盐"）。

注意：《方舆胜览》同黄庭坚一样，作"蔗霜"。

宋代还有几种地理著作，比如《元丰九域志》等。但是那里不记"土产"，因此我从中找不到可用的资料，均从略。

6. 中外游记

按照上一节（唐代）的做法，我在这里（宋代）也列上了这样一项，实际上有极大的困难。这是因为，国内游记，有的同笔记混淆，难以严格区分。国外游记，中国作者最初还有，比如继业等等，但所记与我要搜求的东西无关。后来逐渐少了。南渡以后，出现了几本记载外国事物的书，但"皆得诸见闻"（《四库全书提要》语）赵汝适《诸蕃志》，勉强能算是游记，因为作者并没有亲履其境。外国作者，首先是阿拉伯、伊朗（波斯）的作者，成书不多。仅有的几本，有的原文或译文中国目前还找不到，巧妇难为无米之炊，只有俟诸异日。

我在下面简略介绍几部穆斯林旅行家的游记，他们生活在与中国宋朝（北宋 960—1127 年，南宋 1127—1279 年）相当的时代中：

（1）比鲁尼（Abū Raihān Mohammed Al-Biruni，973—1049 年）著有《印度史》一书，又著有《地理书》。关于比鲁尼的参考书：

（a）Al-Biruni's India，ed.by Dr.Edward C.Sachau，London，1910.

（b）Henry Yule，*Cathay and the Way Thither*，London，1913—1916，5vols.

Ⅰ.22，33，74，127，149，151，241，242，254，256.

Ⅱ.139，180.

Ⅳ.164.

（c）张星烺:《中西交通史料汇编》，第三册，第164—165 页。

（d）张广达:《海舶来天方　丝路通大食》，见周一良主编《中外文化交流史》，河南人民出版社，1987 年，第 764 页。

（2）格儿德齐（Abū Said Abdal-Haiy Ibn Duhak Gardezi）参考书如下:

（a）Henry Yule 上引书，I.140。

（b）张星烺上引书，第 166—167 页。

（3）爱德利奚（Edrisi）著《地理书》，书成于 1153—1154 年。参考书如下：

（a）Henry Yule 上引书。

Ⅰ.22，31，71，86，87，99，114，127，129，130，131，135，141，143，144，152，214，230，242，243，247—249，253，254，256，306，309，313，314，316，318.

Ⅱ.98，112，133，139，141，146，147.

Ⅲ.23，24，27，180，192，247，263.

Ⅳ.184，209，235，258.

（b）张星烺上引书，第 167—173 页。

赵汝适的《诸蕃志》，即使是勉强算作游记，但是异常重要，它提供的信息，其详尽，其翔实，都是空前的，因此我在这里介绍一下。

据《四库全书提要》：“汝适始末无考。……此书乃其提举福建路市舶时所作。于时宋已南渡，诸蕃惟市舶仅通，故所言皆海国之事，《宋史·外国传》实引用之。核其叙次事类，岁月皆合。……然则是书所记皆得诸见闻，亲为询访。宜其叙述详核，为史家之所依据矣。”由此可见此书之价值。

现将书中资料依次介绍如下：

卷一　占城国

果实有莲、蔗、蕉、椰之属。

番商兴贩用脑、麝、檀香、草席、凉伞、绢扇、漆器、瓷器、铅、锡、酒、糖等博易。

真腊国

番商兴贩，用……酒、糖、醯醢之属博易。

三佛齐国

番商兴贩用……糖、铁、酒……等物博易。

单马令国

番商用……糖、瓷器、盆钵、粗重等物。

佛啰安国

番以……酒、米、糖、麦博易。

新拖国

地产东瓜、甘蔗……

阇婆国

果实有大瓜、椰子、蕉子、甘蔗。蔗糖其色红白，味极甘美。

苏吉丹

亦有荔支、芭蕉、甘蔗，与中国同。……多嗜甘蔗、芭蕉。捣蔗入药，酝酿为酒。

故临国

酒用蜜糖和椰子花汁酝成。

天竺国

又有甘蔗、石蜜诸果。

大食国

贫者食鱼菜果实，皆甜无酸。取蒲萄汁为酒，或用糖煮香药为思酥酒。……日为墟市，舟车辐凑。麻、麦、

粟、豆、糖、面、油、柴、鸡、羊、鹅、鸭、鱼、虾、枣
圈、蒲萄、杂果皆萃焉。

《诸蕃志》有英译本：F. Hirth and W.W.Rock-hill，*Chau Jukua*，St.Petersburg，1911，在西方影响极大。

7. 笔记

笔记是中国特有的一种著述体裁，意思就是随笔记录。宋代以前已经有了，比如唐段成式的《酉阳杂俎》、唐冯贽的《云仙杂记》等等。用"笔记"为书名始于宋代，宋祁有《笔记》三卷。南宋时，凡条记见闻，体近说部者皆名为"笔记"，比如龚颐正的《芥隐笔记》、陆游的《老学庵笔记》等等。亦名"随笔"，比如洪迈的《容斋随笔》等等。亦名"笔谈"，比如沈括的《梦溪笔谈》等等。亦名"笔录"，比如吕希哲的《杨公笔录》等等。笔记内容，包罗万象，五花八门，天文、地理、政治、经济、哲学、宗教、文学、艺术、声韵、音乐、花木虫鱼、动植矿物、奇闻轶事、迷信传说，宇宙之大，苍蝇之微，无所不包，无不具备。难以规定范围，更无法给以定义。

宋代笔记十分发达，一些著名的文学家和政治家间或也有笔记之作。研究宋代历史者决不能不读。甚至研究宋代科学技术者，也决不能不读。一些科学的新发现往往见于笔记中，《梦溪笔谈》是一个著名的例子。

关于甘蔗种植和沙糖制造，宋代笔记中（以前或以后的笔记中皆然）有大量的记述。这些资料是其他著作中难以找到的。我

想，甘蔗和沙糖（糖霜、石蜜等）的意义和价值，不出两途：一药用，一食用。前者主要见于众多的《本草》和医书中，这个上面已经谈过。后者则主要见于笔记中，现在要谈的就是。

我在翻检笔记时所付出的劳动，甚至超过《本草》和医书。即使是这样，我也没有能把浩如烟海的宋代笔记全部翻检一遍，那几乎是不可能的，也是没有必要的。我尽上自己的力量，把一些比较知名的笔记翻看了一下。现在把翻检到的资料条列如下。笔记的排列基本上是按照成书的年代，成书早者在前，迟者在后。但是，有一些笔记成书年代难以确定，因此我的排列也不见得是完全可靠的。这一点对于资料的使用影响不大。

我还要补充几句。我搜集资料，除了甘蔗和沙糖等以外，有关南海和西域的一些资料也在搜集之列。因为，这些资料对了解当时的中外交通，特别是对下面"外来影响"这一节的写作，是非常有用的。

（1）陶穀《清异录》

陶穀，宋初人，历仕晋、汉、周三朝，入宋后仍在朝，加户部尚书。

卷上　青灰蔗

　　甘蔗，盛于吴中，亦有精粗，如崑崙蔗、夹苗蔗、青灰蔗，皆可炼糖。桄榔蔗，乃次品。糖坊中人盗取未煎蔗液，盈碗啜之。功德浆即此物也。

　　子母蔗

　　湖南马氏有鸡狗坊，卒长能种子母蔗。

（2）《梦溪笔谈》

宋沈括（1031—1095年）著。《笔谈》共二十六卷，分17门：故事、辨证、乐律、象数、人事、官政、机智、艺文、书画、技艺、器用、神奇、异事、谬误、讥谑、杂志、药议。另外还有《补笔谈》三卷，《续笔谈》一卷。书中自然科学条目约占全书的三分之一，可以说是北宋科技成就的总结，是一部难得的奇书。书中没有直接谈到蔗和糖的地方。但有一条谈到糖的食用，有几条谈到南海几个国家。

卷二五

> 又何胤嗜糖蟹。大抵南人嗜咸，北人嗜甘。鱼蟹加糖蜜，盖便于此俗也。

卷二一

> 至和中，交趾献麟，如牛而大，通身皆大鳞，首有一角。

卷二四

> 熙宁中，珠辇国使入贡。

交趾乃汉唐交州故地。

（3）《萍洲可谈》

宋朱彧撰。《四库全书提要》说："彧之父服元丰中以直龙图阁历知莱润诸州。绍圣中尝奉命使辽，后又为广州帅。故彧是书多述其父之所见闻，而于广州蕃坊市舶言犹详。"可见此书的内容。对于研究宋代中外交通极有价值。

卷二　讲广州市舶司，讲"广州蕃坊"：

> 海南诸国各有酋长。三佛齐最号大国，有文书，善算……是国正在海南，西至大秦尚远。华人诣大食，至三佛齐修船，转易货物，远贾辐凑，故号最盛。

> 海南诸国有倒挂雀，尾羽备五色状，似鹦鹉，形小如雀，夜则倒悬其身。畜之者食以蜜渍、粟米、甘蔗，不耐寒，至中州辄以寒死。寻常误食其粪，亦死。元符中，始有携至都城者，一雀售钱五十万。东坡梅词云"倒挂绿毛凤"，盖此鸟也。

> 顷年在广州蕃坊，献食多用糖、蜜、脑、麝。

还有一条，虽然与我要搜寻的资料沾点边，但实际上没有关系。但是，对中韩关系史也许还可以资谈助，我也抄在下面：

> 高句丽，古箕子之国，虽夷人，能文。先公守润，得其使先状云：远离桑城，近次蔗封。盖取食蔗渐入佳境之义。

（4）苏轼（1037—1101年）《物类相感志》

糯稻草烧甘蔗，作麝香香。

（5）《文昌杂录》

宋庞元英撰。《四库全书提要》说："元丰壬戌（1082年），元英官主客郎中，在省四年，时官制初行，所记一时闻见，朝章典故为多。"但是，由于职务关系——主客是管理外国事务的——他记录了一些外国情况。这些记录对我们是颇为有用的。

卷一

　　主客所掌诸蕃，东方有四：高丽、日本、渤海靺鞨、女真。西方有九：夏国、董毡、于阗、回鹘、龟兹、天竺（身毒，摩伽陀，婆罗门）、瓜沙门、伊州、西州。南方有十五：交趾、渤泥、拂菻（大秦）、注辇、真腊、大食、占城、三佛齐、阇婆、丹流眉、陀罗离、大理、层檀、勿巡、俞卢和。在海南又有西南五蕃，等等。

我们今天看起来，这种排列法非常奇怪。然而它却表现了当时对西域和南海诸国的理解。此外也有一则与我研究的主题有关：

　　今岁时人家作锡蜜油煎花果之类，盖亦旧矣。《楚辞·招魂》云："粔籹蜜饵，有饧餭些。"粔籹以蜜和米、面煎熬，饧餭，锡也。中书赵舍人云：方言，饵，糕也，今餈糕是。

饧餭，我在上面已经谈到过，请参阅。

（6）《容斋随笔》

宋洪迈（1123—1202年）撰。分《随笔》十六卷，《续笔》十六卷，《三笔》十六卷，《四笔》十六卷，《五笔》十卷，凡五集七十四卷。此书历时长达四十年，对宋以前历史、政治、经济、词章、典故等等考证精审，对宋代典章制度纪述尤详，历代享有盛名。书中有关甘蔗和糖霜的记述，极为重要。

　　《四笔》卷二　北人重甘蔗

　　　　甘蔗只生于南方，北人嗜而不可得。魏太武至彭城，遣人于武陵王处求酒及甘蔗。郭汾阳在汾上，代宗赐甘蔗

二十条。《子虚赋》所云"诸柘巴且","诸柘"者，甘蔗
也。盖相如指言楚云梦之物。汉《郊祀歌》"泰尊柘浆"，
亦谓取甘蔗汁以为饮。

《五笔》卷六　《糖霜谱》

　　"糖霜"之名，唐以前无所见。自古食蔗者，始为蔗浆。

　　（以下简略介绍了王灼《糖霜谱》的内容，最后说：）
遂宁王灼作《糖霜谱》七篇，具载其说，予采取之，以广
闻见。

《糖霜谱》我在上面已全文抄录，请参阅。洪迈的介绍我省略了。

（7）《学林》

宋王观国撰，有绍兴壬戌（1142 年）序。《四库全书提要》
说："书中专以辨别字体、字义、字旁为主。……莫不胪其异同，
折衷至当。"

　　卷一〇　糃

　　　　《南史·颜竣传》曰：宋明帝时，岁旱，人饥。中书
　　令颜竣上言禁糃一月，息米万斛。观国案：《集韵》曰：
　　糃，音唐，精米也。

　　　　诸字书皆无"糃"字，唯《集韵》收此字。

羡林按："上言禁糃一月"，诸书皆作"禁餳"。王观国的意见可
以参考[12]。

（8）《东京梦华录》

宋孟元老撰。《四库全书提要》说"不知何许人"。靖康变

前（1126年），他曾卜居京师汴梁二十三年，后随宋朝迁徙江左，追忆汴京繁华，写成此书，时为高宗绍兴十七年（1147年）。书内分86目，各目载一至二十余事。对当时的宫廷和市井生活都有详明叙述，栩栩如生，是研究当时汴梁情况的难得的资料。我在上面曾提到沙糖的药用和食用的问题。此书对食用研究有重要意义。书中关于这方面的记述很多，我仅择其尤为重要者摘录如下：

卷二　州桥夜市

　　出朱雀门，直至龙津桥，当街水饭、熬肉……沙糖冰雪冷元子……沙糖绿豆甘草冰雪凉水……香糖果子、间道糖荔枝……直至龙津桥须脑子肉止，谓之杂嚼，直至三更。

卷二　东角楼街巷

　　（所列饮食中有）香糖果子。

卷二　饮食、果子

　　（所列众多的饮食中有）西川乳糖、狮子糖、甘蔗。

卷三　马行街铺席

　　（所列食品中有）香糖果子。

卷三　诸色杂卖

　　散糖果子。

卷四　饼店

　　糖饼。

卷八　端午

　　香糖果子。

卷一〇　　十二月

　　胶牙饧。

邓之诚《东京梦华录注》[13]对上录的几个食品有详细的注，现在抄在下面，以供参考：

　　乳糖

　　谢采伯《密斋笔记》三：遂宁饆冰，正字刘望之赋，以为伞子山异僧所授，其法醡蔗成浆，贮以瓮缶，列闲屋中，阅冬而后发之，成矣。其略曰：逮白露之既凝，室人告余其亦霜。猎珊瑚于海底，缀珠琲于枯筥。吸三危之秋气，陋万蕊之蜂房。碎玲珑于齿牙，韵亢爽于壶觞。米帖云：治咽喉诸疾。广南盛有，不知始于何时。

　　唐慎微《政和证类本草》二十三：甘蔗，旧不著所出州土。陶隐居云：今江东者为胜。庐陵亦有好者。广州一种数年生者如大竹，长丈余。今江浙闽蜀川所生，大者亦高丈许。叶有二种，一种似荻，节疏而细短，谓之荻蔗。一种似竹粗长，笮其汁以为沙糖，皆用竹蔗。泉福吉广州多作。炼沙糖和牛乳为石蜜，即乳糖也。惟蜀川作之。荻蔗但堪啖。或云亦可煎作稀糖。商人贩货至都下者，荻蔗多而竹蔗少也。

　　狮子糖

　　孔平仲《谈苑》一：收冰之法，冬至前所收者坚而耐久。冬至后所收者多不坚也。黄河亦必以冬至前冻合，冬至后虽冻不复合矣。川中乳糖狮子，冬至前造者色白不坏，冬至后者易败多蛀。阳气入物，其理如此。

（下面邓之诚注引曾慥《高斋漫录》：熙宁中上元，宣仁太后御楼观灯，赏赐小儿乳糖狮子两个。不具录。）

（9）《岭外代答》

宋周去非撰，十卷。《四库全书提要》说："淳熙中官桂林通判，是书即作于桂林代归之后。……原本分二十门，今有标题者凡一十九门，一门存其子目而佚其总纲。"

外国门上

有安南国、占城国、真腊国、三佛齐国等等。

阇婆国

以椰子并挞树浆为酒，蔗糖，其色红白，味极甘美。

下面有故临国、注辇国等等。

卷三，外国门下　大食诸国

以蒲桃为酒，以糖煮香药为思酥酒，以蜜和香药作眉思打华酒，暖补有益。

有勿厮离国。其地多名山。秋露既降，日出照之，凝如糖霜，采而食之，清凉甘腴，此真甘露也。

羡林按：这里的"糖霜"，不是我所讲的宋代的糖霜，只是名称偶同而已。

下面还有波斯国。"航海外夷"条目中又有大食、阇婆、三佛齐等等。

（10）《老学庵笔记》

南宋陆游（1125—1209 年）撰。十卷，576 条。此书约成于淳熙、绍熙间（1174—1194 年）。多记时事轶闻、典章制度，兼及诗文考订与民间传说。《四库全书提要》说："其余则轶闻、旧典，往往足备考证。"

卷六

　　闻人茂德言：沙餹，中国本无之。唐太宗时，外国贡至。问其使人："此何物？"云："以甘蔗汁煎。"用其法煎成，与外国者等。自此中国方有沙餹。唐以前书传凡言餹者，皆糟耳，如餹蟹、餹姜皆是。

（11）《玉照新志》

南宋王明清撰。

卷五

　　绍圣中有王毅者，文贞之孙，以滑稽得名。除知泽州，不称其意。往别时，宰相章子厚曰："泽州油衣甚佳。"良久又曰："出锡极妙。"毅曰："启相公，待到后，当终日坐地披着油衣食锡也。"

（12）《演繁露》

南宋程大昌撰，十六卷，《续演繁露》六卷。书约成于淳熙庚子（1180 年）。拟董仲舒《春秋繁露》而作。《四库全书提要》说："名物典故，考证详明，实有资于小学。"

卷二　石蜜

　　《太平御览·异物志》曰：交趾甘滋，大者数寸。煎之，凝如冰，破如博棋，谓之石蜜。《凉州异物志》曰：

石蜜之滋，甜于浮萍。非石之类，假石之名。实出甘柘，变而凝轻。注云：甘蔗，似竹。煮而曝之，则凝如石而甚轻。又魏文帝诏曰："南方龙眼、荔枝，宁比西国蒲桃、石蜜？"合此数说观之，既曰柘浆可凝，其状如冰，而名又为石，则今之糖霜是矣。又有崖蜜者，蜂之酿蜜，即峻崖悬置其窠，使人不可攀取也。而人之用智者，伺其窠蜜成熟，用长竿系木桶，度可相及，则以竿刺窠，窠破，蜜注桶中，是名崖蜜也。

（13）《野客丛书》

南宋王楙撰。三十卷，附《野老记闻》一卷。有庆元元年（1195 年）自序。内容也主要是杂记典章，考订名物。《四库全书提要》说，书中千虑一失是有的，"其余则多考辨精核，位置于《梦溪笔谈》《缃素杂记》《容斋随笔》之间，无愧色也"。可见对此书评价之高。

卷一七　崖蜜

东坡橄榄诗曰："待得微甘回齿颊，已输崖蜜十分甜。"《冷斋夜话》谓事见《鬼谷子》，崖蜜，樱桃也。漫叟渔隐诸公引《本草》石崖间蜂蜜为证。仆谓坡诗为橄榄而作，疑以樱桃对言。世谓枣与橄榄争曰："待尔回味，我已甜了"，正用此意。蜂蜜则非其类也。固自有言蜂蜜处，如张衡《七辩》云"沙餳石蜜"，乃其等类。闽王遗高祖石蜜十斛，此亦一石蜜也。仆尝考之，石蜜有数种。《本草》谓崖石间蜂蜜为石蜜，必有所谓。乳餳为石蜜者，《广志》

谓蔗汁为石蜜。其不一如此。崖、石一义，又安知古人不以樱桃为石蜜乎？观魏文帝诏曰："南方有龙眼荔枝，不比西国（园，误）蒲桃石蜜。"以龙眼荔枝相对而言，此正樱桃耳，岂锡蜜之谓邪？坡诗所言，当以此为证。

此外，本书卷七有"二书中言锡字"一条，对于研究"餳""锡"二字，有参考价值。

（14）《桯史》

又名《柳氏旧闻》，南宋岳珂（1183—1234 年）撰。十五卷，140 条。《四库全书提要》说："大旨主于寓褒刺，明是非，借物论以明时事。"对我的研究来说，最有用的是记述南海外国人的章节。

卷一一　番禺海獠

番禺有海獠杂居，其最豪者蒲姓，号白番人，本占城之贵人也。既浮海而遇涛，惮于复反，乃请于其主，愿留中国，以通往来之货，主许焉（下面叙述海獠的宗教信仰、饮食起居、楼阁、宴会等等，不细录）。酒醇而甘，几与崖蜜无辨。（这里又讲到"崖蜜"，可供对比参考。）

（15）《都城纪胜》

耐得翁撰。其书成于端平二年（1235 年），共 514 门，皆记杭州琐事。

食店

又有专卖小儿戏剧糖果，如打娇惜虾须糖、宜娘打秋千稠锡之类。

参阅下面（21）《梦粱录》。

（16）《学斋佔毕》

南宋史绳祖撰。四卷，有淳祐庚戌（1250 年）自序。《四库全书提要》说："是书皆考证经史疑义（有疏于考据之处）。然其他援据辨论精确者为多，亦孙奕《示儿编》之亚也。"

卷四　煎糖始于汉不始于唐

《老学庵笔记》其中一条云：闻人茂德博学士也（下面参阅上面（10）《老学庵笔记》条）是未之深考也。闻人固不足责，老学庵何至信其说而笔之。余按宋玉《大招》已有"柘浆"字，是取蔗汁已始于先秦也。《前汉·郊祀歌》"柘浆析朝酲"，注谓取甘蔗汁以为饴也。又孙亮取交州所献甘蔗锡，而二《礼》注"饴"俱云煎米蘖也，一名锡，则是煎蔗为糖已见于汉时甚明，而《说文》及《集韵》并以糖为蔗饴，曰饴，曰锡，皆是坚凝可含之物，非糟之谓。其曰糟字止训酒粕，不以训糖，何可谓煎蔗始于太宗时，而前止是糟耶？余故引经注汉传而正其误云。

（17）《密斋笔记》

南宋谢采伯撰，五卷，《续记》一卷，约成书于宝祐丙辰（1256 年）。《四库全书提要》说："（是编）杂论经史文艺，凡五万余言……瑜多瑕少，要亦说部之善本也。"

卷三

［关于遂宁糖冰一节，上面（8）《东京梦华录》邓之诚注已引用，这里不再重复］。

（18）《宾退录》

南宋赵与峕撰。十卷。前有宝祐五年（1257年）陈宗礼序。《四库全书提要》对此书的评价是："然书中惟论诗多涉迂谬，于吟咏之事茫然未解。至于考证经史，辨析典故，则精核者十之六七，可为《梦溪笔谈》《容斋随笔》之续。"

卷三

唐慎微，蜀州晋原人，世为医，深于经方，一时知名。元祐间，帅李端伯招之居成都，尝著《经史证类备急本草》三十二卷，盛行于世。

羡林按：关于唐慎微的资料不多，此条颇有参考价值。

卷六

东坡橄榄诗云：已输崖蜜十分甜。惠洪以崖蜜为樱桃……东坡地黄诗云：崖蜜助甘冷，山姜发芳辛。制地黄法当用姜与蜜，而用樱桃可乎？

（19）《武林旧事》

宋末元初周密（1232—1298年）撰。十卷。书约成于元世祖至元十七年至二十七年（1280—1290年）。全书71条，约11万字。《四库全书提要》说："是书记宋南渡后都城杂事。盖密虽居于弁山，实流寓杭州之癸辛街，故目睹耳闻，最为真确，于乾道、淳熙间三朝授受两宫奉养之故迹，叙述尤详。"

卷三　端午

及作糖霜、韵果、糖蜜、巧粽，极其精巧。

卷六　作坊

糖蜜枣儿、诸般糖。

市食

糖叶子。

果子

糖丝线、泽州锡、十般糖、糖脆梅、韵姜糖、花花糖、糖豌豆、乌梅糖、玉柱糖、乳糖狮子、诸色糖蜜煎。

粥

糖豆粥、糖粥。

糕

糖糕、蒸糖糕、生糖糕、蜂糖糕。

蒸作从食

糖馅。

《增补武林旧事》卷八，又有类似的记载，不重复抄录。

卷九　绍兴二十一年十月，高宗幸清河郡王第，供进御筵

再坐切

时果一行

甘蔗。

时新果子一行

甘蔗、柰香。

《后武林旧事》卷一，绍兴二十二年十一月，高宗幸清河郡王第，

供进御筵中的食品，同上面差不多，不再抄录。

（20）《癸辛杂识》

南宋周密撰。《前集》一卷、《后集》一卷、《续集》二卷、《别集》二卷。《四库全书提要》说："而遗文佚事可资考据者实多，究在《辍耕录》之上。"

《前集》 葵

昔有婆罗门僧东来。

《续集》卷上 按摩女子

马八儿国进贡二人。

《续集》卷下 佛莲家赀

泉南有巨贾回回佛莲者，蒲氏之婿也。

（21）《梦粱录》

宋末元初吴自牧撰。二十卷，凡169条，约13万言。《四库全书提要》说："是书全用《东京梦华录》之体，以纪南宋郊庙、宫殿，下至百工杂戏之事。"书有宋度宗咸淳十年甲戌（1274年）自序。《提要》提出了疑问："其时宋未亡也。意甲戌字传写舛讹欤？"《简明中国古籍辞典》（吉林文史出版社，1987年，第780页）说："元顺帝元统二年（1334年）成书。"

卷五 九月

此日都人店肆以糖面蒸糕，上以猪羊肉鸭子为丝簇钉，插小彩旗，名曰重阳糕。

卷六 除夜

是日内司意思局进呈精巧消夜果子合，合内簇诸般细果、时果、蜜煎、糖煎及市食，如十般糖澄沙团、韵果……

卷一三　铺席

朝天门里大石版朱家襟褙铺，朱家圆子糖蜜糕铺。夜市大街关扑如糖蜜糕、灌藕……

又有虾须卖糖、福公个背张婆卖糖、洪进唱曲儿卖糖。（下面还有许多"卖糖"、十般糖、花花糖、麝香糖蜜糕、杨梅糖、十般膏子糖、十色糖、糖糜乳糕浇等等，不能一一抄录）

下面还有戏剧糖果之类，打娇惜、宜娘子秋千稠糖，等等，不能具录。但是，有一点值得注意：上面（15）《都城纪胜》有几乎完全相同的记载，请参阅对比。那里作"宜娘打秋千稠餳"，这里作"稠糖"，可见"餳""糖"二字相等。

卷一六　分茶酒店

（这里列举了大量的饮食名称，很多都与糖有关，不具录）

四时果子中有甘蔗。

干果子中有香糖、糖霜。（下面还有轻餳、玛瑙餳、十色糖、梅山糖，等等）

荤素从食店

（有许多以糖命名的食品）

卷一八　物产　果之品

甘蔗

我在上面共介绍了宋代笔记21部，其中有大量关于甘蔗和糖的记述，基本上都是食用的。我曾说过，宋代笔记浩如烟海，我无法求全，也不想求全，也用不着求全。以上21部笔记中的资料，已经完全够用了。值得注意的是，中国制糖史上的几个和甘蔗同沙糖有关的问题，比如蔗糖在中国始于何时？崖蜜究竟是不是樱桃？等等，宋代笔记中也有反映，有讨论，意见也颇不一致。从这许多笔记的记述中可以看出，到了宋代，糖作为食品已经得到了十分广泛的使用，在故都汴梁是这样，在新都杭州也是这样。同唐代相比大不相同了。这在中国"糖史"上是很重要的问题，不容忽视。

8. 类书

类书是中国一种接近百科全书式的工具书，往往是采辑群籍，或以类分，或以字分，供寻检之用。以类分者，又有两种，一是多类，比如《艺文类聚》《太平御览》等等；一是一类，比如《小名录》《职官分纪》等等。以字分者，也有两类，一是齐句尾之字，比如《韵海镜源》《佩文韵府》等等；一是齐句首之字，比如《骈字类编》等等。类书，宋代以前已经有了，唐代的《艺文类聚》《白孔六帖》《通典》等等，都是类书。到了宋代，类书又有了新的发展，数量和质量都扩大了。我在下面提出了八部类书，都是以类分者，里面有大量关于甘蔗和沙糖或糖霜的记载，对我的研究和探讨都非常有用。宋代类书当然不止这八部，因为其余的与我的研究无关，就不介绍了。

同笔记一样，这八部类书也是按成书年代的先后顺序排列的。

（1）《太平御览》

北宋李昉（925—996 年）等奉敕编。一千卷，目录十卷，约470 万字，分 55 部，每部又分若干子目，凡 5363 类，类内又有附目 63，凡 5462 类。每类征引有关资料，据称引经史图书 1690种。经近人仔细统计，实引书 2579 种。但是大都不是引自原书，而是引自古代类书。《四库全书提要》说："宋初去古未远，即所采类书亦皆具有渊源，与后来饾饤者迥别，故虽蠹蚀断烂之余，尚可据为史典。"可见此书之价值。（关于地理部分，只引过去典籍，不讲当前土产，蔗和糖的产地都付阙如）

四夷部八 赤土国，引《隋书》：

以甘蔗作酒，杂以紫瓜根，酒色黄赤，味亦香美。（卷七八七）

林阳国，引康泰《扶南土俗》：

扶南之西南有林阳国，去扶南七千里，土地奉佛……一日再市，朝市诸杂米、甘果、石蜜。暮中但货香花。（卷七八七）

多摩国

所食尚酥、乳酪（《四库全书》本作"骆"）、沙糖、石蜜……果多甘蔗。（卷七八八）

波斯，引《北史》：

出……胡椒、荜拨、石蜜、千年枣……（卷七九四）

（卷七九五大食、七九七摩竭提，都没有提到石蜜或沙糖）

饮食部九 饎，引《时镜新书》：

粍籹蜜饵，即糖饎，龙山食有糖饎菊酒。

锡

引《礼记·内则》、《方言》、《说文》、《释名》、《后汉书》、《东观汉记》、《四王起事》、《幽明录》、《淮南子》、《盐铁论》、《世说》、《楚辞·招魂》、张衡《七辩》、崔寔《四民月令》、卢谌《祭法》等书，引文多已见他处，不具录。（卷八五二）

蜜（包含石蜜）

引《续汉书》："天竺国出石蜜。"又引《吴志·孙亮传》《晋太康起居注》《唐书》《异物志》《凉州异物志》《本草经》："石蜜，一名饴。"魏文帝《与孙权书》《与诸臣诏》等书，引文多已见他处，不具录。（卷八五七）

沙锡

引盛翁子与《刘颂书》："沙锡，西垂之产。"（卷八五七）

果部一一 甘蔗

引《晋书》，《宋书》："庾仲文好货，刘雍自谓得其助力，事之如父。夏中送甘蔗，若新发于州。"又引《南史》、《梁书》、《三国典略》、《陈书》、《永嘉郡记》、卢谌《祭法》、范汪《祠制》、《扶南传》、《广志》（"甘蔗，其锡为石蜜"）、《云南记》、《异物志》、《甄异传》、魏文帝《典论》、《表子正书》、《楚词》、司马相如《子虚赋》、张协《都蔗赋》、曹植诗、张载诗、李伯仁《七欵》、虞翻《与弟书》、应璩《与尚书诸郎书》、冯植《竹杖铭》。引文不具录。

（2）《册府元龟》

北宋王钦若（962—1025年）、杨亿（974—1020年）等奉敕编。一千卷，目录、音义各十卷。景德二年（1005年）开始，大中祥符六年（1013年）成书，约940万字。分31部，1104门，一说1116门。成书以后，议论颇多。《四库全书提要》说："是此书在宋世学者颇不满之。但典籍至繁，势不能遍为掇拾，去诬存实，未可概以挂漏相绳。况纂辑诸臣皆一时淹贯之士，虽卷帙既富，难尽免于牴牾，而考订明晰，亦多可资览古之助。"

在这一部皇皇巨著中，目前我感兴趣的，也可以说是对我有用的，只有"外臣部""朝贡"那几卷（九六八至九七二卷）。近代以来，东西方学者发现了《册府元龟》对于研究中外交通史的重要意义，纷纷加以翻译和研究。他们的兴趣也主要在"外臣部"。然而，我目前研究的是宋代，而《册府元龟》关于"朝贡"的那几卷，从夏后开始，历周、秦、汉、魏、吴、晋、南北朝、隋、唐，到了周世宗显德元年（954年），便戛然而止。根本没有宋代，而这正是我所想要的。因此，这一部巨著对我目前用处不大。我只从中选出一段，抄在下面，这是大家最感兴趣的一段公案：

卷九七〇

西蕃胡国出石蜜[14]，中国贵之。帝遣使至摩伽陀国取其法，令扬州煎诸蔗[15]之汁，于中厨自造，色味逾于西域所出。

（3）《事物纪原》

北宋高承编。十卷，又作二十卷。高承汇辑 217 种事物起源资料，编成此书。今传本记事多达 1760 余事，显为后人增益。《四库全书提要》说："书中凡分 55 部，名目颇为冗碎，其所考论事始亦间有未确……然其他类多排比详赡，足资核证。在宋代类书中固为犹有体要者焉。"

卷九　麦（陵）糕

世俗每至清明，以麦或秫以杏酪煮为姜粥，俟其凝冷，裁作薄叶，沃以锡若蜜（密？）而食之，谓之麦（陵）糕，此即其起也。

（4）《海录碎事》

宋叶廷珪撰。二十二卷。叶廷珪，政和五年（1115 年）进士，绍兴中出知泉州军州事，所以书中有"奉使门""市舶门""梵语门"等等与外国有关的记述。全书为部 16，为门 584。《四库全书提要》说："此书皆类聚故事，分条列目，以备检用。……书中体例乃由史、子及诗文中摘其新隽字句，以供行文者襞绩之助，盖为四六材料而设，与他类书用意稍有不同。"

卷二二下　果实门　都蔗

曹植诗云：都蔗虽甘，杖之必折；巧言虽美，用之必灭。晋张协有《都蔗赋》。

崖蜜

《鬼谷子》樱桃也。

三节蔗

一丈三节蔗。

（5）《通志》

本书《四库全书》归之"史部"。我在这里姑且归之类书。

南宋郑樵（1104—1162 年）撰。二百卷。成书于高宗绍兴三十一年（1161 年）。包括"本纪"十八卷、"年谱"四卷，"略"五十二卷，"世家"三卷，"列传"一一五卷，载记八卷，共五百余万字。《四库全书提要》评论此书说："樵恃其佹（《四库》本如此，疑当作"赅"）洽，睥睨一世，谅无人起而难之，故高视阔步，不复详检，遂不能一一精密，致后人多所讥弹也。特其采摭既已浩博，议论亦多警辟，虽纯驳互见，而瑕不掩瑜，非游谈无根者可及。"

卷七五　昆虫草木略

甘蔗有三种：赤色者曰崑崙蔗，白色者亦曰竹蔗，亦曰蜡蔗，小而燥者曰荻蔗。

卷一九六　天竺

又有旃檀、郁金等物，甘蔗诸果，石蜜、胡椒、姜、黑盐。

疏勒

土多稻、粟、蔗、麦、铜、铁、绵锦、雌黄……

波斯

胡椒、荜拨、石蜜、千年枣、香附子、诃梨勒、无食子、盐绿、雌黄。

大食

引杜还（《四库》本如此）《经行记》：刻密石（《四库》本如此，显系"石蜜"之误）为庐舍，有似中国宝舉。

（6）《玉海》

南宋王应麟（1223—1296 年）编。二百卷，附《辞学指南》四卷。凡有 21 门，每门又各分子目，共 240 余类。《四库全书提要》说："然所引自经史子集、百家、传记，无不赅具，而宋一代之掌故，率本诸实录、国史日历，尤多后来史志所未详，其贯串奥博，唐宋诸大类书未有能过之者。"可见此书之价值。

对我目前的研究工作来说，这部书的重要意义在于它关于中外交通的记载，特别是宋代的记载，更为其他载籍所不及。本书卷一五二、卷一五三和卷一五四都是这种记载。所谓"朝贡""贡方物"等名词，与其他载籍同，不必计较。卷一五三有一个表，叫作"蕃夷奉朝贡者四十三国"，从中可以看出宋代中外交通的频繁。但是中间有一些"国"，从今天看起来，并不是什么"国"，也不是什么"蕃夷"。我把原表照抄下来，以省读者翻检之劳：

太祖朝

高丽　定安　女真　龟兹　于阗　高昌　天竺　占

城　三佛齐　交趾　大食　邛部　川蛮　黎州保塞蛮　灵武五蕃　瓜州甘丰夏溪珍奖南州　回鹘

太宗朝

渤泥　波斯　日本　阇婆　吐蕃　牂柯　山后两林蛮　雅州蛮　西山野　川路蛮　南宁　西凉　银州　渤海　高敞

真宗朝

丹流眉　蒲端　注辇　西天金城勿巡　唃厮啰　六谷　风琶蛮　河西　西南蛮　古叙宜辰安远等州　抚水州　五溪　高州五姓

仁宗朝

埄渤　西蕃　磨氊　瞎氊　施黔广凉州蛮　鹣州西平州波州　北遏镇蛮　北亭可汗　石龙蕃　夏国　安化州蛮^{即抚水州}　大留

神宗朝

层檀　佛泥　拂菻　大理　真腊　陁婆里　董氊　西南静蛮　捍蛮　军罗耆　方蕃　龙赐州

哲宗朝

河里骨　程张蕃　麻提拔　邈黎　保静等州

徽宗朝

蒲甘　青唐

高宗朝

罗展　罗斛（其累朝朝贡不重述）

中兴以来

大理　蒲甘　交趾　占城　真腊　真里富　大食　高

丽日本　阇婆　三佛齐　南丹州　西南张蕃　宜州等蛮

卷一五四（与大食交通，见下面（五）"外来影响"）

（7）《全芳备祖》

南宋陈景沂撰。前集二十七卷，后集三十一卷。有宝祐元年（1253年）序。前集花卉，后集分果部九卷，卉部三卷，草部一卷，木部六卷，农桑部三卷，蔬部五卷，药部四卷。《四库全书提要》说："每一物分事实祖，赋咏祖，纪录寥寥，北宋以后，特为赅备，而南宋尤详。"

《后集》卷四甘蔗，是宋代所有的笔记和类书中最详尽的，古今兼引，代表宋代末期对甘蔗了解的水平。征引虽与上面所引有些重复，但为了保持完整起见，我仍然全文抄录：

事实祖　碎录

诸，蔗也说文。赤者名崑崙，白者名荻蔗本草。疏者皮厚，谓之荻蔗吴志。扶南蔗，一丈三节，见日即消，遇风即折世说。蔗冰甘蔗，其餳为石蜜广志。泰尊蔗浆，取柘甘（原文如此）以为饮也汉郊祀志。臑鳖炮羔有柘浆，和其汁以为饮也宋玉赋。交趾所生者围数寸，长丈余，颇似竹。断而嚼之，甚甘。榨取其汁，曝干成饴，入口消释，彼人谓之石蜜吴录。

纪要

顾恺之为虎头将军。每食蔗，自尾至中，曰渐入佳境世说。元嘉二十七年，魏太武引兵攻彭城，求甘蔗于武陵王骏，骏命予之魏史。魏主致意，远来疲乏。若有甘蔗及酒，可以分惠。世祖答曰：知行路多乏，令（今？）付酒二器、甘蔗百根沈约宋书。平虏将军刘勋、奋威郭展等共饮。凤闻展有手臂，晓五兵，与论剑良久，谓将军怯也，求与对。酒酣耳热，方食蔗，即以为杖，下殿数交，二中其臂。左右大笑魏典论。虞绦中痁疾逾月，既乏资给，疲瘵且肿。忽梦一白衣妇人，谓之曰：子之疾当食蔗即愈。诘朝见鬻蔗者，揣囊中告乏镪，惟有《唐韵》一册，请易之。其人曰：我乃负贩者，将此安用？哀君欲之。遂贻数枝。虞喜而食之，疾遂愈野史。神宗问惠卿曰：何草不庶，独于蔗庶，何也（耶？）？对曰：凡草种之则正生，此侧出也，所谓庶出也野史。孙亮使黄门以银碗并盖，就中藏吏取交州所献甘蔗饧。黄门先恨藏吏，以鼠屎投饧中，启言吏不谨。亮呼吏将银器入，问曰：此器既盖之，有掩覆，何缘有此？黄门将有恨汝耶？吏叩头曰：常从某求宫花席，不敢与。亮曰：必是此也。问之惧服江表传。

杂著

　　唐大历间，有僧号邹和尚，不知所从来，跨白驴，登伞山，结茆以居。虽（？）盐菜薪米之属，即书于纸，系钱，遣驴负至市区。人知为邹也，取平直，挂物于鞍，负而归。一日驴吃山下黄氏蔗苗。黄请偿于邹。邹曰：汝未知，因蔗糖为霜，利当十倍。吾语汝，塞责可乎？试之果倍，自是流传其法。至末年，北走通泉县灵鹫山龛中。其徒追及，但见一文殊石像，始知大士化身，而白驴者，乃狮子也^{王灼谱}。甘柘只生于南方，北人嗜之而不可得。魏太武至彭城，遣人求酒及蔗于武陵王。郭汾阳在汾上，代宗赐甘蔗二十条。《子虚赋》所云：藷，柘也。藷蔗者，甘蔗也。盖相如指言楚云梦之物。汉郊祀歌，泰尊柘浆，亦谓取甘蔗汁以为饮。容斋又有《糖霜谱》云：糖霜之名，唐以前无所见。自古食蔗者始为蔗浆。宋玉《招魂赋》所谓臑鳖炮羔有柘浆是也。其后为蔗锡，如孙亮者是也。后又为石蜜，《南中八郡志》云：榨甘蔗汁曝成饴，谓之石蜜。《本草》亦云：炼糖如（和？）乳为石蜜是也。后又为蔗酒。唐赤土国用甘蔗作酒，杂以紫瓜根是也。唐太宗遣使至磨竭陀国取熬糖法，即诏扬州上诸蔗，榨沈如其剂，色味愈于西域。然只是今之砂糖。蔗之技尽于此，不言作霜，非古也。历世诗人模奇写异，亦无一章一句及此。惟东坡过金山寺作诗送遂宁僧云：涪江与中泠，共此一味水。冰盘荐琥珀，何似糖霜美。山谷作颂答梓州雍熙长老云：远寄蔗霜知有味，胜如崔子水晶盘。正宗扫地从谁说，我舌犹能及鼻尖。糖霜见之文字者，实始二公。甘蔗所在皆植，独福塘四明番禺广汉遂宁有糖霜，而遂宁为冠。四郡所产甚微，而棵细色浅味淡，仅比遂宁之下者，亦皆起于近世。唐大历中有邹和尚者，始来小溪之伞山，教民黄氏以造霜之法。伞山在县北二十里，凡前后为蔗田者十之四。蔗有四色，曰杜蔗，曰西蔗，曰芳蔗，《本草》所谓荻蔗也，曰红蔗，《本草》所谓崑崙蔗也。红蔗止堪生啖。芳蔗可为沙糖。西蔗可作霜，色浅不甚贵。杜蔗绿嫩味厚，专用作霜。凡蔗最困地力，今年为蔗田者，明年改种五谷，以滋息之。器曰蔗削，曰蔗镰，曰蔗凳，曰蔗碾，曰榨斗，曰黍瓮，各有制度。凡霜一瓮中品级亦自不同。堆叠如假山者为上，团枝次之，瓮鉴次之，碎小块颗又次之，沙脚为下。紫为上，琥珀次之，浅黄又次之，浅白为下。宣和初，王黼创应奉司，遂宁常贡外，岁别进数千斤。是时所产益奇。应奉司罢，乃不再见。遂宁王灼作《糖霜谱》七篇，具载其说，予采取之，以广见闻焉^{容斋随笔}。

都蔗虽甘，杖之必折。巧言虽美，用之必灭^{曹植}。挫斯蔗而疗渴，若漱醴而含蜜，清滋津于紫梨，流液丰于朱橘^{张协}。郡蔗酿蜜，殊美绝快。渴者所思，铭之佩带^{张载}

赋咏祖　五言散句

春雨余甘蔗^{少陵}。初味犹啖蔗^{昌黎}。

甘蔗消残醉^{元稹}。姜蔗傍湖田^{左司}。

浆甜蔗节调^{香山}。

挺挺自超群，棱棱类此君^{白氏集}。

偶然存蔗节，幸各对松筠^{杜少陵}。

七言散句

蔗浆归厨金碗冻^{东坡}。

疑是此君萦紫绶，却来佳境醉红裙^{白氏集}。

少年辛苦甘食蓼，老境清闲如啖蔗。

百味旨酒布兰生，泰尊柘浆析朝酲^{郊祀歌}。

垂柳阴阴日初永，蔗浆酪粉金盘冷^{东坡}。

七言古诗

瑶池宴罢王母仙，九芝飞入三仙山。空余绛节留人间，云封露洗无时闲。节旄落尽何斓斑，野翁提携出茅菅。吴刀戛戛鸣双环，截断寒冰何潺潺。相如赋就空上林，倦游渴病长相侵。刘伶爱酒真荒淫，狂来欲倒沧溟深。此时一嚼轻千金，炉边何用文君琴。五斗一石安足斟，坐想毛发生清阴。萧索甘滋欲谁酿，粗梨橘柚纷殊状，冷气直射杯槃上。顾郎不见休惆怅，佳境到时还不妄。诗成虽愧阳春唱，全胜乞与将军杖_{舒信道}。

七言绝句

亦非崖蜜亦非锡，青女吹箫冻作冰。透骨轻寒清著齿，嚼成人迹板桥声_{诚斋}。

（8）《文献通考》

宋末元初马端临（约1254—1323年）撰。三四八卷。书成于元成宗大德十一年（1307年），历时二十余年。记上古至南宋嘉定间典章制度沿革，分24考。《四库全书提要》说："因上本经史，参之历代会要，百家传记，以及臣僚奏疏，诸儒评论，名流之燕谈，稗官之纪录，门分类别，或续或补，可谓广博矣。"

这一部大书，对我目前的研究来说，用处却并不大。有用的资料都与中外交通有关。

卷六二　提举市舶

唐有市舶使，以右威卫中郎将周泽为之。唐代宗广德元年（763年），有广州市舶使吕大一。

卷三三一　赤土国

种植无时，特宜稻稜白豆黑麻。自余物产，多同于交趾。以甘蔗作酒，杂以紫瓜根，酒色黄赤，味亦香美。

卷三三二　真腊

饮食多酥酪、沙糖、粳、粟米饼。

阇婆

果实有木瓜、椰子、蕉子、甘蔗、芋。

多摩长

（居于海岛，东与婆凤，西与多隆、南与丰支跋，华言五山也，北与诃陵等国接）所食尚苏（酥）、乳酪、沙糖、石蜜。

占城

果实有莲、甘蔗，蕉子、椰子。

卷三三八　天竺

有旃檀、郁金等香，甘蔗诸果，石蜜、胡椒、姜、黑盐。

摩揭它

唐贞观二十一年，始遣使者自通于天子，献波罗树，树类白杨。太宗遣使取熬糖法，即诏扬州上诸蔗，拃沈如其剂，色味愈西域远甚。

卷三三九　大食

关于中国同大食在宋代的交通年表，《文献通考》也提到了。我将在下面"外来影响"一节中加以论列，这里暂且不谈。我只把大食献白沙糖的两段抄在下面：

雍熙二年（985 年），国人花茶复来，献花绵、越诺、
拣香、白龙脑、白沙糖、蔷薇水、琉璃器……

至道元年（995 年），其国舶主蒲押陁黎贯蒲希密表，
献白龙脑、腽肭脐、龙盐、眼药、白沙糖、千年枣、五味
子、偏桃、蔷薇水、乳香、山子蕃锦、驼马褥面、白越诺。

我在这里顺便提一句：献的物品中有眼药一项，十分值得注意。
我写过一篇《唐代印度眼科医术传入中国考》，北京大学《国学
研究》第二期，请参考。

"材料来源"，就介绍到这里。

我在上面从八个方面的宋代文献中把有关甘蔗和糖的资料搜
集在一起。因为我曾多次强调，本书的重要目标之一是讲中外文
化交流，所以这方面的资料我也注意搜集。资料虽然占了不少篇
幅，但是并非百分之百地完备，那是不可能的，在现在和将来都
难以办到。不过，我相信，重要的资料我都搜集到了，根据这些
资料下的结论，不会离事实太远。综观这些五花八门的资料，其
价值是极不平衡的。有的对我的研究工作用处极大，有的就不怎
么有用。这是很自然的事情。不这样，倒会有点奇怪。

我在下面就把上面的资料加以排比，加以综合，加以分析，
期能得出系统性的推断。

（二）甘蔗种植

写这一节和下面的三节，我的指导思想是：从发展上把握

住事实的叙述。世界上万事万物都在不停地发展，甘蔗种植和沙糖制造何独不然？具体的做法是，随时把宋代的情况同唐代和唐代以前的情况对比，看一看宋代究竟发展了多少？在哪些方面有了发展？在哪些方面又没有发展，甚至出现了一些倒退？尽可能地揭示出其原因。实在揭示不出来的，就暂且放下，决不削足适履，歪曲杜撰，自欺欺人。

这一节分为三部分：

1. 甘蔗种植地区。

2. 甘蔗种类。

3. 疏勒问题。

下面依次来谈。

1. 甘蔗种植地区

先作几点说明：（1）在我搜集的资料中只讲到沙糖、石蜜或糖霜制造的地方，我也归入种植地区中，因为，在一般情况下，不种甘蔗就制不成糖。（2）讲到地名，就有一个地方变化的问题。古今中外，地名变化是常常发生的事。研究中国史的学者们都知道，治史而不深究地名的变化，治史而不深究官制的变化，必将碰壁，闹出笑话，甚至出现"硬伤"。

我先列一个对比的表：

唐和唐以前	宋
雩都	
根据《齐民要术》	

江东

庐陵

广州 贡糖霜

  根据陶弘景[16]   《宋史》卷四三广南东路、广州

蜀地 益州

西戎 西戎

江东 江左

  根据《新修本草》   《证类本草》

    《云仙杂记》

益（？）

西戎

  根据《千金翼方》

遂宁 成都府、遂宁府"贡楄、蒲绫"

  根据《糖霜谱》   《宋史》卷八九《地理志》

    遂宁《糖霜谱》

剑南道益州 贡品中没有糖

  根据《外台秘要》   《太平寰宇记》

蜀中、蜀川

波斯

东吴

  根据《食疗本草》

扬州

  根据《新唐书》

荆州

根据《一切经音义》

成都府、蜀郡

根据《新唐书》卷四二

川

浙

《本草衍义》

蜀

会稽

《证类本草》

江

浙

闽

广

蜀川

《本草图经》

川

广

湖南北

二浙

江东

《本草衍义》

福唐

四明

番禺

广汉

遂宁

　《糖霜谱》

梓州

　　黄庭坚诗、《太平寰宇记》

资州剑南东道

　《太平寰宇记》

江南东道

越州、福州

江南西道

虔州

淮南道、扬州、岭南道

广州　　无蔗无糖

　《太平寰宇记》

广州、扬州、成都府路

无糖无蔗

　《方舆胜览》

吴中

湖南

　《清异录》

泉

福

吉

广州

《证类本草》

元谋

临安

《滇海虞衡志》

列表到此为止。

我在上面曾说到过，地名经常变换，是一个非常复杂的问题。我现在对上列地名中有问题者做一点考证与解释，顺序是按照上列表中出现的先后。

江东　亦称"江左"。魏禧《目录杂说》说："江有南北而无东西。金陵，豫章，俱在江南。对豫章言，则金陵居江南之东。对金陵言，则豫章居江南之右。故宋以金陵、太平、宁国、广德为江南东路，以今江西全省为江南西路。"江东之称始于汉初，项羽江东子弟八千。

庐陵　有庐陵郡、道、县之别。历代颇有变迁，大抵在今江西吉安县一带。

蜀地　蜀中　蜀川　在今四川成都一带。

西戎　多半指波斯，今伊朗。

益州　汉置，今四川省地。

东吴　吴郡，后汉置，大体上今江苏以苏州为中心的一带地区。更广义的"吴"，比如三国吴国。

扬州　唐代亦称广陵郡。宋曰扬州广陵郡。

会稽　郡，秦置，江苏东部，浙江西部，皆其地。最狭义的是指绍兴。

湖南北路　湖北路，宋置。湖北孝感、应山以西及荆门、秭归以南；湖南洞庭湖以北及沅陵、黔阳、通道一带地区。湖南路，宋置。今湖南洞庭湖以南，新化、绥宁以东一带地区。

二浙　浙西，唐时置浙江西道，宋曰浙江西路，浙江旧杭、嘉、湖诸府，及江苏旧苏、松、太等府州地。浙东，唐时置浙江东道，宋曰浙江东路，为旧宁、绍、台、金、衢、温、处等府地。

福唐　一本作"福塘"，"塘"字疑误。即福清。这两个名称在历史上有几度变化。

四明　浙江鄞县一带。

广汉　郡，汉置，治梓潼。县，汉置，属广汉郡。郡、县在历史上都有几度变化。遂宁就属于广汉。

梓州　隋置，唐因之，故治四川三台县。路，宋置，一度改为潼川路，今四川境。

资州　西魏置。历史多次变化。大体上为四川资中县。

越州　南朝宋于会稽郡置东阳州。隋改称吴州，又改为越州，寻称会稽郡。唐复为越州，又曰会稽郡，寻复称越州。宋曰越州会稽郡，升为绍兴府，即今浙江绍兴。

福州　陈置闽州，寻废，改置丰州，隋改为泉州，又改福州。唐复置泉州，改闽州，又改福州，寻曰长乐郡，寻复为福州。宋曰福州长乐郡。元曰福州路，明称福州府，清因之。

虔州　隋于南康郡置，取虔化水为名，寻废。唐复置，改曰南康郡，寻复曰虔州。宋时谓虔刘之义，改曰赣州。今江西赣县。

吉，吉州　隋于庐陵郡置，寻废。唐复置，改曰庐陵郡，寻复为吉州。元升为吉州路，改曰吉安路。今江西吉安。

元谋　唐姚州地，蛮名环州，又名华竹。元初为治五甸，改置元谋县。今属云南。

临安府　唐置南龙州，更名钩州。天宝末没于南诏。蒙氏置通海郡。段氏改秀山郡，后复名通海，阿僰部蛮居之。元改临安路。明改为临安府，清因之。[17]

根据我上面列的地名表，以及我对一些地名的解释，我们可以看到，截止到宋代，甘蔗在中国的种植地区包括以下几省：江苏、浙江、江西、四川、湖南、湖北、云南、广东、福建等等[18]。总起来看，都在南方。这是完全符合实际情况的，因为甘蔗原本是热带和亚热带植物。后来逐渐向北传播、扩散。在中国，甘蔗种植总的趋势也是由南向北。《糖霜谱》说："若甘蔗所在皆植，所植皆善，非异物也。"这几句话，至少在修辞上是不准确的。甘蔗其实还是一种"异物"，所以许多《异物志》都收了"甘蔗"，良有以也。还是《容斋随笔》的说法合乎事实："甘蔗只生于南方，北人嗜而不可得。"

上列地名表中有几件事情还要谈一谈。有的地方，宋代以前产甘蔗；到了宋代，反而没有了。这可能有两种解释：一种是确实没有了。这在人世中是常见的事，不足为怪。另一种就是文献出了问题，记载不够全面准确。这也不是稀见的事，也不为怪。但是，总的情况是，甘蔗种植的地区越来越扩大[19]。

2. 甘蔗种类

过去，我对甘蔗种类问题理解得过于简单。我曾经想把中国古籍中提到的甘蔗种类同当今国内外研究甘蔗的专著都对上号，都用拉丁文学名表示出来。后来读了一些书，特别是Deerr的《糖史》（*The History of Sugar*），我才充分意识到这个问题的复杂性。知道我这种想法是办不到的，只有研究甘蔗的专家才能做到。我丢掉了这种想法，只是老老实实地把宋代（以及宋以前）文献中见到的甘蔗种类排列一下，做一些分析与解释。

我在前一章讲唐代的甘蔗种植时，曾讲到Jeswiet的两大类和Deerr的三大类，讲到印度甘蔗的种类。至于中国甘蔗的种类则由于文献的限制，讲得比较简单，只讲到孟诜的两类或三类和《敦煌卷子》的三类，没作更多的分析。

到了宋代，文献记录增多了。我现在根据我上面叙述的顺序，把甘蔗种类排列如下：

（1）《图经》

  a.荻蔗 但堪啖，或云亦可煎稀糖。

  b.竹蔗 筊其汁可以为沙糖。

（2）《衍义》

  a.崑崙蔗 赤色。

  b.荻蔗 白色。

（3）《糖霜谱》

  a.杜蔗 专用作糖。

  b.西蔗 可作霜，色浅，土人不甚贵。

    c.芳蔗 《本草》荻蔗，可作沙糖。

    d.红蔗 只堪生啖。

（4）《证类》

    与（1）同。

（5）《清异录》

    a.崑崙蔗。

    b.夹苗蔗。

    c.青灰蔗 皆堪炼糖。

    d.桃榔蔗 次品。

    e.子母蔗 不知是否蔗种。

（6）《海录碎事》

    三节蔗

（7）《通志》

    a.崑崙蔗 赤。

    b.竹蔗 白。

    c.荻蔗 小而燥。

（8）《全芳备祖》

    a.赤 崑崙蔗。

    b.白 荻蔗。

    c.扶南蔗 一丈三节，见日即消。

下面对上列的蔗类作一点分析。

首先，宋代同唐代比起来，甘蔗品种增多了，这是显而易见的，也是很自然的，用不着再来分析和讨论。

其次，提到颜色的只有赤、白。赤者是崑崙蔗，白者是竹蔗和荻蔗。我不是甘蔗专家，是不是甘蔗基本上就是这两种颜色。印度的Caraka-Saṃhita提到的就是这两种，紫者或赤者叫ikṣu或kṛṣṇaikṣu。这个品种亦称Vamsaka。白者叫paundra或paundraka，来源于一个名叫Pundra的地方。在外国旅行家的著作中，也有完全相同的记载。Rumph在爪哇看到了红白两种甘蔗，另外还有一种有条纹的。Laureiro在交趾支那看到了红白两种[20]。

再次，崑崙蔗和西蔗，从名称上来看，就有外来的痕迹[21]。关于甘蔗引进的问题，下面还要讨论，这里暂且不谈了。

最后，我还要谈一点中国记载中的矛盾问题。《图经》说：荻蔗"但堪啖"，而《糖霜谱》则明白说："可作沙糖。"

3. 疏勒问题

疏勒，地处中国新疆南部，按常理说，距离甘蔗种植地区颇远。我根本没有期望，能在这里找到种植甘蔗的记载。事实上却真是有的。《太平寰宇记》，卷一八一疏勒国"土多甘蔗"，也产稻。《通志》卷一九六，也有同样记载，后者来源可能就是前者。不管怎样，必须承认这个事实了。

翻阅元代著作时，我认为是找到了一个旁证。元耶律楚材《湛然居士集》，卷六有《西域河中十咏》。所谓"河中"，西辽称塔什干为河中府，诗中咏的就是塔什干（元代写作"塔实干"）的情景。其中有一首诗是：

> 寂寞河中府，遗民自足粮。
> 黄橙调蜜煎，白饼糁糖霜。

漱早河为雨，无衣垅种羊。

一从西到此，更不忆吾乡。

诗里有"糖霜"，不一定就是王灼的"糖霜"，总是与糖有关，这是可以肯定的。糖也不一定就是本地产的，但也不排除本地产的可能，因此本地就有种植甘蔗的可能。从地理上来看，疏勒跟塔什干非常近，在文化上、在民族上、在宗教上也属于同一地区。这一个例子可以证明，疏勒出甘蔗，并非不可思议。

（三）糖霜制造

我的标题是"糖霜制造"，目的是强调宋代在制糖方面的一个特点。因为"糖霜非古也"，即使《糖霜谱》的作者王灼关于糖霜制造始于唐代遂宁的说法可靠，也只能溯源到唐代，不能更早。到了宋代，遂宁糖霜的制造在中国制糖史上确实开辟了一个新天地。我并不是说，宋代只制造糖霜，其他糖类如沙糖等等也制造的。

糖霜，有不同的名称。苏轼称之为"糖霜"，黄庭坚诗题是"糖霜"，诗句却是"蔗霜"。《方舆胜览》称之为"蔗霜"。二者是一个东西，可无疑义。

我原来打算在这里对一些糖类的名称加以比较，对其涵义作出明确的界定。可是我想到，我在上面第三章石蜜中，对"石蜜"一词儿已经作了界定。在下面的叙述中，许多同样的糖类名称还会出现，而且随时代的不同，涵义稍有变动。因此，我改变了主意，到下面适当的章节中再来做界定的工作。我在这里只谈制造工艺和生产地区。

1. 制造工艺

制造糖类的工艺，我在上面一些地方曾谈到过。最古的办法有两个：一个是曝，一个是煎或熬。《南中八郡志》："榨取汁曝数时成饧。"《异物志》"甘蔗汁煎而曝之"，又曝又煎。唐太宗派人到印度学习熬糖法。我在前一章"唐代的甘蔗种植与制糖术"中介绍了 Deerr 讲的方法，虽然是两种，实为一种：煎或熬。

宋代增添了一种新方法，在中国是第三种方法。王灼《糖霜谱》所描述的方法，可名之为"窨制法"[22]。这是制冰糖的方法，在《糖霜谱》中有详细而具体的描写，请参阅上面（一）3."炼糖专著"一节，我不再重复。

至于制造普通沙糖的工艺，按理说，应该比唐代有进步。但是，由于缺少这一方面的资料，我没法细谈，大概不外是熬炼一种，再具体的就说不出来了。

但是，有一个问题还必须在这里谈一谈，这也牵涉到制糖工艺，虽然是另一个性质的工艺，同唐代比较起来，我们也必须加以注意。我说的是，宋代文献中出现了不少糖品的名称，五花八门，有的颇为新奇。我在下面举一些例子：

　　　　《东京梦华录》　　乳糖

　　　　　　　　　　　　　狮子糖、川中乳糖狮子。

　　　　《滇海虞衡志》　　合子糖

《都城纪胜》　　小儿戏剧糖果，如打娇惜虾须糖、

宜娘打秋千稠锡，参阅下面《梦

梁录》

《武林旧事》　　诸般糖、糖叶子、

泽州锡，参阅上面（一）7."笔记"

（11）《玉照新志》，其中说泽州"出

锡极妙"。

诸般糖、韵姜糖、花花糖、乌梅糖、

玉柱糖、乳糖狮子（参阅上面《东

京梦华录》）。

《梦粱录》我在上面"笔记"（21）中已经记录了一些糖的名称，现在看来，把上面缺的补上，对说明宋代制糖工艺，更为有利：

又有虾须卖糖、福公个背张婆卖糖，又有担水斛儿内鱼龟顶傀儡面儿舞卖糖，有白须老儿看亲箭披闹盘卖糖，有标竿十（缺）卖糖、效学京师古来十般糖……众安桥卖（缺）少十色花花糖……太平坊卖麝香糖……庙巷口卖杨梅糖、杏仁膏、薄荷膏、十般膏子糖……中瓦子前卖十色糖……中瓦子武林园前……卖轻锡。

诸色杂货

及小儿戏耍家事儿，如戏剧糖果之类，打娇惜宜娘子秋千稠糖、葫芦火斋郎果子吹糖。（下面还有）十般糖、花花糖、缩砂糖、麻糖、饧子糖、鼓儿锡、铁麻糖、芝麻糖、小麻糖、黄糖、杨梅糖、荆芥糖。

上引糖类名称，并不求全；但已令人有五花八门之感，正如范成大在《滇海虞衡志》中所说的"蔗糖名目至多"。我在上面已经说过，这种制糖工艺同炼煎不同。其中不少是所谓"戏剧糖果"，详情不太清楚，但从名称上也可以略窥一二。这大概都是利用已经熬成的沙糖，制成各种形式不同的糖果，有的加上一点水果和香料，标新立异，以适应社会需要，特别是小儿的需要。在这方面，宋代已经达到了相当高的水平，同唐代比较起来，大有进步了。

2. 制造地区

要讲制造地区，必须先弄清一些名称的同和异。要认真、细致、准确地研究中国的糖史，也必须先解决这个问题。宋代以前，中国糖的名称就有分歧。我在上面第三章"石蜜"中已经涉及这个问题，在第五章"唐代的甘蔗种植和制糖术"，（一）"材料来源"，8."《梵语千字文》等书"中，又对"石蜜"和"糖"这两个名称从梵文名称这个角度加以论证。请参阅。到了宋代，这个名称问题又复杂化了。根据上面的资料，累计可见九种：

（1）糖霜

（2）蔗霜

（3）糖冰

（4）冰糖

（5）沙糖

（6）蔗糖

（7）石蜜

（8）乳糖　乳餳

（9）捻糖

其中糖霜与蔗霜，糖冰与冰糖，沙糖与蔗糖，都是异名同物，可不讨论。糖霜可能还有别的含义，下面再谈。石蜜问题比较复杂。我在上面第三章列举了 11 种含义。现在看来，还须补充。上面"材料来源"7."笔记"（13）《野客丛书》引《广志》"蔗汁为石蜜"。上面 8."类书"（1）《太平御览》："甘蔗，其餳为石蜜。"二者可能指的是一码事。总之，石蜜的含义又扩大了。还有更奇怪的，上面"资料来源"7."笔记"（12）《演繁露》中说："合此数说观之，既曰柘浆可凝，其状如冰，而名又为石，则今之糖霜是矣。"这样一来，连糖霜和石蜜的界限也无法划清了。至于谢采伯《密斋笔记》称遂宁糖霜为"遂宁糖冰"，以及李治寰把糖霜等同于糖冰或冰糖[23]，除了上面的那种复杂情况以外，这说法是能站得住脚的。

有几个问题还必须解决：

第一，范成大《滇海虞衡志》中说："临安人又善为糖霜，如雪之白，曰白糖，对合子之红糖也。"这里有两点值得注意，一是把"糖霜"与"白糖"等同。这里的"糖霜"显然同王灼的"糖霜"不是一码事。这使我想到上面（二）"甘蔗种植"，3."疏勒问题"引用的元耶律楚材的诗，诗中讲到"白饼糁糖霜"。这里的"糖霜"恐怕也同范成大说的"糖霜"一样，只不过是普通的白糖。

第二，我在上面（一）"材料来源"2."本草和医书"中引

《证类本草》的话："今会稽作乳糖，殆胜于蜀。"关于会稽，我在上面已有解释。但"乳糖"是什么，却说不清楚。难道就是白糖加牛乳制成的石蜜吗？

我在这里还想顺便说明一个问题。我在前一章讲唐代蔗和糖的情况的时候，曾引用《梵语千字文》等书说明，梵文guḍa（另一个字为guṇa，其中恐有错误）汉译为"糖"，梵文śarkarā汉译为"石蜜"。guḍa的根本意思是"圆球"，而śarkarā的根本含义是"砂砾"。因此我想到，古代印度人之所以用这两个字来表示两种糖，恐怕主要是取其形状。guḍa为"糖球"，而"śarkarā"为"成颗粒状的糖"。那么，唐代的石蜜实际上就是白沙糖，是石蜜多种含义之一，同湛然居士的"糖霜"恐怕是一个东西。

名称解释完了，现在来谈制造地区。我在上面曾经说到，甘蔗种植与沙糖等制造地区有关。在这里我再重复一下这个看法。甘蔗种植地区，上面已经谈过，这里只谈制造地区，主要是根据我上面引的材料来谈。我还要先作两点说明。一点是，一个地区生产或制造的糖的品种大都不是单一的，而是多种多样的。如果某一本书中只提到一种，我只能理解为这一种是典型的代表，并不排除其他糖种的生产。第二点是，古今地名经常改变，划分区域也不固定。我在下面把我们今天的名称列在前面，把古代不同时代的名称列在其后。这也只能是一个大概的情况，十分严格的划分是难以做到的。下面我就列出地名和糖的品种：

四川一带（包括古书中的川中、蜀中、蜀地、益州、资州、梓州、广汉、成都、遂宁）	糖霜（遂宁为主）、石蜜、蔗糖、乳糖狮子
江浙一带（包括江东、东吴、二浙、杭州、会稽〔越州〕、福唐、四明、扬州）	石蜜、乳糖（会稽）、沙糖、糖霜
福建一带（包括泉州、福州）	沙糖
江西一带（包括庐陵、虔州、吉州）	沙糖
云南一带（包括临安、元谋）	糖霜（白糖）、合子糖（红糖）
湖南、湖北一带，即所谓湖南北	沙糖
广东一带（包括番禺）	糖霜
西戎（主要是波斯）	糖霜、石蜜

在中国境内，所有地区都在我们平常所说的南方，这是完全合情合理的。

（四）甘蔗、沙糖、石蜜和糖霜的应用

我在上面曾经说到，甘蔗和糖类的应用不出两途，一是食用，一是药用。我现在分别来谈一谈。

1. 食用

这个问题比较简单。读者只要读一读我在上面（一）"材料来源"7."笔记"中抄录的一些原始材料，便一目了然了。在这些书中，我想特别举出下列几种书：

（8）《东京梦华录》

（15）《都城纪胜》

（19）《武林旧事》

（21）《梦粱录》

大家最好不要只看我录自上列诸书中的引文，而是看一看原书。那里面除了我抄录的那一些名称为糖的各种糖品之外，还有大量不以糖名而实际上是用糖制成的食品，简直是五花八门，丰富多彩。糖和甘蔗作为食品应用之广，真令人吃惊，同唐代比较起来大不相同了。

2. 药用

这比食用要复杂得多。

知道甘蔗和糖等能够药用，是经过了极为漫长的时间的。大概是经过了多次"临床使用"，才逐渐认识到蔗和糖等能够治些什么病，知道它无毒，而后扩大使用的范围。一切动、植、矿物的药品都必须经过这个过程。在试验使用时必须死一些人，也是完全可以理解的。

在汉代，中国人已经知道了甘蔗汁能够解酒。后来认识逐渐扩大和深入。到了梁代，陶弘景在《名医别录》中写道："（甘蔗）下气和中，助脾胃，利大肠。"到了唐代，对蔗和糖的药用价值认识得更深更广了。我在前一章"材料来源"2."本草和医书"中，已经做了介绍。我在这里择要叙述一下，以书为单位，只写出药方，不再区分白糖、石蜜、蔗汁等。我的目的是利于同宋代对比：

《千金要方》

卷五下、卷六　治舌肿强满方

卷九　大建中汤，前胡建中汤

卷一二　坚中汤

卷一三　大补心汤

卷一四　补心汤

卷一五　治鱼骨哽方，治吞金银镮及钗等

卷一七　止气嗽通声方，治肺寒损伤气嗽及涕唾鼻塞方

卷一八　治欬嗽上气方，治忽曝嗽失声语不出方

卷一九　前胡建中汤，人参汤

卷二一　酸枣圆

卷二三　治乳痈方，小槐实汤，治五痔十年老方

《千金翼方》

卷一　惊痫：石蜜

　　　　补五脏：石蜜

　　　　下气：甘蔗

　　　　热极喘口舌焦干：石蜜

　　　　口疮：石蜜

卷四　甘蔗　味甘平，无毒。主下气和中，助脾气，利
　　　　大肠。

石蜜　味甘寒，无毒。主心腹热胀，口干渴。性
　　　冷利。

沙糖　味甘寒，无毒。功体与石蜜同，而冷利
　　　过之。

治乳痈方

卷一二　耆婆汤，主大虚冷风羸弱无颜色方

卷一五　人参汤

卷一八　前胡建中汤

卷一九　治口干燥方

　　　　泽兰子汤

卷二四　治疥癣

《外台秘要》

卷六　广济疗卒干呕不息方

卷八　疗鱼骨哽在喉中

　　　疗以银钗簪筋擿吐因气吸误吞不出方

卷九　《肘后》疗卒欬嗽方

　　　《备急》卒欬嗽方

　　　《千金》疗冷嗽方

　　　疗忽暴欬失声语不出

　　　《延年》杏仁煎主气嗽方

　　　疗气嗽煎方

　　　疗欬嗽积年不差者胸膈干痛不利方

　　　　《千金》竹皮汤，主欬逆下血不息方

　　　　疗欬嗽喘息喉中如有物唾血方

卷一〇　《延年》天门冬煎，主肺热兼欬声不出方

卷一六　建中汤

卷一七　黄芪建中汤

卷二一　治眼病

卷二六　《千金》小槐实丸

卷三〇　深师疗癣秘方

卷三一　沙糖疗腹内诸毒

卷三四　下乳漏芦散方

卷三八　口干小便涩

敦煌卷子《食疗本草》

　　　　石蜜　主心腹胀热，除眼中热膜，明目，津润肺气，助五藏津。

　　　　沙糖　功体与石蜜同，多食心痛损齿。

唐代蔗和糖药用情况，大体如上。

　　宋代的情况，我在上面介绍本草和医书时已经谈过了，现在再归纳一下，同唐代做个比较。

　　《证类本草》

卷二　石蜜疗口疮。

　　　　饴糖疗唾血，妇人崩中。

卷二三　石蜜^{乳糖也}　味甘寒，无毒。主心腹热胀，口干渴，性冷利。

　　　　甘蔗　味甘平，无毒。主下气和中，助脾气，利

　　　　大肠。下气痈，消痰止渴，除心烦热。

　　　　沙糖　味甘寒，无毒。功体与石蜜同，而冷利过

　　　　之。主心热，口干。治腹紧。活心肺大肠紧。

《寿亲养老新书》

　卷一　食治老人膈上风热，头目赤痛，目赤晄晄。食治老

　　　　人上气咳嗽喘急，烦热，不下食，食即吐逆，腹胀

　　　　满。食治老人咳嗽，虚弱，口舌干燥，涕唾浓粘。

　　　　食治老人上气热，咳嗽，引心腹痛满闷。

《圣济总录》

　卷四　伤寒后失音不语。

　卷一五　病后津液燥少，大便不通，肠结。

　卷一七　眼目暴赤，磣涩疼痛。

　卷一九　治骨鲠在喉中不出。

《全生指迷方》

　卷一九　小儿癣新生、诸癣。

《仁斋直指》

　卷五　治癣。

　卷二二　治痈疽破穴后误饮皂水及诸毒水，以致头痛。

　　宋代蔗、糖等药用情况，大体如上。同唐代一比，差别显
然。这个情况我在上面介绍本草和医书以后，已经指出来过，这
里不再重复。这个反常现象留待中医专家去研究吧。

（五）外来影响

所谓"外来影响"，我主要指的是中国对外国种蔗和造糖的情况，以及外国沙糖（可能还有一些造糖术）传入中国的情况。重点是放在中外文化交流上，这也就是这部书的主要目的。

我在前一章谈了唐代在种蔗和造糖两个方面所受的外来影响。宋代继承了唐代传统，并大大地有所发展，重点则几乎完全不同。唐代的重点是印度和波斯，宋代几乎完全改变了。唐代文献中对南海诸国蔗和糖的生产情况，几乎没有记载。对大食（阿拉伯）也仅仅有刻石蜜为庐舍的记载。宋代则有大量记录。这是时代使然，不足为怪。宋代海交大畅，市舶司的建立就是适应时代需要的结果。大食及南海诸国在由唐到宋这一段时间内，种蔗和造糖的事业有所发展，也可能是原因之一。

我想分三个方面来谈这个问题：

1.宋代文献中对蔗、糖生产国的记录。

2.宋代的海上交通。

3.宋与大食的交通。

1. 宋代文献中对蔗、糖生产国的记录

《宋史·外国传》

　　占城　三佛齐国　阇婆国　大食[24]

《宋会要辑稿》

　　占城　大食　蒲端

《证类本草》

　　波斯　西戎

《糖霜谱》

　　波斯（？）

《太平寰宇记》

　　赤土国　真腊国　多摩长国　疏勒国（现在我国境内）
　　天竺国　波斯国　大食国

《诸蕃志》

　　占城国　真腊国　三佛齐国　单马令国　佛啰安
　　国　新拖国　阇婆国　苏吉丹　南毗国　故临国　天
　　竺国　大食国

《萍洲可谈》

　　海南诸国

《岭外代答》

　　阇婆国　大食诸国

《演繁露》

　　交趾

《太平御览》

　　赤土国　林阳国　多摩国　波斯

《册府元龟》

　　西蕃胡国

《通志》

　　天竺　疏勒　波斯　大食

《文献通考》

赤土国　真腊　阇婆　多摩长　占城　天竺　摩揭它
大食

2. 宋代的海上交通

在这一节里，我列举的海外诸国不限于有甘蔗、沙糖或石蜜的，所有在文献中同宋王朝有交通关系的都收在这里。这个工作我实际上在上面已经做了。那些国名我用不着重复抄录，我只把出现的地方写在这里，读者有兴趣的话，可以参阅：

（1）《文昌杂录》卷一

（2）《玉海》

（3）《文献通考》

此外，《宋史》和《宋会要辑稿》中的有关章节，都可以参考。

3. 宋与大食的交通

我深深感觉到，大食这个国家（以后成为一组国家）在把沙糖或制糖术传入中国方面，起了特别重要的作用，在宋以前已经如此，在宋以后更为突出。所以我现在把大食同其他国家分离开来，予以特殊地位，专门谈一谈宋与大食的交通，我用列年表的方式来谈。我列表的根据是两部书，一部是《文献通考》，一部是《宋史》。两者基本相同，但也稍有差异。《文献通考》卷三三九之大食与《宋史》卷四九〇之大食，使用资料有渊源关系：

乾德四年（966年） 行勤游西域，因赐王书以招怀之。

开宝元年（968年） 遣使来朝（又见《诸蕃志》）。

四年（971年） 又贡方物，是年又致贡物于李煜（又见《诸蕃志》）。

六年（973年） 遣使来贡方物。

七年（974年） 遣使入贡（《宋史》："国王诃黎佛又遣使不啰海）。

九年（976年） 遣使入贡（《宋史》：又遣使蒲希密，皆以方物来贡）。

太平兴国二年（977年） 遣使贡方物（《宋史》：遣使蒲思那、副使摩诃末、判官蒲罗等贡方物）。

四年（979年） 复有朝贡使至。

雍熙二年（985年） 国人花茶复来献……白沙糖……（按：《宋史》作元年）

雍熙三年（986年） 同宾瞳龙国来朝（见《诸蕃志》）。

淳化四年（993年） 又遣其副蕃（《宋史》作"酋"）长李亚勿来贡（又见《诸蕃志》）。

至道元年（995年） 其国舶主蒲押陁黎贲蒲希密表，献……白沙糖……

咸平二年（999年） 又遣判官文戍至。

三年（1000年） 舶主陀罗离遣使穆吉鼻来贡。

六年（1003年） 又遣使婆钦罗三摩尼等（《宋史》

增"来贡方物"），对于崇政殿（又见《诸蕃志》）。

景德元年（1004 年）　又遣使来。其年秋，蕃客蒲加心至（又见《诸蕃志》）。

四年（1007 年）　又遣使同占城使来（又见《诸蕃志》）。

大中祥符元年（1008 年）　陁婆离随驾东封。又舶主李亚勿遣使麻勿来献玉圭（根据《宋史》。《诸蕃志》载此事，但无年月）。

《文献通考》接着写道："自国初以来数入贡，路由沙州，涉夏国，抵秦州。乾兴初（1022 年，其实乾兴只有一年），赵德明请道其国中，不许。"这一件事情，《宋史》写在天禧三年（1019 年），恐怕按年代顺序这更合理一些。这个问题，下面还要谈。

下面《文献通考》缺两年，《宋史》有：

大中祥符四年（1011 年）　祀汾阴，又遣归德将军陀罗离进缶香、象牙……诏令陪位（又见《诸蕃志》）。

五年（1012 年）　大食国人无西卢华百三十岁，附古逻国舶船而来（《诸蕃志》载此事，但无年月）。

天禧三年（1019 年）　遣使蒲麻勿陁婆离，副使蒲加心等来贡。

下面紧接着《宋史》写了一段话，内容同上面大中祥符元年《文献通考》的那一段话几乎完全相同，只把"自国初以来"改为"先是"。

天圣元年（1023 年） 来贡，恐为西人钞略，乃诏自今取海路，由广州至京师。

羡林按：在中国同大食的交通史上，这无疑是一件重要的事情：由陆路改变为海路。《文献通考》和《宋史》写的地方虽不同，内容却完全是一样的，所谓"恐为西人钞略"，指的就是以赵德明为首的西夏人。他向宋朝廷要求，让大食人走西夏，目的明显是经济效益。朝廷不允许，西夏人恐怕就要钞略了。所以才改走了海路。下面接着再写年表：

至和（1054—1056 年）嘉祐（1056—1063 年）间 四贡方物。

熙宁（1068—1077 年）中 其使辛押陀罗乞统察蕃长司公事。

六年（1073 年） 都蕃首保顺郎将蒲陀婆离慈表令男麻勿奉贡物，乞以自代而求为将军。

元祐三年（1088 年） 大食、麻啰拔国遣使入贡（此据《岭外代答》）。

政和（1111—1117 年）中 横州士曹蔡蒙休押伴其使入都。

建炎三年（1129 年） 遣使奉宝玉珠贝入贡。

绍兴元年（1131 年）、六年（1136 年） 俱以船舶入贡

乾道四年（1168 年）进贡方物。

开禧（1205—1207 年）间 遣使入贡。

羡林按：《诸蕃志》："元祐、开禧间，各遣使入贡。"元祐恐系衍

文，因为元祐1086—1094年，相距太远。

年表到此为止。值得注意的是《宋史》只写到绍兴元年。综观全表，从乾德四年（966年）至开禧末年（1207年），几乎与宋代共始终，共有241年，中国同大食来往之频繁，颇堪惊人。大食不是一个国家。《岭外代答》说："大食者，诸国之总名也。"又说：大食诸国之京师是白达，即今之巴格达。好像大食是一个联合体。中国史籍中有时提"国王"，更多的是"舶主"，看来是官商两面都有，后者或尚更为重要。"商人重利轻别离"，商人在中国与大食间的往还中是重要的角色。

我想在这里补充一点大食与辽的关系：

《辽史》卷二《太祖本纪》：天赞三年（924年），大食国来贡。

《辽史》卷一六《圣宗本纪》：开泰九年（1020年），大食国遣使进象及方物，为子册割请婚。太平元年（1021年），大食国王复遣使请婚。

《辽史》卷三〇《天祚本纪》：明年（1123年）二月，甲午，遗书回鹘王毕勒哥曰："今我将西至大食，假道尔国，其勿致疑。"

注释：

1　参阅北京大学《国学研究》第二期，拙作《唐代印度眼科医术传入中国考》。

2　此处疑缺一"酒"字。

3　这个年份有问题，怎样也解释不通。查《中国人名大辞典》，只有其名，而没有生卒年月。宋赵与峕《宾退录》卷三，有一条讲到唐慎微。

4　"飴糖"，一般是指麦芽糖，本来可以不写。但在前一章讲唐代《糖史》时，我却碰到了一个难题。在王焘的《外台秘要》卷八，治疗鱼骨哽在喉或腹中方中有"飴糖"，经我同别的书对勘，"飴糖"即"糖"。所以对于"飴糖"究竟如何区别，还是一个难题。在这里，我暂时写上。下面不一定全写。

5　《四库全书》本改为"边徼"。清朝统治者不愿见到这些字眼。

6　《四库》作"就传"。

7　《四库》作"扬"，正确。

8　《四库》作"两傍"，误。

9　《四库》作"阁"，误。

10　原缺一字，根据《四库》本补。

11　《苏轼诗集》（中国古典文学基本丛书）卷二四，第 1268—1269 页，中华书局。

12　我所见到的本子都作"錫"，不作"楊"，《四库全书》本亦然。

13　1982 年，中华书局。

14　《四库全书》（文渊阁本）作"密"，显然是错误的，下面还有。

15　《四库全书》本"薦"字有问题。根据前后文，此处应作"蔗"字。

16　梁代以前的种蔗地区，这里暂不列。

17　上面地名变化之解释，多根据臧励龢等编《中国古今地名大辞典》，商务印书馆，1931 年初版，1982 年重印。

18　在前一章讲唐代甘蔗种植地区时，对沙州能否种植甘蔗，我划了一个问号。到了宋代，这问题仍然无法回答。《玉照新志》讲到泽州餳，我不敢说"餳"究竟是不是糖。

19　唐以前中国甘蔗种植地区和传播情况，李治寰《中国食糖史稿》，农业出版社，1990 年，第 73—76 页，有比较详细的叙述，请参阅，我在这里不再重复。

20　Deerr，*The History of Sugar*，p.17.

21　李治寰，上引书，第 67—73 页。

22　李治寰，上引书，第 141 页。

23　李治寰：《从制糖史谈石蜜和冰糖》，《历史研究》1981 年第 2 期，第 150 页。

24　只有国名而没有种蔗和制糖的国家，这里一概不提，下同。

第七章　元代的甘蔗种植和沙糖制造（1206—1368 年）

同唐宋比较起来，元代享国时期极短，是秦、隋以后第三个年代最短的朝代。这个特点当然会影响我们叙述的内容。因此，本章分为下列三大段：

（一）材料来源。

（二）甘蔗种植和沙糖应用。

（三）外来影响。

在元代以前，所有成为正统的王朝其统治者全是汉族。至于血统是否完全纯粹，那是可以研究的，至少名义上是如此。元代是中国历史上第一个少数民族创建的朝代。这个特点决定了它文化的构成和统治的方式。蒙古族人数不多，文化水平不高。在建国过程中，它充分利用外族人和北方的汉人。它把人民分为四等：蒙古人、色目人、汉人和南人。在宗教信仰方面，它对儒、释、道，甚至医卜都尊重，文化多种多样，既矛盾，又融合。但是元代对中国文化的发展却做出了重要贡献。第一，它给中国文化输入了新鲜血液。一个文化，如果僵硬死板，故步自封，不汲取新的成分，就必然不能持久。第二，元代蒙古人创立了一个囊括欧亚大陆的空前的大帝国。在它统治期间，东西交通畅行无阻，大大地便利了东西文化的交流。这对甘蔗种植和沙糖制造，当然会产生影响。

（一）材料来源

在这方面，元代同唐宋都稍有不同，可以说是大同而小异吧。现将条目胪列如下：

1.正史

2.本草和医书

3.诗文

4.地理著作与中国人游记

5.外国人游记

6.笔记

7.农书

8.类书

1. 正史

所谓"正史"，指的就是《元史》。明代官修，以李善长（1314—1390年）为监修。《四库全书提要》说："二百一十卷，明宋濂（1310—1381年）等奉敕撰。洪武二年（1369年）诏修《元史》。以濂及王祎（有的书作'晖'，1322—1373年）为总裁。二月开局天宁寺，八月书成，而顺帝一朝史犹未备。乃命儒士欧阳佑等往北平采其遗事。明年二月诏重开史局。阅六月书成。为‘纪’四十七卷，‘志’五十三卷，‘表’六卷，‘列传’一百一十四卷。（羡林按：这些数目与中华书局新版不同）书始颁行，纷纷然已多窃议。迨后来递相考证，纰漏弥彰。”可见此书问题之多。《提要》列举了一些明清学者的意见，指出《元史》疏漏之处甚多，但是，《提要》最后列举了几个此书的优点，说"未尝不可以为考古之证，读者节取其所长可也"。

我无法仔细翻检全书，那种大海捞针的做法未必可取。我只重点翻阅了与我的研究有关的《地理志》。但是，《元史·地理志》不像有一些《地理志》那样，每个地方都有"土产"一项，因此产蔗或贡糖的记载一概没有。我又寄希望于《食货志》，结果依然失望。特别让我失望的是《外夷传》。元朝混一欧亚，与外国交通频繁，按理说，《元史》的《外夷传》内容应当十分丰富，篇幅应当十分繁多，换句话说，对我有用的资料应当十分多。然而，事与愿违，《外夷传》内容不丰富，篇幅也不多，我几乎没有找到什么可用的资料。南海许多国家的"传"，主要讲的是蒙古大军征服那个国的过程。这种记载对我的研究毫无用处。

总之，我对于《元史》，从实用主义的角度上来看，是颇为失望的。

但是，《元史》这个大海中毕竟还是有针的。尽管这个针不是我亲自捞出来的，它对我总是有用的。《古今图书集成·经济汇编·食货典》第三〇一卷"糖部纪事"引了《元史》卷一二六《廉希宪传》中的一段话：

　　希宪尝有疾，帝遣医三人（《四库全书》本缺）诊视。医言须用沙糖作饮。时最难得，家人求于外。阿哈玛特

（《古今图书集成》作"阿哈马"）与之二斤，且致密意，希宪却之曰："使此物果能活人，吾终不以奸人所与求活也。"帝闻而遣赐之。

从上面这一段简短的记载中，我们至少能够了解以下几点：第一，沙糖能治病。第二，沙糖有时并不容易得到，只有"奸人"和皇家才能有。这对我们研究元代沙糖问题，是有帮助的。

元代正史中的资料，目前我只能搜集这一点。《元史》中估计还会有一些的。限于目前的条件，也就暂时只能这样了。至于那些还没能搜集到的资料是否真有对我的研究有决定性的意义，我是抱怀疑态度的[1]。

2. 本草和医书

中国本草和医书的一般情况，我在前两章唐代和宋代的有关章节中已经介绍过了。元代继承了宋代和宋以前的传统，虽然享国时间不长，但是这两类书的数量也颇可观。从这些书中搜集我所要用的资料，我没有电脑，只有人脑，仍然使用以前使用过的极笨但又是唯一可行的办法：逐本、逐页、逐行地翻检。我所遇到的困难和苦恼，完全同以前一样。这里不再重复叫苦了。

关于元代的《本草》和医书，甄志亚的《中国医学史》[2]记载了下列诸书：

《日用本草》（1329 年）　　吴瑞编著

《饮膳正要》（1330 年）　　饮膳太医忽思慧著

《济生方》（1253 年）　　　严用和（约 1200—1268 年）撰

《活人事证方》（1216 年）　　　　　刘信甫撰

《仁斋直指方》（1264 年）　　　　　杨士瀛撰

《世医得效方》（1337 年）　　　　　危亦林著

《局方发挥》（14 世纪中）　　　　　朱震亨著

《御药院方》（1267 年）　　　　　　许国祯撰

《订补风科集验名方》　　　　　　　赵大中、赵素著

《简便方》　　　　　　　　　　　　王幼孙撰

《岭南卫生方》　　　　　　　　　　释继洪著

《医方集成》（1314—1320 年）　　　孙允贤撰

《永类钤方》（1331 年）　　　　　　李仲南著

《医方大成》　　　　　　　　　　　陈子靖撰

《加减十三方》　　　　　　　　　　徐文中著

《加减方》　　　　　　　　　　　　潘阳坡著

　　在《四库全书》中也有不少元代《本草》和医书。我也抄在下面：

《内外伤辨惑论》　　　　　　　　　李杲撰

《脾胃论》　　　　　　　　　　　　李杲撰

《兰室秘藏》　　　　　　　　　　　李杲撰

《此事难知》　　　　　　　　　　　王好古撰

《医垒元戎》　　　　　　　　　　　王好古撰

《汤液本草》　　　　　　　　　　　王好古撰[3]

《瑞竹堂经验方》　　　　　　　　　沙图穆苏编

《世医得效方》　　　　　　　　　　危亦林撰

《格致余论》　　　　　　　　　　　朱震亨撰

《局方发挥》	朱震亨撰
《金匮钩玄》	朱震亨撰
《扁鹊神应针灸玉龙经》	王国瑞撰
《外科精义》	齐德之撰
《脉诀刊误》	戴启宗撰
《医经溯洄集》	王履撰[4]

上面这个书目，还不会是十分完备的。元代享国没有唐宋那样长，但已经有了这样多的书，足见它能继承唐宋的传统，对人民的卫生事业是很重视的。我之所以抄这样多的书有什么意义呢？我研究的并不是中国医学史。但是，我在上面已经说过，甘蔗和沙糖等的主要作用不出两途：一食用，二药用。要想搜集药用方面的资料，离不开上面这一些书。这就是我不厌其烦地抄这个书目的原因。

上面这一些书，我大体上都翻检了一遍。有一些书对我的研究没有什么用处，我就存而不论。对我的研究有用的书，不管从哪个角度看来是有用的，我就像在前一章宋代那样，把书的情况简略地介绍一下，这对读者会有帮助的。我的介绍主要是根据《四库全书总目提要》。正如一般的评价那样，《提要》是写得很有水平很有见地的。

我翻检这些书的结果，确实找到了一些蔗和糖等药用的例子。这当然很使我高兴，力量没有白费。但是我也发现了一些出乎意料的情况。这些情况我在前一章已经略有申述，现在再集中地比较具体地谈一下。归纳起来共有两点：第一，唐代《本草》和医书中，蔗和糖等药用例子最多，宋代次之，元又次之。

第二，在唐代，甚至在宋代，一些用蔗和糖等来治的病，到了元代，蔗和糖都不见了。金代医书也有这种情况，为了让读者比较全面地了解情况，我也附在这里一谈。

我现在就以书为单位，把其中有关蔗和糖等的药用情况抄录出来，同时也把上面提到的两种情况中的第二种情况指了出来，供学者们进一步研究。

（1）金张元素《病机气宜保命集》

《四库全书提要》说："《保命集》三卷，金张元素撰……凡分三十二门，首'原道''原脉''摄生''阴阳'诸论，次及处方、用药、次第加减、君臣佐使之法，于医理精蕴，阐发极为深至。"

下面是资料：

745—67[5]　欬嗽论第二十一

　　—77　眼目论第二十五

　　—78　金丝膏　点眼药　医方中有白沙蜜

　　（745—339 下又有）。

羡林按：根据唐代医书，治这样的病都应该有沙糖之类的东西，这里没有。

（2）金张从正《儒门事亲》

《提要》说："十五卷，金张从正撰……名目颇烦碎，而大旨主于用攻。"

资料如下：

745—186　咳嗽三十一　欬逆三十二（俗日伦忒）

—187—8　两目暴赤三十八

—191　鱼刺、麦芒五十六　刺咽喉不能下

羡林按：这里情况与（1）相同。

（3）金李杲《内外伤寒辨惑论》

《提要》说："三卷……是编发明内伤之症有类外感，辨别阴阳寒热有余不足，而大旨以脾胃为主。"

（4）金李杲《脾胃论》

《提要》："《脾胃论》三卷，金李杲撰。杲既著《辨惑论》，恐世俗不悟，复为此书。"

（5）金李杲《兰室秘藏》

《提要》说："其治病分二十一门，以饮食劳倦居首……惟杲此书载所自制诸方，动至一二十位（味？），而君臣佐使，相制相用，条理井然，他人罕能效之者。斯则事由神解，不涉言诠。读是书者能喻法外之意，则善矣。"

资料如下：

745—492　眼耳鼻门

—502　还睛紫金丸治赤瞎

药中有白沙蜜

羡林按：情况与（1）相同。有一件事情必须说明。著者李杲，《四库全书》书内作"金"，但目次都作"元"。原因何在呢？745—363说："（李杲）金亡时，年五十五，入元十七年乃终。"

这就是亦"金"亦"元"的原因。

（6）元王好古《此事难知》

《提要》说："（王好古）李杲之高弟也。是编专述杲之绪论。"

（7）元王好古《医垒元戎》

共十二卷。《提要》说："其书以十二经为纲，皆以伤寒附以杂证，大旨祖长沙绪论，而参以东垣易水之法。"

下面是资料：

745—638　卷一　金匮黄耆建中汤，治虚劳，医方中有胶饴一升。

745—754　卷六　癣疮

—776　橙皮丸 调中顺气生津止渴

乌梅肉一两　白术半两　木瓜二两

干生姜二钱二分　白茯苓半两　橙皮半两

沉香半两　糖霜二两

右为细末，炼蜜为丸，每两作二十五丸。欲作汤水，用水化开。寒热温凉任意，饮之。噙化亦可。

745—804　卷九　痈

—822　卷一〇　眼药

（8）元王好古《汤液本草》

三卷。《提要》说："曰汤液者，取《汉志》汤液经秘也。"

资料如下:

745—999　飴（飴？）即胶饮

气温　味甘　无毒　入足太阴经药

液云：补虚之止渴，去血。以其色紫凝如深琥珀色，谓之胶飴。色白而枯者非胶飴，即錫糖也。不可入药，用中满，不宜用呕家，切忌为足太阴药。仲景谓呕家不可用建中汤，以甘故也。

（9）元沙图穆苏编《瑞竹堂经验方》

五卷。《提要》说："明中叶以前，原帙尚存。其后遂尟传本。今据《永乐大典》所载搜采编辑。计亡缺已十之五六，而所存者尚多……殊病其过于峻利。盖金元方剂，往往如斯，由北人气禀壮实与南人异治故也。"

下面是资料：

746—12　卷二　化痰丸　快脾，顺气，化痰，消食　医方中有糖毬子。

羡林按：《提要》提出了用药峻利的原因，合情合理，十分值得重视。下面还要谈这个问题。至于"糖毬子"，下面还有解释。

746—14　丁香散　治反胃，吐食水不能停。医方中有黑锡又名黑铅。

—14　急救仙方　专治反胃

又方　甘蔗捣汁七升，生姜捣汁一升，打和分作三服。

—25　海青膏　点眼　一切昏翳内障眼疾　医方
　　　　中有白沙蜜。

羡林按：治这种病，唐代用沙糖。

（10）元危亦林撰《世医得效方》

《提要》说："二十卷，元危亦林撰。……是编积其高祖以下五世所集医方，合成而成。……序中称其高祖遇仙人董奉二十五世孙，传其秘方。虽技术家依托之言，不足深诘，而所载古方至多，皆可以资考据，未可以罕所发明废之也。"

资料如下：

746—177　卷五　咳嗽

746—273　卷八

—276　医方中有黑錫

—342　卷一〇　解砒毒方

　　　　　　　　又方　蓝饮子　解砒毒及巴豆
　　　　　　　　毒，用蓝根、沙糖二味相和，擂
　　　　　　　　水服之，或更入薄荷汁尤妙。

羡林按：用沙糖来解砒及巴豆毒，恐怕是一个新发展，唐宋药方中不记得有这个办法。

—348　卷一〇　骨鲠　没有蔗、糖。

—432　卷一三　苦丁香散　治风涎暴作，气塞倒
　　　　卧，或有稠涎，诸药化不下者。

　　　甜瓜蒂 亦名苦丁香
　　　　　　 日干为末

　　　右每用一二钱，加轻粉一字（原文如

此——羡林按），以水半合，同调匀灌之，
良久涎自出。如涎未出，噙沙糖一块，下
药，涎即出，不损人。

—459　卷一四　治妊娠咳嗽方

又方　治如前

贝母去心刬麸，
　　　炒令黄

右为末，研砂糖拌合令匀圆如鸡头大，含
化一圆，神效。

—517　卷一六　明目方

—541　白沙蜜一斤

—543　远视䀮䀮

—547　卷一七　口疮

—594　卷一九　痈

—603　癣

—605　单方治臁疮成旧，累月不干

上等好砂糖，先用盐汤淋洗，后绵帛拭
干，以津唾涂却，以此敷上，三日愈，
神效。

（11）元朱震亨撰《格致余论》

（12）元朱震亨撰《局方发挥》

羡林按：以上两书中没有与我的研究有关的资料，因此只列
书名，不做介绍。

（13）元朱震亨撰《金匮钩玄》

《提要》说："三卷，元朱震亨撰，明戴原礼校补。中称戴云者，原礼说也。……是书词旨简明，不愧钩玄之目。原礼所补，亦多精确。"

资料如下：

746—729　卷二

茶癖　石膏　黄芩　升麻　右为末，砂糖水调服

—729　治疝方，定痛速效，湿胜者加荔枝

枳壳$^{十五}_{个}$　山栀^{炒}　糖毬^{炒}　茱萸^{炒}

羡林按：上面（2）已经介绍过的金张从正《儒门事亲》，《四库全书》745—281 有"茶癖"一项，但没有"砂糖水调服"这个规定。

（14）元王国瑞撰《扁鹊神应针灸玉龙经》

（15）元齐德之撰《外科精义》

（16）元戴启宗撰《脉诀刊误》

（17）元王履撰《医经溯洄集》

羡林按：以上四种书，经我粗略翻检，没有对我有用的资料，故介绍从略。

（18）元吴瑞撰《日用本草》

此书《四库全书》未收。现根据《中国医学史》（第222页）介绍如下：

> 《日用本草》（1329年）：吴瑞编著。全书共八卷，分为米、壳、菜、果、禽、兽、鱼、虫等八门，载药540余种。着重论述了常用食物中的性味功用，以便从饮食中研究治病的规律和方法。

> 李汎为该书作序称："夫本草曰日用者，摘其切于饮食者耳。盖饮食所以养人，不可一日无，然有害人者存，智者察之，众人昧焉。故往往以千金之躯，捐于一箸之顷而不知。瑞卿悯之……然非上考神农疗疾本草，及历代名贤所著，与夫道藏诸方书……瑞卿可谓善学，继其先志，修复先世遗文，俾二百余年残仁断惠，续行于世如一日。……事虽近，而利则远。文虽浅，而意则深。不但泛泛误于饮食者可免而已。为人臣子，而欲尽忠爱于日膳者，皆不可以不知也。"

此书的性质可见一斑。

我目前还没能借到此书，内容不详。我只能暂时从《古今图书集成·经济汇编·食货典》第三〇一卷，"糖部""沙糖""集解"中抄一段：

> 吴瑞曰：稀者为蔗糖，干者为沙糖，毬者为毬糖，饼者为饼糖。沙糖中凝如石，破之如沙，透明白者，为糖霜。

这里解决了一个问题：什么叫"毬糖"？上面（9）《瑞竹堂经验

方》中有一味药"糖毬子"（746—12）；（13）《金匮钩玄》中有"糖毬"（746—729）；下面（19）《寿亲养老新书》中有："毬糖"。我原来不知道是什么药品。现在看了吴瑞的解释，豁然开朗了。

（19）宋陈直《寿亲养老新书》，元邹铉续编

《四库全书提要》说："四卷。第一卷为宋陈直撰，本名《养老奉亲书》，第二卷以后则元大德中泰宁邹铉所续增，与直书合为一编，更题今名。……然征引方药，颇多奇秘，于高年颐养之法，不无小补，因为人子者所宜究心也。"

下面这几条资料出自本书第三卷和第四卷，出自元代邹铉之手：

738—359　卷三　干荔枝汤　其中有：

蔗糖一斤。毬糖亦好　大乌梅润者二两，汤澄去酸汁，不时复换水，去核，焙干

川桂去皮为末　生姜二两，薄切作片，焙干

关于"毬糖"，上面已经谈到。蔗糖和毬糖都是糖，只不过外形不同，所以"亦好"。

738—361　卷三　胡麻粥　加糖蜜

738—401　卷四　甘露饮

常服快利胸膈，调养脾胃，饮进饮食

干𧉧糟头酢者六分　生姜四分，洗净，和皮

（20）元忽思慧《饮膳正要》

《四库全书》缺。北京大学图书馆善本部藏明景泰七年

（1456年）刻本，另藏有日本迻录明成化刻本。前有虞集元天历三年（1330年）五月朔日序和同年三月三日忽思慧序。二序对本书的撰写宗旨说得一清二楚。虞集说："昔世祖皇帝食饮必稽于《本草》，动静必准乎法度，是以身跻上寿，贻子孙无彊（应作'疆'）之福焉。是书也，当时尚医之论著者云：噫！进书者可谓能执其艺事，又以致其忠爱者矣。"忽思慧说："伏睹国朝奄有四海，遐迩罔不宾贡。珍味奇品，咸萃内府，或风土有所未宜，成（应作"或"）燥湿不能相济。倘司庖厨者不能察其性味，而概于进献，则食之恐不免于致疾。……将累朝亲侍进用奇珍异馔汤膏煎造及诸家《本草》名医方术，并日所必用谷肉果菜，取其性味补益者，集成一书，名曰《饮膳正要》，分为三卷。"从两序中可见，本书的目的性是非常鲜明的。

现将有用资料摘抄如下：

第一卷

　　木瓜汤　补中顺气，治腰膝疼痛，脚气不仁

　　羊肉　草果　回回豆子

　　右件一同熬成汤，滤净，下香粳米一升，回回豆子二合，肉弹儿木瓜二斤，取汁，沙糖四两，盐少许，调和或下事件肉。

第二卷　诸般汤煎

　　桂沉浆　去湿，逐饮生津止渴，顺气

　　　　紫苏叶一两剉　沉香二钱剉　乌梅一两取肉　沙糖六两

　　荔枝膏　生津，止渴，去烦

　　　　乌梅半斤取肉　桂一十两去皮剉　沙糖二十六两

麝香半钱研　生姜汁五两　熟蜜一十四两

梅子丸（药名略）

右为末，入麝香，和匀沙糖，为丸，如弹大，每服一丸，嚼化。

五味子汤

北五味一斤净肉　紫苏叶六两　人参四两去芦剉　沙糖二斤

人参汤

新罗参四两去芦剉　橘皮一两去白　紫苏叶三两　沙糖一斤

木瓜煎

木瓜十个去皮穰取汁熬水尽　白沙糖十斤炼净

香圆煎

香圆二十个去皮取肉　白沙糖十斤炼净

株子煎

株子一百个取净肉　白砂糖五斤炼净

紫苏煎

紫苏叶五斤　干木瓜五斤　白沙糖十斤炼净

金橘煎

金橘五十个去子取皮　白沙糖三斤

樱桃煎

樱桃五十个取汁　白沙糖二十五斤　同熬成煎

石榴浆

石榴子十个取汁　白沙糖十斤炼净

五味子舍儿别

新北五味十斤去子水浸取汁　白沙糖八斤炼净

生地黄鸡

饴糖五两

羡林按：饴糖显然不是白糖，在这里泾渭分明。写在这里，以资同其他书比较。

此外，还有一个项目，叫"食物相反"，中有：

鲫鱼不可与糖同食；

虾不可与糖同食；

葵菜不可与糖同食；

竹笋不可与糖同食。

第三卷

沙糖　味甘寒，无毒，主心腹热胀，止渴，明目　即甘蔗汁熬成沙糖

资料抄完了。我还想提出两点，供学者们参考。第一，食品和药品中，都有不少非汉语的词儿，比如"马思荅吉汤""沙吉某儿汤"等等，其中一定有蒙古语和西域民族语。这说明饮食文化与政治的关系。下面还要谈到这个问题。第二，元朝统治者出身于游牧民族，吃的东西花样繁多，其勇气决不低于后来的广东人。我只举一个例子，在"兽品"中有牛、羊、黄羊、粘豜、马、野马、象、驼、野驼、熊、驴、麋、鹿、獐、犬、猪、野猪、獭、虎、豹、狍、麂、麝、狐、犀牛、狼、兔、狸、塔剌不花、黄鼠、猴。四条腿的几乎无不可吃。元朝皇帝吃东西的勇气，仅从"兽品"这一项就充分显示了出来。他们能征服世界，良有以也。

（21）《饮食须知》

《学海类编》一〇五

　　卷四　果类　甘蔗

　　卷五　味　黑沙糖　白沙糖

3. 诗文

　　元代享国虽短，但是诗文的数量依然很可观。我仍然遵照以前的办法，不去翻检全部诗文。那样做，一定要付出极大的劳动，而事倍功半，得不偿失。即使找到一些可用的资料，也不见得能具有决定性的意义。所以我仅仅利用一些其他的书，其中也包括类书，抄出一些有关蔗和糖的资料，聊备一格。

　　（1）顾瑛

　　　　蔗浆玉碗冰泠泠。

　　　　见《古今图书集成·博物汇编·草木典·甘蔗部·选句》。

　　（2）洪希文《糖霜》

　　　　春余甘蔗榨为浆，色美鹅儿浅浅黄。

　　　　金掌飞仙承瑞露，板桥行客履新霜。

　　　　携来已见坚冰渐，嚼过谁传餐玉方。

　　　　输与雪堂老居士，牙盘玛瑙妙称扬。

　　　　见《古今图书集成·经济汇编·食货典·糖部·艺文二诗》。

　　（3）耶律楚材（1190—1244 年）《湛然居士集》

卷六《西域河中十咏》，其十

原诗在前一章宋代（二）"甘蔗种植"3."疏勒问题"已经抄出，请参阅，这里不再重复。

4. 地理著作与中国人游记

元代版图扩大，亘古所未有。这给中外旅行家提供了极为有利的条件。因此中外旅行家的游记都有一批。国外旅行家的著作，下一节来谈，这里只谈中国旅行家的游记和有关的地理著作。

（1）元孛兰肹等撰《元一统志》

本书《四库全书》未收。原称《大元大一统志》或《大元一统志》，元扎马剌丁、虞应龙和孛兰肹、岳铉先后主编。一千三百卷。至元三十一年（1294年）初编为七百五十卷。大德七年（1303年），全书始成定编，并有彩画地图。沿唐宋旧志成例，按中书省、行中书省和所辖各路的现行政区划分篇，以府、州为记叙单位，分建置沿革、坊郭乡镇、里至、山川、土产、风俗形胜、古迹、宦迹、人物、仙释等目。全书后佚，明中叶后尚存残篇。后来收入一些丛书中。1966年中华书局出版赵万里校辑本，为迄今收录最全的本子。我就根据赵本抄录一些有关资料，主要来自"土产"一项。在本书中，"土产"一项详略差异极大，有的地方一件没有，有的地方则列上了十种二十种。有的地方我本来期望会有的，结果是没有。我现在把资料介绍如下，顺序根据原书：

　　卷五　潼川府　遂宁州

　　根据唐宋的记载，遂宁应该有糖霜或者沙糖。但是，在这里连"土产"这个项目都没有。

　　卷九　广州路

　　在这里，"土产"这一项竟列有 95 种动植物，真可谓洋洋大观了。其中第 17 项是：

> 蔗　番禺、南海、东莞有。乡村人煎汁为沙糖，工制虽不逮蜀汉川为狮子形，而味亦过柳城也。

羡林按：这一段记载非常重要，下面（二）"甘蔗种植和沙糖应用"中将详加讨论。

　　卷九　潮州路

　　"土产"中有"蔗"。

　　材料就这样多。我再补上几句：在卷二扬州路；卷七福州路、泉州路；卷九赣州路等处，都没有甘蔗和沙糖的记载。

（2）元刘郁《西使记》

　　《四库全书提要》说："《西使记》一卷，元刘郁撰。郁，真定人。是书记常德西使皇弟锡里库军中往返道途之所见。"刘郁曾官监察御史。宪宗九年（1259 年）奉命随转运使常德自和林去西亚（波斯）觐见旭烈兀大王，中统四年（1263 年）回国，写成此书。初载于元王恽《玉堂嘉话》（见下面 6.笔记），并收入《学津讨原》，近人丁谦和、王国维都有校刊本，王著见于上海古籍书店《王国维遗书》第 13 册。《元史》卷一四九，《传》三十六

《郭侃传》记载郭侃统兵到过的地方，有与《西使记》相同者。

有关资料条列如下：

　　460—924　伊玛、博啰城

　　　　　　　所种皆麦稻。

　　　　—925　塔实干城

　　　　　　　城之西所植皆葡萄、粳稻，有麦，亦秋种

　　　　　　　其他，产药十数种，皆中国所无。

　　　　—926　有佛国名克实密尔（Kashmir）。

　　　　—926　丁巳岁，取布达国（Bagdad）。

　　　　　　　其王曰哈里巴。《郭侃传》作"合里法"，

　　　　　　　今译"哈里发"。

　　　　　　　人物颇秀于诸国。所产马名托必察，哈里

　　　　　　　巴不悦。以橙浆和糖为饮。

羡林按：足证这里吃糖是比较多的。

下面还有关于密实勒国（今埃及）的记载。《玉堂嘉话》（《四库》866—455）："即唐拂菻地也。"这对于探讨"拂菻问题"，是有帮助的。

（3）元耶律楚材《西游录》

此书最初见于元盛如梓《庶斋老学丛谈》卷上中。关于《庶斋老学丛谈》，《四库全书提要》有如下的介绍："三卷。元盛如梓撰。……其书多辨论经史、评骘诗文之语，而朝野逸事亦间及之。分为三卷，而第二卷别析一子卷，实四卷也。"在本书卷上有下面一段话：

866—515　（耶律楚材）中书令，国初时扈从西征，
　　　　　行五六万里，留西域六七年，有《西游
　　　　　录》述其事，人所罕见，因节略于此。

下面是《西游录》中的一些有用的材料：

866—516　鄂托罗尔西千余里，有大城曰塔实干。

　—516　自此而西直抵黑色印度城，亦有文字，与
　　　　　佛字体声音不同。佛像甚多。不屠牛羊，
　　　　　但饮其乳。土人不识雪。岁二熟麦。盛夏
　　　　　置锡器于沙中，寻即镕铄。马粪随地沸
　　　　　溢。月光射人如夏日。其南有大河，冷于
　　　　　冰雪，湍流猛峻，注于南海。土多甘蔗，
　　　　　取其液酿酒熬饧。

　—516　《湛然居士集》有河中府诗十首，塔实干
　　　　　城，西辽称河中府，咏其风景云：

　—517　黄橙调蜜煎，白饼糁糖霜。

羡林按：此诗上面已引。请参阅本书第六章（二）“甘蔗种植”
3.“疏勒问题”；及本章（一）3.“诗文”（3）耶律楚材《湛然居
士集》卷六。

　　除了以上几种书以外，元人还写了几本游记，比如《长春真
人西游记》等。我翻检了一遍《西游记》（见《王国维遗书》第
13 册），没有找到什么有用的资料，对此书不再介绍。此外，元
周致中有《异域志》。仅在“大食无斯离国”有几句话：“出甘
露，秋露降，暴之成糖霜，食之甘美。”也许对我的研究有点
用处[6]。

上面我讲的几本书是中国人游历西域的记录。下面再讲几本中国人游历南海和西洋的书。

（4）元汪大渊《岛夷志略》

《四库全书提要》说："一卷，元汪大渊撰。大渊，字焕章。至正中（1341—1368 年），尝附贾舶浮海，越数十国，纪所闻见，成此书。"《提要》中提出了一个颇有意义的问题："至云爪哇即古阇婆。考《明史》，太祖时，爪哇、阇婆二国并来贡，其二国国王之名亦不同。大渊并而为一，则传闻之误矣。"这个问题，这里先不讨论，以后有机会再谈。

在胪列资料之前，我先说明几句。看来本书的主要目的是为做生意提供情报，汪大渊的主要兴趣也完全在商品上。因此，几乎每一个国家，每一个地方都有"地产"和"贸易之货"两项的记载。汪大渊对于酒似乎特感兴趣，几乎每一个地方都有酿酒的记载。关于种植甘蔗，直接讲到的地方极少；但是，如果有"酿蔗浆为酒"的记载，则此地必然产蔗，几乎可以断言。

下面是资料。我把酿酒的记载也都附上。我用的本子是中华书局 1981 年苏继庼校释本：

第 16 页　琉球　酿蔗浆为酒

第 23 页　三岛　酿蔗浆为酒

第 33 页　麻逸　煮糖水为酒

第 38 页　无枝拔　酿椰浆蕨粉为酒

第 50 页　交趾　酿秫为酒

第 56 页　占城　酿小米为酒

第 69 页　真腊　酿小米为酒

第 79 页　丹马令　酿小米为酒

第 86 页　日丽　酿浆为酒

第 89 页　麻里鲁　酿蔗浆为酒

第 93 页　遐来勿　酿椰浆为酒

第 96 页　彭坑　酿椰浆为酒

第 106 页　戎　以椰水浸秫米为酒，复酿榴实酒

第 109 页　罗卫　以葛根浸水酿酒

第 114 页　罗斛　酿秫米为酒

第 120 页　东冲古剌　酿蔗浆为酒

第 136 页　尖山　酿蔗浆水米为酒

第 141 页　三佛齐　酿秫为酒

第 148 页　淳泥　酿秫为酒

第 168 页　重迦罗　酿秫为酒

第 173 页　都督岸　酿蜜水为酒

第 175 页　文诞　酿椰浆为酒

第 178 页　苏禄　酿蔗浆为酒

第 181 页　龙牙犀角　酿秫为酒……地产蜜糖……

第 184 页　苏门傍　贸易之货，用白糖……

请注意：这里出现了"白糖"。

第 187 页　旧港　酿椰浆为酒

第 190 页　龙牙菩提　浸葛汁以酿酒

第 196 页　班卒　酿米为酒

第 227 页　东西竺　酿椰浆为酒

第 234 页　花面　地产……甘蔗……

请注意：这里明确提出了"甘蔗"。

第 250 页　特番里　酿茇叶为酒

第 257 页　曼陀郎　以木犀花酿酒

第 270 页　高郎步　酿蔗浆为酒

第 277 页　东淡邈　酿椰浆为酒

第 280 页　大八丹　贸易之货，用……白糖……

请注意：这里又出现了"白糖"。

第 282 页　加里那　酿椰浆为酒

第 285 页　土塔　贸易之货，用糖霜……

请注意：这里有"糖霜"，是唯一的一次。

第 297 页　加将门里　酿蔗浆为酒

第 305 页　挞吉那　酿安石榴为酒

第 308 页　千里马　酿桂屑为酒

第 339 页　大乌爹　以逡巡法酿酒

第 342 页　万年港　酿蔗浆为酒

第 344 页　马八儿屿　酿椰浆为酒

第 349 页　哩伽塔　酿黍为酒

第 358 页　层摇罗　酿蔗浆为酒

第 369 页　麻呵斯离　酿茇叶为酒。

下面有一段话很重要：

甘露每岁八九月下，民间筑净池以盛之，旭日曝则融
结如冰，味甚糖霜。

羡林按：这一段话颇有意思。请参阅上面引用的元周致中《异域

志》中的一段话。明陈诚《西域番国志》"沙鹿海牙"条说："又
有小草，高三尺，枝干丛生，遍生棘刺，叶细如蓝，清秋露降，
凝结成珠，缀枝干，甘如饧，可熬为达郎古宾，即甘露也。"指
的可能是一件事。

　　我在这里想附带讲两件事：第一，我们根据过去的记载，本
来期望有蔗或糖记载的地方，却没有这类记载，值得注意。第
二，有几句话值得注意，"汉语蔗之复名，当由方言读成二字音，
不能因此即视其为外来语之对音也。""国际编"还将谈到这个
问题。

（5）元周达观《真腊风土记》

　　《四库全书提要》说："真腊本南海中小国，为扶南之属，
其后渐以强盛。自《隋书》始见于外国传，唐宋二史并皆纪
录。……元成宗元贞元年乙未（1295 年），遣使招谕其国，达观
随行，至大德元年丁酉（1297 年）乃归，首尾二年，谙悉其俗，
因记所闻见为此书，凡四十则，文义颇为赅赡。"此书最佳版本
为夏鼐校注本，中华书局，1981 年。现根据此书将有用资料抄录
如下：

　　第 151 页（二十二）　草木

　　惟石榴、甘蔗、荷花、莲藕、羊桃、蕉芎与中国同。

　　第 158 页（二十七）　醖酿

　　酒有四等：第一等唐人呼为蜜糖酒，用药曲，以蜜及
水中半为之。其次者，土人呼为朋牙四，以树叶为之。朋
牙四者，乃一等树叶之名也。又其次，以米或剩饭为之，

名曰包棱角。盖包棱角者米也。其下有糖鉴酒，以糖为
之。又入港滨水，又有芰浆酒；盖有一等芰叶生于水滨，
其浆可以酿酒。[7]

5. 外国人游记

正如我在上面说过的那样，蒙古大帝国地跨欧亚大陆，驿站
林立，畅通无阻，旅行之便利为亘古所未曾有。因此西方和阿拉
伯国家来华的旅行家，为数颇多，其中著名的有穆斯林伊本·白
图泰（Ibn Batuta）、天主教徒鄂多瑞克（Odoric，方豪《中西交
通史》译为和德理）等，最著名的应当是众所周知的马可波罗
（Marco Polo）。

在这些旅行家中，有一些人有自己撰写的或由别人记述的
"游记"。游记虽然颇多，但是有关甘蔗和沙糖的记述却不是很
多，而我最关心的正是这一部分。因此，我在这里不谈他们的旅
行情况，我只在众多的记录中把有关蔗和糖种植和生产的资料抄
录下来。

我根据的书籍主要有下面几种：

（1）Henry Yule, *Cathay and the Way Thither*（直译：亨利·玉
尔，《中国与通往那里的道路》；1949 年北京影印本译为《东域
记程录丛》；张星烺：《中西交通史料汇编》译为《古代中国闻见
录》），共五册，1913—1916 年，Hakluyt Society。

（2）张星烺：《中西交通史料汇编》，辅仁大学丛书第一种，
1930 年，辅仁大学图书馆，共六册。

（3）方豪：《中西交通史》，台湾《华冈丛书》，共五册，1977 年，台湾华冈出版有限公司。

以上三部巨著中，涉及元代（还有别的朝代）外国旅行家的游记的地方颇多，但是与甘蔗和沙糖有关的记载，却不是太多。我在下面仅仅把与蔗和糖有关的资料抄录下来。至于元代同欧洲以及印度、波斯和阿拉伯国家的一般交通情况，留待下面（三）"外来影响"中去谈。对所抄录资料的分析与研究，也将在那里去完成。

抄录资料根据年代顺序：

（1）《马可波罗游记》（马可波罗：1254—1324 年）

（2）《鄂多瑞克游记》（鄂多瑞克：1265—1331 年）

（3）《索尔塔尼亚（Soltania）大主教游记》（约 1330 年）

（4）《伊本·白图泰游记》（伊本·白图泰：1304—1377 年）

（1）《马可波罗游记》

在上列的游记中，这是最重要的影响最大的一部。版本极多，译本不少。中国也有几种译本，其中最好的是沙海昂注，冯承钧译《马可波罗行纪》，1936 年初版，1937 年再版，商务印书馆[8]。我抄录资料就是根据这个译本。

我先想根据方豪《中西交通史》（三）第 74—75 页介绍一下马可波罗一家的情况，这对了解他的《游记》会有帮助的[9]。波罗一家为意大利威尼斯人，是巨商。蒙古军西征后，威尼斯更加繁华，可能也给波罗一家带来了好处。马可波罗之祖父曰安德勒·波罗（Andrea Polo），有三子：长曰马可（Marco，与我们的马可波罗同名——羡林按），次曰马飞奥（Mafio），幼曰尼古拉（Nicolo），是马可波罗的父亲。大哥老马可波罗卒于1260年（元世祖中统元年）。这一年，两个弟弟到了克里米亚；三年后，到了布哈拉，遇到元帝遣来的使臣，坚请波罗兄弟同行。忽必烈厚遇之，并请二人充其使臣，前往天主教廷。至元六年（1269年）回到欧洲。新当选的教皇派他们二人回访中国，尼古拉之子马可波罗随行，至元十二年（1275年）抵上都，见世祖。马可即习汉语，兼及蒙古、回鹘、西夏、西藏等文字，得到了世祖的宠爱，任官十七年。二十七年末或二十八年初（即1291年初），乃得西返，1295年（元贞元年）始回抵故乡，离家已二十三年了。马可波罗于1324年（泰定元年）去世。

下面抄录资料，章、页码都照冯译本：

125章，第496页　班加剌州[10]（孟加拉）

班加剌（Bangala）者，向南之一州也。基督诞生后之1290年，马可波罗阁下在大汗朝廷时，尚未征服，然已遣军在道。应知此州自有一种语言，居民是极恶偶像教徒，与印度（小印度）为近邻。其地颇多阉人，诸男爵所有之阉人，皆得之于此州。

其地有牛，身高如象，然不及象大。居民以肉乳米为粮，种植棉花，而棉之贸易颇盛，香料如莎草（Souchet）姜糖之属甚众。印度人来此求阉人及男女奴婢，诸奴婢盖在战争中得之于他州者也，售之印度商贾，转贩之于世界。

上面这一段记载，各种文字版本的《马可波罗游记》里都有。平常容易见到的本子我不具引。北京大学东方学系图书室中有一部英译本，颇为少见，这就是 William Marsden 从意大利文直接译成英文的 *The Travels of Marco Polo*，1818 年出版于伦敦。上面这一段记载见于此书的卷二，第 45 章，第 451—452 页。

152 章，第 592 页　大汗每年取诸行在及其辖境之巨额赋税

行在城及其辖境构成蛮子地方九部之一。兹请言大年每年在此部中所征之巨额课税。第一为盐课，收入甚巨。每年收入总数合金八十秃满（Toman）[11]，每秃满值金色干（sequin）七万，则八十秃满共合金色干五百六十万，每金色干值一佛罗铃（Florin）有奇，其合银之巨可知也。

述盐课毕，请言其他物品货物之课，应知此城及其辖境制糖甚多，蛮子地方其他八部，亦有制者，世界其他诸地制糖总额不及蛮子地方制糖之多，人言且不及其半。所纳糖课值百取三，对于其他商货以及一切制品亦然。木炭甚多，产丝奇饶，此种出产之课，值百取十。此种收入，合计之多，竟使人不能信此蛮子第九部之地，每年纳课如是之巨。

上面这一段记载见于 Marsden 译本卷二，第 49 章，第 544—545 页。译文与冯译本稍有不同。"蛮子"，Marsden 本作 Manji，"色干"作 saggi。Marsden 本对于产糖数量之巨，只字未提。冯本"值百取三"，Marsden 本作 three and one-third percent （百分之三又三分之一）。

154 章，第 599—604 页　福州国

从行在国最后之信州（Cinguy）城发足，则入福州（Fuguy）国境。由是骑行六日，经行美丽城村……上述之六日程行三日毕，则见有城名格里府（Quelifu），城甚广大，居民臣属大汗，使用纸币，并是偶像教徒。……再行三日又十五哩，抵一别城，名称武干（Vuguen），制糖甚多。居民是偶像教徒而使用纸币。

冯本引剌木学本之异文如下：

（注甲）离行在国最后一城名称吉匝（Gieza-Cinguy）之城后，入崇迦（Concha）国境，其主要之城名曰福州。……（第 75 章）

（注乙）行此国六日至格陵府（Quelinfu），城甚广大。……（第 76 章）

（注丙）自建宁府出发，行三日，沿途常见有环墙之城村，居民是偶像教徒，饶有丝，商业贸盛，抵温敢（Unguen）城。此城制糖甚多，运至汗八里城，以充上供。温敢城未降顺大汗前，其居民不知制糖，仅知煮浆，冷后成黑渣。降顺大汗以后，时朝中有巴比伦（Babylonie，指埃及）地方之人，大汗遣之至此城，授民以制糖术，用一种树灰制造。（第 77 章）

冯本还有一些注，现节引如下：

（注七）武干一地，似即尤溪。此城在延平府南直径 48 公里。菲力卜思（《通报》1890 年刊 224 至 225 页）曾云："自延平循闽江下行 85 里，至尤溪水汇流处，

溯尤溪上行 80 里，抵尤溪县城。行人至此，舍舟从陆，而赴永春州及泉州府，是为自尤溪赴海岸常循之道。我以为剌木学本之温敢，应是今之永春，土语称此名与《波罗书》之温干（Unguen）颇相近也。"

余以为如谓其可对永春，亦可以对漳州北 150 公里之永安。但此二城距建宁皆远，而永安相距有 87 公里也。菲力卜思虽谓永春有一传说，昔有西方人至此，授以制糖术，然不能因此遽谓制糖之所，仅限于一地也。——参看《通报》1896 年刊 226 页。

这一段记载，Marsden 本与冯本颇有不同。冯本只说"制糖甚多"，而 Marsden 本则增添了不少的描述，几乎完全同上面征引的冯本（注丙）相同，这里不再抄录。

值得注意的是关于"巴比伦"一词的解释。冯本说"指埃及"，而 Marsden 本则说："'巴比伦'应理解为巴格达城，这里技艺繁荣，虽然是处在蒙古鞑靼人统治之下。"（第 557 页，注 1104）。

此外，关于 Un-guen 或 U-gueu[12]（早期威尼斯节录本是这样写的），Marsden 说，不管怎样，这是一座二等或三等城市，在福州府辖境内。（第 556 页，注 1101）

第 556 页，注 1102，Marsden 引 P. Martini 的话说：On fait dans son territoire une trés-grande quantité de sucre fort blanc. "在（福州）境内，人们制造极大量的非常白的糖。"在这个注内，Marsden 又引 Martini 的话说，这里讲的"制造"，仅仅是指"精炼"，因为制糖术最早见于四川，是由一个印度人引进的。羡林按：Martini 在这里是把唐太宗派人到摩揭陀（印度）去学习制糖术同邹和尚在四川遂宁制造糖霜的故事混淆起来了。

第557页，注1103，Marsden说，这种湿软的未完成的糖，在东印度群岛许多地方被称为jaggri。

同页，注1105，Marsden解释上面引用的冯本（注丙）"用一种树灰制造"说，在使糖变成颗粒状的过程中，投入碱性物，是大家都知道的一种方法。

155章，第605页 福州之名贵

> 应知此福州（Fuguy）城，是楚伽（Chouka）国之都城，而此国亦为蛮子境九部之一部也。此城为工商辐辏之所。居民是偶像教徒而臣属大汗。大汗军戍此者甚众，缘此城习于叛变，故以重兵守之。

> 有一大河宽一哩，穿行此城。此城制糖甚多，而珍珠宝石之交易甚大，盖有印度船舶数艘，常载不少贵重货物而来也。此城附近有刺桐（Zayton）港在海上，该河流至此港。

这里出了一个极大的问题。根据Marsden本第76章，不是福州，而是Kan-jiu也就是广州。冯本第606页（注一）说："仅有刺木学本写此地名作漳州（Cangiu），不作福州。"羡林按：Kanjiu与Canjiu恐系一字，冯译为"漳州"，疑有问题。Marsden对这个问题写了一段相当长的注释。大意是，说此地是广州有困难。从行程上来看，从地理环境上来看，都讲不通；马可波罗讲的恐怕还是福州（第558页，注1106）。

我现在再介绍一部有关《马可波罗游记》的书，这就是A. C. Moule和Paul Pelliot（伯希和）的 *Marco Polo, the Description of the World*，George Routledge，London 1938。共两册，第一册是英译文，第二册是在 Toledo 发现的拉丁文本。世界学术界公认，这是有关《马可波罗游记》的最详备最有权威的本子。

我现将有关资料介绍如下。

上面介绍过的冯译本 125 章，第 496 页关于孟加拉情况的一段，在这个版本里是 126，p.295，全文翻译如下：

> 他们是非常坏的偶像崇拜者——要了解这些偶像崇拜者。他们处在印度边界上。有很多阉人，他们被阉割。在这个省里的所有的贵族们和所有的老爷们，都从这里获得许多阉人，用来保卫他们的太太们。这里也有牛，高如大象，但不像大象那样粗壮。省里的人大都食肉，喝奶，吃大米，这些东西这里很多。他们有足够的棉花，他们用棉花大做生意。他们是巨商大贾，因为他们有甘松和高莎草，产量极大，而胡椒、姜和糖也大量生产，还有许多其他种类的香料。

冯译本 152 章，第 592 页，在本版本里与之相应的是 153，p.341。有关段落翻译如下：

> 我告诉你，糖付税百分之三又三分之一，（甘蔗）长于此城及其所属地区，糖也在这里制造，此地为蛮子九部之一；糖也制于所说的蛮子国其他八部所有地区。此国产糖极多，较世界其余地区所制之糖多出一倍还多，许多人说的是真话；这是税收的极大的来源。

冯译本 154 章，第 599—604 页福州国，在本版本中与之相应的是 155，p.347。下面我只翻译与武干有关的一段：

在三日行程之后，又走了15哩，来到一座城镇，名字叫Vuguen（武干），这里制造极大量的糖。大汗宫廷中所食的糖皆取给于此城；糖极多，所值的钱财是没法说的。但是，你应当知道，在被大汗征服以前，这里的人不知道怎样把糖整治精炼得像巴比伦（Babilonie）各部所炼的那样既精且美。他们不惯于使糖凝固粘连在一起，形成面包状的糖块，他们是把它来煮，撇去浮沫，然后，在它冷却以后，成为糊状，颜色是黑的。但是，当它臣属于大汗之后，巴比伦地区的人来到了朝廷上，这些人来到这些地方，教给他们用某一些树的灰来炼精糖。

《马可波罗游记》中的资料就介绍到这里[13]。

（2）《鄂多瑞克游记》

这一部游记中关于糖的资料见于Henry Yule上引书Ⅱ p.183—190。在抄译资料之前，先简略介绍一下鄂多瑞克（和德理）的生平，材料根据方豪上引书，第三册，第六节，第84—86页"和德理之东游及其贡献"。

鄂多瑞克，意大利弗黎乌里（Friuli）省乌地纳（Udine）人，1265年（世祖至元二年）生，是方济各会会士。1316年（仁宗延祐三年），起程来华，途经波斯、印度、锡兰、苏门答腊、爪哇、婆罗洲、占婆等地，在广州登陆。然后经泉州、金华等地抵杭州，后又至南京、扬州，由运河从临津、济宁而抵北京，居三年。后由陕西、四川入中亚，经波斯、亚美尼亚返抵故乡意大利，于1331年在故乡逝世。

资料翻译如下：

　　离开了那个县，经过了许多城镇，我来到了一座华贵的城市，名字叫作 Zayton（刺桐）[14]；在这里，我们低级圣职人员的修士有两座房子，我将为了对耶稣基督的信仰而以身殉道者的遗骨安置于此。

　　在这座城中有大量的人类生存所需要的各种物品。比如，你能够用比一 groat（旧日英国四便士的银币——美林注）一半还要少的钱买到三磅八两糖。

（3）《索尔塔尼亚大主教游记》

波斯索尔塔尼亚大主教有几个留传下来的名字。据此书内容所述，此书可能撰于 1330 年前后。此时的大主教是约翰·柯拉（John de Cora），他是意大利人，为多密尼根派僧人。他著有《大可汗国记》一书，原文为拉丁文，后译为法文。Henry Yule 书中所收者为英文译本。这位大主教是否真正到过中国，至今仍是一个悬而未决的问题[15]。

有关糖的资料，抄录如下：

　　Henry Yule 译本：但是，他们有大量的糖，因此在那里糖非常便宜。（上引书，Ⅲ，p.96）

　　张星烺译文：产糖甚丰，故价亦至廉。

（4）《伊本·白图泰游记》

伊本·白图泰的全名是 Abu Abdu Llah Mahomed Ibn Batuta。

他于公元1304年（回历703年，元成宗大德八年）2月24日，回历7月17日，中国农历正月十九日生于摩洛哥之丹吉尔港（Tangier）。22岁时即开始旅行，初游北非，后漫游巴勒斯坦、叙利亚等地，朝拜麦加二次。卒至印度，始见中国船，对此他有比较翔实细致的描述。在印度漫游后，经爪哇来到中国。所记有关中国之事物和城镇等，多出悬揣，有些地方他并没有到过。最后由泉州泛海，于1349年（至正九年）返回祖国。摩洛哥苏丹命白图泰口述，由苏丹秘书穆罕默德·伊本·玉萨（Mahomed Ibn Yuzai）笔录。著书时间前后仅三月，杀青于回历757年2月（公元1356年2月4日至3月3日，即至正十六年农历正月三日至二月二日之间）。同年伊本·玉萨卒，白图泰则卒于公元1377年5月10日起至次年4月30日（回历779年，明洪武十年农历四月三日至次年四月二日之间）[16]。

《伊本·白图泰游记》是中非或中阿关系史上最重要的著作之一，译本甚多，影响广被。现根据马金鹏译《伊本·白图泰游记》，宁夏人民出版社，1985年，第545页，将有关蔗糖的一段抄在下面：

> 中国地域辽阔，物产丰富，各种水果、五谷、黄金、白银，皆是世界各地无法与之比拟的。中国境内有一大河横贯其间，叫作阿布哈亚，意思是生命之水。发源于所谓库赫·布兹奈特丛山中，意思是猴山。这条河在中国中部的流程长达六个月，终点至隋尼隋尼。沿河都是村舍、田禾、花园和市场，较埃及之尼罗河，则人烟更加稠密。沿岸水车林立。中国出产大量蔗糖，其质量较之埃及蔗糖实

有过之而无不及。还有葡萄和梨，我原以为大马士革的欧
斯曼梨是举世无匹的唯一好梨，但看到中国梨后才改变了
这种想法。中国出产的珍贵西瓜，很像花剌子模、伊斯法
罕的西瓜。我国出产的水果，中国不但应有尽有，而且还
更加香甜。小麦在中国也很多，是我所见到的最好品种。
黄扁豆、豌豆亦皆如此。

与中国译文相应的英译文，见 Henry Yule 上引书 Ⅳ，pp.108—109。

6. 笔记

同宋代相较，元代的笔记要少得多。这与朝代的久暂有关，
是在意料之中的。但是，我在上面曾说到过，笔记这种体裁是中
国文人所喜爱的。因此，元代也还是有一些笔记的。

同前面一样，我无法把元代所有的笔记都翻检一遍。我仅能
从我翻检过的笔记中抄录一些有用的资料。

（1）《湛渊静语》

《四库全书提要》说："《湛渊静语》二卷，元白挺
撰。……元兵破临安时，（挺）年二十七矣。故其书于宋多内
词……则食元之禄久矣，而犹作宋遗民之词，迨所谓进退无据者
也。……然其他辨析考证，可取者多。其记汴京故宫尤为详备，
在元人说部之中，固不失为佳本矣。"

资料如下：

866—290　采石蜜

羡林按：这里的"石蜜"，显然指的是岩石上所采之野蜂蜜，与以蔗糖制成者无关；但是，在上面的叙述中，"石蜜"一词常有混淆。所以在这里我也把它记了下来。以供参考，对比。

866—314　卷二　舟之最大者莫若木兰皮国。

羡林按：木兰皮，即今之北非摩洛哥一带，所谓马格里布。参阅《诸蕃志》卷上。

（2）《玉堂嘉话》

此书收录了元刘郁的《西使记》，上面 4."地理著作与中国人游记"中已介绍，兹不赘[17]。

（3）《庶斋老学丛谈》

此书收录了耶律楚材《西游录》，上面 4."地理著作与中国人游记"中已介绍，兹不赘。

（4）《东南纪闻》

《四库全书提要》说："三卷，不著撰人名氏。"中间列举了许多缺点，然后说："然大旨记述近实，持论近正，在说部之中，犹为善本。"

资料如下：

1040—218　卷三　九江岳肃之负山立屋，在溢城之中……

庆元初年五月，大雨，隤其巅，古冢出焉。……居数日，山隤，圹周半堕，骨、发、棺、椁皆无存。两傍列瓦碗二十余……碗中有甘蔗节，有铜盆，类今厮罗。

1040—218　卷三　番禺有海獠杂居，其最豪者蒲姓，本占城之贵人也。

7. 农书

同唐宋相比，农书之多是元代的一个特点。从全部中国历史来看，绝大多数的统治者都推行重农抑商的政策。因此元代这样重农，并不奇怪。但是元代蒙古人本是游牧民族，本不知农业为何物。大概入居中原以后，也感到非重农不行。所以，元世祖于至元七年（1270 年）即设司农司，掌管农桑水利，推广当时先进的耕作技术，并编写成书[18]。

《农桑辑要》

元司农司撰。七卷，包括典训、耕垦、播种、栽桑、养蚕、瓜菜、果实、竹木、药草、孳畜、岁用杂事等内容。同《齐民要术》相比，桑、蚕增添了大量材料，又新添了许多作物种类和栽培法。对木棉的输入和栽培，有较详细论述，这一点颇值得注意。本书主要目的是为黄河流域农业服务的。但书中也记述了原在长江流域或长江以南的植物，如苎麻、茶、橙、橘、甘蔗等逐渐向华北平原扩展的情况。本书为元代三大农书之一，不但在国内影响广被，而且还流传国外，首先是朝鲜。

资料如下：

730—278 至 279　卷六

甘蔗

新添栽种法：用肥壮粪地，每岁春间耕转四遍，耕多更好。摆去柴草，使地净熟，盖下土头。如大都天气，宜三月内下种。迤南暄热，二月内亦得。每栽子一个，截长五寸许。有节者中须带三两节，发芽于节上。畦宽一尺，下种处微壅土高，两边低下，相离五寸，卧栽一根，覆土厚二寸，栽毕，用水绕浇，止令湿润，根脉无致淹没栽封。旱则三二日浇一遍。如雨水调匀，每一十日浇一遍。其苗高二尺余，频用水广浇之。荒则锄耘。并不开花结子。直至九月霜后，品尝秸秆，酸甜者成熟，味苦者未成熟。将成熟者附根刈倒，依法即便煎熬外，将所留栽子秸秆斩去虚梢，深撅窖坑，窖底用草衬藉，将秸秆竖立收藏，于上用板盖土覆之，毋令透风及冻损，直至来春，依时出窖，截栽如前法。大抵栽种者多用上半截，尽堪作种。其下截肥好者，留熬沙糖。若用肥好者作种，尤佳。

煎熬法：若刈倒放十许日，即不中煎熬。将初刈倒秸秆，去梢叶，截长二寸，碓捣碎，用密筐或布袋盛顿，压挤取汁，即用铜锅内，斟酌多寡，以文武火煎熬。其锅隔墙安置，墙外烧火，无令烟火近锅，专一令人看视。熬至稠粘似黑枣合色，用瓦盆一只，底上钻箸头大窍眼一个，盆下用瓮承接。将熬成汁用瓢盛，倾于盆内。极好者澄于盆流于瓮内者，止可调水饮用。将好者即用有窍眼盆盛顿，或倒在瓦罂内亦可，以物覆盖之，食则从便。慎勿置于热炕上，恐热开化。大抵煎熬者止取下截肥好者，有力糖多。

若连上截用之，亦得。

730—391　卷九

　　荔枝

　　取其肉，生以蜜熬作煎，嚼之如糖霜。然名为荔煎。

元代三大农书的其他二种：王祯《农书》和鲁明善的《农桑衣食撮要》中，没有找到与蔗和糖有关的资料。

8. 类书

同唐宋比较起来，元代类书较少，有影响者更少。

（1）《韵府群玉》

《四库全书提要》说："二十卷，元阴劲弦（时夫）撰。……然元代押韵之书，今皆不传，传者以此书为最古。又今韵称刘渊所并，而渊书亦不传。世所通行之韵，亦即从此书录出。是韵府诗韵皆以为大辂之椎轮，将有其末，必举其本。此书亦曷可竟斥欤！"

此书按韵部排列，每一字下有解释。我找的资料就在这些解释中，我依次抄录如下：

951—38 卷二　支韵

　　糖狮　唐张子路诬李泌受严震金狮子百枚。德宗料是沙糖狮子，果然。杀子路。《高士传》

951—237 卷六　阳韵

　　蔗浆（后引宋玉《招魂》等）

951—241 卷六　阳韵

糖霜　事详蔗。

951—245 卷六　阳韵

餹　俗作糖　乌贼糖，详鼠；蔗餹，详霜。

猊糖　以糖作狻猊形，号猊糖。后《显宗纪》注：
或诬李泌受严震金狮子，乃沙糖也。详狮。

951—611 卷十六　祃韵

蔗　红蔗，止堪生啖。芳蔗、社（疑当杜）蔗，可
作霜。

《本草》崑岺赤蔗。蔗白者曰荻蔗。《世说》扶风（疑
当作南）蔗，一丈三节，见日即消，见风即折。唐僧邹和
尚跨白驴登伞山。盐、菜、薪、米书于纸，系钱缗，遣驴
负至市。人知为邹也，取平值，挂物于鞍，纵驴归。一
日，驴犯黄氏蔗苗，请偿于邹。邹曰："汝未知因蔗糖为
霜，利十倍。"自是其法流行。宋野史：神宗问吕惠卿曰：
"何草不庶出，独于蔗庶，何也？"曰："凡草种之则正生
耳。蔗，庶出也。"

蔗餳、鼠屎，详梅。吟咏：冰盘善（疑为荐）琥珀，
何似糖霜美。——坡　"远寄糖霜知有味。"——谷　遂宁
糖霜见之文字者，始二公，盖遂宁蔗为最。

啖蔗　初味犹啖蔗。　——韩　老境清闲犹啖
蔗。——坡

压蔗　溜滴小漕如压蔗。——坡

射蔗　齐宜都王钟取甘蔗插地，目（百？）步蔗射

之，十发十中。——史

倒餐蔗　顾恺之每食蔗，自尾至本，曰：渐入佳境。——《世说》

百挺蔗　宋孝武答魏主曰：知行路多乏，今付酒二器，其蔗百挺。——沈约《宋书》

写到这里，本章（一）"材料来源"本来已经可以算是写完了。但是，有一个问题还有待于解决。《永乐大典》是明朝的规模空前的类书；但是，在有关甘蔗和糖这个问题上，却讲的是元代的情况。是放在这里叙述呢？还是留待下一章明代？在反复思考之余，我决心在这里叙述，因此就拖了这个尾巴。

《永乐大典》，第一一九〇七卷，引《广州府图经》[19] 在"课利"一章中，讲到香山县"糖榨课钞二百九十四定一贯二百五十文"，下面还有。可见元代榨糖是要收税的，也可见糖的产量是相当大的，否则政府不会定为收税的对象。

在"土产"一章内有如下的记载：

大德三年（1299 年），泉州路煎糖官呈，用里木榨水，煎造舍里别。

夹注说：

《南海志》云："舍里别，蒙古语曰解渴水也。凡草木之汁，皆可为之。独里木子香酸，经久不变。里木，即宜母子。今本路番禺县城东厢地名莲塘，南海县地名荔枝湾创置。"[20]

果部列举诸果中有"蔗"[21]。下面还有关于"甘蔗"的记述，今暂从略[22]。

（二）甘蔗种植和沙糖应用

元代的沙糖制造技术几乎没有什么记载，因此，我无法立专章来谈这个问题。我在这里只谈甘蔗种植和沙糖应用，想谈下列四个问题：

1.甘蔗种植的地域。

2.甘蔗种植的技术。

3.沙糖的药用。

4.沙糖的食用。

1. 甘蔗种植的地域

我在这里只谈国内的情况，国外情况下面"外来影响"一段中再谈。

要谈元代甘蔗种植的地域，最可靠的依据当然是《元一统志》，其中有关资料已在上一段"材料来源"4."地理著作与中国人游记"（1）中抄录了，请参阅。令人失望的是，《元一统志》这一部书似乎颇不完备。根据唐宋资料，本来应该有关于蔗和糖记载的地方，此书却付阙如。例子很多，其中最突出的应该是四川遂宁。本书卷五潼川府遂宁州，连"土产"这个项目都没有，更谈不到什么糖霜了。难道到了元代，此处的糖霜或者沙糖就突然停止了生产吗？这似乎不大可能。其他一些唐宋时代种蔗产糖的地域，可以依此类推。原因我想很可能是我们现在见到的校辑本不完整，原书在明代就已成残篇。

在甘蔗种植地域问题上，最值得重视的一点是，甘蔗等原生长在长江流域或长江流域以南的农作物，逐渐向华北平原扩展。上引的《农桑辑要》中确能看到这种迹象，比如卷六"甘蔗"一条中说："如大都天气，宜三月内下种。迤南暄热，二月内亦得。"好像是说，在大都能种植甘蔗。这情况是符合发展规律的。热带，特别是亚热带的植物，在中国来说，就是南方的植物，渐渐向北扩展，颇不稀见。甘蔗也属于这个范畴。我认为，这决不是由于气候的变化。气候是会变化的，但是所需时间极长，短期是不行的。这只能是由于人工的栽培。

再回头来谈《元一统志》。上面已经谈到，此书对唐宋以来著名的蔗和糖的产地没有有关蔗和糖的记载。可是此书卷九对广州路和潮州路的土产记载极为详尽。在几十种上百种的土产中，甘蔗占有一个地位。番禺、南海、东莞都产蔗，而且"乡村人煎汁为沙糖"，虽然不能像蜀汉川那样把沙糖制成狮子形，可是味道却远过柳城。柳城在什么地方呢？根据《中国古今地名大辞典》共有五个地方叫"柳城"，按照能否种蔗这个标准来衡量，只有广东的柳城墟合乎条件。此地位于广东河源县东北东江右岸，北接龙川县界。这里的地理方位是能够产蔗的。

总之，在元代，广东一些地方种甘蔗，而且能熬制沙糖。

2. 甘蔗种植的技术

关于这个问题，上面"材料来源"7.农书《农桑辑要》有极为详尽细致的描述，请参阅，这里不再重复。

3. 沙糖的药用

沙糖，还有甘蔗汁，在元代的药用范围，不算太大。我在上面（一）"材料来源"2."本草和医书"这一节中引用了一些例子，有的例子说明，沙糖在元代被认为能治什么病；有的例子则说明，同唐宋相比，有一些病，例如目疾、咳嗽、误吞麦芒和鱼刺等等，唐宋使用沙糖和甘蔗汁，元代则否。请读者参考，这里不重复细说。

值得指出的是糖霜入药，治疗癣疮。在元代，糖霜同宋代颜色差不多，不是纯白，而是淡黄，有如琥珀。苏轼和黄山谷的诗可以证明这一点。元代洪希文的《糖霜》诗"色美鹅儿浅浅黄"，说得更加鲜明、具体。

还有糖毬子或糖毬或毬糖入药，好像是自元代开始。顾名思义，不管是哪一个名字，其中都有"糖"字，可见是由糖做成的，在药用中起作用的是糖。但是糖毬子等与蔗糖似乎又不尽相同。上引宋陈直《寿亲养老新书》，元邹铉续编，干荔枝汤药品中有蔗糖一味，夹注："毬糖亦好"，可见二者不完全相同。什么叫"毬糖"？上引吴瑞的话："稀者为蔗糖，干者为沙糖，毬者为毬糖，饼者为饼糖。"似乎只是形状的不同。

上引《元史·廉希宪传》告诉我们，希宪得了病，医生说要"用沙糖作饮"。那时候，糖极难得，皇帝只好御赐。可见在元代糖并不是随时随地可以得到的。

现在再来谈沙糖药用由唐至元范围越来越小的问题。十分合理的解释，目前我还不能够完全说明。我引《四库全书提要》对

《汤液本草》说的一段话："考本草药味不过三品，三百六十五名。陶弘景《别录》以下递有增加，往往有名未用。即本经所云主治，亦或古今性异，不尽可从。如黄连今惟用以清火解毒，而经云能厚肠胃，医家有敢遵之者哉！"（745—909）沙糖能否用这个理论来解释呢？

4. 沙糖的食用

沙糖的食用范围在宋代已经相当大了。到了元代，似乎更大了。宋代在这方面的资料，基本上都是民间的。在元代，民间的资料不多，我所依据的一本书《饮膳正要》，主要是讲宫廷中的饮膳。这似乎不够全面，但目前也只能如此。仅从这一本书就可以看到蔗和糖食用范围之广。读者请参阅上面从这一本书中抄录的资料，这里不重复。

特别要提出的是我在上面已经提到过的饮食文化与政治的关系问题。虞集在给本书写的序中说："噫！进书者可谓能执其艺事，又以致其忠爱者矣。"在这里，饮食已经被提高到忠君爱国的水平上，也就是伦理道德的水平上。这是以前没有见到过的。

（三）外来影响

在上面唐、宋两章里，我都提到了外来影响。到了元代，从我上面抄录的资料来看，由于政治环境的巨大变化，中外文化交流达到了一个新的高峰。中国文化沿着欧亚交通大道（不完全是丝绸之路），逐渐传入阿拉伯国家，传入欧洲。唐杜环《经行记》已经讲到了中国工匠到了阿拉伯。元代蒙古大军驰骋欧亚大陆，无远弗届。随军的一些能工巧匠，到了中亚、西亚一带，有的就留在了那里。结果是中国科技传入阿拉伯国家和欧洲。这种情况，透过中外一些历史资料，可以看到。

在另一方面，外国文化，特别是阿拉伯国家的文化，也传入中国。专就制糖术而言，中国在唐代以前已经能熬制沙糖。但是，唐太宗仍然派人到印度去学习制糖术。结果是中国制糖术大大地提高了一步。到了元代，阿拉伯国家的制糖术又传入中国。这与蒙古大军西征有密切的关系。结果是中国制糖术又大大地提高了一步。这一次提高的意义，较之唐代，更为重要。我甚至想称之为有划时代的意义。

下面分三项来探讨外来影响：

1. 中阿关系。

2. 白沙糖的炼制。

3. 南洋一带的情况。

1. 中阿关系

阿拉伯，中国古籍上往往称之为大食。在古代，中国同这一地区，一定就有交通往来。到了唐代，中国与大食的关系，豁然开朗。伊斯兰教也就是在唐代开始传入中国的。

中国同大食的外交和贸易关系，上面第五章唐代和第六章宋代已经谈了一些。这里只谈元代情况[23]。

元代中国同阿拉伯国家的关系，是多方面的。有军事政治方面的，有贸易方面的，也有科技文化方面的，以及民族方面的。

元代诸帝统率大军西征。战场之广阔，战线之漫长，都是空前的。蒙古大军一直打到今天伊拉克首都巴格达，古代译为报达。元军大将郭侃就曾攻占此城。大食帝国阿拔斯（Abbas）王朝覆灭。旭烈兀本来还想进军埃及，会蒙哥死，乃命怯的不花镇守叙利亚，率军回国。

在贸易方面，中阿之间有悠久的互相贸迁有无的历史。唐代已有大批的阿拉伯人到中国来做生意，有的久留不归。宋代继之，贸易兴隆，有增无衰。到了元代，虽因元政府对外贸易政策的变化，曾一度影响了对外贸易。但是，总起来看，中阿贸易仍然繁荣。元代有许多对外贸易港口，比如泉州、广州、杭州、宁波、扬州、澉浦、温州等等，在这些贸易港中，都有阿拉伯商人。

在科技文化方面，我想先引方豪先生的几句话：

> 元以前，传入中国之西域文化，皆属于波斯系即伊兰系者；元以后则阿拉伯色彩之回教文化，代表所谓西域文化。回教人挟其学艺以俱来，在"色目"人中特受蒙古人之重视。京师建立回回国子学，以专授阿拉伯语文，实为阿拉伯文化在中国发扬之最好说明。而最可注意者则为天文、历法、地理及炮术等。［上引书（三），第 141 页］

这一段话很有见地，事实正是这个样子。从另一个角度来看，也可以看出中阿文化交流之硕果，这就是中国和阿拉伯地区动、植、矿物之交流。关于这个问题，请参阅张星烺，上引书第三册，第101—111页，我不再详谈。

所谓民族方面，我主要指的是民族同化。阿拉伯人同化于中国，不自元始，唐宋已然。到了元代，人数更多了，不但华化，而且入仕，陈援庵先生《元西域人华化考》，论之极详，可参考。张星烺先生，上引书、册，第297—303页"元时阿拉伯人受华化及入仕中国者"，从《元史》中举出了一些例子，也可参阅。这里不再列举[24]。

综上所述，元代中阿关系之密切，可见一斑。下面专门谈一个与糖有关的鲜明具体的问题，以证实中阿关系之重要。

2. 白沙糖的炼制

从中国制糖史上来看，技术的进步集中表现在糖的颜色上：技术越精，颜色越白。中国古代《本草》和医书中有时候也有"白糖"一类的字眼。实际上那决不会是纯白的糖，不过颜色较之红黑色的糖略显淡黄而已。在唐代，中国糖和印度糖相比，有"色味逾西域远甚"的说法，味当然指的是甜，而色我认为指的就是白。《马可波罗游记》记载着，在福州境内，人们能炼制"非常白的糖"，不但"白"（blanc），而且还"非常"（fort），可见洁白的程度。

在上面引用的《饮膳正要》中，元宫廷中食用的有"沙糖"，还有"白沙糖"，说明二者之间还是有点区别的。

制造这种"白沙糖"的技术是从哪里来的呢？《马可波罗游

记》中讲得非常清楚。在"福州国"一段里讲到一个叫作 Vuguen（武干）的地方，大汗宫廷中所食之糖皆取给于此城。下面一段话十分值得重视：

> 但是，你应当知道，在被大汗征服以前，这里的人不知道怎样把糖整治精炼得像巴比伦各部所炼的那样既精且美。

这一下子就把制糖术与大汗的征服联在一起了。一方面，大汗征服了阿拉伯一些国家，从那里把制糖工匠带回中国；然后把这种技术传授给有制糖传统的福州地区的糖工。于是在被大汗征服前和后，此地的制糖术有显著的不同，水平大大地提高。过去此地只能熬制黑色的糖块。巴比伦地区的人来到此地以后，教本地人用一些树的灰来炼精糖，于是黑一变而为白了。树灰中含有一些化学成分，有利于使糖变白。这是合乎科学原理的。

现在要问：巴比伦是什么地方呢？我在上面已经谈了这个问题。学者们的意见不一致，不外两种意见：一个说巴比伦是埃及，一个说是伊拉克。我现在不想来费大力量解决这个问题。反正是不出阿拉伯的范围，这对我们来说就已经够了。

3. 南洋一带的情况

我在上面（一）"材料来源"一段里，抄录了一些有关南洋一带产蔗用糖的情况。这个问题我想留待"国际编"第八章，"南洋一带的甘蔗种植和沙糖制造"中去详细讨论，这里暂且不谈了。我只想提请读者注意《岛夷志略》中使用的"白糖"这个字眼，不叫"沙糖"，而称"白糖"，这也是颜色方面的问题。南洋一带制造"白糖"同阿拉伯国家有什么关系吗？值得进一步思考与探讨。

注释：

1 写到这里，我才听说，台湾已把全部二十五史输入电脑。这当然是非常重要的消息，十分值得我们重视。我临时想到了两点：第一，将来利用中国古籍研究学问，过去认为是最繁重最困难的搜集资料的工作，已经迎刃而解，可以大大地节省我们的力量了。这是一个福音，是社会前进的必然的结果，不足为奇。第二，我们的研究方法和精力分配的重点，必须相应地改变。资料固然重要，但是资料还不就是研究工作的一切。不管多完备的资料，其中必然有矛盾，有抵触。这就需要我们来解决，电脑是代替不了的。否则，今后就用不着什么学者，只要会操纵电脑，则学问之事毕矣。这哪是可能的呢？

2 《中国医学史》，主编甄志亚、副主编傅维康，人民卫生出版社，1991 年，第 219—223 页、227—228。

3 《四库全书》（文渊阁本），台湾版，745 册。

4 同上，746 册。

5 第一个数字指文渊阁《四库全书》的册数，第二个数字指页数。

6 《异域志》，中华书局，1981 年有陆峻岭点校本。第 25 页，"爪哇国"说："古阇婆国也。"这对我下面提到的爪哇和阇婆问题的解决会有帮助，特记于此。

7 此外，元代还有几次赴南海招谕和出征的活动，一次是杨庭璧之出使，一次是史弼之远征爪哇。因为没有留下什么书，所以略而不谈。请参阅方豪《中西交通史》（三），第25—27页。

8　另一个译本是《马可波罗游记》，马可波罗口述，鲁思梯谦笔录，曼纽尔·科姆罗夫英译，陈开俊等汉译，福建科学技术出版社，1982年第二次印刷。

9　我同时也参考了张星烺《中西交通史料汇编》，第二册，第59—60页。

10　冯承钧原译，下同。

11　原书作Joman，误。

12　最后的字母u，恐怕n之误。

13　《马可波罗游记》版本极多，流传极广，影响极大。参阅方豪《中西交通史》第三册第四节"《马可波罗游记》及其流传"。

14　关于这个名字，参阅Henry Yule上引书Ⅱ，p.183，注2。

15　这位大主教和这一部书的详细情况，参阅Henry Yule上引书Ⅲ，p.36—37；张星烺，上引书，第二册，第234—250页。

16　关于伊本·白图泰及其《游记》，请参阅Henry Yule上引书Ⅳ，p.1—79；张星烺，上引书，第三册，"古代中国与非洲之交通"，第108—219页；方豪，上引书（三），第90—93页。

17　本书卷二有一段话："鹿庵先生曰：'作文之体，其轻重先后，犹好事者以画娱客，必先示其寻常，而使精妙者出其后。予偶悟曰：此倒食甘蔗之意也。'"录之以供参考。

18　参阅韩儒林主编《元朝史》，人民出版社，1986年，下册，第372—380页。

19　这一部书似已佚，看样子应该是元代著作，待查。

20　此书即系《大德南海志》。北京图书馆藏有此书，系海内孤本，仅存六一十卷。

21 在我的笔记本中，有一张自《永乐大典》第一一九○七卷抄出的资料。我现在想核对一下，但在北京大学图书馆善本部和教员阅览室中华版《永乐大典》，遍查无着，后来到北京图书馆觅得此卷。

22 韩儒林，上引书，下册，第 372 页。

23 一般的中阿关系，参阅张星烺，上引书，第三册，"古代中国与阿拉伯之交通"；还有方豪，上引书（三）。

24 华化最著名的人物无过于蒲氏一家，请参阅方豪，上引书（三），第 38—42 页。

第八章　明代的甘蔗种植和沙糖制造（1368—1644年）

这一章的写法仍然同唐、宋、元代一样。全章分为五大段：

（一）材料来源。

（二）甘蔗种植。

（三）沙糖制造和应用。

（四）白沙糖的出现（另列一章）。

（五）外来影响和对外影响。

明代是中国历史上一个重要的朝代。它通过农民起义建立了汉族的政权，在国内实行残酷的高压政策，其残酷程度，较之前代，有过之而无不及。在对外方面，同以前所有的朝代一样，始终有外患侵扰。我认为，这是中国几千年历史的一个突出的特点。中国爱国主义之所以始终受到人民的高度重视与赞扬，为世界上任何国家所未有，其根源就在这里。这是唯一的唯物主义的解释，是完全实事求是的。外敌侵扰，同以前一样，主要来自北方。元代的后裔，虽被逐出中原，然而野心不死，仍然是虎视眈眈。但也有新情况，那就是，北方之敌之外，又增加了倭寇这个东方之敌。到了后期，欧洲的新兴的资本主义和殖民主义（这二者是密切联系的）国家侵入中国。这个侵入具有双重性，一方面给中国制造了麻烦，另一方面也给中国带来了西方文化。在整个明代，在对外关系方面有两件大事可提，一件事是郑和下西洋，一件事是上面刚才说到的欧风东渐。这两件事都是世界史上的大事，影响深远，一直到今天仍在发挥作用。这是世界学术界的共识，决不能等闲视之。

讲"糖史"我为什么这样在每一个朝代都刺刺不休地讲对外关系和外来影响呢？我几次强调过，我讲制糖历史，这方面的史实当然要讲；但是，我的重点是讲文化交流。既然讲文化交流，就不能不讲对外关系和外来影响，道理非常明白。

（一）材料来源

内容同唐、宋、元基本相同；但是时代毕竟变了，因此又稍有所不同。共分下列几项：

1.正史和杂史

2.本草和医书

3.诗文

4.地理著作和中国人游记

5.外国人游记和著作

6.笔记

7.科技专著

8.类书

1. 正史和杂史

就明代来说，所谓"正史"，只有一种，就是《明史》。此书由清明史馆纂修，由张廷玉（1672—1755 年）领衔。三百三十二卷，包括"本纪"二十四卷、"志"七十五卷、"表"十三卷、"列传"二百二十卷。此书凡四修，始自顺治二年（1645 年），终于雍正十三年（1735 年），前后历时 90 年。是中国正史上量比较大的一种。

在其他方面，本书的得失我不必去评断。对于糖史的研究，材料却是惊人的少。按理说，这本是正常现象。一部主要是讲政治等国家大事的书，你哪能期望它会有多少关于甘蔗和糖这种微末不足道（我说的是那些纂修者大官们，对我这样专钻牛角的书呆子来说，则正相反）的东西的记载呢？

现在我把在翻检中沙里淘金似的找到的一点资料条列如下，为了使读者能够迅速方便地核对引文，我仍然用《四库全书》作为底本，册、卷、页都依文渊阁《四库全书》来注明。此书由台湾商务印书馆出版，册数号码悉按商务原装。《明史》是从 297 册至 302 册，共六大册。

根据中国历史上其他一些朝代的"正史"来推断，蔗和糖一类的资料应该在"地理志"或"食货志"一类的篇章中找到。但是，在《明史》中，我在这些篇章中什么也没有找到。仅有的一点材料都是在"外国列传"中找到的（册 302）。我现在抄在下面：

卷三二三　文郎马神

端女或悦华人，持香蕉、甘蔗、茉莉相赠遗，多与调笑；然惮其法严，无敢私通者。

卷三二五　苏禄

煮海为盐，酿蔗为酒。

古里

（椰子树）其嫩者浆可饮，亦可酿酒，老者可作油糖，亦可作饭。

羡林按："油糖"显然不是蔗糖，因为有"糖"字，姑记于此。

卷三二六　榜葛剌

官司上下，亦有行移、医、卜、百工技艺，悉如中国，盖皆前世所流入也。……厥贡：良马、金、银、琉璃器、青花白瓷、鹤顶、犀角、翠羽、鹦鹉、洗白苾布、兜罗绵、撒哈剌、糖霜、乳香、熟香等等。

羡林按：这是非常重要的资料，下面在适当的章节中还会谈到。

卷三三二　实喇哈雅

煮为糖，番名达兰古尔班。

羡林按：这也不是蔗糖。

《明书》

如果把《明史》作为"正史"，这只能算是"杂史"了。《明书》共有两种：一、明邓元锡（1527 或 1528—1593 年）撰。二、明末清初傅维麟（？—1666 年）撰。我在这里用的是第二种。一百七十一卷，目录二卷。此书共包括"本纪"十九卷，"宫闱纪"二卷，"表"十六卷，"志"四十八卷，"记"五卷，"世家"

三卷，"列传"七十六卷，"叙传"二卷。始元天历元年（1328年），终明崇祯十七年（1644 年）。为第一部明史，有《畿辅丛书》本。我用的是台湾新文丰出版公司《丛书集成初编》本，118—119。

遍检全书，没有发现与蔗和糖有关的资料，本来可以置之不理的。但是，卷八三末有一段关于明对于海外贸易政策的话，对我们研究明代海外贸易很有用，所以就抄在下面：

> 祖训详明。虽久绝日本，而三市舶不废，盖东夷有马市，西夷有茶市，江南海夷有市舶，所以通华夷之情，迁有无之货，收征税之利，减戍守之费。又以禁海贾，抑奸商，使利权在上。若罢之，则利孔在下，奸豪外内交讧，而上无宁日矣。

《明会典》

原称《大明会典》。明官修，凡三次。三修本《万历重修会典》，就是现在通称的《明会典》。申时行等奉敕撰。二百二十八卷。书成于万历十五年（1587 年）。

我使用了两个版本，二者章节编排颇有所不同。第一个本子是《四库全书》本，编号 617—8。现在根据这个版本把找到的资料抄录如下：

卷九八，617—901 上　　榜葛剌国　贡物

> 马、马鞍金银事件、饯金琉璃器皿、青花白瓷、撒哈喇、者抹黑苔立布、洗白苎布、兜罗绵、糖霜、鹤顶、犀角、翠毛、莺哥、乳香、粗黄、熟香等等。

请参阅上面《明史》卷三二六记载的榜葛剌贡品。两个表大同而小异，《明会典》多一些。贡品中，糖霜在意内，青花白瓷则大有文章，下面再谈这个问题。

卷一○三　礼部六二　筵宴食品中有：

　　嚼糖

卷一○四　礼部六三　钦赐下程食品中有：

　　糖饼二十个

　　　　　　　　　　　王国下程食品中有：

　　黑沙糖十斤　糖茄一百五十个

卷一○五　主客　清吏司

　　　凡直隶宁国府宣城县雪梨、苏州府吴县柑橘、浙江杭州府钱塘仁和二县甘蔗，俱本部收送南京太常寺供荐。

羡林按：这一条资料很重要。它说明，明代浙江杭州府钱塘和仁和二县以产甘蔗著名。

　　我又使用了《明会典》第二个版本：中华书局1988年根据《万有文库》排印的本子。上述《四库全书》本卷九八榜葛剌，在这里是卷一○六。

卷一一二　礼部七○　给赐三　外夷下四　西域　哈密

　　　使臣进贡到京者，每人许买茶叶五十斤，青花瓷器五十副……果品、沙糖、干姜各三十斤。

卷一一五　礼部七三　膳羞二　下程　王国下程

　　　凡亲王之国，永乐间，厨料酱一百斤……黑沙糖十斤……糖茄一百五十个。

　　　　　　　　　　钦赐下程　万历四年，对日本、满剌

加国、锡兰山国等等有：

糖饼

羡林按：我在上面已经提到，《明会典》官修凡三次。我使用的两个本子就颇不同。因为这同我要研究的问题无关，我没有必要去对比版本。我在下面只举出几个具体的例子，阐明不同之处究竟如何：

（1）我在上面举出了《四库全书》本卷九八"榜葛剌"国的贡物，中华书局本是卷一〇六，开头有几句话："西天有五印度，榜葛剌即东印度。永乐六年，国王霭牙思丁来朝贡。九年，至太仓。命行人往宴劳之。十二年，王塞弗丁遣使贡麒麟等物。正统三年，贡同，表用金叶。"下列贡物与《四库全书》大同小异，排列顺序有所不同。我注意的"青花白瓷"和"糖霜"，两个表都是有的。其余贡品与我的研究无关，均从略。

（2）上列中华书局本卷一一二"哈密"，《四库全书》本在卷一〇二（617—925），开头的话稍有不同。《四库全书》本是："贸易使臣进贡到京者，每人许买食茶五十斤，青花瓷器五十副……果品、沙糖、干姜各三十斤。"

（3）《四库全书》本卷一〇二（617—938）"筵宴"中有"馔糖缠碗"八个。

（4）中华书局本卷一一五"王国下程"，《四库全书》本在卷一〇四（617—952）。前面说明，字句稍有不同。

我在这里再补上一条我在上面还没有引用的。中华书局本卷一一五"钦赐下程"。《四库全书》本在卷一〇四（617—947 上）：日本等国，表中有"糖饼"二十个。第947页下："纳木扎勒罕王，永乐间使臣十八人。"钦赐下程中有"糖饼"六十个。第948页下，又有"糖饼"。此外多处还有，不具录。

2. 本草和医书

同唐、宋、元比较起来，明代的《本草》和医书，无论是在量上，还是在质上，都超过了前代。《中国医学史》说："从数量上看，此时期本草学著述已经刊印者，据不完全统计，无论明代或清代均在百种以上，都分别超出了元代以前历代的本草学著述。从内容看，明代本草学著作，有的不仅收载药多，而且对药物性能功效与治疗经验的叙述也更为详细，由于编写侧重面的不同，反映出博与约、综合与专题不同的特色。"[1]这种现象是很自然的，按照事物发展规律，后者总会胜于前者。

我在下面抄录资料，为了醒目起见，把《本草》和医书分开来抄。《本草》共分三大部分：《本草纲目》以前的、《本草纲目》、《本草纲目》以后的。我并不求全，我并没有把百种以上的《本草》都翻检一遍；因为没有那个必要，《本草》中关于蔗和糖的记述，多半是陈陈相因，大同小异。

先抄《本草》。

首先抄《本草纲目》以前的四部书。

（1）《本草集要》

编撰者王纶，字汝言，号节斋，浙江人，出身于明代官宦世家，约生于景泰四年（1453年），卒于1510年。他的医学著作颇多，比如《本草集要》《明医杂著》《医学问答》《节斋胎产医案》《节斋小儿医书》等。《本草集要》分三部，上部一卷为总论，主要依据《神农本草经》等前人著作。中部五卷，载药 545 种。下部两卷，根据药性所治，将药物分为 12 门[2]。

有关资料如下：

卷五　果部

沙糖　味甘，气寒，无毒

主心肺大肠热，和中助脾，小儿多食损齿，发痏䘌，生蛲虫，甘生湿，湿生火也。与鲫鱼同食，成疳虫；葵菜同食，生流澼；与笋同食，笋不消，成症。

谷部有"饴糖"。

（2）《本草品汇精要》

成书于 1505 年，是明代唯一的一部由朝廷命令编纂的本草专书。具体负责人是刘文泰、王槃等等。共四十二卷，分十部，共收载药物 1815 种，分上、中、下三品[3]。

有关资料如下：

卷三三

甘蔗 音柘

（3）《本草蒙筌》

编撰者明陈嘉谟（约 1486—? ），字廷采，号月朋，安徽新安人。陈嘉谟少习举子业，寻以体弱多病，遂留意轩岐之术。他认为《本草》特别重要，他说："不读《本草》，无以发《素难》

治病玄机。是故《本草》也者，方药之根柢，医学之指南也。"
他对前人《本草》之著述进行整理，根据《本草集要》之次序，
结合自己的心得与经验，加以补充，历经七年，五易其稿，乃成
《本草蒙筌》，全书十二卷，卷一分别论述药性总论、产地、收
采、储藏、鉴别、炮制、性味、配伍、服法等。卷一后半部至卷
十二共收载药物742种，分属于草、木、谷、菜、果、石、兽、
禽、虫鱼、人十部。每种药，除载明其别名、产地、收采、优
劣、收藏、性味、方剂等之外，还附以按语，并绘有药图[4]。

有关资料如下：

卷五　　322

甘蔗　味甘，气平，无毒，多生闽、蜀。种有二般：
一种似竹，粗长，名曰竹蔗。一种类荻，细短，荻蔗为
云。凡入药中，捣碎绞汁。《丹溪医案》每每用之。助脾
气，和中，解酒毒，止渴，利大小肠，益气，驱天行热，
定狂。腊月窨诸粪坑。夏取汁服，尤妙。勿共酒食，令人
发痰。

又有沙糖，系汁熬出，杀疳虫，润肺，除寒热，凉
心。共笋食，则成血症。同葵食。则生沉瀚。小儿多食，
损齿，消肌。

以上是北京图书馆善本部所藏《本草蒙筌》。北京大学图书馆善
本部藏有明书林刘氏本，诚书堂刊本《撮要便览本草蒙筌》，卷
五谷部有饴糖。卷七果部：甘蔗^{竹蔗}。字句与《本草蒙筌》同，
但有错字：《丹溪医案》，误作《医安》。"腊月"，误作"猎月"。
"血症"，作"血瘕"。

北京图书馆善本部另藏有《图像本草蒙筌》，卷七果部有甘蔗。在这里，"血症"与《本草蒙筌》同。

（4）《新刊官板本草真诠》二卷

明杨崇魁编，此书系北京大学图书馆善本部所藏，虫蛀得很厉害。不见于《中国医学史》。

二集　果品类凡二十一条

米谷类有饴糖

（残　甘蔗？）食多，脾气伤，金疮、乳妇不宜尝。宽胸，止咳，消烦渴，若吐……（残）

（残　蔗浆？）多食动脾，令人中寒下利。产妇、金疮并血虚者戒之。

卷之上　手阳明太（大？）肠经

补　罂粟壳等等。

泻　枳壳等等。

温　人参等等。

凉　槐花　茅根　条芩　天花粉　黄连　玄参　沙糖

（5）《本草纲目》

这是中国药学史上的空前巨著，蜚声国际医药界，被公认为世界科学巨著之一。

作者李时珍（1518—1593年），字东璧，晚年号濒湖山人，蕲州（今湖北蕲春县）人。父李言闻（号月池）为当地名医。对于医学，他家可以说是世代相传。但当时医生社会地位低，他父亲不想让他干医生这一行。因此，他也曾读过儒书，并且考取了秀才。可惜举业这一条路对他并不利，几次赶考，都没有考中举人，不得已又跟父亲学医。由于他刻苦钻研医理，又能吸取前人经验，医德又高，不久就声誉鹊起。他曾被推荐到北京太医院，任院判。但他对此不感兴趣，任职一年，就托病辞官。在学医过程中，他痛感过去的《本草》错误颇多，于是决心重编一部。他从34岁起着手编纂，"涉猎群众，搜罗百氏。凡子史经传，声韵农圃，医卜星相，乐府诸家，稍有得处，辄著数言"（《本草纲目·王世贞序》）。他还向药农、野老、樵夫、猎人、渔民等请教，亲身到深山野林采集各种动、植、矿物标本，还亲自栽培某一些药材，目的在取得准确的实事求是的认识。他辛勤努力长达27年之久，参考了八百多种文献典籍，以唐慎微的《经史证类备急本草》为基础，整理，补充，加进自己的发现与见解，经过三次大修改，至万历六年（1578年）60岁时，终于完成了《本草纲目》[5]。

《本草纲目》有多种版本。我用的本子是中国书店影印的1930年商务印书馆本，商务本根据的是光绪十年（1884年）张绍棠重校本。我引用资料，页码系如下：本（中国书店装订本）—册—卷—页，比如我引用的第一条资料是——五—二—109，意思是中国书店本第一本，第五册，卷二，第109页。下同，不再解释。书中有关资料条列如下：

——五—二—109　石蜜之甘[6]

　　　　　　110　上品药120种　中有"石蜜"。

——六—三—21　"湿热火郁"中有"甘蔗"。

　　—25 "酒毒"中有甘蔗、沙糖、石蜜。

　　—28 "和胃润燥"中有甘蔗汁。

　　—30 "痰热"中有甘蔗。

　　—36 "积滞"中有沙糖水。

　　—38 "虚寒"中有沙糖。

　　—41 "暑热"中有甘蔗。

　　—56 "火郁"中有沙糖。

　　—59 "痰火"中有"黑錫"，有"甘蔗汁"和
　　　　　"石蜜"。

　　—69 "调中补虚"中有"飴糖"。

一—七—三—6 "清镇"中有"甘蔗"。

　　—8 "降火清金"中有"甘蔗"。

　　—12 "清上泄火"中有"甘蔗"和"沙糖"。

　　—20 "养血润燥"中有"甘蔗"。

　　—47 "眼目赤肿"中有"甘蔗汁"。

　　—64 "口臭"中有"沙糖"。

　　—65 "风痰"中有"飴糖"。

　　—101 "灸疮"中有"白錫"。

一—八—四—16 "鱼骨哽"中有"飴糖"。

　　　　　　 "竹木哽"中有"飴糖"。

三—十九—三十三—58 果部五　蓏类九种：

甘蔗 音柘○別[7]
　　 录中品

〔释名〕竿蔗 草木状　藷 音遮[8] 〔时珍〕曰：按《野史》
云：吕惠卿言，凡草皆正生嫡出，惟蔗侧种，根上庶出，

故字从庶也。嵇含作竿蔗，谓其茎如竹竿也。《离骚》《汉书》皆作柘字，通用也。藷字出许慎《说文》：盖蔗音之转也。

〔集解〕〔弘景曰〕：蔗出江东为胜。庐陵亦有好者。广州一种，数年生。皆大如竹，长丈余，取汁为沙饧，甚益人。又有荻蔗，节疏而细，亦可啖也。〔颂曰〕：今江浙闽广湖南蜀川所生，大者亦高丈许，其叶似荻，有二种：荻蔗茎细短而节疏，但堪生啖，亦可煎稀饧。竹蔗茎粗而长，可笮汁为沙饧。泉福吉广诸州多作之。炼沙饧和牛乳为乳糖，惟蜀川作之。南人贩至北地者，荻蔗多而竹蔗少也。〔诜曰〕：蔗有赤色者，名崑崙蔗，白色者名荻蔗。竹蔗，以蜀及岭南者为胜，江东虽有而劣于蜀产。会稽所作乳糖，殆胜于蜀。〔时珍曰〕：蔗皆畦种丛生，最困地力。茎似竹而内实，大者围数寸，长六七尺，根下节密，以渐而疏，抽叶如芦叶而大，长三四尺，扶疏四垂，八九月收茎，可留过春充果食。按王灼《糖霜谱》云：蔗有四色：曰杜蔗，即竹蔗也，绿嫩薄皮，味极醇厚，专用作霜。曰西蔗，作霜色浅。曰芳蔗，亦名蜡蔗，即荻蔗也，亦可作沙饧。曰红蔗，亦名紫蔗，即崑崙蔗也，止可生啖，不堪作饧。凡蔗榨浆饮固佳，又不若咀嚼之味隽永也。

蔗 〔气味〕甘，平涩，无毒。〔大明曰〕：冷。〔诜曰〕：共酒食发痰。〔瑞曰〕：多食发虚热，动衄血。《相感志》云：同榧子食，则渣软。

〔主治〕下气和中，助脾气，利大肠。^{别录} 利大小肠，消痰止渴，除心胸烦热，解酒毒。^{大明} 止呕哕反胃，宽胸膈。^{时珍}

〔发明〕〔时珍曰〕：蔗，脾之果也。其浆甘寒，能泻火热。《素问》所谓甘温除大热之意。煎炼成饧，则甘温而助湿热，所谓积温成热也。蔗浆消渴解酒，自古称之。故《汉书·郊祀歌》云：百味旨酒布兰生，泰尊柘浆析朝醒。唐王维《樱桃诗》云：饱食不须愁内热，大官还有蔗浆寒。是矣。而孟诜乃谓共酒食发痰者，岂不知其有解酒除热之功耶？日华子《大明》又谓沙饧能解酒毒，则不知既经煎炼，便能助酒为热，与生浆之性异矣。按《晁氏客话》云：甘草遇火则热，麻油遇火则冷，甘蔗煎饴则热，水成汤则冷，此物性之异，医者可不知乎？又《野史》云：庐绛中病痁疾疲瘵，忽梦白衣妇人云：食蔗可愈。及旦，买蔗数挺食之，望日疾愈。此亦助脾和中之验与？

〔附方〕^{旧三新五} 发热口干 小便赤涩，取甘蔗去皮，嚼汁咽之，饮浆亦可。痰喘气急 方见山药。反胃吐食 朝食暮吐，暮食朝吐，旋旋吐者，用甘蔗汁七升，生姜汁一升，和匀，日日细呷之。干呕不息 蔗汁温服半升，日三次，入姜汁更佳，《肘后方》。痁疟疲瘵 见前。眼暴赤肿 磣涩疼痛，甘蔗汁二合，黄连半两，入铜器内，慢火养浓，去滓点之。虚热欬嗽口干涕唾，用甘蔗汁一升半，青梁米四合，煮粥日食二次，极润心肺，《董氏方》。小儿口疮　蕉皮烧研掺之，《简便方》。

滓　〔主治〕烧存性，研末，乌柏油调，涂小儿头疮白秃，频涂取瘥，烧烟勿令入人目，能使暗明。时珍。

沙饧^{唐本草}

〔集解〕〔恭曰〕：沙饧生蜀地、西戎，江东并有之。笮甘蔗汁煎成，紫色。〔瑞曰〕：稀者为蔗饧，干者为沙饧，毬者为毬饧，饼者为饧饼。沙饧中凝结如石，破之如沙透明白者，为饧霜。〔时珍曰〕：此紫沙饧也，法出西域。唐太宗始遣人传其法。入中国，以蔗汁过樟木槽，取而煎成。清者为蔗饧，凝结有沙者为沙饧，漆瓮造成如石如霜如冰者，为石蜜，为饧霜，为冰饧也。紫饧亦可煎化，印成鸟兽果物之状，以充席献。今之货者又多杂以米饧诸物，不可不知。

〔气味〕甘，寒，无毒。〔恭曰〕：冷利过于石蜜。〔诜曰〕：性温不冷，多食令人心痛，生长虫，消肌肉，损齿，发疳䘌。与鲫鱼同食，成疳虫。与葵同食，生涌癖。与笋同食，不消成症，身重不能行。

〔主治〕心腹热胀，口干渴^{唐本}。润心肺大小肠热，解酒毒。腊月瓶封窖粪坑中，患天行热狂者，绞汁服。甚良^{大明}。和中助脾，缓肝气^{时珍}。

〔发明〕〔宗奭曰〕：蔗汁清，故费煎炼致紫黑色。今医家治暴热，多用为先导，兼啖驼马解热。小儿多食则损齿生虫者，土制水，保虫属土，得甘即生也。〔震亨曰〕：饧生胃火，乃湿土生热，故能损齿生虫，与食枣病龋同意，非土制水也。〔时珍曰〕：沙饧性温，殊于蔗浆，故不宜多食。与鱼笋之类同食，皆不益人。今人每用为调和，徒取其适口，而不知阴受其害也。但其性能和脾缓肝，故治脾胃及泻肝药用为先导。《本草》言：其性寒。苏恭谓其冷利，皆昧此理。

〔附方〕旧一新五；下痢禁口　沙饧半斤，乌梅一个，水二碗，煎一碗，时时饮之。摘玄方。腹中紧胀　沙饧以酒三升，煮服之，不过再服。《子母秘录》。痘不落痂　沙饧调新汲水一杯服之。白汤调，亦可日二服。刘提点方。虎伤人疮　水化沙饧一碗服，并涂之。摘玄方。上气喘嗽　烦热，食即吐逆。用沙饧姜汁等分相和，慢煎二十沸。每咽半匙取效。食韭口臭　沙饧解之。摘要方。

石蜜唐本草

〔释名〕白沙饧。〔恭曰〕：石蜜，即乳饧也。与虫部石蜜同名。〔时珍曰〕：按万震《凉州异物志》云：石蜜，非石类，假石之名也。实乃甘蔗汁煎而曝之，则凝如石，而体甚轻，故谓之石蜜也。

〔集解〕〔志约曰〕：石蜜出益州及西戎。煎炼沙饧为之，可作饼块，黄白色。〔恭曰〕：石蜜用水牛乳、米粉和煎成块，作饼坚重，西戎来者佳。江左亦有，殆胜于蜀。〔诜曰〕：自蜀中、波斯来者良。东吴亦有，不及两处者。皆煎蔗汁、牛乳，则宜细白耳。〔宗奭曰〕：石蜜川浙者最佳。其味厚，他处皆次之。煎炼以型象物。达京师，至夏月及久阴雨，多自消化。土人先以竹叶及纸裹包，外用石灰埋之，不得见风，遂可免。今人谓之乳饧。其作饼黄白色者，谓之捻饧。易消化，入药至少。〔时珍曰〕：石蜜，即白沙饧也。凝结作饼块如石者为石蜜，轻白如霜者为饧霜，坚白如冰者为冰饧，皆一物，有精粗之异也。以白饧煎化模印成人物狮象之形者，为飨饧。《后汉书》注所谓猊饧是也。以石蜜和诸果仁及橙橘皮缩砂薄荷之类，作成饼块者，为饧缠。以石蜜和牛乳酥酪作成饼块者，为乳饧，皆一物数变也。《唐本草》明言石蜜煎沙饧为之，而诸注皆以乳饧即为石蜜，殊欠分明。按王灼《糖霜谱》云：古者惟饮蔗浆，其后煎为蔗饧，又曝为石蜜。唐初以蔗为酒，而饧霜则自大历间有邹和尚者，来住蜀之遂宁伞山，始传造法。故甘蔗所在植之，独有福建四明番禺广汉遂宁有冰饧，他处皆颗碎，色浅味薄，惟竹蔗绿嫩味厚，作霜最佳。西蔗次之。凡霜一瓮，其中品色亦自不同。惟叠如假山者为上，团枝次之，瓮鉴次之，小颗块又次之，沙饧为下，紫色及如水晶色者为上，深琥珀色次之，淡黄又次之，浅白为下。

〔气味〕 甘寒，冷利，无毒。

〔主治〕 心腹热胀，口干渴^{唐本}。治目中热膜，明目，和枣肉巨胜末为丸嚼之，润肺气，助五脏，生津^{孟诜}。润心肺燥热，治嗽消痰，解酒和中，助脾气，缓肝气^{时珍}。

〔发明〕〔震亨曰〕：石蜜甘喜入脾，食多则害必生于脾。西北地高多燥，得之有益。东北地下多湿，得之未有不病者，亦兼气之厚薄不同耳。〔时珍曰〕：石蜜饧霜冰

餹，比之紫沙餹，性稍平，功用相同，入药胜之。然不冷

利，若久食，则助热损齿生虫之害同也。

羡林按：在本草学的研究中，李时珍是继往开来的集大成者。因

此我把他对甘蔗、沙糖、石蜜的论述全部抄下，分析评论，留待

下面。

上面叙述了《本草纲目》以前的《本草》著作和《本草纲

目》本身。至于《本草纲目》以后的著作，多见于清代，在下一

章加以叙述，这里暂且不谈。

下面谈医书。

明代医书，较之前代，有相当大的发展，数量多，内容深

刻、全面。我在下面选出几种，把其中有关的资料抄录下来。

（1）普济方

《四库全书提要》说："《普济方》，四百二十六卷，明周王朱

棣撰。……教授滕硕长史刘醇等同考定之。凡 1960 论，2175 类，

778 法，61739 方，239 图。可谓集方书之大全者。李时珍《本

草纲目》采录其方至多。……其书捃摭浩博，重复抵牾，颇不免

杂糅之弊。然医理至深，寒凉温补，用各攸宜；虚实阴阳，时亦

有当。"

这可以说是一部空前的——是否也可以说是绝后？——医方

巨著，承前启后，意义至大。《提要》评论可谓公允[9]。

此书见于文渊阁《四库全书》册 747—761。我引用时，仍然

用上面用过的办法，注明册，卷，页，栏：

747，16，385，下：

大补心汤药品中有

粘糖一斤

747，17，424，下：

人参汤有

飴糖半匙[10]

747，19，460，下：

建中汤有

入飴糖少许

747，21，520，上：

半夏散有

忌飴糖、苋菜

747，23，576，下：

胶飴丸有

右以白锡剉如樱桃大

747，24，596，上下：

前胡汤和白豆蔻丸都有

忌生冷油腻飴糖

同样的话还见于747，25，652下。

747，25，656下：

姜蜜煎有

煎如稀锡

747，26，696，下：

麻子汤药品中有

锡一斤

747，26，698，下：

地黄煎药品中有

沙糖一两半

747，26，700，上：

三味丸有

沙糖少许

同页下：

沙糖补正汤。锡煎有

右以石蜜枣肉及巨胜末丸

747，26，701，上：

小建中汤有

内糖八两

同药"治肺寒损伤气欬及涕唾鼻塞语声嘶塞喘愈止气嗽通声"药品中有

白糖

747，27，708 下：

黄耆散有

忌鲤鱼饴糖

747，27，710 下：饴糖[11]

747，27，737 下：

四君子汤，治肺疾咳嗽有

以沙糖丸

748，36，46 上：干锡糟。

　　　　50 上：黑锡。

748，36，59，上：

　　螺泥丸"治反胃朝食暮吐，暮食朝吐，旋即吐者"有

　　用甘蔗汁七升

748，38，117，下：

　　地黄煎丸，治结阴便血，药品中有

　　沙糖一两同上二味熬成膏

748，39，158，下：

　　汤结方，"治病后津液燥少，大便不通"有

　　沙糖少许

748，49，375，上：锡。

　　　　　385，下：黑锡。

又见59，602，上和610，上：糖醋。

748，61，649，下：

　　以赤糖为丸。

　　　　　659，上，又有

　　赤糖

748，61，664，下：

　　白丁香丸，有

　　以沙糖如胡桃大一块同和研

748，62，674，下：

　　恶实散，有

　　用末沙糖为丸

748，62，681，上：

　　石莲汤，治咽喉如有物噎塞，饮食不下，有

杵头糖各一分

748，63，698，下：

治咽喉疼痛含咽丸，药品中有

砂糖三两

748，63，706，上：

龙胆膏，治咽喉肿痛及缠风粥饮难下者，有

右研匀炼沙糖丸。

748，63，711，下：

铅霜散，治咽喉肿痛清凉咽膈，药品中有

糖霜

748，64，715，下：

杏仁煎，治暴嗽失音不语，药品中有

砂糖各一两半

748，64，728，上：

象牙丸，治骨鲠在喉中不出，药品中有

砂糖各一分

748，64，729，上：

治骨鲠在喉，众治不出，有

取饴糖丸如鸡子黄大，吞之

羡林按：在这里，饴糖同沙糖的作用相同。

748，64，729—730 上：

鲠骨方有

沙糖调冷水

748，64，732，上：

治鱼骨鲠方，有

沙糖丸如鸡头实大

748，64，739，上：

治误吞金银镮及钗方，兼治误吞钱及桃枝竹木，有

用白糖二斤，一顿渐渐食之

748，64，740，上：

治误吞桃枝竹木，有

用白糖块数数多食，即自消化

748，64，741，下：

治误吞铜钱，有

锡糖丸，参考上面729上。

748，64，742，上：

治喉中物鲠欲死，有

砂糖大块

749，68，77，上：

砂糖丸，治牙痛蛀牙

749，73，197，下：

石蜜煎点眼

749，73，204，上：

苦竹叶粥，治肝膈风热目赤痛，眠眠不见物，有

沙糖$\frac{三}{分}$

749，73，207，下：

赤眼方，有

甘蔗二寸长

749，74，226，上：

　　石蜜煎　治暴赤眼

749，74，229，下：

　　秦皮汤　治眼暴肿痛，有

　　沙糖一弹子大

749，74，230，下：

　　杏仁汤　治暴赤眼涩痛肿疼，有

　　沙糖一钱

749，74，232，上：

　　细辛汤　治暴赤眼，有

　　沙糖一弹子大

　　下面　赴筵散，同

749，74，232，下：

　　沙糖黄连膏　有

　　白沙糖

749，74，236，下：

　　沙糖膏　洗赤眼　有

　　沙糖少许

749，74，245，上：

　　凉肝散　治赤眼肿痛昏晕，有

　　沙糖水调下

749，74，251，下：

　　糖煎散 [12] 有

　　入砂糖如弹子大

749，74，254，下：

象胆煎　有

石蜜一两

749，74，256，上：

黄连煎　有

甘蔗汁二合

749，75，267，上：

雪花丸　有

沙糖弹子大

749，75，269，上：

何首乌丸　有

用砂糖为丸

749，75，277，下：

黑豆汤　有

入乳糖一钱

749，78，343，下：

白末眼药　有

碗糖霜净五钱

羡林按："碗糖霜"一名，初见于此。

749，79，371，下：

石决明散　有

食后砂糖冷水调服

749，80，390，上：

治目中热膜明目　有

以石蜜饮之

749，83，416，下：

龙肝煮散　有

沙糖少许

749，83，472，下：

点眼方　有

砂糖一钱

749，83，476，下：

偷针眼方　有

沙糖水

749，86，547，下：

钩割后用刀剪药　有

糖霜

751，117，37，下：

沙糖丸

751，134，508，下：

硼砂丸　有

沙糖

751，137，574，下：

不灰木散　有

乳糖

751，141，703，下：

治结胸糖灸法　有

冰糖

751，144，775，下：

三奇汤　有

水沙糖

752，149，35，上：

若患天行热狂　有

以甘蔗捣绞汁

752，149，44，上：

万金丸　治时气及疏理脏腑，通利胸膈，调顺荣

卫　有

用沙糖为丸

752，150，68，下：

清凉散　治时气头目昏疼，久积热毒，鼻口中出

血　有

沙糖冷水

752，150，83，下：

毒病下部生疮者　有

粘糖以导之

752，157，290，上：

桃仁丸　治咳嗽　有

砂糖

752，157，290，下：

葶苈方　治嗽　有

糖

752，157，306，下：

贝母散　治热嗽　有

饧糖和白糖

752，157，308，下：

皂荚煎　治嗽　有

白糖

752，157，309，下：

灵应散　治一切咳嗽　有

糖

752，158，319，下：

八宝饮　治伤风咳嗽　有

白糖

752，158，320，下：

杏仁方　治伤肺暴咳，失声，语不出　药中有

砂糖

752，158，321，上：

延年贝母煎　治暴热咳嗽　有

稠糖

羡林按："稠糖"含义不清楚。

752，158，336，下：

延年杏仁煎　有

糖和稠糖

752，158，337，上：

疗气嗽煎　有

白糖

疗气嗽杏仁煎　有

稀糖和稠糖

752，158，337，下：又有

稀糖

752，159，344，下：

麦门冬煎　治暴热咳嗽　有

白砂糖^{三合}

752，161，400，上：

治咳嗽　有

沙糖和白糖

752，161，410，上：

延年天门冬煎　治咳嗽，声不出　有

白糖

752，162，420，下：

生地黄煎　治咳嗽　有

白沙糖和黑錫（羡林按："錫"，恐系"錫"字之误。）

752，162，422，上：

生姜煎丸　治咳　有

糖

752，163，463，上：

导痰丸　有

糖毬子^{四两去核}

羡林按：下面还有夹注："即山果子，又名候楂。此药方《杨氏家藏方》橘核散内见。"可见"糖毬子"是果名，与糖名"糖毬" 或 "毬糖" 应严格区分。《四库全书》738，359 上："毬糖亦好。""糖毬子"也可以简称"糖毬"，见《四库全书》754，86，上："鼠查子即糖毬。"这增加了区分的困难。

752，163，469，上：

　　黄明胶散　有

　　白糖

752，165，508，下：

　　治痰润心肺　有

　　沙糖

752，167，568，上：

　　化涎散　有

　　砂糖水

752，177，841，上：

　　梅苏丸　有

　　干糖

752，180，914，上：

　　菟兔丹　有

　　老松糖（不知何所指）

753，182，42，下：

　　赚气散　治心膈痞闷，腹胁虚胀，饮食减少，气不宣通，及伤寒两胁刺痛攻心，有

　　沙糖

753，185，77，上：

　　诃黎勒丸　疗气胀不下食　有

沙糖

753，184，119，上：

治诵读劳极疲乏困顿　有

糖

753，190，279，上：

泽兰汤　有

糖

753，197，510，上：

荔枝膏　治疟疾　有

乳糖二十六两

754，209，87，上：

治痢，亦治泻血　有

砂糖水

754，211，134，上：

香连丸，治热痢　有

沙糖

754，227，645，上：

人参汤　有

糖

754，228，648，下：

薯蓣散　治五劳六极七伤　有

白沙糖

754，228，664，上：

活鳖煎　治虚劳咳嗽　有

　　砼糖三斗（？）

754，230，711，上：

　　前胡建中汤　治大劳虚岁　有

　　白糖六两

754，231，736，上：

　　鹿角胶　治虚劳内伤寒热吐血　有

　　沙糖

754，237，908，下：

　　黑虎丹　有

　　沙糖

754，239，960，下：

　　木香三棱散　有

　　沙糖水

　　同上　追虫丸　有

　　沙糖

755，249，247，上：

　　治阴痛方　有

　　石蜜

755，251，311，下：

　　蓝饮子　专解砒毒及巴豆毒　有

　　沙糖

755，253，379，下：

　　治恶酒嗔怒不醒方　有

　　甘蔗捣取汁

755，257，472，上：

　　甘蔗　味甘平涩无毒

　　…………

755，258，507，上：

　　耆婆汤　主大虚风冷羸弱无颜色　有

　　糖一升

755，267，811，上：

　　无尘汤　清气消壅　有

　　糖霜二两

755，267，816，上下：

　　醍醐膏　有

　　白沙糖

756，272，5，下：

　　立效丸　有

　　沙糖水

756，272，37，下：

　　治皂荚水并恶水入疮口内，热痛不止　有

　　沙糖

756，275，128，上：

　　追毒散　治恶疮追死肉恶水　有

　　干沙糖

756，276，149，下：

　　治干瘑湿瘑疥癣方　有

　　炒腊月糖敷之良

756，276，167，下：

治臁疮成血累月不干　有

上等好砂糖

756，281，306，下：

雄黄膏　治一切癣　有

沙糖_{色白者}

756，281，327，上：

治一切癣　有

砂糖

756，284，380，下：

夜明砂膏　溃肿排脓　有

干沙糖

756，287，492，上：

治瘰疬　有

腊月糖

756，293，667，上：

疗瘘方　有

白糖十挺

756，295，729，下：

小槐实丸　治五痔十年者　有

白糖_{一斤用炒}

756，297，795，上：

治肠风痔漏　有

沙糖

756，299，874，上：

　　紫金膏　治口疮　有

　　乳糖$\frac{四}{两}$

756，300，908，下：

　　砂糖方　治嵌甲　有

　　右用琥珀糖，是砂糖熬成小毬儿者

756，301，939，下：

　　砂糖散　治诸般痔　有

　　砂糖

757，333，801，上：

　　治通经　有

　　砂糖

758，342，174，上：

　　安胎铁罩散　有

　　砂糖

759，362，163，上：

　　泻青丸　治小儿肝脏实热　有

　　沙糖

759，364，213，上：

　　治痘后小儿眼有翳膜　有

　　沙糖

759，366，273，上：

　　龙脑膏　治小儿风热咽喉肿痛　有

　　沙糖

759，366，284，上：

　　杏仁煎　治咳嗽暴重声音不出　有

　　沙糖

759，367，296，下：

　　瓜蒂散　治风痰壅塞　有

　　沙糖

759，372，458，上：

　　钩藤汤　治小儿壮热　有

　　石蜜

759，373，501，上：

　　凉肝丸　理治缘肝经风　有

　　沙糖

760，393，293，上：

　　枳壳散　治小儿疳气腹胀喘急　有

　　沙糖汤

760，397，447，上：

　　灵妙散　治小儿冷热不调　有

　　糖汤

760，399，518，下：

　　贯众丸　治小儿九虫　有

　　石蜜去蛔虫

760，401，571，下：

　　治误吞银镮及钗方　有

　　以饴糖随儿大小多少食之，若能多食饮，钗镮即随出羡林按：唐代用沙糖，这里用飴糖。

（2）《薛氏医案》

《四库全书提要》说："《薛氏医案》七十八卷，明薛己撰。己字立斋，吴县人。是书几十六种。"其中有自著者，有订定旧本附己说者。

763，246，上 [13]

  治吞铁或针，用錫糖半斤，浓煎，艾汁调和服之。

羡林按：请参阅上面 760，401，571，下 [14]。

（3）《赤水玄珠》

明孙一奎撰。《四库全书提要》说："三十卷，明孙一奎撰。一奎，字文垣，号东宿，又号生生子，休宁人。……其辨古今病证名称相混之处，尤为明析。"

766，238，上：

  治暴嗽失声语不出 有

  砂糖

766，318，下：

  赚气散 治胸膈痞闷 有

  砂糖

766，484，上：

  参苓造化糕 有

  白糖霜二斤半

766，504，下：

消块药方　有

糖毬膏

766，608，上：

千金方　暴失音语声不出　有

沙糖

766，716，下：

交加散　有

若腰痛，砂糖酒调下

766，934，上：

保婴丹　有

沙糖

766，972，上：

粉红丸　治痘后癫痫症　有

沙糖

（4）《证治准绳》

《四库全书提要》说："一百二十卷，明王肯堂撰。……其书采摭繁富，而参验脉证，辨别异同，条理分明，具有端委，故博而不杂。"

767，152，下：

干呕不息，取甘蔗汁，温服半升。

767，158，上：

自制通肠丸　有

甘蔗汁

767，357，下：

    多年沉积癖在肠胃　有

    砂糖饮

767，517，下：

    诸物梗喉　有

    砂糖

768，224，下：

    头风屑泻青丸　有

    砂糖

768，370，上：

    诃子汤　治失音不能言语　有

    沙糖

768，370，下：

    治暴嗽音语不出方　有

    沙糖

768，505，上：

    胆归糖煎散　有

    沙糖

768，629，上：

    碧玉散　治心肺积热上攻咽喉　有

    砂糖

768，659，上：

    治寸白虫方　有

    砂糖

（5）《先醒斋广笔记》

《四库全书提要》说："四卷，明缪希雍撰。希雍，字仲醇，常熟人。……希雍与张介宾同时，介宾守法度，而希雍颇能变化。"

775，225，下：

稀痘神方　有　糖

775，255，下：

治蛔结丸方　有　白糖调服

775，273，下：

甘蔗　榨浆饮，消渴，解酒，痧癖最宜

（6）《神农本草经疏》

《四库全书提要》说："三十卷，明缪希雍撰。……喻昌尝言，古今本草止述药性之功能，惟缪氏兼述药性之过劣。"

775，334，下：

治噎膈　有

蔗浆

775，366，上：

治燥　有

蔗浆

775，376，下：

诸气气有余即是火　降火　有

甘蔗

775，392，上：

产后益血　有

蔗浆

775，394，上：

产后小便不利　有

蔗浆

775，761，下：

石蜜　案："蜂采百花酿成"，非甘蔗熬成

775，799，下：

石蜜　甘蔗　沙糖

775，810下—811上：

石蜜^{乳糖也}　味甘寒，无毒，主心腹热胀，口干渴，性冷利

疏：石蜜乃煎甘蔗汁曝之，凝如石而体皆轻，今之白沙糖也。

甘蔗　味甘平，无毒，主下气和中，助脾气，利大肠

蔗浆　一味单服能润大便，下燥结

沙糖　味甘寒，无毒，功用与石蜜同，而冷利过之

疏：沙糖　蔗浆之清而煎炼至紫黑色者 [15]

（7）《景岳全书》

《四库全书提要》说："六十四卷，明张介宾撰。"张介宾另一部著作《类经》，收入《四库全书》776册。《提要》介绍说："介宾，字会卿，号景岳，山阴人。"《提要》对《景岳全书》的介绍是："（介宾）谓人之生气以阳为主，难得而易失者惟阳，既

失而难复者亦惟阳，因专以温补为宗，颇足以纠卤莽灭裂之弊，
于医术不为无功。"

778，449，下：

治翻胃　有

甘蔗汁

778，448 下：

敦阜糕　治久泻久痢　有

白糖

778，519，上：

二汁饮　治反胃　有

甘蔗汁$\frac{二}{分}$

778，555，下：

榧子煎　治寸白虫化为水　有

沙糖水

778，585，下：

追虫丸　取一切虫积　有

沙糖水

778，674，上：

罂粟丸　治嗽　有

沙糖丸

778，680，下：

泄泻经验方　有

白糖二匙

778，711，下：

白扁豆饮　解诸毒入腹及砒毒　有

砂糖

778，716，下：

风犬伤人　有

沙糖敷之

778，726，下：

梅苏丸　有

冰糖$\frac{四}{两}$

冰梅丸　有

白糖

龙脑上清丸　有

沙糖，冰糖

《本草》和医书中的材料就抄这样多。

我在上面已经说到，明代的《本草》和医书在质和量两个方面都超过前代。因此，虽然我已经抄了不少，但是距完备还相差颇多。可是，我认为，这样多已经够用了。我之所以抄《本草》和医书中的材料，其目的无非是揭示甘蔗、沙糖、石蜜、糖霜的药用价值。为了达到这个目的，已经抄过的材料够了。特别值得一提的是，明代出现了一些集大成的巨著，《本草》中有《本草纲目》，医书中有《普济方》，其中所收药名和药方很多都来自前代。到了明代，一定是因为这些药方还有用，才被收入。所以，我说它们是集大成的。有此二书，即使遗漏一些其他的著作，也不会产生什么影响了。

3. 诗文

明代诗文，数量极大。估计其中涉及甘蔗、沙糖、石蜜、糖霜的地方，必不在少数。但是，我们现在还没有详备的明代诗文索引，更谈不到输入电脑。在这样的情况下，让我单枪匹马把全部的明代诗文翻检一遍，我实在没有那个精力和时间，最重要的是我认为也没有那个必要。根据明代以前几个朝代的诗文来看，其中真对撰写《糖史》有重要意义的材料，几乎没有，有的只不过是文人学士在诗文偶尔涉及而已。但是，明代以前的材料中都有"诗文"一项，明代似不应独缺。因此，我把阅读时邂逅相遇的一点材料抄在下面，没有多少实际用途，不过聊备一格而已。

（1）《宋学士文集》

明宋濂（1310—1381 年）撰。濂，字景濂，号潜溪，浦江（今属浙江）人。元末召为翰林编修，以亲老辞。明初主修《元史》，官至翰林学士承旨知制诰，后贬茂州。濂著述颇富，《文集》五十三卷，卷首四卷。

《芝园后集》卷五，"勃尼国入贡记"，讲到洪武三年（1370年）沈秩和张敬之等奉诏往谕勃尼国。文中讲到勃尼与阇婆和苏禄的关系，讲到其国入觐，贡物有鹤顶、生玳瑁、大片龙脑、米龙脑、黄蜡、降真诸香，"其物产则吉贝、黄蜡、降真、龟筒、玳瑁、槟椰，煮海为盐，沥椰浆为酒"。其中虽然没有讲到蔗和糖，但这是产蔗和糖的地方，而且书中所记对研究中外交通史颇有价值。所以我抄了下来。

（2）《弇山堂别集》

明王世贞（1529—1593年）撰。一百卷。世贞，字元美，号凤州、弇州山人，弇山堂为其堂名。苏州太仓（今属江苏）人，嘉靖进士，官至南京刑部尚书。世贞著述极丰，古人文集数量之丰富未有超过之者。

卷一三"考满非常恩赐"

张江陵九年满……寻遣司礼监太监张诚赐银三百两、白糖一百斤、黑糖一百四十斤、蜜二十五斤……

下面还有很多东西，不具录。

4. 地理著作和中国人游记

在中国地理学史上，明代的地理著作，在质和量两个方面，都超越前代。原因很简单，明初郑和下西洋的空前壮举，带动了中国与南洋一带一直到东非之间的频繁的交通。其后，中国与南洋、阿拉伯国家等地，与日本和朝鲜等地，交通一直未停。到了明朝末叶，西洋的传教士又以澳门为突破口，进入中华帝国来传教，成为"西学东渐"的开始。在这样的情况下，地理著作或中国人的游记遂应运而出。带头的是随郑和下西洋的马欢、费信和巩珍。接着是一些到过外国的和没有到过外国的作者。终明之世，联绵未断。

以上讲的是涉外的地理著作或游记。在对内方面，由于实际的需要，也出现了一些地理著作。于是就形成了我在本段开头时说的那一种繁荣的局面。

下面抄材料。

（1）《瀛涯胜览》

明马欢（一作观）撰，一卷。欢，字宗道，浙江会稽（今绍兴）人，系穆斯林，通阿拉伯文。在郑和第四、六、七次下西洋时，任翻译。书成于景泰二年（1451 年），有永乐十四年（1416 年）马欢自述。书中记占城、爪哇、旧港、暹罗、满剌加、哑鲁、苏门答剌、那孤儿、黎代、南浡里、锡兰、小葛兰、柯枝、古里、溜山、祖法儿、阿丹、榜葛剌、忽鲁谟厮共二十国见闻。近代中外学者研究翻译本书者颇多，在国内外产生了影响 [16]。

占城国：

果有梅、橘、西瓜、甘蔗、椰子、波罗蜜、芭蕉子之类。

爪哇国：

果有芭蕉子、椰子、甘蔗、石榴、莲房、莽吉柿、西瓜、郎极之类。

旧港国（古名三佛齐）：

蔬菜瓜果之类，与爪哇一般皆有。

暹罗国：

其蔬菜之类，如占城一般。

满剌加国：

果有甘蔗、巴蕉子、波罗蜜、野荔枝之类。

苏门答剌国：

果有芭蕉子、甘蔗、莽吉柿、波罗蜜之类。

锡兰国、裸形国（Nicobar）：

> 椰子至多，油糖酒酱，皆以此物借造而食。……果有芭蕉子、波罗蜜、甘蔗。

古里国（即西洋大国）：

> 老者椰肉打油、做糖、做饭吃。

榜葛剌国：

> 果则有波罗蜜、酸子、石榴、甘蔗等类。其甜食则有沙糖、白糖、糖霜、糖果、蜜煎、蜜姜之类。

羡林按：榜葛剌糖的分类，很有意义，下面谈。

（2）《星槎胜览》

明费信撰，前后二集。费信，字公晓，江苏太仓人。永乐七年（1409年）随正使太监郑和等往占城等国。永乐十年（1412年）随奉使少监杨敕等往榜葛剌等国。永乐十三年（1415年）随正使太监郑和等往榜葛剌等国。宣德六年（1431年）随正使太监郑和等往诸番。费信将四次奉使所见所闻写成《星槎胜览》，有正统元年（1436年）自序[17]。

暹罗国：

> 酿蔗为酒，煮海为盐。

龙牙犀角（Lenkasuka）：

> 地产沉速、降真、黄熟香、鹤顶、蜂蜜、砂糖。

榜葛剌国：

> 地产细布、撒哈剌……糖蜜……

琉球国：

酿甘蔗为酒，煮海为盐。

三岛：

煮海为盐，酿蔗为酒。

麻逸国：

煮海为盐，酿蔗为酒。

假里马打：

煮海为盐，酿蔗为酒。

苏禄国：

煮海为盐，酿蔗为酒。

（3）《西洋番国志》

明巩珍撰。巩珍，字无考，据自序知号养素生，南京人，同费信一样，是从军士而提升为幕僚者。《西洋番国志》也是巩珍随郑和下西洋时所见所闻之记录，内容与上述二书差不多，间有不同者，更为珍贵。其间似有互相抄袭之痕迹。书中所记国家有：占城、爪哇、旧港、暹罗、满剌加、哑鲁、苏门答剌、那孤儿小邦、黎代小邦、南浡里、锡兰、小葛兰、柯枝、古里、溜山、祖法儿、阿丹、榜葛剌、忽鲁谟厮、天方等地[18]。

此书传世极少。清乾隆修《四库全书》入存目中。

书中有关甘蔗和糖的材料如下：

占城国：

果有梅、橘、西瓜、甘蔗、巴蕉、椰子。

爪哇国：

果有芭蕉、椰子、甘蔗、石榴、莲房、西瓜、郎极果、莽吉柿之类。

旧港国：

> 其他牛、羊、猪、犬、鸡、鸭、蔬菜，果，皆与爪
> 哇同。

满剌加国：

> 果有甘蔗、芭蕉、波罗蜜、野荔枝之类。

苏门答剌国：

> 果有芭蕉、甘蔗、莽吉柿、波罗蜜之类。

阿丹国：

> 人之饮食米面诸品皆以乳酪糖蜜制造。

榜葛剌国：

> 果有芭蕉、甘蔗、石榴、酸子、波罗蜜，及砂糖、白
> 糖、糖霜、蜜煎之类。

（4）《明一统志》

《四库全书提要》说："九十卷，明吏部尚书兼翰林院学士
李贤等奉敕撰。……至英宗复辟后，乃命贤等重编，天顺五年
（1461 年）四月书成，奏进，赐名《大明一统志》，御制序文冠其
首。……知明代修是书时，其义例一仍元志之旧，故书名亦沿用
之。其时纂修诸臣既不出一手，舛错牴牾疏谬尤甚。"

卷五八 473—183，[19] 下：

> 赣州府 土产石蜜各县
出

羡林按：这个"石蜜"恐怕不是由蔗浆制成者。

卷七一 473—500，下：

潼川州　遂宁县　伞子山　在遂宁县北一十五里，环山之民，以植蔗凝糖为业。

473—501，下：

土产蔗霜_{遂宁县出}

卷七四　473—564，下：

福州府　土产铁、蕉布、荔枝、龙眼、羊桃、橄榄、蔗、素馨、茉莉、盐、海蛤……

卷七五　473—580，下：

泉州府　土产　甘蔗_{俱永春县出}

卷七九　473—668，上：

广东布政司　土产糖霜

（5）《西洋朝贡典录》

明黄省曾撰，三卷。省曾，字勉之，吴县（今江苏苏州市）人。《明史》卷二九八，附于《文徵明传》，仅云："举乡试，从王守仁、湛若水游。又学诗于李梦阳。所著有《五岳山人集》。"黄省曾本人并没有到过南洋和西洋。《自序》说："余乃掇拾译人之言，若《星槎》《瀛涯》《针位》诸编，一约之典要，文之法言，征之父老，稽之宝训。始自占城，而终于天方，得朝贡之国甚著者，凡二十有三，别为三卷，命曰《西洋朝贡典录》云。"卷上有占城、真腊、爪哇、三佛齐、满剌加、淳泥、苏禄、彭亨、琉球等国。卷中有暹罗、阿鲁、苏门答剌、南浡里、溜山、锡兰山、榜葛剌等国。卷下有小葛兰、柯枝、古里、祖法儿、忽鲁谟斯、阿丹、天方等国，顺序与马欢、费信、巩珍的著作几乎全同。书成于 1520 年。

占城国：

多梅、橘、甘蔗、椰子、芭蕉子，多茄、瓜、葫芦。

爪哇国：

多蕉子、椰子、甘蔗、石榴、莲房、茄瓜。

满剌加国：

多甘蔗、蕉子、波罗蜜、野荔枝。

苏禄国：

有蔗酒。

苏门答剌国：

其土物多甘蔗、芭蕉子、莽吉柿、波罗蜜、柑橘。

锡兰山国：

多芭蕉子、波罗蜜、甘蔗，多椰子，多龙涎、乳香。

榜葛剌国：

多芭蕉子、波罗蜜、石榴、酸子、甘蔗，多酥蜜，多瓜、葱、姜、芥、茄、蒜。……其贡物：马、马鞍、金银事件、饯金琉璃器皿、青花白瓷、撒哈剌、者抹黑答立布、洗白苾布、兜罗绵、糖霜等等。

羡林按：榜葛剌国贡品中竟有"青花白瓷"，很值得注意，下面再谈。

古里国：

（椰子）肉为糖。

忽鲁谟斯国：

有林檎、桃、甘蔗、西瓜。其万年枣一名堞沙布，凡三种：有状如拇指，小核而结霜，味如石蜜者。[20]

（6）《殊域周咨录》

明严从简撰，二十四卷。前有万历甲戌（1574 年）严从简自序说："曩予备员行人，窃禄明时，每怀靡及。虽未尝蒙殊域之遣，而不敢忘周咨之志。故独揭蛮方而著其使节所通，俾将来寅宲，或有捧紫诰于丹陛，树琦节于苍海者，一展卷焉。"

卷四　琉球

造酒则以水渍米，越宿令妇人口嚼手搓取汁为之，名曰米奇，非甘蔗所酿。

卷七　占城

其产……甘蔗、红蕉子、椰子、波罗蜜。

卷八　真腊

酒有四等：第一曰蜜糖酒用药曲以蜜水中半为之，次曰朋牙四，次曰包棱角，其下曰糖鉴酒以糖为之。

三佛齐

其产……木瓜、椰子、蕉子、甘蔗。

卷九　苏禄

煮海为盐，酿蔗为酒……其产蔗。

（7）《皇明四夷考》

明郑晓撰，上下两卷。上卷一开头就说："皇明祖训曰：四方诸夷，皆限山隔海，僻在一隅。得其地，不足以供赋；得其民，不足以供役。若其自不揣量，来扰我边，则彼为不祥。彼既不为中国患，而我兴兵轻伐，亦不祥也。吾恐后世子孙，倚中国富强，贪一时战功，无故兴兵，致伤人命，切记不可。"本书的目的说得很明确。《自序》写于 1564 年。

卷下　榜葛刺

阴阳医卜，百工技艺，大类中国。

苏禄

煮海为盐，酿蔗为酒。

羡林按：这一部书很简略、粗糙。关于甘蔗和沙糖的记载基本上没有。连像榜葛刺这样的产糖霜著名的地方，也没有关于糖的记载。我讲的这一段记述，是为了说明榜葛刺同中国的密切关系。"大类中国"，值得注意。

（8）《咸宾录》

明罗曰褧著。罗曰褧，字尚之，江西南昌人，明万历十三年（1585 年）举人，生平事迹不详。此书共分八卷，计《北虏志》一卷，《东夷志》一卷，《西夷志》三卷，《南夷志》三卷。此书《明史·艺文志》有著录。《四库提要》亦有存目提要。所收资料，颇为丰富。但由于作者不熟悉国外地理实况，颇有讹误。卷首前有刘一焜的序说："《咸宾录》者，录四夷之事也。曷取乎四夷之事胪列？众卑以承一尊而已。"同大多数这一类书籍一样，其目的性是非常鲜明的。

西夷志卷之三　天竺

又有榜葛兰，[21] 即西天东印度也。……其产……丝棉、镔铁、鎗、剪（极巧且利）、漆器、瓷器（俱极精巧）

为奇。

羡林按："榜葛兰"，即"榜葛剌"。没有记"糖霜"，值得注意。产品有"瓷器"，更值得注意，当另文论之。

西夷志卷之三 苏门答剌

苏门答剌，汉之条支，唐之波斯、大食，皆其地也。

羡林按：读者一看就知道，这一段记述，驴唇不对马嘴，讹误之甚。

大食：

贡物有棟香、白龙脑、白沙糖、白越诺、蔷薇水、琉璃瓶、象牙、宾铁……

羡林按：大食贡品中有"白沙糖"，十分值得重视，下面还要谈到这问题。

南夷志卷之六 讨来思

讨来思，即古赤土国也。……其产：甘蔗酒（杂以紫瓜根，味绝美）。

羡林按：《咸宾录》对蔗和糖的记载也极少。

（9）《东西洋考》

明张燮著。张燮，字绍和，福建漳州府龙溪县（今福建省龙海县）人，生平不见于明代史传，只能从地方志和有关的文集记载中，略知一二。他生于明万历二年（1574 年），卒于崇祯十三年（1640 年）。《东西洋考》是张燮应海澄县令陶镕之请而写的。后因事中辍，由漳州府督饷别驾王起宗请他继续写完。万历四十五年（1617 年）刻印出版。全书共分十二卷。卷一，西洋列国考，主要是交阯。卷二至卷四仍然是"西洋列国考"，有占城、暹罗、下港、柬埔寨、大泥、旧港、麻六甲、哑齐、彭亨、柔佛、丁机宜、思吉港、文郎马神、迟闷等国。卷五为"东洋列国考"，有吕宋、苏禄、猫里务、沙瑶呐哔啴、美洛居、文莱等国。卷六至卷十二，是一些"考"。

各国物产，记载颇详，独独对于甘蔗和沙糖，则记载极少，仅有以下几条：

卷三　柬埔寨

酒有四等　下面与上面谈到的《殊域周咨录》全同。

卷四　哑齐　"物产"中有：

石蜜（《唐书·大食传》曰：刻石蜜庐如礜状。）

羡林按：根据括弧中的注解，这里的"石蜜"确实指的是甘蔗汁熬成的。

（10）《裔乘》

明杨一葵著。书前有王在晋的序："国家承平日久，武备阔略。公时时蒿目以忧边计，乃纂《裔乘》，以志先忧。凡燋齿枭駧之邦，韦韝毳幕之长，梯杭琛贽，解辫蹶角，以至山川阻深隔阂声教者，靡不别其种类，肖其风俗，悉其所为制驭之笑。"看来这一部书，同其他许多类似的著作一样，有其实用目的。

本书刊于《玄览堂丛书》中。

本书共分八卷：东夷卷之一，南夷卷之二，西夷卷之三，北夷卷之四，东南夷卷之五，东北夷卷之六，西南夷卷之七，西北夷卷之八。现将有关资料抄录如下：

南夷卷之二　三佛齐

贡物有水晶、火油、象牙、乳香、蔷薇、万年枣、偏朴、白砂糖、水晶指环、琉璃瓶、珊瑚树、崑崙奴。

讨来思，古赤土国也

其产甘蔗酒，龙脑香之属。

西夷卷之三　天竺　榜葛剌附

后又重出：“地在西天，即五印度国之一也。”没有关于沙糖或糖霜的记载。

北夷卷之四　木不姑

木不姑，在中国之西北，其地气候常冷，俗尚淳厚。煮海为盐、酿林（羡林按：疑当作秫）为酒。男女椎髻，以亲戚尊长为重。一日不见，则四散问安。有鹤顶、蜂蜜、砂糖、青白瓷器之属。

羡林按：这一段记述颇怪，以后再谈。

东南夷卷之五　苏禄

煮海为盐，酿蔗为酒

西南夷卷之七　苏门答剌

太平兴国四年（979 年），复有朝贡使至。雍熙元年（984 年），国人花茶复来献花绵、越诺、拣香、白龙脑、白沙糖、蔷薇水、琉璃器。……至道元年（995 年），其国舶主蒲押陁黎赍蒲希密献……白沙糖。

假里马丁

煮海为盐，酿蔗为酒

（11）《海语》

明黄衷撰。书前有明嘉靖十五年（1536年）黄衷自序，序说："余因以慨夫政教不加，荒乱日多，裔夷六遭之不幸也。当时文儒纂述，其称古里之风，道不拾遗；天方之数，可裨历度。所谓礼失而求诸野者非邪？……余自屏居简出，山翁海客，时复过从，有谈海国之事者，则记之，积渐成帙，颇汇次焉。"对本书的目的和撰写的情况，说得颇为清楚。

卷一　风俗

卷二　物产　其中有"石蜜"，讲的不是沙糖熬成的石蜜，而是野蜂酿成的。

卷三　畏途

　　　物怪

（12）《皇舆考》

明张天复辑。书前有张天复自序，说明本书的目的是"辨形势以明地险，陈忧患以达民艰，审经画以悉时宜"，政治性和实用性是非常明显的。又有明万历十六年（1588年）张烛的序。本书内容：

金集　古九州　总叙　北直隶

石集　南直隶　山东　山西

丝集　河南　陕西　浙江

竹集　江西　湖广

匏集　四川　福建　广东

土集　广西　云南　贵州

草集　九边

木集　四夷

　　　　鲍集　四川承宣布政使司

潼川州之县七　其中有遂宁

其产桃竹、蔗霜_{遂宁}

　　　　鲍集　福建承宣布政使司

福州之县十

　　　其产蔗_{城西有甘蔗州}

泉州之县七

　　　　其产甘蔗_{永春}

　　　　鲍集　广东承宣布政使司

广州之州一　县十五

　　　　其产糖霜

（13）《寰宇通志》

明陈循等纂。刊于《玄览堂丛书续集》中。

卷六六　潼川州

　　　伞子山　夹注："在遂宁县北十五里。环山之民，以植蔗凝糖为业。"

卷一一八　苏禄国

　　　煮海为盐，酿蔗浆为酒。

（14）《四夷广记》

明吴人慎懋赏辑。见于《玄览堂丛书续集》中，不分卷。

琉球　物产　甘蔗

琉球寄语　花木类

甘蔗　翁急

榜葛剌　物产

波罗蜜大如斗，味甘甜；庵摩罗，味香酸；芭蕉、石榴、甘蔗、酸子、槟榔、沙糖。

贡物

马鞍、饭金琉璃器皿、青花白瓷、撒哈剌、者抹黑答立布、洗白苾布、兜罗绵、鹤顶、犀角、翠毛、莺哥、糖霜、乳香等等。

（15）《海国广记》

明吴人慎懋赏辑，见于《玄览堂丛书续集》中。

爪哇　物产中有甘蔗

满剌加　物产中有甘蔗

真腊　物产中有甘蔗

苏吉丹国　甘蔗长丈

羡林按：此处有眉批："以下诸国皆永乐、宣德间中官使西洋有随去国老人所说。"可见这些材料来源同《瀛涯胜览》等书是相同的。

麻呵斯离国　麦粒长半寸。八九月甘露降，民盛之，暴日中，凝结如冰，味胜糖霜。

古俚国　有椰子乳糖。

（16）《皇明象胥录》

明茅瑞徵撰。书前有自序，说："郑端简公《吾学编》所次四夷，考精核简严，居然良史，而根据多略，且编纂亦止于世庙。余往在职方，间按历代史牒，及耳目近事，稍为增定，以讫万历纪年。"这里讲的是撰述的经过。下面谈到他忧国忧民的心情。"曾几何时，而南交弃，河套失，哈密亦不守。浸假而辽左蹻焉异域矣。"同明代这一类的书一样，有迫切的实用意义，决非为著述而著述。

卷四　苏禄

俗鲜粒食，食鱼虾螺蛤，酿蔗酒。

卷七　榜葛剌

贡物有戗金琉璃器皿、撒哈剌、兜罗绵、乌爹泥、藤竭、糖霜之属。

（17）《蜀中广记》

《四库全书提要》说："一百八卷，明曹学佺撰。……学佺尝官四川右参政，迁按察使，是书盖成于其时。目凡十二：曰名胜，曰边防，曰通释，曰人物，曰方物，曰仙，曰释，曰游宦，曰风俗，曰著作，曰诗话，曰画苑。搜采宏富，颇不愧《广记》之名。……则舛讹牴牾，亦时时间出。盖援据既博，则精粗毕括，同异兼陈，亦事势之所必至。要之不害其大体。"

592，80—81，下，卷六四，"方物记"第六　食馔

石蜜

引《蜀都赋》云：蜜房郁毓被其阜，山图采而得道。《华阳国志》：宕渠县有石蜜，宿山图所采也。下面引《本草》，文已见前，不具录。又引《寰宇记》：茂集达三州产蜜，资州产甘蔗。下面引《容斋随笔》，文已见前（《宋代的甘蔗种植和制糖霜术》）。

（18）《闽书南产志》

明何乔远撰。日本刊本，有宽延辛未安一本堂主人香川修德序。残，缺数页。

卷上　苞属　有竹和甘蔗。

现将"甘蔗"条抄录如下：

吕惠卿言：凡草皆正生嫡出，惟蔗侧种，根上庶出，故字从庶也。嵇含作竿蔗，谓其竿如竹竿。《离骚》《汉书》皆作柘，字通用也。许慎《说文》作蔗，盖音之转也。《本草图经》有两种：赤色名昆苍蔗，白色名荻蔗。出福州以上皮节红而淡。出泉漳者皮节绿而甘。其干小而长者名菅蔗，又名篷蔗。居民研汗煮糖，泛海鬻吴越间。糖有二种：曰黑糖，曰白糖，有双清，有洁白，炼之有糖霜，亦曰冰糖。有蜜亦曰牛皮糖。其法先取蔗汁煮之，搅以白灰，成黑糖矣。仍置之大瓮漏中，候出水尽时，覆以细滑黄土，凡三遍，其色改白。有三等：上白名清糖，中白名官糖，下名畚尾。其所出之水名糖水矣。官糖取之，再行烹炼，劈鸡卵搅之，令渣滓上浮。复置瓷漏中，覆土如前，其色加白，名洁白糖也。其所出之水，名洁水矣。

又取烹炼，成糖霜、蜜片矣。瓷漏器如帽盔，底穿一眼，出水其处也。初，人莫知有覆土法。元时，南安有黄长者，为宅煮糖，宅垣忽坏，压于漏端，色白异常，遂获厚赏，后遂效之。他糖诸郡皆有，洁冰、蜜片独出于泉。蜜片，元人名沙里别，胡语也。

羡林按：上面这一段话非常重要。它对甘蔗的分类作了简短扼要的叙述。最重要的是，何乔远本人就是晋江人，他对制糖的方法和过程一定是有亲眼的观察，所以才能写出这样具体而真切的描述。这对我们研究明代制糖史，特别是炼制白沙糖的方法，有很大的帮助。

顺便说一句，在一般的《本草》中甘蔗都列入果属，这里却列入苞属。

（19）弘治《八闽通志》

八十七卷，明黄仲昭撰。仲昭，《明史》卷一七九有传。本书见《中国史学丛书》三编。

卷二〇 食货

土贡 泉州府 唦哩唎

羡林按："唦哩唎"一词儿，显系蒙古语。请参阅本书第七章《元代的甘蔗种植和沙糖制造》所引《永乐大典》第一一九〇七卷，引《广州府图经》，在"土产"一章内，有泉州用里木榨水，煎造"舍里别"。"舍里别"与"唦哩唎"，显系一物。

卷二五 土产 福州府 货之属 糖 夹注：煮蔗为之。

侯官甘蔗洲为盛。

　　建宁府　货之属　糖　夹注：出建阳、崇安二县。

　　　　　　　　果之属　蔗

　　泉州府　货之属　糖　夹注：□□（二字漫漶）晋江、南安、同安、惠安四县。

　　　　　　　　果之属　蔗

　　漳州府　货之属　糖

　　　　　　　　果之属　蔗

　　汀州府　货之属　糖

　　　　　　　　果之属　蔗

　　邵武府　果之属　甘蔗

　　兴化府　货之属　水糖

夹注：鲁师建《闽中记》：荻蔗，节疏而细短，可为稀糖，即水糖也。

　　　　　　　　果之属　甘蔗

　　福宁州　货之属　糖

　　　　　　　　果之属　蔗

（20）《万历重修泉州府志》

明阳思谦修，黄凤翔等撰，二十四卷，万历壬子四十年（1612 年）刊本。见《中国史学丛书》二编。

　　卷三　舆地志

　　　果之属　甘蔗　夹注：性温，味甘。泉南砂糖，煮蔗所成。又有一种，于小而甜薄，名曰荻蔗。巳上七邑俱有。

货之属　糖　夹注：有黑砂糖，有白砂糖，其響糖、冰糖、牛皮糖，皆煮白砂糖为之。晋江为多，南安、同安、惠安俱有。

（21）《兴化府志》

明周瑛、黄仲昭同纂，重刊《兴化府志》同治十年版。关于制糖的一段话，请参阅下一章第九章《白糖问题》。卷一三还有关于"甘蔗"的一段话，现录于下：

卷一三　户纪七　山物考　果部：

甘蔗以水田做垅种之，叶如菅茅，其茎有节，春种秋成，捣其汁煮之，则成黑糖，又以黑糖煮之，则成白糖。莆人趁利者多种之，近为痼风所损，故稍止。

5. 外国人游记和著作

明代对外交通既然空前频繁，外国人入中国者必多，而游记之类的书籍也必然随之而增多。到了明代末年，西方一些国家，以天主教神父为排头兵，最初以澳门为突破口，闯进了我们这个天朝大国，形成了所谓"西学东渐"，在我国历史上，继佛教传入，成为第二次外国文化涌入中国的高潮。在这样的情况下，西方人关于中国的记载，必然是屡见不鲜。在这些游记和著作中有一些关于甘蔗和糖的记载，我现在抄录在下面。

（1）《阿拉伯波斯突厥人东方文献辑注》

此书系法国学者费琅（G. Ferrand）所编，耿昇、穆根来译为汉文，中华书局，1989年出版，上、下两册，908页。

书中资料是按照年代顺序编排的。最早的一部著作是伊本·库达特拔（Ibn Khordādz beh，844—848年[①]），相当于中国的唐代，不属于我现在要谈的时代。下面还有很多著作，都早于明代。一直到下册，第512页才出现了相当于中国明代的著作。

伊本·哈勒敦（Ibn Khaldūn，1375年左右）

他的著作名叫《绪论》，书中讲到阿拉伯地区，讲到印度，讲到锡兰，讲到南海中的许多岛屿，讲到生产香料，但没有讲到甘蔗和沙糖。

巴库维（Bākurvi，15世纪初）

他的著作名叫《关于考证强大国王古迹和奇迹的书》。书中"第二气候区"讲到贾巴（Djaba）岛，说它是印度的一个岛屿，岛上居民皮肤红棕色。岛上有高山，夜间喷火，白天冒烟。岛上有沉香、椰子、香蕉和甘蔗。

（2）《丝绸之路　中国—波斯文化交流史》

法国学者阿里·玛扎海里（Aly Mazahéri 1914—1991年）著，耿昇译，中华书局，1993年出版。著者诞生于伊朗德黑兰，求学于法国，获巴黎大学社会学博士。后又执教于法国，退休后，仍留法国，直至逝世。此书于1983年出版于巴黎，共分四编：第

---

① 此处与下面的"1375年左右"同，为图书撰写时间。

一编是《波斯史料》，译注了波斯文著作三种。第二编是《汉文史料》，第三编是《希腊—罗马史料》，第四编是《丝绸之路和中国物质文明的西传》。汉译本未收第二编，编码因之顺延。

阿里·玛扎海里的母语是波斯文，他又精通阿拉伯文以及中亚许多突厥语系和伊朗语系的语言，西方近代语言他也博通，这是研究丝绸之路的最重要的条件。因此他这一部书旁征博引，其他学者难以做到。他译的原书固然重要，但是最重要还是他的注，这里面有很多我们平常无从知道的历史事实，对研究东西交通史甚至研究中国明史和清史的学者，具有极大的启发意义。我曾从中选取了一些资料，写成了一篇论文：《丝绸之路与中国文化》，刊于《北京师范大学学报》（1994 年第 4 期），读者可以参考。

本书与我现在探讨的问题有关的是第一编《波斯史料》的第一、二两种，第四编有点关系，但是无关重要。

我现在将有关材料依前后顺序抄在下面。

A.《沙哈鲁遣使中国记》（《盖耶速丁行纪》）

帖木儿的儿子和继承人沙哈鲁（1405—1447 年），于 1419—1423 年派遣使臣，出使明代皇帝永乐的朝廷，本书是此行的旅行记录。使臣就是盖耶速丁。

第 44 页

　　在距离肃州还有十天行程的地方，中国地方官员设宴款待盖耶速丁一行。"在用餐快结束时，他们又向使臣们奉上了各种烧酒和米酒"，阿里·玛扎海里在这里加了一个注，注文见第 81—83 页。在注中他提到了一种蒙古人的朗姆酒，用蜂蜜或甘庶（蔗？）尖梢酿成。在下面，他提到"克什米尔酒"，说："克什米尔所拥的全部褐色糖都用了酿制其酒。在该算端执政年间，于那里再也找不到棕色糖了。棕色糖与可以廉价得到的白糖、粗红糖和精炼糖不同。"

第 58 页

在供给使臣们的食品中有塞满突厥果仁糖的糖饼。

B.《中国志》

布哈拉商人赛义德·阿里-阿克伯·契达伊著。他大约生活在 15 世纪末叶。他被撒马儿罕的某一位王子选中，成为使节，派往中国。他在《中国志》中讲到了明宪宗和明孝宗执政时间的事。他很可能就在这个时候到过中国。他的其他生平细节，我们都不清楚。

这一部书共分二十章，讲到中国的道路、宗教、城市和乡镇、军队和军人、国库、皇帝、监狱、新年、十二个布政司、宴会和社交、娼妓、神奇技艺、到过中国的人员、卡尔梅克蒙古人、农业、货币、遵守纪律的中国人，最后讲到中国的宝塔，内容应该说是非常丰富，非常全面的。

第 256—257 页

"印度位于阇婆的西南，苏门答腊人输入中国的商品也完全是印度的产品：糖、香料、印度织物和红宝石等。所有这些产品都在北京市场上出售。"

中华帝国第 12 个行政区所谓布政司包括广西和广东两大地区。"该布政司出产的主要产品是糖。那里的

甘蔗生长得相当好。那里一赛儿（29.16 克） 白糖能出
售五种不同的价钱，即三个第拉姆的白银（14.58 克或
8.748 克）。"

阿里·玛扎海里给"糖"字加了一个注，见《中国志》第 275—
276 页。注很长。我已经抄在《丝绸之路与中国文化》那一篇文
章中，这里不再重抄，请参阅。

C. 在《丝绸之路和中国物质文明的西传》这一编中，在五
《中国的生姜与丝绸之路》中，第 515 页，讲到用糖浆泡姜。

（3）《中国纪行》

这一部书实际上同上面介绍的《中国志》是同一部书，只
是介绍的人不同而已。《中国志》译自阿里·玛扎海里的法译本，
《中国纪行》是张至善、张铁伟、岳家明三位先生，根据英、德译
文手稿译为汉文，又同阿夫沙尔的新波斯文版逐句核对过。这个
译本 1988 年三联书店出版。既然是同一部书，内容当然是大同。
但是，既然译文来源不同，因此也有小异。我不妨再加以介绍。

第 100 页

第十个省是 Java（音同爪哇，岑克文中为 Dschade，
可能为刺桐即泉州之讹音）。Java 是一个海港，从麦加和
所有印度港口都可达到。中国的所有港口都与爪哇通航，
它的西南是印度。

那里进口的全是印度货物，如糖、药材、印度布匹、
宝石等等。所有这些都通过这里送到汗八里。

羡林按：糖从印度运到汗八里，值得注意。另外，请读者对比一

下《中国志》和《中国纪行》中上面这一段话的译文。

（4）《东印度航海记》

荷兰威·伊·邦特库著，姚楠译，1982年中华书局出版。作者系荷兰东印度公司的船长，于1618年底自荷兰西北部的特塞尔启航，至1625年11月回到荷兰，在外七年。本书记述了他的航海经历，其中有几条关于甘蔗和糖的记述，现抄录如下：

第 33 页

在马斯克林岛上，发现了 sugar palms（甜棕桐树）。

羡林按：这与蔗糖本无关，但既然有 sugar 字样，姑一录之。

第 77 页

"二十五日，我们在纬度二十七度零九分的地方看到一带十分断断续续的海岸，根据扬·霍伊曾的著作和海图所示，我们估计已到琅机山。"在这里，译者姚楠先生加了一个注："原文为 'the Island of Languyu'。根据对音和纬度，似为我国浙江省台州湾附近的琅机山。"原文说："十一日，我们拔锚启航，行驶至琅机山下的地方，该岛位于赤道以北二十八度半。……我们停泊在这里时，有些中国人乘舢板前来，送给我们每艘船白糖五筐。……估计他们是中国海盗。"

第 92 页

这些荷兰船仍在中国浙江和福建海域中活动，袭击中国船只，抢劫中国村庄，俘虏中国人民，完完全全是一群海盗。原书写道："五日，我们见到两个中国人站在我们的木帆船上，叫喊着要上船。我们把舢板放到他们那里去，发觉他们就是我们在二日释放上岸的人。他们是在晚上由其他中国人带领到我们的木帆船上来的，携带着母鸡、蛋、一头猪、柠檬、苹果、甘蔗和烟草，各种都有一些；那是出于他们感谢我们恢复他们自由的诚意。这是崇高的品德，羞煞许多基督教徒，那些基督教徒一旦逃出陷阱，往往不再想到他们的诺言了。"

（5）《中国札记》

利玛窦著。《中外关系史名著译丛》，中华书局，1983 年。
上册，第一卷，第三章，第 16 页

中国人用糖比蜂蜜更普遍得多，尽管在这个国家两者都很充裕。

6. 笔记

同过去的唐宋等几个朝代一样，明代的笔记数量也极大，内容极驳杂，上天下地，鸟兽虫鱼，身边琐事，朝廷大典，无所不包。根据我的经验，驳杂中往往有对我的研究有用的材料。因此，对笔记不能不特加注意。但是，既然数量极大，就很难都照顾到。在目前既缺乏索引，更根本谈不到什么输入电脑的情况下，我只能使用我这一双昏花的老眼，努力到书山文海中去搜求。挂一漏万，在所难免，要求"竭泽而渔"，只能成为一个悬在空中的希望了。

下面就是我搜求的结果。

（1）《草木子》

《四库全书提要》说："四卷，明叶子奇撰。……子奇学有渊源，故其书自天文地纪，人事物理，一一分析，颇多微义。其论元代故事，亦颇详核。"

866，782，上下，卷三：

> 豆腐始于汉淮南王刘安之术也。饮茶始于唐陆羽著为经也。糖霜始于宋，自蜀遂宁州人（羡林按：疑当作"入"）贡宣和始。蒲萄酒答剌吉酒，自元朝始。

（2）《蟫精隽》

《四库全书提要》说："十六卷，明徐伯龄撰。伯龄，字延之，自署古剡，盖嵊县人。……是书杂采旧文，亦兼出己说，凡二百六十一条，大抵文评诗话居十之九，论杂事者不及十之一。……其中猥琐之谈或近于小说，而遗文旧事他书所不载者，亦颇赖以有传。"

867，125，下　卷八　咏物奇切

> 宋杨廷秀万里咏糖霜云：亦非崖蜜亦非饧，青女吹霜冻作冰。透骨清寒轻著齿，嚼成人迹板桥声。

羡林按："饧"应读若 $xing^{22}$。

（3）《物理小识》

《四库全书提要》说："十二卷，明方以智撰。……以智，字密之，自号浮山愚者。桐城人，崇祯庚辰（1640 年）进士，官翰林院检讨，淹通群籍，尝撰《通雅》一书，于名物训诂考证最详，此书又《通雅》之绪余掇拾以成编者也……虽所录不免冗杂，未必一一尽确，其所辨论，亦不免时有附会，而细大兼收，固亦可资博识而利民用。"

867，850，上　卷五　出镞

　　刘荐叔曰：近日行伍中，惟以干苋菜与沙糖涂之，能出箭头与铅炮子，此常验者，则古方所未载也。

867，854，下　卷五　锡能出物

　　《近峰闻略》曰：稚子误吞线锤。胡僧教啖锡糖半斤，果从后出。僧曰：凡误吞五金者，皆可出也。

羡林按：请特别注意"胡僧"二字。

867，856，下　卷六　烧酒

　　或以麦芽如（加？）糖法，但不下水。

867，858，上　卷六　造白糖法

　　煮甘蔗汁，以石灰少许投调，成赤沙糖。再以竹器盛白土，以赤糖淋下锅，炼成白沙糖，劈鸭卵搅之，使渣滓上浮。《老学庵》曰：闻茂德言：中国无沙糖，唐太宗时，外国贡至，问之，甘蔗汁煎。用其法遂精。茂德乃宋敕局勘定官，余郡人。

867，858，上下　卷六　糖霜

　　唐大历间，邹和尚在蜀遂宁伞山，始传此法。今盛于闽、广。智闻余赓之座师曰：双清糖霜为上，漠尾为下。十月，滤蔗，其汁乃凝入釜，煮定，以锐底瓦罂穴其下而盛之，置大坻中，俟穴下滴，而上以解黄土作饼盖之，下滴久乃尽。其上之滓于是极白，是为双清。次清屡滴盖除而余者近黑，则所谓濮尾，造皮糖者。瓮置竹片，熬糖入之，反瓮使滴余干于竹上者为皮糖。神隐曰：糖霜和灯心收则不润。

867，863，下　卷六　雪蒸饼

或以油焯芋粉，以糖霜养之。

867，868，下

榧子乳香能软甘蔗。

切萝卜片复米糖，糖液，萝卜片亦干。

地粟与柑蔗同食，其柤自奭。

867，931，上　卷七　蔗

引《容斋五笔》和《神异经》，原文上面已有，不具录。有夹注说："生汁寒，煎糖热，少食糖水甘养胃，多食则动湿热。"

（4）《通雅》

《四库全书提要》说："五十二卷，明方以智撰。……是书皆考证名物、象数、训诂、音声……书中分二十四门。"天文、地舆、身体、称谓、姓名、鬼神、官职、事制、礼仪、乐曲乐舞、乐器、器用、衣服、宫室、饮食、算数、植物、动物、金石、谚原、切韵声原、脉考、古方解，可以说是上天下地，无所不包。《提要》对方以智有极高的评价："惟以智崛起崇祯中，考据精核，迥出其上，风气既开，国初顾炎武、阎若璩、朱彝尊等沿波而起，一扫悬揣之空谈。虽其中千虑一失或所不免，而穷源溯委，词必有征，在明代考证家中，可谓卓然独立矣。"

857，742，下　卷三九

漂玉漂醪，漂，言其清也。　枚乘赋：尊盈漂玉，爵献金浆，梁人藷蔗酒也。

857，747，上　卷三九

冰糖，糖霜之凝者，茧糖、窠丝糖也。见《齐民要术》，煎甘蔗成糖霜，凝为冰糖、窠丝糖也。今内府有之。《后汉·显宗纪》有猊糖，狮子乳糖也。乳糖，今日吹糖。王灼有《糖霜谱》，遂宁有糖冰。

857，829，下　卷四四

甘蔗，亦曰藷蔗，曰诸柘，或作扞蔗。曹子建有都蔗诗。《六帖》云：张协有《都蔗赋》。吴氏《林下偶谈》曰：甘蔗，亦谓之诸蔗。智按：《说文》：藷，藷蔗也。笺曰：甘蔗，一名甘藷。智以古无麻韵。遮与庶音近，故后人合藷遮称之。相如赋：诸柘巴且，诸柘即蔗也。东方朔说：南方有扞蔗林，皆假作者臆造也。

（5）《遵生八笺》

《四库全书提要》说："十九卷，明高濂撰。濂，字深父，钱塘人。其书分为八目：

卷一、卷二　清修妙论笺

卷三—卷六　四时调摄笺

卷七、卷八　起居安乐笺

卷九、卷一〇　延年却病笺

卷一一—卷一三　饮馔服食笺

卷一四—卷一六　燕闲清赏笺

卷一七、卷一八　灵秘丹药笺

卷一九　尘外遐举笺

"书中所载，专以供闲适消遣之用。标目编类，亦多涉纤仄，不出明季小品积习。……特抄撮既富，时有助于检核。"

871，430，上　卷四　五月事宜

《本草图经》曰：五月收杏，去核，自朝蒸之至午而止，以微火烘之，收贮，少加糖霜，可食，驻颜，故有杏金丹之说。不宜多食。

871，444，下　卷四　寺院浴佛

四月八日为佛诞辰，诸寺院各有浴佛会，僧尼竞以小盆贮铜像，浸以糖果之水。

871，528，上　卷八　瞿仙异香

丸味为末，炼蔗浆合和为饼，焚之，以助清气。

871，627，上　卷一一　黄梅汤

加糖点服，夏月调水更妙

871，629，上　卷一一　无尘汤

水晶糖霜$\frac{二}{两}$　梅花片脑$\frac{二}{分}$

871，629，下　干荔枝汤

白糖$\frac{二}{斤}$

871，631，下　卷一一　竹叶粥

入白糖一二匙

871，632，上　甘蔗粥

　　　用甘蔗榨浆

871，632，下　薏苡粥

　　　入白糖一二匙

871，641，上　卷一一　糖炙肉并烘肉巴

　　　砂糖少许

871，641，下

　　　用砂糖不气

871，642，下　卷一二　糖蒸茄

　　　砂糖二斤

同上　酿瓜

　　　砂糖

　　下面有糖的地方颇多，我只抄页数和名称：643，下　蒜苗干；644，上下　糖醋瓜；646，上　做瓜；647，上　撒拌和菜；下　蒸干菜；648，上　糖醋茄；下　糟姜；650，上　五辣醋方；黄香萱；651，下　栀子花；654，上　莴苣菜；655，上　李子，玉簪花；657，上　金雀花，黄豆芽；659，上　五香烧酒

871，663，下　卷一三　起糖卤法

　　夹注：凡做甜食，先起糖卤。此内府秘方也。正文：白糖十斤 或多少任意，今，用行灶安大锅，先用凉水二勺半。若勺小糖多，斟酌加水，在锅内用木耙搅碎，微火一滚，用牛乳另调水二勺点之。如无牛乳，鸡子清调水亦可。但滚起即点却，抽柴息火，盖锅闷一顿饭时，揭开

锅，将灶内一边烧火，待一边滚，但滚即点，数滚如此点之。糖内泥泡沫滚在一边。将漏勺捞出泥泡锅边滚的沫子。又恐焦了，将刷儿蘸前调的水频刷。第二次再滚的泥泡聚在一边。将漏勺捞出。第三次用紧火将白水点滚处沫子牛乳滚在一边聚一顿饭时，将沫子捞得干净，黑沫去尽白花见方好。用净绵布滤过入瓶。凡家伙俱要洁净，怕油腻不洁。凡做甜食，若用黑沙糖，先须不拘多少入锅熬大滚，用细夏布滤过方好作。用白糖霜，预先晒干方可。

羡林按：这一段话很重要，与制白沙糖实有相通之处，所以全抄了下来。

下面仍然只抄页数和名称：

664，上　松子饼方　用白糖卤；同上　面和油方；下　松子海啰嘶方；白闰方；雪花酥方；芝什麻方；665，上　黄闰方；薄荷切方；窝丝方；下　酥儿印方；荞麦花方；羊髓方；黑闰方；666，上　酒孛你方；椒盐饼方；风消饼方；下　素油饼方；667，上　芋饼方；白酥烧饼方；黄精饼方；下　糖榧方；668，上　五香糕方；松糕方；裹蒸方；凡用香头法；下煮沙团方；669，上　到口酥方；下　鸡酥饼方；水明角儿法；670，上　神仙富贵饼；下　糖薄脆法；671，上　高丽栗糕方；荆芥糖方；豆膏饼方；673，下　山查膏；674，上　莲子缠；法制榧子；下　升炼玉露霜方

871，838，上　卷一七　延寿酒药仙方　一名养寿丹

白沙糖一斤

871，841，上

　　做法如浇饧糖相似

871，844，下卷一八　白玉丹　专治久痰嗽

　　白糖霜^{八两}

871，845，上　法制清金丹

　　共为细末，加白糖霜十两

871，874，下　卷一八　大解不通方

　　各等分，白糖霜和为饼子

（6）《竹屿山房杂部》

《四库全书提要》说："三十二卷。是书凡养生部六卷，燕闲部二卷，树畜部四卷，皆明华亭宋诩撰。种植部十卷，尊生部十卷，诩子公望撰。公望之子懋澄合而编之。……则犹读书考古者所为，非仅山人墨客语也。"

871，128，上　卷一　餹醋

　　白餹^{即厚锡}

羡林按：这可能与糖无关，录之以供参考。

871，132，上下　卷二　素锅

　　加蜜或赤砂餹

　　下　糕

　　加餹或蜜

871，134，上　卷二　薄焦饼

　　赤砂餹

　　下　餹酥饼

白砂餹三两

仍然用上面的办法，只写页数和名称：

134，下 蜜酥饼 白砂餹；135，上 酥油饼 餹；餹面饼 赤砂餹；下 香露饼 白砂餹；透餹 赤砂餹；136，上香花 白沙餹；餹花 赤砂餹；猪耳 赤砂餹；下 馓子 赤砂餹；水磨丸 白砂餹；137，上 水浮丸 餹；小裹金丸 響餹；团 赤砂餹；糕 白砂餹；饼 白砂餹；138，上 乳粉饼 白沙餹；油饱 餹蜜；油虚苗 白砂餹；豆裹餐 餹；粽 白砂餹；餐 餹；风消餹 餹；甘露饼 白砂餹；139，上 芙蓉叶 砂餹；骨髓饼 白砂餹；山药糕 白沙餹；下粟糕 白砂餹；松黄糕 白砂餹；炒米糕 赤砂餹；140，上，檀香毬 白砂餹 七香毬 赤砂餹；下 芝麻毬 赤砂餹。

下面有"白餹制""白餹"一条，细审文意，指的是麦牙糖。羡林按：本书所有的"糖"都写作"餹"，这确实增加了不少困难。下面屡见"餹"或"白餹"，我实在无法断定，究竟指的是"麦牙糖"，还是"蔗糖"。没有法子，我只好照抄下去：

871，141，上 藕丝餹 白餹；餹缠 白砂餹；宜入餹物；142，下 樱桃 響餹；144，下 花香宜为膏者 白砂餹；145，上 餹剂制 衣梅 赤砂餹；白砂餹；天鲜杨梅 干杨梅 餹；餹椒梅 赤砂餹；餹紫苏梅 赤砂餹；餹薄荷梅；餹卤梅 赤砂餹；餹李 赤砂餹；餹橙 金橘 牛乳柑 干小橘；餹木瓜；146，上 餹冬瓜；餹竹笋；餹天茄；餹蘘荷；餹姜；餹豇豆；

饊菜菔；146，下　姜汤　白砂饊；147，上　米汤　白砂
饊；菉豆汤　饊；下　无尘汤　水晶饊霜；香饊汤水　白
砂饊

羡林按：以上的糖制食品，同《遵生八笺》有很多相同的，可以
参照。

871，150，上　油炒牛　赤砂饊

871，151，上　乳线　白砂饊；抱螺　赤砂饊；155，
下　饊猪犯　赤沙饊；161，上　油爆鹅　赤砂饊；171，
下　烹河豚次以甘蔗、芦根制其毒；172，上　酱沃鳗
鲡　赤砂饊；辣烹鳗鲡　赤砂饊；174，下　炮鳖　赤砂
饊；175，下　田鸡炙　赤砂饊；179，下　江摇柱　赤砂
饊；181，下　五味瓜斋　赤砂饊；185，上　饊醋　赤砂
饊；187，上　缩砂仁豆豉　赤砂饊；茄豆豉　赤砂饊；
青豆　赤砂饊；下　生瓜　赤砂饊

羡林按：下面几条资料非常重要，抄全文：

871，196，下　赤砂饊

　　甘蔗捣浆，入锅慢火煎，少续水，不令焦，以石灰少
许投调，遂凝厚为饊。

　　白砂饊 二制

　　每赤砂饊百斤，水百斤，匀和。先以竹器盛山白土，
用饊水淋下，滤洁，入锅煎凝白砂饊 闽土则宜。用水调匀，复
煎，入模则脱为狼饊之类，今曰響饊。

　　饊霜　下面夹注：又曰饊冰。

　　黄涪翁答雍熙长老诗云：远寄蔗霜知有味，胜似崔子

水晶盐。杨廷秀诗云：亦非崖蜜亦非饧，青水吹霜冻作冰。透骨清寒轻著齿，嚼成人迹板桥声。

皮餹

每上等白砂餹十斤，用水五斤，慢火煎熬，以滴水成珠，再候坚柔停匀为则。先取瓷罐，截小竹板二十余枝，纵横置其腹间，乃入以所煎之余。过一宿，以罐覆碗上，令其滴尽餹水。半月两旬，视罐中餹霜凝结竹板之上，则击罐而取之。滴下者再煎得所置新瓦上，以两杖鼓臂抽击，遂为皮餹也。皮餹以饣致远不粘。

下面仍只抄页数和名称：

871，197，下　芝麻腐　赤砂餹；198，上　酥　白砂餹；199，上　菱腐　藕腐　白沙餹：蒸果　赤砂餹；200，上　合香头赤砂糖；201，上　果品等物宜生宜干宜制用未尽者　甘蔗榨浆用　餹霜　饷餹宜胡桃仁　皮餹；桂花饼　白砂餹；202，上　苏梅膏饼　白砂餹；甘露膏饼　白砂餹；203，下　法制餹毬子　赤砂餹；205，下　收藏制　白砂餹入桶中封固；饷餹宜火炙日晒，畏南风；餹霜入新瓷，以箬封之，悬火侧，虽久不镕；207，下　甘蔗　藕，以草荐藉地卧之，又覆以荐，常用水湿；210，上　禁制　河豚有大毒，中之者，其害甚速，用炒槐花、芦根汁、橄榄、白砂餹皆解。仓卒无药，急以清油灌之，吐出。871，242，下　甘蔗

夹注云：长短不齐，长者五六尺；短者三四尺，状似竹，有节，无枝，实中直理，叶似荻。聚顶上，肤粘干

肉味甚甘，有浆。因横出，故曰庶生。子虚赋曰：诸柘。《本草》云：赤色名崑岺蔗。《容斋五笔》载：蔗有四色。《本草》云：广州一种，数年生，如大竹，长丈余。《广记》云：交趾蔗围数寸，长丈余。《世说》：扶风蔗，一丈三节，见日即消，见风即枯。

下面是正文：

三月，沃土横种之，节间生苗，去其繁者。七月，取土封壅其根，加之以粪秽，遂成长而可收矣。虽常灌水，不宜久蓄，俾水势流满湿润则已。今饮食所须甚广，杵滤其浆水，煎之为赤砂糖。易以一法煎之为白砂糖。又易以一法煎之为糖霜也。

871，284，下　荔枝香　沙糖（美林按：这时忽然写作"沙糖"）；290，下　荔枝汤　沙糖（美林按：这里又作"沙糖"，疑不出于一人之手）；291，上　和合汤　糖；下　荔枝膏汤砂糖（sic！）；318，上　无锡雪花饼　沙糖；下　马脑糕　沙糖（sic）；319，下　芝麻糖；裹糖　沙糖；522，下　集香梅糖；323上　又法　糖；造化梅　糖；下对金梅　沙糖；324，下　灌熟藕　沙糖；325，下　糖橘　沙糖；327，上　糖脆梅法　沙糖；糖取梅法　沙糖。

（7）《西湖游览志余》

《四库全书提要》说："《西湖游览志》二十四卷，《志余》二十六卷，明田汝成撰。……其《志余》二十六卷，则撮拾南宋轶闻，分门胪载。大都杭州之事居多，不尽有关于西湖。……惟所征故实，悉不列其书名，遂使出典无征，莫能考证其真伪。是则明人之通弊，汝成亦未能免俗者矣。"

585，310—313　三　偏安佚豫

羡林按：此处所列与蔗和糖有关的食品，已见上面《宋代的甘蔗种植和制糖霜术》"笔记"类《武林旧事》，这里不重复。

（8）《潮州善本选集》

第一种　《文献丛刊》之八

饶宗颐主编《潮中杂记》，明郭子章撰。

卷一二　物产志

葱糖　潮之葱糖，极白极松，绝无渣滓。

（9）《淞南乐府》

明杨光辅纂。光辅，字征明，号心香，江苏人，岁贡生。

五香糖担，以蚕豆五粒，穴一面如骰。每局五掷，不得犯五十及十五之数，曰跳三关。纳钱而后掷，胜则钱、糖并获，败则不得糖而失钱。

（10）《泉南杂志》

明陈懋仁撰。

卷上

甘蔗，干小而长，居民磨以煮糖，泛海售焉。其地为稻利薄，蔗利厚，往往有改稻田种蔗者，故稻米益乏，皆仰给于浙直海贩。莅兹土者，当设法禁之。骤似不情，惠后甚溥。

…………

造白沙糖法：用甘蔗煮黑糖，烹炼成白。劈鸭卵搅之，使渣滓上浮。按《老学庵笔记》云：闻茂德言，沙糖中国本无之。唐太宗时，外国国贡至，问其使人："此何物？"云甘蔗汁煎。用其法煎成，与外国等。自此中国方有沙糖。茂德乃宋敕局勘定官，余郡人也。

（11）《闽部疏》

明王世懋撰。前有王稚登序和王世懋本人于万历乙酉（1585年）冬十一月写的"小序"。序中说："岁甲申，诏起为闽督学使者。……而居恒慎俭，不好市闽物，不罗致珍羞饾饤，然颇有杨子云之僻（癖？），时时簪笔，从舆人问及轺车所经见，辄记赫蹄上，久之成帙。其言散蔓复杂，都无铨次。窃比于葛稚川、盛弘之义例云尔。"

蔗有二种："饴蔗，节疏而短小；食蔗，节密而长大。凡饴蔗捣之入釜，径炼为赤糖。赤糖再炼燥而成霜，为白糖。白糖再煅而凝，则曰冰糖。

…………

泉漳之糖，顺昌之纸，无日不走分水岭及浦城小关，下吴越如流水。其航大海而去者，尤不可计，皆衣被天下。

（12）《表异录》

明王志坚辑，二十卷。

卷八　植物部　花果类

甘蔗，一名诸蔗^{出相如赋}，一名都蔗^{出曹子建诗}，亦作邯鄚^{出神异经}

7. 科技专著

在科技专著方面，明代又达到了一个新的高峰。《本草》按理说也应归入"科技专著"；但因独立立项，这里就不谈了。从科技专著这个角度来看，李时珍的《本草纲目》无疑是超一流的。专就种蔗和制糖而论，明代宋应星的《天工开物》，是划时代的著作。此书早已引起了海外学者的注意，有多种外文的译本。

徐光启的《农政全书》，我也将之归入"科技专著"一类，是农业方面的科技专著。

（1）《天工开物》

明宋应星（1587—？ 羡林按：根据潘吉星先生的意见，他大约卒于康熙五年，即1666年）撰，三卷。应星，字长庚，江西奉新人。万历举人，曾任江西分宜教谕、福建汀州推官、安徽亳州知州等职，后仕南明。他生平究心实学，于崇祯七年（1634年）至十一年（1638年）任分宜教谕时撰成《天工开物》，计有乃粒（谷物）、乃服（纺织）、彰施（染色）、粹精（谷物加工）、作咸（制盐）、甘嗜（制糖、养蜂）、陶埏、冶铸、舟车、锤锻燔石、膏液（食油）、杀青、五金、佳兵、丹青、曲蘖、珠玉等十八类。其中有很多项，皆作者亲见，决非耳食之言。此书系明代生产知识和工艺技术的总结，在世界科技史上占有十分重要的地位[23]。

此书《四库全书》未收。曾有过一些不同的版本。1989 年出版了中国科技史专家潘吉星先生的《天工开物校注及研究》，巴蜀书社。校注和研究都是第一流的。请读者参阅。我在下面抄录的关于种蔗和制糖的资料，根据的就是这个本子。

甘嗜第四

宋子曰：气至于芳，色至于靘，味至于甘，人之大欲存焉。芳而烈，靘而艳，甘而甜，则造物有尤异之思矣。世间作甘之味，十八产于草木，而飞虫竭力争衡，采取百花酿成佳味，使草木无全功。孰主张是，而颐养遍于天下哉？

蔗种

凡甘蔗有二种，产繁闽、广间，他方合并得其十一而已。似竹而大者为果蔗，截断生啖，取汁适口，不可以造糖。似荻而小者为糖蔗，口啖即棘伤唇舌，人不敢食，白霜、红砂皆从此出。凡蔗古来中国不知造糖，唐大历间，西僧邹和尚游蜀中遂宁始传其法。今蜀中种盛，亦自西域渐来也。

凡种荻蔗，冬初霜将至将蔗砍伐，去杪与根，埋藏土内。（土忌洼聚水湿处。）雨水前五六日，天色晴明即开出，去外壳，砍断约五六寸长，以两个节为率。密布地上，微以土掩之，头尾相枕，若鱼鳞然。两芽平放，不得一上一下，致芽向土难发。芽长一二寸，频以清粪水浇之，俟长六七寸，锄起分栽。

凡栽蔗治畦，行阔四尺，犁沟深四寸。蔗栽沟内，约七尺列三丛，掩土寸许，土太厚则芽发稀少也。芽发三四个或五六个时，渐渐下土，遇锄耰时加之。加土渐厚，则身长根深，蔗免欹倒之患。凡锄耰不厌勤过，浇粪多少视土地肥硗。长至一二尺，则将胡麻或芸苔枯浸和水灌，灌肥欲施行内。高二三尺则用牛进行内耕之。半月一耕，用犁一次垦土断旁根，一次掩土培根，九月初培土护根，以防砍后霜雪。

蔗品

凡获蔗造糖有凝冰、白霜、红砂三品。糖品之分，分于蔗浆之老嫩。凡蔗性至秋渐转红黑色，冬至以后由红转褐，以成至白。五岭以南无霜国土，蓄蔗不伐以取糖霜。若韶、雄以北十月霜侵，蔗质遇霜即杀，其身不能久待以成白色，故速伐以取红糖也。凡取红糖，穷十日之力而为之。十日以前浆尚未满足，十月以后恐霜气逼侵，前功尽弃。故种蔗十亩之家，即制车釜一副以供急用。若广南无霜，迟早惟人也。

造糖

凡造糖车，制用横板二片，长五尺，厚五寸，阔二尺，两头凿眼安柱，上笋出少许，下笋出板二三尺，埋筑土内，使安稳不摇。上板中凿二眼，并列巨轴两根（木用至坚重者），轴木大七尺围方妙。两轴一长三尺，一长四尺五寸，其长者出笋安犁担。担用屈木，长一丈五尺，以便驾牛团转走。轴上凿齿分配雌雄，其合缝处须直而圆，圆而缝合。夹蔗于中，一轧而过，与棉花赶车同义。蔗过浆流，再拾其滓，向轴上鸭嘴投入，再轧又三轧之，其汁尽矣，其滓为薪。其下板承轴，凿眼，只深一寸五分，使轴脚不穿透，以便板上受汁也。其轴脚嵌安铁锭于中，以便掀转。

凡汁浆流板有槽，视汁入于缸内。每汁一石下石灰五合于中。凡取汁煎糖，并列三锅如"品"字，先将稠汁聚入一锅，然后逐加稀汁两锅之内。若火力少束薪，其糖即成顽糖，起沫不中用。

造白糖

凡闽广南方终冬老蔗，用车同前法。榨汁入缸，看水花为火色。其花煎至细嫩，如煮羹沸，以手捻试，粘手则信来矣。此时尚黄黑色，将桶盛贮，凝成黑沙。然后以瓦溜^{教陶家烧造}置缸上。其溜上宽下尖，底有一小孔，将草塞住，倾桶中黑沙于内。待黑沙结定，然后去孔中塞草，用黄泥水淋下。其中黑滓入缸内，溜内尽成白霜。最上一层厚五寸许，洁白异常，名曰西洋糖^{西洋糖绝白美，故名}。下者稍黄褐。

造冰糖者将洋糖煎化，蛋青澄去浮滓，候视火色。将新青竹破成篾片，寸斩撒入其中。经过一宵，即成天然冰块。造狮、象、人物等，质料精粗由人。凡白糖有五品，

"石山"为上,"团枝"次之,"瓮鉴"次之,"小颗"又次,"沙脚"为下。

造兽糖

凡造兽糖者,每巨釜一口受糖五十斤。其下发火慢煎,火从一角烧灼,则糖头滚旋而起。若釜心发火,则尽沸溢于地。每釜用鸡子三个,去黄取青,入冷水五升化解。逐匙滴下用火糖头之上,则浮沤黑滓尽起水面,以笊篱捞去,其糖清白之甚。然后打入铜铫,下用自风慢火温之,看定火色然后入模。凡狮象糖模,两合如瓦为之,勺泻糖入,随手覆转倾下。模冷糖烧,自有糖一膜靠模凝结,名曰享糖,华筵用之。

上面是种蔗造糖的材料。《天工开物》同一章中还有"饴饧"一节,我也顺便抄在下面,以资比较。

饴饧

凡饴饧,稻、麦、黍、粟皆可为之。

《洪范》云:"稼穑作甘。"及此乃穷其理。其法用稻麦之类浸湿,生芽暴干,然后煎炼调化而成。色以白者为上。赤色者名曰胶饴,一时宫中尚之,含于口内即溶化,形如琥珀。南方造饼饵者谓饴饧为小糖,盖对蔗浆而得名也。饴饧人巧千方以供甘旨,不可枚述。惟尚方用者名"一窝丝",或流传后代不可知也。

(2)《农政全书》

明徐光启(1562—1633 年)撰。六十卷。光启字子先,号玄扈，上海徐家汇人。万历进士，官至礼部尚书兼东阁大学士。作者痛心于"国不设农官，官不论农政，士不言农学，民不专农业"，遂著《农政全书》，凡十二门，约五十余万字。本书特点在来源于实践，并学习外国先进技术[24]。后者尤为重要而独特，因为徐光启生存的时期，正是西学东渐的时期，他同许多传教士都有密切的来往，这大大有利于开阔眼界向西方学习。

《四库全书提要》对本书给予了很高的评价："后六卷则为泰西水法。考《明史》光启本传：光启从西洋人利玛窦学天文、历算、火器，尽其术。崇祯元年（1628 年）又与西洋人龙华民、邓玉函、罗雅谷等同修新法历书，故能得其一切捷巧之术笔之书也。次为'农器'四卷，皆详绘图，与王祯之书（羡林按：指元王祯《农书》）相出入。次为'树艺'六卷，分谷、蓏、蔬、果四子目。次为'蚕桑'四卷，又'蚕桑广类'二卷。'广类'者，木棉、麻、苎之属也。次为'种植'四卷，皆树木之法。次为'牧养'一卷，兼及养鱼养蜂诸细事。次为'制造'一卷，皆常需之食品。次为'荒政'十八卷，前二卷为'备荒'，中十四卷为'救荒本草'，一卷为'野菜谱'，亦类附焉。其书本末咸该常变有备，盖合时令、农圃、水利、荒政数大端，条而贯之，汇归于一。虽采自诸书，而较诸书各举一偏者特为完备。《明史》称光启编修兵机、屯田、盐筴、水利诸书，又称其负经济才，有志用世。于此书亦略见一斑矣。"

有了《提要》这个评价，对于我们了解徐光启关于种蔗与制糖的记述，会有很多帮助。

下面是资料，我仍然根据《四库全书》本来抄录，记页码办法同上。

731，130，上 卷一〇 农事 授时

　　正月初二日 栽种甘蔗

731，131，上 卷一〇

　　季春之月 栽种甘蔗

731，137，上 卷一〇

　　九月 收藏甘蔗

731，436，下—437，下 卷三〇 树艺

　　果部下

　　甘蔗 《说文》曰藷蔗也。下面有夹注：或为芊蔗，或干蔗，或竿蔗，或甘蔗，或都蔗，所在不同。《汉书》《离骚》俱作柘。有数种：曰杜蔗，即竹蔗，绿嫩薄皮，味极醇厚，专用作霜。曰白蔗，一名荻蔗，一名芳蔗，一名蜡蔗，可作糖。江东为胜。今江浙闽广蜀川湖南所生，大者围数寸，高丈许。又扶风蔗，一丈三节，见日则消，遇风则折。交阯蔗，长丈余，取汁曝之，数日成饴，入口即消。彼人谓之石蜜。丛生，茎似竹，内实直理，有节无枝。长者六七尺，短者三四尺。八九月收茎，可留至来年春夏。玄扈先生曰：甘蔗、糖蔗是二种。

　　《农桑辑要》曰：种法，用肥壮粪地，每岁春间耕转四遍，耕多更好。摆去柴草使地净熟，盖下上头。宜三月内下种。迤南暄热，二月内亦得。每栽子一个，截长五寸许。有节者中须带三两节，发芽于节上。畦宽一尺，下种处微壅，上高两边低下。相离五寸。卧栽一根，覆土厚二

寸。栽毕，用水绕浇，止令湿润，根脉无致淹没。栽封，旱则二三日浇一遍。如雨水调匀，每一十日浇一遍。其苗高二尺余，频用水广浇之。荒则锄之。无不开花结子。直至九月霜后，品尝秸秆。酸甜者或（美林按：疑当作"成"）熟。味苦者未成熟。将成熟者附根刈倒，依法即便煎熬外，将所留栽子秸秆斩去虚梢，深堀窖院，窖底用草衬藉，将秸秆竖立收藏，于上用板盖土覆之，毋令透风及冻损。直至来春，依时出窖，截栽如前法。大抵栽种者多用上半截，尽堪作种。其下截肥好者留熬沙糖。若用肥好者作种，尤佳。

煎熬法 若刈倒放十许日，即不中煎熬。将初刈倒秸秆去梢叶，截长二寸，碓捣碎，用密筐或布袋盛顿，压挤取汁，即用铜锅内，斟酌多寡，以文武火煎熬。其锅隔墙安置，墙外烧火，无令烟火近锅，专令一人看视。熬至稠粘似黑枣合色，用瓦盆一只，底上钻箸头大窍眼一个。盆下用瓷承接，将熬成汁用瓢豁于盆内。极好者澄于盆，流于瓷内者止可调渴水饮用。将好者止就用有窍眼盆盛顿，或倒在瓦罂内亦可，以物覆盖之，食则从便。慎勿置于热炕上，恐热开花。大抵煎熬者止取下截肥好者，有力糖多。若连上截用之亦得^{玄扈先生曰：熬糖法未尽于此}。

家法政曰：三月可种甘蔗。

雩都县土壤肥沃，偏宜甘蔗及菜色，余县所无。一节数寸长供献御。

（3）《二如亭群芳谱》

明王象晋撰。前有王象晋自序："因取平日所涉历咨询者，类而著之于编，而又冠以天时岁令，以便从事。历十余寒暑，始克就绪，题之曰《二如亭群芳谱》。"

在本书卷四果谱四有"甘蔗"一条，现将有关资料抄录如下：

甘蔗　丛生，茎似竹，内实，直理，有节无枝。长者六七尺，短者三四尺，根下节密，以渐而疏。叶如芦而大，聚顶上，扶疏四垂。八九月收茎，可留至来年春夏。有数种：曰杜蔗，即竹蔗，绿嫩薄皮，味极醇厚，专用作霜。曰白蔗，一名荻蔗，一名芳蔗，一名蜡蔗，可作糖。曰西蔗，作霜色浅。曰红蔗，亦名紫蔗，即崑苍蔗也。止可生啖，不堪作糖。江东为胜。今江浙闽广蜀川湖南所生，大者围数寸，高丈许。又扶风蔗，一丈三节，见日则消，遇风则折。交趾蔗，长丈余，取汁曝之，数日成饴，入口即消。彼人谓之石蜜。多食蔗，衄血。烧其滓，烟入目，则眼暗。

种植　谷雨内于沃土横种之，节间生苗，去其繁冗。至七月，取土封壅其根，加以粪秽。俟长成收取，虽常灌水，但俾水势流满润湿则已，不宜久蓄。

制用　蔗，脾家果，浆甘寒，能泻火热。《素问》所谓甘温除大热者也。煎炼成糖，则甘温而助湿热矣。石蜜，即白沙糖。凝结作块如石者，轻白如霜者为糖霜，坚白如冰者为冰糖。以白糖煎化印成人物之形者为飨糖。以石蜜和牛乳酥酪作成饼块为乳糖。以石蜜和诸色果类融成块为糖缠、糖煎。总之，皆自甘蔗出也。　蔗糖以蜀及岭南者为胜。江东虽有，劣于蜀产。会稽所作乳糖，视蜀更胜。沙糖多食损齿，发疳䘌，与鲫鱼同食，成疳；与葵同食，成流澼；与笋同食，成瘕。

疗治　发热，口干，小便赤涩，甘蔗去皮，嚼汁咽之，饮浆亦可。　反胃吐食，甘蔗汁七升，生姜汁一升，和匀，日日细呷之。　干呕不息，蔗汁温服半升，日二次，入姜汁更佳。痞疟疲瘵，食蔗数根即愈。眼暴赤肿涩痛，甘蔗汁二合，黄连半两，入铜器内，慢火养浓，去滓点之。虚热欬嗽，口干，涕唾，甘蔗汁升半，青粱米四合，煮粥，日食二次，极润心肺。

小儿口疳，蔗皮烧灰研掺之。　下痢禁口，沙糖半斤，乌梅一个，水两碗，煎一碗，时时饮。　腹中紧胀，白糖以酒三升煮服之，不过再。痘不落痂，沙糖调新汲水一杯服之。白汤调亦可，日二服。　虎伤疮，水化沙糖一碗，服并涂之。上气喘嗽，烦热，食即吐逆，沙糖姜汁等分相和，慢火煎二十沸，每咽半匙取效。　食韭口臭，沙糖解之。

典故　顾恺之为虎头将军，每吃蔗，自尾至本。或问之，曰：渐入佳境。《世说》齐宜都王鉴甘蔗插，百步射之，十发十中。元嘉二十七年，魏太武引兵攻彭城，求甘蔗于武陵王骏，骏命与之。赐甘蔗二十条。《魏史》郭汾阳在汾上，代宗赐甘蔗二十条。《唐史》唐大历间，有僧号邹和尚，跨白驴，登伞山，结茅以居。须盐、米、薪、菜之属，书于寸纸，系钱缗，遣驴负至市。人知为邹也，取平值，挂物于鞍，纵归。一日，驴犯山下黄氏蔗苗。黄请偿于邹。邹曰：汝未知因蔗糖为霜，利当十倍。吾语汝，塞责可乎？试之，果信，自此流传其法。王灼《谱》湖南马氏有鸡狗坊长，能种子母蔗。《格物论》宋神宗问吕惠卿曰：何草不庶生，独于蔗庶出何也？对曰：凡草植之则正生，此嫡出也。甘蔗以斜生，所谓庶出也。《野史》卢绛中疟疾疲瘵，梦一白衣妇人，颇有姿色，谓之曰：子之疾食蔗即愈。诘朝见鬻蔗者，揣囊中无一镪，唯有唐山一册，请易之。其人曰：吾负贩者，将此安用？哀君欲之。遂贻数挺。绛食之，旦而疾愈。《野史》

丽藻散语　江南郡（羡林按：应作都）蔗，酿液丰沛。张载。　漱醴而含蜜。张协。　都蔗虽甘，杖之必折。巧言虽美，用之必灭。曹植。　臑鳖炮羔有蔗浆。楚辞。　诗五言春雨余甘蔗。杜甫。　甘蔗消残醉。元稹。　偶然存蔗芋，幸各对筠松。杜甫。　七言　上官仍有蔗浆寒，茗饮蔗浆携所有，瓷罂无谢玉为缸，亦非崖蜜亦非饧，青女吹霜冻作冰。透骨清寒轻着齿，嚼成人迹板桥声，蔗浆归厨金碗冻，洗涤烦热足以宁吾躯。杜甫。　蔗浆玉碗冰泠泠。顾阿瑛。

羡林按：下面还有宋舒亶《咏甘蔗》和宋王灼《糖霜谱》全文，此二人已见本书第六章，这里不再抄录。

8. 类书

关于"类书"，我在《宋代的甘蔗种植和制糖霜术》已经做了比较详细的说明，这里不再重复。到了明代，类书似乎又"更上一层楼"，其发展超越了前几代。俗话说"后来居上"，当然是原因之一。此外，还有实际的需要，这也是发展的动力。永乐皇帝想弘扬国威，并为自己的统治树碑立传，于是就出现了规模空前的《永乐大典》，在中国类书史上开辟了一个新纪元。后来又出现了许多类书，规模没有《永乐大典》那样大，但各有其特色。

我在这里再补充几句。十分严格地区别什么是类书，什么不是类书，有时也较难。《四库全书》的分类有的地方也颇值得商讨。我们只能模糊一点。好在有的书，即使不见于类书这一类，在别的地方也能找到。作为资料，有其本身的价值，把它归入哪一类，是次要的。

下面我就把类书中有关甘蔗和沙糖的资料抄录下来。

（1）《永乐大典》

初名《文献大成》，原二万二千八百七十七卷，凡例、目录六十卷。明解缙（1369—1415 年）等奉敕编纂。缙字大绅，又字缙绅，吉水（今属江西）人。洪武进士，居官屡遭迁谪，终死于狱。成祖以古今事物散于众书，不利检阅，欲集诸家之书，分类辑为一编，而以韵统之。遂于永乐元年（1403 年）七月，命解缙主其事，一百四十七人参预。次年十二月成书，成祖嫌其未备，复增派姚广孝、刘季篪同主其事，誊写者三千余人，至永乐六年（1408年）冬成书，赐今名。本书收存历代重要典籍多达七八千种，约三亿七千万字，装为一万一千零九十五册。以单字为目，以洪武正韵系字。凡单字注释、引文之书名、作者，皆用红字写出，极为醒目。成段或全书采录文献，一字不改，精确可靠[25]。这一部极其重要的类书，在将近六百年的时期中，屡遭散失。清末又为外来的殖民主义侵略者焚毁一部分，掠夺一部分，至今已残缺破碎，成为学术界的永远无法弥补的憾事。

明徐伯龄撰《蟫精隽》卷一，第一条就是关于《永乐大典》的。我抄录一点：

皇明太宗文皇帝命儒臣姚广孝、王洪、胡广、胡俨、陈济等率群儒作《永乐大典》。书成，凡二万二千九百三十七卷，勒为一万一千九十五本，藏文秘阁。其经进表文云。（见《四库全书》867，70）

表文略。表中所讲的卷数，加上凡例和目录，与上面的数字完全相同。值得注意的是，永乐元年解缙主编一事，这里完全没提。

下面是有关蔗和糖的材料。

《永乐大典》既已残缺过甚，其中本来有不少关于蔗和糖的记载，我相信都是异常珍贵的，现在却只知道卷数，原文恐怕永远也找不到了。我先把卷数写在下面：

7189　餳锡

17766　十七蔗

这两条都很重要，可惜已无法找到，中华书局版《永乐大典》缺。别的地方也没有。

有一卷：11907，中华版缺。我却在世界书局出版的、杨家骆主编的《中国学术名著》第四种《类书丛编》第一集，《永乐大典》中找到。其中有：

清远县　永乐六年实在诸邑课程钞　糖榨课钞七十二定三贯文　加增门摊糖榨课钞八百七十四定四贯三百六十文，门摊课钞六百五十七定三百六十文，糖榨课钞二百一十七定四贯文。

土产

人面子　核如人面，去核沃糖，可寄远。

蔗　番禺、南海、东莞有。乡村人煎汁为沙糖，工制虽不逮蜀、汉川为狮子形，而味亦过柳城也。

湟川志

甘蔗

羡林按：在前一章，第七章，"元代的甘蔗种植和沙糖制造"中，我曾讲到《永乐大典》，说：里面讲的关于蔗和糖的情况，都是元代的情况，因此提前叙述。但是，现在讲的是明代，我又觉得《永乐大典》毕竟是明代的伟大类书，不在这里讲上一讲，又似乎不妥。所以又撮要讲了一点。请读者参阅上面第七章。

（2）《物原》

明山阴核轩罗顾辑著。

食原第十

轩辕臣夙沙作盐，嫘祖作醴，公刘作锡蜜，殷果作醋，周公作酱芥辣，孙权始效交趾作蔗糖。

（3）《焦氏类林》

明建业焦竑弱侯辑。八卷。卷首有万历丁亥（1587年）姚汝绍的序，王元贞的序和李登士龙的序。姚序说："吾友焦弱侯氏，具绝世资，于书无所不读。乃先得我心，披览之余，自羲轩以及胜国，凡言之可以企踵《新语》者，皆笔出之。积久而多，取《新语》篇目，稍为增损更正，类以人焉。既成，题曰《类林》。"对本书成书过程，作了简要的介绍。

卷之七上　食品

石蜜之滋，甜于浮萍，非蜂之类，假石之名。实出甘柘，变而逾轻。《凉州异物志》

（4）《类隽》

明勾吴虚舟郑若庸纂辑。前有万历甲戌（1574年）琅琊王世贞序，万历丙子（1576年）四明张大器序，后有万历丁丑（1577年）西蜀王用桢跋，万历戊寅（1578年）清源汪珙刻书跋语。据汪跋，此书当刻成于万历六年（1578年）。若庸字虚舟，又字中伯，江苏昆山人，早岁以文名著称。奉赵康王朱厚煜命，依《初学记》《艺文类聚》之体例编为一书，凡分二十门，掇拾唐以前隽语，历二十年而书成，名之曰《类隽》。

卷二八　果实类　甘蔗

羡林按：书中引甘蔗典故，多有与上面引用的古籍相同者。有这样的情况，为了避免重复计，我就只写书名。

〔石蜜〕引《广志》，引文略。

〔如蜜〕引《神异经》，引文略。

〔似竹〕引《南中八郡志》引文略。

〔为杖〕引魏文帝《典论》，引文略。

〔三节〕引《广志》，引文略。

〔佳境〕引《世说》，引文略。

〔竿沈〕引《西域传》，引文略。

〔愈疴〕引《江南野史》，引文略。

〔杖折〕引曹植，引文略。

〔嗽醴〕引张协，引文略。

（5）《三才图会》

明云间元翰王圻纂集，其子王思义校正。圻字元翰，号洪洲，上海人。明嘉靖四十四年（1565 年）进士。游宦极久，晚年致仕归里，以著述为事，著作极多。《三才图会》是其中之一。书共一百零六卷。有图有文。明代类书极多，然而图文并茂者，仅王圻父子之《三才图会》及章潢之《图书编》二书而已。

甘蔗见于本书，草木十一卷，系王思义续集。有图，文如下：

> 甘蔗，生江东者为胜。广州一种数年生者，如大竹，长丈余。叶有二种，一种似荻，节疏而细短，谓之荻蔗。一种似竹，粗长，竿其汁以为沙糖，炼沙糖和牛乳为石蜜，即乳糖也。味甘平，主下气和中，助脾气，利大肠。

（6）《广博物志》

《四库全书提要》说："五十卷。明董斯张撰。斯张字遐周，乌程人，国子监生，以洽闻周见，有声于时，所著述甚多。此书名为广张华《博物志》而作，其实分门隶事，名目琐碎，颇近后世类家，与《博物志》原例不甚相合。……爱博贪多，尤伤枝蔓。然其搜罗既富，唐以前之遗文坠简，裒聚良多，在明代类书中固犹为有资于淹雅者矣。"

卷四一　981，336 上

赤土国　物产多同于交阯。以甘蔗作酒，杂以紫瓜根，酒色黄赤，味亦香美。^{隋书}

卷四三　981，387 上，下

引《神异经》，引文略。

扶南甘蔗，一丈三节，白日炙便销，清风吹即析。^{梁吴均食移}

昔有二人共种甘蔗，而作誓言：种好者赏，其不好者当重罚之。时二人中一者念言：甘蔗极甜，若压取汁，还灌甘蔗树必得胜。既取汁溉，冀望滋味，反败种子所有，甘蔗一切都失。世人亦尔，欲求善福，恃己豪贵，倚形挟势，逼胁下民，陵夺财物，用作福善。不知将来反获其殃，如压甘蔗，彼此都失。^{法苑珠林}

（7）《古俪府》

《四库全书提要》说："十二卷。明王志庆编。志庆昆山人。其书以六朝唐宋骈体之文足供词藻之用者，采摭英华，分类编辑。……凡分十八门，每门各分子目，凡一百八十有二。……志庆之考订精确，虽不及其兄，而源流既正，识度自超。故偶然选辑之本，终能不失前人矩矱。"

卷一二　物类部^{饮食}

979，587 上　梁何逊《七召》

蔗有盈丈之名，桃表兼斤之实。……陇西白榛，湘南朱橘，荔枝、沙棠、葡萄、石蜜。

（8）《天中记》

《四库全书提要》说："《天中记》六十卷，明陈耀文撰。耀文学问该博。……明人类书所列旧籍，大都没其出处，至于凭臆增损，无可征信。此书援引繁富，而皆能一一著所由来，于体裁较善。惟所标书名，或在条首，或在条末，为例未免不纯。……然其自九流毖纬以逮僻典遗闻，广事蒐罗，实可为博闻多识之助。"评价是相当高的。

卷四六　967，243　蜜

石蜜，一名饴^{本草}_经。天竺国出石蜜^{续汉}_书

蜜中鼠矢　引孙亮故事

刻庐　西域自拂菻西南度碛二千里，有园曰磨邻，曰老勃萨，刻石蜜为庐，如挈状。

持珶若黏云。

煎石蜜　引《唐书》太宗遣使摩伽陀事

沙锡　沙锡石蜜，远国贡储^{张衡}_{七辩}

西垂之产　沙锡西垂之产^{盛公子与}_{刘颂书}

羡林按：其余与石蜜无关者，不录。

卷五三　967，531—533　甘蔗

三种

柘浆　引《汉书·郊祀歌》

为杖　引魏文帝

蔗锡　引孙亮

消酒　引《南方草木状》

渐入佳境　引顾恺之

百挺　引《宋书》

送甘蔗　引《南史》

射甘蔗　引《齐书》

设甘蔗　引范云

不食　引庾沙弥，见《梁书》

矢下食蔗　引《三国典略》

作酒　引《隋书》　赤土国

色味愈西域　引《唐书》

赐郭汾阳

节稀似竹　引《云南记》

始治糖霜　引王灼《谱》

食蔗即愈　引《江南野史》

石蜜　引《异物志》

糖冰　引王灼《谱》

旰瞒林　引《神异经》

若胚　婆贿伽卢国大若胚 唐南蛮传

杖蔗　引曹子建

明代有关甘蔗和沙糖的材料，就抄这样多。貌似繁多，实则还不完备。百分之百地完备，目前几乎是不可能的。我相信，重要的材料这里都有了。我还想再说明一下，我抄材料，巨细不遗。貌似极为烦琐，也许有人不以为然，我则仍然坚持这样做。韩文公说过："牛溲马勃，败鼓之皮，俱收并蓄者，医师之良也。"我不是医师，但却深知，遇到适当的场合，所有的材料都是有用的。

（二）甘蔗种植

现在我把上面抄录的材料加以整理、分析与综合，谈几个问题。按照上面的做法，先谈"甘蔗种植"。在这里，我想谈三个问题：

1.甘蔗种植的地区。

2.甘蔗种植的技术。

3.甘蔗的种类。

我的做法仍然同上面一样：尽量从发展上看问题，随时把明代的情况同唐、宋、元相比较，看看在哪些方面有了发展，有了些什么样的发展。

1. 甘蔗种植的地区

上面第五章中，我曾讲到，唐代甘蔗种植地区，主要只有两地：蜀川与江东（东吴）。此外还有扬州和荆州。实际情况决不会是这个样子。主要原因在于书缺有间，记载多有不周之处。

到了宋代，由于记载周详了，全国种植甘蔗的地区，范围大大地扩大了。我在上面第六章（二）甘蔗种植1.甘蔗种植地区中列了一个颇为详尽的表，作了一些必要的解释与考证，请读者参阅，这里不再重复。

元代甘蔗种植地域的特点就是，从南方向北方扩展。这一点上面第七章中已有论述，请参阅。

到了明代，文献记录比较多了一点，我现在用第六章用过的办法，先列上地名，下面再注上文献依据，顺序是上面抄录资料的顺序，关于外国的甘蔗产区，这里先不谈：

浙江杭州府钱塘、仁和二县	根据《明会典》
闽　蜀	根据《本草品汇精要》
赣州府	根据《明一统志》："土产石蜜。"

羡林按：这里恐怕是"崖蜜"或"岩蜜"的石蜜。

潼川府遂宁县	根据《明一统志》
泉州府	
广东布政司	根据《明一统志》
潼川州遂宁县	根据《皇舆考》《寰宇通志》
福建承宣布政司福州	根据《皇舆考》
泉州永春县	根据《皇舆考》
广东承宣布政使司广州	根据《皇舆考》

资州	根据《蜀中广记》
福州	
泉州	
漳州	根据《闽书南产志》
遂宁州	根据《草木子》
泉南	根据《泉南杂志》
泉州	
漳州	根据《闽部疏》
闽　广	根据《天工开物》
雩都	根据《农政全书》

羡林按：雩都县，汉置，其后几经废置。明清皆属江西赣州府。这样一来，我在上面曾推测《明一统志》记载的赣州府产石蜜是"崖蜜"或者"岩蜜"。现在有了《农政全书》这一条，恐怕要修改一下了。还有宋虔州产蔗，虔州即赣州。

清远县	根据《永乐大典》

羡林按：清远县，汉置中宿县，南朝梁置清远县，明清皆属广州府。

番禺、南海、东莞	根据《永乐大典》
蜀　汉川　柳城	根据《永乐大典》

羡林按：蜀，容易懂。汉川，问题比较多。根据臧励龢等《中国古今地名大辞典》（商务印书馆香港分馆），汉川郡即汉中郡，在陕西；汉川县在湖北。这里的"汉川"，不知何所指。柳城更复杂，"柳城"在河南。柳城县，一在东北，一在广西，一在河北承德地区。究竟何所指？弄不清楚。

　　江东　广东　　　　　　　　根据《三才图会》
地名列表到此为止。

　　因为我的原则是：地名与书名并重，所以难免有一些重复。
这能给读者更多的信息，无伤大雅。

　　归纳起来看，上列地名表涉及省一级的地区有浙江、福建、
四川、广东、江西等省。同宋代比较起来，少了几个省，最突出
的是江苏和云南。但这丝毫也不意味着，到了明代，这些省份就
不种甘蔗了。因为我看到的文献决非巨细不遗。我没有看到的文
献，也许比已经看到的还要多。因此，我的地名表只能表示一个
大体的轮廓。

2. 甘蔗种植的技术

　　关于甘蔗种植的技术，唐代没有文献可资依据。宋代《糖
霜谱》有较详细的叙述。元代的《农桑辑要》中，也有详细的叙
述。这都说明，种甘蔗的技术有了长足的发展。

　　到了明代，种植技术在过去经验的基础上，发展得日益完备
精良。这主要表现在下列三部书中：

　　（1）宋诩和宋公望撰《竹屿山房杂部》，"甘蔗"条。

　　（2）宋应星撰《天工开物》，"甘嗜"第四，"蔗种"条。

　　（3）徐光启撰《农政全书》，卷一〇"农事""授时"，种法
则完全抄录了元代的《农桑辑要》。

　　引文俱在，请读者自行参阅，这里不重复了。

3. 甘蔗的种类

我还是使用上面用过的办法，按资料出现的顺序，把有关甘蔗种类的记载写在下面：

（1）《本草蒙筌》，"种有二般"：

　　　a. 竹蔗

　　　b. 荻蔗

（2）《本草纲目》只引用了过去的说法。

（3）《闽书南产志》引《本草图经》，说蔗有两种：赤色名崑崙蔗，白色名荻蔗。接着说："出福州以上皮节红而淡，出泉漳者皮节绿而甘。其干小而长者名菅蔗，又名篷蔗。"

（4）《竹屿山房杂部》讲到荻蔗，又引《容斋五笔》"蔗有四色"的说法，引《本草》"广州一种"。

（5）《闽部疏》：

　　　a. 飴蔗

　　　b. 食蔗

羡林按：这个命名法颇奇特。前者恐即竹蔗和荻蔗，能作糖。后者恐即红蔗，或紫蔗，或崑崙蔗，止可生啖。

（6）《天工开物》"凡甘蔗有二种"：

　　　a. 果蔗　　似竹，能生啖，不可造糖。

　　　b. 糖蔗　　似荻，造糖。

（7）《农政全书》"有数种"：

　　　a. 杜蔗，即竹蔗，专用作霜。

　　　b. 白蔗，即荻蔗，一名芀蔗，一名蜡蔗，可作糖。

　　c.扶风蔗。

　　d.交阯蔗。

羡林按：徐光启在最后加了一段话："玄扈先生曰：甘蔗、糖蔗是二种。"意思是：能生啖的和能作糖的是两种。

　　（8）《群芳谱》

　　（9）《三才图会》：

　　a.荻蔗

　　b.竹蔗

（三）沙糖制造和应用

　　分两部分：1.沙糖制造；2.沙糖应用。

1. 沙糖制造

　　也就是《天工开物》中所说的"造糖"，《农政全书》所说的"煎熬法"或"熬糖法"。

　　熬糖法，在中国从唐代起有比较详细、比较具体的记述。上面第五章（一）材料来源3.敦煌卷子抄录的P.3303背面的那一段关于熬糖的记载，既详细，又具体，是非常重要的文献，请读者参考。我怀疑，唐太宗派人到印度去学习的就是这一套东西。其意义之重要自不待言。

　　到了宋代，在《糖霜谱》中对糖霜的制造有详尽的记载。同唐代敦煌写卷记载的熬糖法一比较，其进步之处立即昭然。《糖霜谱》已在第六章中全文抄录，这里不再重抄。

元代没有关于熬糖法的记载，所以在第七章中我没有专门讨论元代熬糖术。

到了明代，熬糖法走到了一个新的境界，达到了新的高度。其原因，据我估计，不出二途：一是内部的发展，二是外来的影响。具体一点说，就是明代出现了一些造白糖或者白沙糖的记载，比如《闽书南产志》《物理小识》《竹屿山房杂部》《泉南杂志》《天工开物》《农政全书》等等。这种情况，在过去的朝代中是没有的。笼统说起来，熬糖法不外两大类：一是熬赤糖（黑糖、红糖、紫糖），一是熬白糖。"白糖"这个名词，过去已多次出现；但还不会是真正的白糖，颜色不过偏白，偏鲜亮一点而已。真正的白糖——要注意：这同今天机器制造的白糖还不是一码事——是在明代才出现的。无论从内部的发展上来看，还是从对外交流上来看，白糖的出现都是非常值得注意的事情，因此我另辟一章，专门讨论白糖问题，这里就先不谈了。我在这里主要探讨熬赤糖的技术。

造赤砂糖技术的记载不是很多。《竹屿山房杂部》有一段话："今饮食所须甚广，杵滤其浆水，煎之为赤砂糖，易以一法煎之为白砂糖，又易以一法煎之为糖霜也。"赤砂糖、白砂糖和糖霜的关系，就是这样。《闽部疏》说："凡饴蔗捣之入釜，径炼为赤糖，赤糖再炼燥而成霜，为白糖。白糖再煅而凝，则曰冰糖。"意思同上面完全一样。《天工开物》把"造糖"与"造白糖"分列两节，"造糖"指的就是造赤砂糖。制造方法，原书讲得非常具体而细致，上面抄资料时已将全文抄录，这里不再重复。

徐光启《农政全书》有关熬糖技术的问题，整个地抄录了元代《农桑辑要》的原文，我已经抄在上面，请参阅。总之，徐光启在这方面没有增添什么新东西。我本来期望徐光启这个通西学的人能够介绍一点西方当时熬糖的技术，可我的期望竟落了空。徐光启在抄录了《农桑辑要》的全文以后，写了一个夹注："玄扈先生曰：熬糖法未尽于此。"这话很值得注意。由此可见，徐光启对《农桑辑要》的方法并不完全满意。可他自己又不把他认为满意的当时的熬糖技术写上去，遂成为千古憾事。

有一个问题必须在这里加以解决，这就是糖的种类或者名称。在抄材料的过程中，我逐渐发现，糖的种类非常多，简直是五花八门，必须清理出一个头绪来，否则易致误解。我仍然用上面用过的办法，按出现的顺序，以具体文献为单位，先列书名，后列糖名：

(1)《明会典》 餳糖 糖饼 黑沙糖 沙糖 餳糖 缠碗

(2)《本草集要》 沙糖

(3)《本草蒙筌》 沙糖

(4)《新刻官板本草真诠》 沙糖

(5)《本草纲目》 沙餹 石蜜 乳餹 餹霜 蔗餹 毬餹 餹饼 紫沙餹 冰餹 紫餹 白沙餹 捻餹 饗餹 猊餹 餹缠

（6）《普济方》　粘糖　沙糖　白糖　赤糖　杵头糖　砂糖　糖霜　石蜜　白沙糖　乳糖　碗糖霜　冰糖　水沙糖　稠糖　稀糖　白砂糖　干糖　老松糖　砮糖　干沙糖　腊月糖　琥珀糖

（7）《赤水玄珠》　白糖霜　糖毬　沙糖　砂糖

（8）《证治准绳》　砂糖　沙糖

（9）《先醒斋广笔记》　白糖

（10）《神农本草经疏》　石蜜　沙糖　乳糖

（11）《景岳全书》　白糖　沙糖　冰糖

（12）《弇山堂别集》　白糖　黑糖

（13）《瀛涯胜览》　沙糖　白糖　糖霜

（14）《星槎胜览》　砂糖

（15）《西洋番国志》　砂糖　白糖　糖霜

（16）《明一统志》　石蜜　糖霜

（17）《西洋朝贡典录》　糖霜　石蜜

（18）《咸宾录》　白沙糖

（19）《东西洋考》　石蜜

（20）《裔乘》　白砂糖　砂糖

（21）《皇舆考》　蔗霜　糖霜

（22）《四夷广记》　沙糖　糖霜

（23）《海国广记》　糖霜

（24）《皇明象胥录》　糖霜

（25）《闽书南产志》　黑糖　白糖　糖霜　冰糖　牛皮糖　清糖　官糖　奋尾　洁白糖　糖霜　蜜

　　　　片　洁冰

（26）《物理小识》 白糖　双清糖霜　漠尾　皮糖　糖霜

（27）《通雅》 冰糖　糖霜　茧糖　窠丝糖　猊糖
狮子乳糖　乳糖　吹糖

（28）《遵生八笺》 糖霜　水晶糖霜　白糖　砂糖
白糖霜　松子糖　白沙糖　嚻糖　白糖霜

（29）《竹屿山房杂部》 白糖　赤砂糖　白砂糖　響
糖　餐餻　风消餻　砂糖　藕丝糖　餻缠　水
晶糖霜　糖霜　餻冰　皮糖　沙糖　芝麻
糖　裹糖

（30）《潮中杂记》 葱糖

（31）《泉南杂志》 白沙糖

（32）《闽部疏》 赤糖　白糖　冰糖

（33）《天工开物》 红糖　白糖　西洋糖　冰糖　石山
团枝　瓮鉴　小颗　沙脚　兽糖　享糖

（34）《农政全书》 沙糖

（35）《弘治八闽通志》 水糖

（36）《万历重修泉州府志》 黑砂糖　白砂糖　響糖
冰糖　牛皮糖

（37）《类隽》 石蜜

（38）《三才图会》 沙糖　石蜜

从上列表中我们可以看到，糖的名称真正繁多。我之所以不厌其烦
地抄这样许多糖名，其目的也不外想给读者一点形象的认识而已。
　　我在这里想谈几个与糖名有关的问题。首先，糖名的含义，

一般说来是清楚的，但有的也颇含混，比如石蜜和糖霜，含义就不很清楚。各书的说法也不一致。又比如《瀛涯胜览》将沙糖与白糖并列，难道颜色不白的就叫作沙糖吗？其次，有几个糖名在很多地方出现，需要稍加解释。

a.捻糖　《本草纲目》引宗奭曰："其作饼黄白色者，谓之捻糖，易消化，入药至少。"

b.饗糖　《本草纲目》："以白糖煎化模印成人物狮象之形者，为饗糖。"这个名词有多种写法，《明会典》作"鬺糖"，说明是"筵宴食品"。《遵生八笺》作"鬺糖"。《竹屿山房杂部》作"響糖"。《天工开物》作"享糖"。

c.餶缠　《本草纲目》："以石蜜和诸果仁及橙橘皮、缩砂、薄荷之类，作成饼块者，为餶缠。"

d.乳糖　《本草纲目》："以石蜜和牛乳酥酪作成饼块者，为乳餹。"也叫"吹糖"。

e.皮糖　《竹屿山房杂部》："滴下者再煎得所置新瓦上，以两杖鼓臂抽击，遂为皮糖也。"《闽书南产志》有"牛皮糖"之名，似非一物。

f.茧糖　《通雅》："窠丝糖也。"

2. 沙糖应用

同前面几个朝代一样，沙糖应用，不出两途，一药用，一食用。

（1）药用

在第五章，我没有专门谈唐代沙糖的应用。在第六章和第七章，我专门谈了宋代和元代沙糖的应用。现在到了明代，我想用在宋代一章中已经用过的办法，以著作为基础，讲一讲沙糖等的药用问题，顺序按出现的前后排列。

《本草集要》

沙糖　主心肺大肠热，和中助脾。

《本草蒙筌》

甘蔗　助脾气，和中，解酒毒，止渴，利大小肠，益气，驱天行热。

《新刊官板本草真诠》

甘蔗　宽胸，止咳，消烦渴。

《本草纲目》

甘蔗　泻大热，（浆）消渴解酒，痞疟疲瘵，眼暴赤肿，磣涩疼痛，虚热欬嗽，口干涕唾，润心肺，小儿头疮白秃。

沙糖　心腹热胀，口干渴，润心肺大小肠热，解酒毒，下痢禁口，腹中紧胀，痘不落痂，虎伤人疮，上气喘嗽，烦热，食即吐逆，食韭口臭。

石蜜　心腹热胀，口干渴，治目中热膜，明目，润肺气，助五脏，生津，润心肺燥热，治嗽消痰。解酒和中，助脾气，缓肝气。

《普济方》

肺寒，气欬，涕唾，鼻塞，语声嘶塞，喘，反胃，朝食暮吐，暮食朝吐，旋即吐，结阴便血，病后津液燥少，大便不通，咽喉如有物噎塞，饮食不下，咽喉疼痛，暴嗽失音不语，骨鲠在喉中不出，误吞金银环及钗，误吞桃枝竹木，牙痛蛀牙，肝膈风热，目赤痛，目中热膜明目，结胸糖炙，天行热狂，时气头目昏疼，毒病下部生疮，心膈痞闷，腹胁虚胀，饮食减少，气不宣通，伤寒两胁刺痛攻心，劳极疲乏困顿，疟疾，热痢，五劳六极七伤，虚劳内伤寒热吐血，阴痛，解砒毒及巴豆毒，皂荚水并恶水入疮口内热痛不止，恶疮追死肉恶水，疥癣，溃肿排脓，瘰疬，瘘痔，口疮，嵌甲，诸般痔，小儿肝脏实热，风痰壅塞，小儿壮热，小儿疝气，小儿冷热不调，小儿九虫。

《薛氏医案》

吞铁或针。

《赤水玄珠》

暴嗽失声语不出，胸膈痞闷，痘后癫痫症。

《证治准绳》

干呕不息，多年沉积癖在肠胃，诸物梗喉，失音不能言语，心肺积热上攻咽喉。

《先醒斋广笔记》

蛔结，甘蔗浆消渴解酒痧瘵。

《神龙本草经疏》

蔗浆治噎膈，治燥，降火，产后益血，产后小便不利。

《景岳全书》

> 蔗浆治翻胃，久泻入痢，寸白虫，一切虫积，解诸毒
> 入腹及砒毒，风犬伤人。

药用的资料就抄这样多。有几个问题须要交代一下。第一，中医病名往往比较含混，不像西医那样准确。中药治的病往往很多，不像西药那样单一。第二，上录病名中，沙糖等在治疗方面有的承担主攻任务，更多的似乎只起辅助的作用。

（2）食用

对于这个问题，我不想做过多的阐述。食用与药用毕竟不同。药用的范围有限，而食用则几乎是无限的。甘蔗以及蔗浆的制成品沙糖、石蜜、糖霜等，都是甜的。甜是符合人类口味的。"口之于味，有同嗜焉"，于是就受到了人们的普遍欢迎。最初，这些东西大概都很贵，食用者只限皇室、贵族和有钱人。后来，随着种植范围的扩大，随着沙糖等的产量的增加，价格日益跌落，"旧时王谢堂前燕，飞入寻常百姓家"，老百姓都能吃到了。到了明代，沙糖等早已是家家必备，天天必用，人人必吃了。因此，情况既然是这个样子，对沙糖等的食用如果再做过多的阐述，则一无可能，二无必要了。在我上面抄录的材料中，有一些有关食用的，比如《遵生八笺》《竹屿山房杂部》《西湖游览志余》等等都是，请参阅，我在这里不再重复了。

（四）白沙糖的出现（另设专章）

（五）外来影响和对外影响

明代，继汉唐以后，在对外交通方面，又达到了一个新的水平。这是政治和经济的需要使然，是不以人的意志为转移的。

我在上面抄录了大量的有关国外甘蔗种植和沙糖、石蜜、糖霜制造的材料。我抄的范围比较广，除《明史》外，还有《瀛涯胜览》《星槎胜览》《西洋番国志》《西洋朝贡典录》《殊域周咨录》《皇明四夷考》《咸宾录》《东西洋考》《裔乘》《海语》《寰宇通志》《四夷广记》《海国广记》《皇明象胥录》等等著作。外国人的游记和著作中的有关资料，也抄了一些[26]。这些都是很有用的资料。但是，我在这里不想对这些资料加以分析、综合、利用。这一件工作留待"国际编"的有关章节中去完成，否则就会重复了。

我在本节中只想简短扼要地谈两个问题：一个是外来影响，一个是对外影响。关于外来影响，在上面第五章（唐代）、第六章（宋代）、第七章（元代）中，我都谈到过。唐代的外来影响来自印度和波斯，宋代来自大食，元代来自阿拉伯国家，其中宋代和元代都牵涉到白沙糖的炼制问题。这个问题留待"白沙糖的出现"专章中去讨论。

至于对外影响，上面在任何一章中都没有谈到过，因为还没有找到。到了明代，可能还有清初，中国的白沙糖肯定已经输出国外，其中包括印度的孟加拉地区。这个问题我在两篇论文中有详尽的阐述。这两篇论文是《cīnī问题》和《再谈cīnī问题》，都见本书附录。请参阅。

注释：

1　《中国医学史》，主编：甄志亚，副主编：傅维康，人民卫生出版社，1991 年，第 289 页。

2　同上书，第 291—292 页。

3　同上书，第 292 页。我看的是北京图书馆善本，只有十三卷，残缺不全。

4　同上书，第 293 页。

5　同上书，第 294—297 页。

6　我只引与蔗和糖有关的词句，上下文过多，读者如有兴趣，请自行翻阅。

7　因为这些资料异常重要，所以我全文抄录。

8　下面夹注。为了醒目起见，我当作正文来抄录。下面也有这种情况，不再注解。

9　《中国医学史》，第 301—302 页。

10　关于飴糖的资料，我也顺便抄一些；但不求全。

11　为了节省篇幅，下面只讲出处。

12　下面诸药方都治眼病，药的功能不再抄录。

13　下面只写《四库全书》的册数和页数。

14　《四库全书》765，248，上，有类似的记述，可参阅。

15　文长，未具录，读者可参阅。

16　参阅耿引曾：《汉文南亚史料学》，北京大学出版社，1991 年，第 310—317 页。

17　参阅同上。

18　参阅同上。

19　前者册数，后者页数。

20　印度学者 Haraprasad Ray 的专著《印中关系中的贸易与外交——十五世纪孟加拉之研究》（*Trade and Diplomacy, A Study of Bengal during the Fifteenth Century*，Radiant Publishers，New Delhi，India，1993）主要依据的就是《西洋朝贡典录》。

21　下面《南夷志》卷之六，小呗喃条出现了"榜葛剌"字样。

22　参阅本书第一章。

23　叙述主要依据吴枫、高振铎、颜中其等《简明中国古籍辞典》，吉林文史出版社，1989 年，第 84 页。

24　同上书，第 371 页。

25　同上书，第 278—279 页。

26　写本章时，有时查一查 Noel Deerr 的 *The History of Sugar*（《糖史》，London Chapman and Hall Ltd.1949），有关中国的部分，书中也曾引用《本草纲目》。本书系皇皇巨著，材料十分丰富，有很多东西值得参考，应该感谢作者。西方学术界，《糖史》巨著共有两部：一部是德国学者 Lippmann 的，一部就是本书。前者也曾用有关中国的资料，引用得相当谨严。但是此书在引用材料方面，至少在有关中国的这一部分中，却相当马虎，出了不少错误。这些错误有的是被引用者原书就有的。有的却是此书作者的。我略举数例：第 35 页，说司马相如是公元前 200 年时的人。同页，把《本草纲目》拼写为 Pen-ts'ao-kang-mu；同页，把顾恺之的"渐入佳境"译为 gradually pass into paradise（渐入天堂乐园）；第 36 页，把 shu-tang（蜀糖）译为 milk sugar，显系"乳糖"；把"西戎"写成 Si-zum；第 37 页，把山东列入制糖区，显系"江东"之误；第 39 页，注 11，把《诸蕃志》写为 Chu-jan-fai，令人莫名其妙。短短几页，竟出现这样多错误，这样的书使用起来，真不放心。

第九章

白糖问题

"白糖"就"白糖"完了，为什么还要"问题"？因为，无论是"白糖"这个词儿，还是这个词儿所代表的实物，都非常复杂，非把它作为一个"问题"不行，非列这样一个专章来论述不可。

关于白糖，在上面的许多章里已经多次提到过。读者对于白糖在中国熬制的过程，相信已经有了一些了解。但是，在中国制糖史上，白糖的熬制毕竟是一个复杂的过程，它的出现是一件重要的事情，同它有关联的问题很多。因此，我必须在上面叙述的基础上再立此专章，加以综合叙述，把熬制过程系统化，条理化，期能找出一个比较清晰的发展线索，并指出其重要意义。由于论述的对象相同，只是论述的方法有别，所以在材料使用方面难免有一些重复。但是我将努力避免重复的现象，把它减少到最低限度。

中外一些治糖史的学者也对白糖加以专文或专章论述，比如：

（一）于介《白糖是何时发明的？》，《重庆师范学院学报·哲学社会科学版》，1980 年第 4 期，第 82—84 页。

（二）李治寰《从制糖史谈石蜜和冰糖》，《历史研究》，1981年第 2 期，第 146—154 页。

（三）李治寰《中国食糖史稿》，农业出版社，1990 年，第六章，六 白沙糖——明代引进脱色法制糖。

（四）日本洞富雄《石蜜·糖霜考》，《史观》，第六册，第95—112 页。

（五） E. O. von Lippmann, *Geschichte des Zuckers*, Berlin 1929，没有集中讲白沙糖，但很多地方都提到，比如 p.108、111、113，特别是第四章：pp.158—172。

（六） Noel Deerr, *The History of Sugar*，London Chapman and Hall Ltd.1949, vol. one. Ⅳ China and the Far East; vol. two ⅩⅩⅧ Refining。

以上只是几个例子，并不是没有遗漏。这些专著和论文的内容，将在下面的叙述中在适当的地方加以征引和评论，这里不加介绍。

我在下面叙述一下有关白糖的一些情况，叙述的顺序如下：

（一）"白糖"这个词儿的出现。

    1.在印度

    2.在中国

（二）糖颜色的重要意义：其产生根源与外来影响的关系。

（三）明代中国白糖的熬制方法。

    ——黄泥水淋脱色法是中国的伟大发明。

（四）明代中国白糖的输出。

(一)"白糖"这个词儿的出现

1. 在印度

印度制糖有非常悠久的历史,而且与中国制糖史有千丝万缕的关系(参阅"国际编"第四章:"从佛典的律藏中看古代印度的甘蔗种植以及沙糖和石蜜的制造和使用"),所以我现在先谈"白糖"这个词儿在古代印度出现的情况。

在印度古代的典籍中,糖的名称不同,种类数目多少不同,排列的顺序也不同。排列顺序决不是任意为之的,而是有确定的意义。正如Deerr指出的那样,层次越往下排,纯洁度(purity)越高[1]。什么叫作"纯洁度"?下面有解释。既然各书的排列方法和顺序都不同,我现采用《利论》(*Artha śāstra*)[2]和《妙闻本集》(*Suśruta-samhitā*)[3]的排列顺序,把糖的名称写在下面:

phāṇita

guḍa

matsyaṇḍikā 或 matsyaṇḍī

khaṇḍa

śarkarā

专就这五种糖而论,phāṇita的纯洁度最差,而śarkarā最高。

纯洁度表现在什么地方呢?Rai Bahadur[4]做了一次化学分析,简述如下:

Phāṇita 颜色似蜜,香,甜。其成分因蔗浆质量和浓缩程度之不同而不同。根据Caraka[5]的说法，浓缩到蔗浆的四分之一至二分之一，含糖量百分之四十至五十。

guḍa 印度很多地方都生产。颜色是淡黄的（straw-coloured），柔软，微湿，有生糖的特有的香味。Rai Bahadur选了一种，做了化学分析，其成分是：蔗糖78，转化糖16，其他有机物8，灰1.8，水3.4。

matsyaṇḍī Rai Bahadur选了一种，做化学分析。其成分是：蔗糖76.3，转化糖7.2，其他有机物1.2，灰1.8，水13。颜色是淡黄的，颗粒细小。

Khaṇḍa Rai Bahadur分析的结果是：蔗糖88.4，转化糖9.5，其他有机物0.1，灰0.8，水1.2。

śarkarā Rai Rahadur分析的结果是：蔗糖97，转化糖1。颜色比较洁白。

以上五种糖是古代印度以及现代印度最常见的。16世纪的医书Bhāvaprakāśa的说法是："把蔗浆熬煮，形成稠糖浆，这就是phāṇita。继续煮下去，形成掺有一点液体的固体，这就是matsyaṇḍī。之所以这样叫，因为从中可以慢慢地滴出一种似液体的糖浆。如果把稠糖浆熬炼成固体的块状，这就是guḍa。但是，在Gauḍa地区，人们用这个名来称呼Matsyaṇḍī。khaṇḍa像是砂粒，色白。śarkarā也称作sitā（意思是"白"）[6]。

非常值得注意的是，Bhāvaprakāśa在五种之外又增添了两种：puṣpasitā和sitopalā。Rai Bahadur在谈到puṣpasitā时，说它是孟加拉的padma-cīnī，phul-cīnī和bhurā。又说当时售卖的kāśi-cīnī（贝拿勒斯的cīnī）就是过去的cīnī puṣpasitā。这种糖粒细小，颜色洁白浅淡。在谈到 sitopalā 时，说它产自西孟加拉，又名 Misri。puṣpasitā 的成分是：蔗糖 99，转化糖 0.3，灰 0.2，水 0.5，sitopalā 的成分是：蔗糖 99，转化糖 0.5，灰 0.2，水 0.2[7]。

Rai Bahadur 没有解释，也无法解释一个语言现象：为什么 puṣpasitā 同 cīnī 联系在一起，而 sitopalā 又同 misri 联系在一起？cīnī，意思是"中国"，misri 来自"埃及"。关于 cīnī 我曾在两篇论文[8]中加以阐述，我的结论是：中国制造白沙糖的技术，于公元 13 世纪后半，传入印度，而传入的地点是孟加拉。我的证据是无可辩驳的。因此，puṣpasitā 出现在 16 世纪的 Bhāvaprākāśe 中是完全顺理成章的。至于埃及问题，我没有专门研究。反正埃及制糖术，特别是制造白沙糖的技术，也在 16 世纪以前传入印度，学者间没有疑义。

现在我们可以来回答纯洁度表现在什么地方这个问题了。我认为，这个问题可以从两个方面来回答。第一是糖的质量，这主要表现在蔗糖的含量上。phāṇita 不明确。guḍa 是 78，matsyaṇḍī 是 76，kaṇḍa 是 88.4，śarkarā 是 97，puṣpa-sitā 是 99，sitopalā 是 99。总的情况是，越往下含蔗糖量越高。第二是糖的颜色是由褐色到淡黄，由淡黄到洁白，越来越白。这一点对我们来说是非常重要的。śarkarā 另一个名是 sitā "白" puṣpasitā 和 sitopalā 都是 sitā 这个字眼，表示它们是"白"的。sitopalā，直译是"白石"，可能是既白且硬如石"[9]。

现在我介绍一下《鲍威尔写卷》[10]中有关白糖的论述。原书在中国找不到，我暂时只能根据 Deerr[11] 书中的叙述来介绍。根据 M. Winternitz 的意见[12]，这个写卷约写于公元 4 世纪后半。卷中所记述的情况自然就是在这之前的。在这里，糖一般被称为sarkara[13]。有时带形容词，被称为phanita，guda，matsyandika。sarkara本身被提37次，它的派生词14次。加上形容词sita（白），三次。sita-sarkara-churna（白沙糖）只出现一次。sita单独表示糖，六次。sita-churna二次。sitopala[14]，"白石糖"，三次。phanita二次，guda 33次，matsyandika只有一次。ikshu（甘蔗）三次。ikshumula（甘蔗根）二次。ikshurasa（蔗浆）七次。ikshusvarasa（鲜蔗糖）一次。

现在介绍一下Harṣacarita[15]（《戒日王传》）中关于白糖的记述。这里面讲到不同种类的糖。pāṭalaśarkarā和karkaśarkarā同时并用。前者指颜色淡红的糖，后者指颜色白的糖。前者似乎是一种炼得不够精的糖，后者则是熬煮khāṇ，撇掉一些脏东西熬成的糖，由于杂质少，所以颜色白，最后把它制成沙粒状。

在印度古代著名的字典Amarakośa[16]中，sitā是śarkarā的同义词。可见śarkarā的颜色是白的，这毫无疑义。

根据我在上面所作出的简略的介绍，印度古代糖种类很多。我介绍了五种或者七种，这并不全面。但是，仅从这五种或者七种中，我们就能体会到，糖种类之所以不同，关键就在于熬炼的水平不同。那么，印度古代的熬糖的方法是怎样的呢？

我现在根据Rai Bahadur的描述[17]来简略地介绍一下。他首先说："我们现在不知道古人是怎样澄清糖浆的，是怎样净化他们的糖的。他们使用的方法很可能同今天孟加拉和其他地区使用的相似。"下面他就介绍了他所知道的方法。在孟加拉有两种糖：一种叫daluā，一种叫bhurā；前者低级，后者高级。人们把低级的daluā卖给糖果制造商人。商人们把它熬炼成颜色较白的高级糖。熬炼过程是：先把daluā放在锅中，用水溶化；然后把锅烧开，糖水滚动，浮沫升起，把浮沫撇掉，把新鲜牛奶用水冲淡，浇在滚开的糖水边上，奶中的蛋白受热凝结起来，把许多杂质（impurities）裹在里面，把它撇掉，杂质就减少了一些。就这样，一直煮下去，再煮再撇，一直到再没有浮沫升起为止。没有牛奶，椰浆也可以，效果相同。糖浆凝固以后，变成颗粒状。颗粒细碎，颜色较daluā白。这样制成的糖，孟加拉文叫bhurā，梵文叫puṣpa-sitā，是古代最高级的糖。Rai Bahadur最后加上一句："了解到印度工业进展得是多么迟缓，就没有理由去假设，现在的制成品同古代有什么差别。"他的意思是说，根据现在完全可以推测过去。

把上面所说的归纳起来，我的结论是：糖之所以不纯，所以品位低，是因为有杂质。颜色之所以不白，也是因为有杂质。杂质一去掉，则糖就纯（pure）了，品位也高了，颜色也变白了。熬炼的过程，实际上就是逐渐去掉杂质的过程。此外，Rai Bahadur描述bhurā或者叫puṣpa-sitā的制造过程，是异常重要的。我在上面已经说到，puṣpa-sitā同cīnī有密切联系。cīnī是从中国传入印度孟加拉地区的白沙糖，连同制造技术也传了过去。Rai Bahadur所描写的熬炼方法，难道就是从中国传过去的方法吗？下面我还要谈这个问题。

2. 在中国

在中国，"白糖"这个词儿出现得也比较早。但是，它的含义比较模糊，人们从中得不到一个明确的概念。

我现在根据我在上面引书的顺序，把有关"白糖"的地方抄下来。"石蜜"一词儿，唐代梵汉字典中用来译śarkarā的，也属于"白糖"一类；但毕竟没有用"白糖"这个词儿，所以略而不录。

我从唐代开始。

孙思邈《千金要方》 卷九 前胡建中汤 白糖六两 卷一六 治吞金银环及钗等 白糖二斤 卷一七 治肺寒等 白糖 卷一八 治欬嗽上气方 白糖五分 卷一九 前胡建中汤 白糖六两 人参汤 白糖 卷二三 小槐实汤 白糖一斤

孙思邈《千金翼方》 卷四 石蜜，可作饼块，黄白色（羡林按：因为提到石蜜的颜色，所以我抄了下来） 卷一五 人参汤 白糖 卷一八 前胡建中汤 白糖 卷二四 治疥癣 白糖八两

王焘《外台秘要》 卷八 治误吞银钗等 白糖 卷九 治卒欬嗽方 白糖一斤 疗气嗽煎方 白糖五合 卷二六 《千金》小槐实丸 白糖二斤 卷三〇 深师疗癣秘方 白糖二两

下面的敦煌卷子中只有石蜜和沙糖，而没有白糖。《大唐西域记》同。《南海寄归内法传》只有沙糖。《续高僧传·玄奘传》只有石蜜。《唐大和上东征传》只有蔗糖和石蜜。《梵语杂名》只有沙糖。《经行记》只有石蜜。

到了宋代，"白沙糖"这个词儿开始出现。

　　《宋史》卷四八九　三佛齐国　白沙糖　卷四九〇　大食　白沙糖。《宋会要辑稿》第 197 册第 7759 页　大食　白沙糖。第 7761 页　蒲端　白沙糖。《证类本草》引《子母秘录》白糖，引《衍义》："沙糖又次石蜜，蔗汁清，故费煎炼，致紫黑色。"（羡林按：这里讲出了沙糖的颜色。）《糖霜谱》中，只有沙糖，没有白沙糖。《太平寰宇记》卷八二，剑南东道　沙糖。卷一〇〇，江南东道十二　福州　干白沙糖今贡（羡林按："干白沙糖"这个词儿非常值得注意）。《诸蕃志》阇婆国："蔗糖其色红白，味极甘美。"（羡林按：这两句话又见下面的《岭外代答》。"红白"，含义含混）。大食国只讲"糖"。《滇海虞衡志》卷一〇　志果："临安人又善为糖霜，如雪之白，曰白糖，对合子之红糖也。"（羡林按：这几句话非常值得注意，糖而能"如雪之白"，其白可见。但是，按照中国制糖发展的阶段，当时还不可能达到这个水平。我目前还无法解释。）《文献通考》卷三三九　大食　白沙糖。

元代，在中国制造白糖或白沙糖的历史上恐怕是一个转折点。

　　《饮膳正要》第二卷　木瓜煎　白沙糖十斤炼净　香圆煎　白沙糖十斤炼净　株子煎　白沙糖五斤炼净　紫苏煎　白沙糖十斤炼净　金橘煎　白沙糖三斤　樱桃煎　白沙糖二十五斤　石榴浆　白沙糖十斤炼净　五味子舍儿别　白沙糖八斤炼净

　　《岛夷志略》苏门傍"贸易之货，用白糖"；大八丹白糖

《马可波罗游记》一五四章福州国有非常重要的关于制造白沙糖的记载，请参阅上面第七章：《元代的甘蔗种植和沙糖制造》。在这里有关于温敢（Unguen）城的一段记载，因为非常重要，我再抄录一段：

> 此城制糖甚多，运至汗八里城，以充上供。温敢城未降顺大汗前，其居民不知制糖，仅知煮浆，冷后成黑渣。降顺大汗以后，时朝中有巴比伦（Babylonie，指埃及[18]）地方之人，大汗遣之至此城，授民以制糖术，用一种树灰制造。

这在中国制糖史上是一件十分重要的事情。"用一种树灰制造"，特别值得注意。

下面我又引用了Marsden引P. Martini的话：On fait dans son territoire une tré sgrande quantité de sucre fort blanc［在（福州）境内，人们制造极大量的非常白的糖］。"非常白" fort blanc，这个关于糖的颜色的描述非常值得重视。

A. C. Moule和伯希和（Paul Pelliot）的《马可波罗游记》的新版本中，与上面引的那一段话相适应的一段话也很值得注意。为了对比起见，我也抄在下面：

> 在被大汗征服以前，这里的人不知道怎样把糖整治精炼得像巴比伦（Babilonie）各部所炼的那样既精且美。他们不惯于使糖凝固粘连在一起，形成面包状的糖块，他们是把它来熬煮，撇去浮沫，然后，在它冷却以后，成为糊状，颜色是黑的。但是，当它臣属于大汗之后，巴比伦地区的人来到了朝廷上，这些人来到这些地方，教给他们用

某一些树的灰来精炼糖。

从白沙糖制造的观点上来看，继元代之后，明代又是一个转折点。明代典籍中提到白沙糖或白糖的地方多了起来。《本草纲目》说白沙糖就是石蜜。《普济方》中多次提到白糖或白沙糖，比如748，64，739上；752，157，306下；752，157，308下；752，158，319下；752，158，337上；752，159，344下；752，161，400上；752，161，410上；752，162，420下；752，163，469上；754，228，648下；754，230，711上；755，267，816上下；756，293，667上；756，295，729下。《赤水玄珠》766，484上 白糖霜。《先醒斋广笔记》775，255下、《景岳全书》778，448下 白糖。《瀛涯胜览》榜葛剌国 白糖（与沙糖、糖霜并列），《西洋番国志》榜葛剌国与《瀛涯胜览》同。《咸宾录》大食 白沙糖。《裔乘》三佛齐 白砂糖、苏门答剌 白沙糖。《闽书南产志》 白糖（与黑糖并列）。《沙哈鲁遣使中国记》 白糖。《中国志》 白糖。《东印度航海记》 白糖。《物理小识》 造白糖法。《遵生八笺》871，629上 白糖；871，631下 白糖；871，632上 白糖；871，663下 卷一三 起糖卤法；871，664上 白糖卤；871，836上 卷一七 白沙糖；871，844下 卷一八 白糖霜；871，845上 白糖霜；871，874下 白糖霜。《竹屿山房杂部》871，128上 白糖；871，134下 白砂糖。从此处至871，147上，有很多"白沙糖"，不具录，请参阅我的原文。871，196下 有造赤砂糖、白砂糖法，很值得注意。皮糖也用白砂糖熬制。从871，197下至871，210上，又有一些"白砂糖"，不具录。《泉南杂志》卷上 造白沙糖法；《天工开物》中有专节讲"造糖""造白糖""造兽糖"等；《农政全书》中有煎熬法，是抄元代的《农桑辑要》。

从唐代到明代"白沙糖"或"白糖"这两个词儿出现的情况，就讲到这里。

总起来看，"白糖"这个词儿的含义是相当模糊的。唐代出现的"白糖"，从熬炼发展的观点上来看，不可能真正的白。同黑糖或赤糖比较起来，不过略显得光洁而已。清代《滇海虞衡志》中的"白糖"明言"如雪之白"，对它白色不容怀疑。从中国炼糖史来看，这是毫无问题的。这本来应在下一章再谈。但它把颜色提得这样鲜明，值得注意，因此我提前说几句。至于从宋代起开始出现的"白沙糖"，多半同大食或南洋的什么地方相联系。这种糖的"白"而且"沙"，是不容怀疑的。我在下面还要探讨这个问题，这里暂且不谈。

（二）糖颜色的重要意义：
其产生根源与外来影响的关系

人类对自己所使用或食用的物品，总是要求越来越精。而精的表现方式则因物品的不同而不同。专就糖而论，精就表现在颜色上，颜色越鲜白越精。糖的颜色之所以黑，主要原因就是有杂质。杂质越少，则颜色越白。一部炼糖史就表现了这种情况。炼糖技术的主要目的或主要功用，就是去掉杂质。要做到这一步，也并不容易。要经过长期的反复的试验，才能做到。在这里，本

国的经验是重要的，外来的影响也是重要的。这个问题将在下一
节详细讨论。

颜色越白越好，并不能适用于一切糖的品种，具体地说，它
只适用于白沙糖。对于糖霜，就不适用。"糖霜"这个词儿是一
个多义词。专就宋代王灼《糖霜谱》中所说的"糖霜"而言，原
书中就说过："凡霜一瓮中品色亦自不同。堆积如假山者为上，
深琥珀次之，浅黄色又次之。"并不是颜色越淡越好。

（三）明代中国白糖的熬制方法

——黄泥水淋脱色法是中国的伟大发明

这是本章讨论的主要问题。

从我在上面几章中征引的典籍来看，唐以前的制糖方法有两
种：一是熬，二是曝，就是在太阳下晒。

唐代已经有了熬糖方法的具体记载，这就是那一张敦煌残
卷 [19]。残卷中所记述的方法，根据我的猜想，很可能就是唐太宗
派人到摩揭陀学习的方法。总起来看，这个方法还是比较粗糙
的。至于邹和尚传入的方法，文献上没有讲，我们无从臆测。

到了宋代，王灼《糖霜谱》中记载了造糖霜的技术，具体而
细致，在中国制糖史上是一个进步。宋代最值得重视的一件事是
大食白沙糖的传入。大食（阿拉伯国家）制糖，历史颇为悠久。
唐杜环的《经行记》已经提到大食的石蜜。但是大食熬制白沙糖
的技术如何？为什么只有大食能造白沙糖？这些问题我们还都不

十分清楚。我还怀疑，南洋一带有白沙糖，从地理环境上来看，从交通情况来看，也可能与大食的影响有关，中国所谓"近水楼台先得月"者就是。这些问题我将在"国际编"中有关的章节中去讨论，这里暂且放下。

在元代，《农桑辑要》中有关于熬糖法的记载，方法也还是比较粗糙。但是，《马可波罗游记》中的记载，却是异常重要的。原文我已经引在上面，请参阅。这里炼制的肯定已经是白沙糖。值得注意的是：一、熬炼过程中，向锅里投入某一种树的灰（肯定是燃烧后的）；二、这种技术是从"巴比伦"人那里传来的。不管"巴比伦"指的是什么地方，反正不出阿拉伯，也就是大食的范围。这样一来，就同宋代大食进贡的白沙糖联系起来了。看了我在上面的论述，必然会认为，这是很有意义的一件事。

明代，在唐、宋、元三代已经达到的水平的基础上，进一步发展了熬糖的技术。特别是在福建一带，这现象更为突出。这明确地证明了马可波罗记述之不诬，从中也可以看出其渊源关系。《闽书南产志》细致具体地描述了炼白沙糖的过程。煮甘蔗汁，搅以白灰，成为黑糖。置之大瓮漏中，等水流尽，覆以细清黄土，凡三遍，其色改白。结果产生出三等糖：上等白名清糖，中白名官糖，下者名奋尾。再取官糖，加以烹炼，劈鸡卵搅之，使渣滓上浮。再置之瓮漏中，覆土如前，其色加白，名洁白糖。这种糖再烹炼，可以炼成糖霜和蜜片。请注意：烹炼的目的就是使糖越来越白，使用的材料有白灰、细清黄土和鸡卵清。

方以智的《物理小识》中讲的炼糖过程，同《闽书南产志》讲的几乎完全一样。在本书卷六中有"造白糖法"："煮甘蔗汁，以石灰少许投调，成赤沙糖。再以竹器盛白土，以赤糖淋下锅，炼成白沙糖。劈鸭卵搅之，使渣滓上浮。"紧接着，方以智又叙述了他的座师余赓之的话，讲到了造糖霜的技术："十月，滤蔗，其汁乃凝入釜，煮定，以锐底瓦罂穴其下而盛之，置大瓨中，俟穴下滴，而上以鲜黄土作饼盖之，下滴久乃尽。其上之滓于是极白，是为双清。次清屡滴盖除而余者近黑，则所谓瀵尾，造皮糖者。"这里讲的同《闽书南产志》完全相同。《闽书南产志》讲的材料，这里全有。稍有不同者，前者为鸡卵，这里为鸭卵，其作用是完全相同的。前者中的"奋尾"，这里则名"瀵尾"，音同字不同而已。

高濂撰《遵生八笺》卷一二有"起糖卤法"。我讲一讲大体过程，原文中的分量一概省掉，因为这与我要讲的关系不大。把白糖放于锅内，加水搅碎，微火一滚，用牛乳调水点之。如无牛乳，鸡卵清调水亦可。水一滚，即点却。然后抽柴熄火，盖锅闷一顿时，揭开锅，在灶内一边烧火。待一边滚，但滚即点，数滚数点，糖内泥泡沫滚在一起，用漏勺将沫子捞出。第二次再滚的泥泡沫仍用漏勺捞出。第三次，用紧火煮，把同牛乳滚在一起的沫子捞掉，捞得干净，黑沫去尽白花方好。简略地说，情况就是这样。原书注：此是内府秘方。据我看，虽曰起卤，实类熬糖。用的材料完全一样，即牛乳和卵清，目的非常明确，就是使糖水变白，越白越好，不厌其白。虽然用的原料就是白糖；但是看来里面黑色的杂质还有不少，所以必须再熬，才能满足宫廷中皇帝老子一家人的需要。

宋诩撰《竹屿山房杂部》卷六有制赤砂糫、白砂糫、糫霜、皮餹等的方法。对我要研究的问题来说，制白沙糖法是关键，所以我只介绍这个方法。其余的请参阅本书第八章有关的论述。这里描述的制白沙糖法非常简单。把赤沙糖加上等量的水，匀和，先以竹器盛山白土，用糖水淋下，滤洁，入锅煎凝成白沙糖。这里有一个夹注，值得注意："闽土则宜。"为什么偏偏是福建土呢？下面又简略地提到了炼糖程序：浆水→赤沙糖→白沙糖→糖霜。

陈懋仁撰《泉南杂志》中有"造白沙糖法"，很简单："用甘蔗汁煮黑糖，烹炼成白。劈鸭卵搅之，使渣滓上浮。"这里用的是鸭卵。

到了宋应星的《天工开物》，明代中国造白沙糖法算是得到了一次总结。本书"甘嗜第四"，专门讲甜东西，讲到蔗种、蔗品、造糖、造白糖、造兽糖、饴糖等等。我在这里只谈造白糖法。宋应星首先点出熬制地点：福建和广东。用的是"终冬老蔗"。榨出浆水后，放入缸内，加火烹炼。"看水花为火色"，其花煎至细嫩，用手捻拭，粘手就是"信"来了，换句话说，就是"熟"了。此时糖浆尚黄黑色，盛在桶中，凝成黑沙，然后把上宽下尖的瓦溜放在缸上，溜底有小孔，用草塞住，把桶中黑沙倒在溜内，等黑沙凝固，然后拿掉孔中塞的草，用黄泥水淋下。其中黑滓入缸内，溜内尽成白霜。最上一层厚五寸许，洁白异常，名曰西洋糖。这里有一个夹注："西洋糖绝白美，故名。"下面的稍黄褐[20]。这里有两件事情值得注意：一件是黄泥水；一件是名曰西洋糖。黄泥水是明代炼白沙糖不可缺的材料。"西洋"，不是今天的西洋，而是明代的西洋，所谓郑和下西洋就是。这一个名称就把中国的白沙糖同阿拉伯国家（大食）和南洋群岛的某些地区联系起来了。

我本来期望，徐光启的《农政全书》会把西方的炼糖术介绍过来。然而徐光启只抄录了元代的《农桑辑要》。最后加了一句："熬糖法未尽于此。"宛如神龙见首不见尾，成为千古不解之谜。也许当时西洋的炼糖术还不发达。反正欧洲不产甘蔗（西班牙南部可能除外），最早的炼糖术不大可能是用蔗浆。

上面我介绍了中国熬糖的历史，重点是明代的白沙糖。

在上面的介绍中，我曾提到印度和大食（阿拉伯），对印度熬制白沙糖的方法也作了简要的介绍。看来中国明代炼制白沙糖的技术之所以能够发展到那样的水平，不出两个原因：一个是中国内部实践经验产生的结果，一个是外来的影响，特别是大食的影响。我现在想把中国的技术同外国的加以对比，蛛丝马迹，能够看出其间相互的影响。我想先介绍一下欧洲的炼制方法，以资对比。至于大食（阿拉伯）的方法则留待"国际编"有关章节中去介绍。

我现在根据德国学者Oskar von Hinüber的论文[21]中引用的一部旧百科全书中的词条加以介绍。这部百科全书名叫 *Grosses vollständiges Universallexicon aller Wissenschaften und Künste*，Band 63 ZK-Zul，Leipzig und Halle 1750，Spalte 1037 ff，词条名叫糖（Zucker）。内容大体如下：将甘蔗压榨，榨出浆水，注入盆或大锅中，按照蔗浆的性质，搀入灰或石灰粉。蔗浆变绿变稠时，人们把一品脱（羡林按：法国旧时容量单位，合0.93升）倒入锅中。当浆水变得棕褐、坚硬而且粘时，散发出一种香气——这是它最优良的特点，人们投入一chopine（半升）灰，三分之一石灰。当蔗糖变黑而稠时，这就表明，它是"熟"（alt）了。人们再投入一品脱灰和一chopine石灰。这两种调料混入蔗浆中，作用是把蔗浆净化，把聚在大锅上部的稠东西分开来，这些稠东西，一旦加热，就变成泡沫。泡沫把蔗浆完全遮住，人们就把泡沫撇出，而且越快越好，不让它再煮下去，因为怕水泡上腾时，泡沫会同蔗浆混在一起。大锅中的泡沫充分撇掉，把蔗浆用勺子舀入另一个锅中，而且要尽快舀，不让留在大锅中的东西烧糊。这是常会发生的事。锅空了，再倒入新蔗浆，其中再投入新灰和新石灰，当另一口锅需要撇沫时，要细心地把沫撇掉。为了能把沫尽快撇完，要注入碱液。从另一只锅中把蔗糖倒入碱液中，也就是说，倒入第三只或第四只锅中，全看制糖车间中锅的数目而定；这样依次把糖浆倒进去。如果车间有六口锅，就是最后两口，糖浆倒完后，看到糖浆变稠了，变绿了，就把石灰水倒在上面，其中掺有明矾，多少视糖浆的量而定，决不能过多。有人不放明矾，而放石膏粉，这完全是骗局，因为石膏破坏糖浆。

1750年的这一个词条，细致，流于啰唆，里面有古字和法文，不大容易懂。但是，内容还是清楚的。这里也用灰、石灰，再加上明矾；但是用的时机却很不同。这值得注意。这里没有提到卵清，也值得注意。

印度近代当代的熬糖法，我在上面已经根据Rai Bahadur的叙述稍加介绍了。现在我再根据佛典介绍一下印度古代的熬糖技术[22]。按时代先后来说，最古的当然是巴利文《律藏》I 210，1—12的记载：

　　Addasa kho āyasmā kankhārevato antarā magge guḷa kara

ṇa ṃ akkamitvā guḷe piṭṭham pi chārikam pi pākkhipante［具寿甘迦里婆陀，当他转向一个糖作坊时，在路上看到（制糖者）把面（米）粉和灰掺入 guḷa 中。］

在这里，关键词儿是 piṭṭham（英文 flour），chārikam（英文是 ashes）和 pakkhipante（梵文 pra+√ kṣip，英文是 put down into）。piṭṭha 有人解释为"石灰"[23]。

现在，中国、印度和欧洲三个地带的制糖方法，能介绍的都介绍了，读者已经能从中得到一个大体的轮廓了。我想在下面把三者加以对比，对比从下列几个方面来进行：

1. 熬炼过程

从我上面的介绍中，可以看出，三者之中欧洲的熬炼过程最为奇特。尽管看上去非常细致，甚至非常复杂，要用到六口锅，蔗浆里面也加灰和石灰，但是却没有谈到"反复地煮"和"撇掉泡沫"，而这两件事又是熬糖必不可缺的[24]。

至于中国和印度，则是大同小异。印度我只举了一种做法，估计还会有不少不同的做法的。中国我举了很多种，尽管其间也有差异，但大体上是一致的，特别我在上面刚刚提到的那两个不可或缺的过程，诸书都有。

2. 熬炼时投入的东西

欧洲　　　灰，石灰

印度	鲜牛奶或椰子汁	面粉、灰或石灰
中国	《闽书南产志》	白灰，黄土，卵清
	《物理小识》	石灰，白土，卵清
	《遵生八笺》	牛乳，卵清
	《竹屿山房杂部》	白土
	《泉南杂志》	鸭卵清
	《天工开物》	黄泥水

以欧洲为一方，中国和印度为另一方，加以对比，确有相同之处；但是，相异之处也颇突出。西方（欧洲）投入的东西是石灰和灰，都算是人力加过工的，而东方（中国和印度）投入的东西，除了加过工的石灰和灰以外，还有根本不加工的牛乳、椰汁和卵清。这可能表现出西方工业化的倾向，东方自然经济仍占上风。

顺便谈一点 v. Lippmann[25] 对东方制糖技术的意见，意见简略地说就是：尽管在最早期的中世纪时期，东方制糖量极大；但是，在技术方面，同欧美（羡林按：美，恐有语病）比较起来，远远落后（auf sehr tiefer Stufe stehen）。这一番话不无一点真理，但主要却是偏见。

至于东方在炼糖时投入的东西的作用，下面再谈。

3. 熬炼的糖的种类

欧洲只讲了一种，不必细说。

印度的种类就很多了。我在上面只讲了五种，另外介绍了许多糖的名称。它们之间含义也有矛盾。各书的说法以及这五种糖排列的顺序，也不一致。想要弄得十分清楚，几乎是不可能的。时代不同，地域不同，产生这种现象是不可避免的。

到了中国，在唐代，从《梵语千字文》和《梵语杂名》等梵汉字典来看，印度许多糖的梵名只剩下了两个：guḍa（guṇa）和 śarkarā。前者汉译为"糖"，后者汉译为"石蜜""煞割令""舍喋迦罗"。这可能反映出中国当时制糖的水平，大概只能制两种糖。至于兽糖之类，那只不过是糖成形的型式，与糖的本质无关。在我翻检到的巴利文、佛教混合梵文和梵文的佛典中，只有 guḍa（guḷa），śarkara 和 phāṇita 三个字，kaṇḍa 虽有而含义不同，matsyaṇḍī 或 matsyaṇḍikā 则根本不见。在汉译佛典中，对三个字的译文也只有"糖"和"石蜜"两个词儿，phāṇita 则或译"糖"，或译"石蜜"。详情比较复杂，如有兴趣，可参阅拙著《一张有关印度制糖法传入中国的敦煌残卷》[26] 和《古代印度沙糖的制造和使用》[27]。

我在上面谈到，在印度古代生产的糖的五种品种中，śarkarā 颜色最白，也就是最精。糖的颜色尚白，我已经谈过了。但是 śarkarā 究竟白到了什么程度呢？在制糖史上，这是一个重要问题，我们必须弄清楚，E. O. von Lippmann 似乎非常重视这个问题，在他的《糖史》中，他多次提到。我只举几个例子：śarkarā 是淡色的[28]；śarkarā 颜色是淡的[29]；等等。von Lippmann 从来没有使用"白"（weiss）这个字来形容 śarkarā。可见 śarkarā，虽然在印度五类糖中，被认为是最精的，颜色是最淡的，可还不能说是纯白。我在上面引用的中国古代典籍中讲到的"白糖"或"白沙糖"，在明代后期以前，都只不过是表明颜色比黑糖或赤糖要淡（hell），要鲜亮（licht）而已，决不会是纯白的。

我在上面多次提到sitā，现在我对这个字作一点阐释。许多梵文字典都把sita这个梵文字解释为"白"，但同时又加上"淡色"等等，足见sita的原义不专是"白色"。Lippmann[30]在一个地方说，sitā是黄米（Hirse小米）的另一个名称，可见不是纯白。我新收到的美国梵文学者Alex Wayman的著作，*Abhidhānaviśvalocanam of Śrī dharasena*收有sitā这个字，解释是ground sugar（śarkarā），也收有sitam这个字，解释是pure white（śveta）[31]。śarkarā这个字也被收入，解释之一是ground or kandied sugar（kaṇḍakrti）[32]。这解释与Lippmann是有出入的。

中、印、欧三方对比之后，还有几个问题要集中解答一下：

1.中国熬糖投入的鸡卵清或鸭卵清起什么作用？据我所知，这个问题过去任何典籍都没有提出来过，当然更谈不到解决。我自己最初也没有意识到。我读到了《闽书南产志》提到鸡卵清，《物理小识》提到鸭卵清，《遵生八笺》提到鸡卵清，《泉南杂志》提到鸭卵清，等等，并没有认真思考为什么的问题。我读了印度Rai Bahadur的文章以后，注意到了他的解释：牛奶中的蛋白质受热凝结，把许多杂质裹在里面，一经撇出，杂质就减少，糖质就变得更为纯洁，我恍然大悟：牛奶的蛋白质能起这个作用，鸡卵清和鸭卵清中的蛋白质难道不能起同样的作用吗？原来我在潜意识中认为鸡卵清和鸭卵清会变成熬好了的糖的一部分，是完全不正确的。

2.加不加面粉？这是von Hinüber提出来的问题。他说："巴

利文《律藏》中提到了面粉，这才是真正的困难之所在。无论是
净化蔗浆，还是使蔗浆变稠，我认为，在任何一个地方都用不上
面粉。……或者人们可以假设，一个对制糖技术不熟悉的观察者
犯了一个错误，把石灰误认为是面粉。"[33] 他这个说法是不能成立
的。许多巴利文和梵文佛典，还有中国的典籍，都证明，古代印
度熬糖时是投入面粉或者其他粮食的。我举几个例子：

《五分律》卷二二："我见作石蜜时捣米著中。"[34]

《四分律》卷一〇："见作石蜜以杂物和之。"[35]

《根本萨婆多部律摄》卷八："作秒糖团，须安秒末。"[36]

《十诵律》卷二六："长老疑离越见作石蜜，若面，若
细糠，若焦土，若臭煤（堁）合煎。"[37]

中国唐代高僧义净也有同样的意见：

然而西国造沙糖时，皆安米屑。如造石蜜，安乳及油。[38]

这些例子讲得非常清楚，造沙糖、石蜜时要"安"（投入）捣碎
了的米、秒末、米屑。而且《十诵律》明确无误地提到了"面"。

仔细分析一下上面的例子，还有很多我没有举的例子，我们
会发现：米屑等粮食所起的作用不是一个；一个是"安入"沙糖
或石蜜中，与之混合；一个是粘在外面，不与之混合。

把上面说的归纳起来，我可以肯定地说：做沙糖时，是加面
粉的。von Hinüber的怀疑是没有根据的，也没有哪一个"观察
者"会把石灰看成是面粉。

3.加上面粉究竟起什么作用呢？目前我还说不十分清楚。
以常识论，加面粉能够使糖变稠。但是，把蔗汁或糖汁反复熬
炼的目的，不是使糖变稠，而是使糖变白。这一点我在上面已

经反复讲过。面粉含有淀粉，淀粉是否也能起到蛋白质那样的作用呢？我缺乏炼糖的实践知识，不敢瞎说，只有请专家来指正了。

4.现在要谈一个异常重要的问题，即黄泥水淋脱色法。

在中国，在明以前直至明中后期，熬糖脱色，主要靠反复熬炼和撇去浮沫。但这只能使糖的颜色变淡，变浅，而不能真正变白。宋代典籍上提到的“白沙糖”，多来自外国。其所以“白”（仍然只是相对的白），大概用的就是马可波罗提到的使用某一种树烧成的灰的方法。这种方法也传入了中国福建。但是，中国明代的典籍中却提到另外一种方法：

（1）《闽书南产志》

其法先取蔗汁煮之，搅以白灰，成黑糖矣。仍置之大瓷漏中，候出水尽时，覆以细滑黄土，凡三遍，其色改白。

（2）《物理小识》

煮定，以锐底瓦罂穴其下而盛之，置大坻中，俟穴下滴，而上以鲜黄土作饼盖之，下滴久乃尽。其上之滓于是极白。

（3）《竹屿山房杂部》

每赤砂餹百斤，水百斤，匀和。先以竹器盛山白土，用餹水淋下，滤洁，入锅煎凝白砂餹闽土则宜。

（4）《天工开物》

凝成黑沙。然后以瓦溜置缸上。其溜上宽下尖，底有一小孔，将草塞住，倾桶中黑沙于内。待黑沙结定，然后

> 去孔中塞草，用黄泥水淋下。其中黑滓入缸内，溜内尽成
> 白霜。

这几个例子已经很够了。脱色时，黄泥水起了关键性的作用。

现在我谈的是明代。在这里我还想从清初的笔记中举一个例子。书虽成于清初，事情却发生于明代，与本文体例毫无扞格之处。

刘献廷《广阳杂记》：

> 嘉靖（1522—1566 年）以前，世无白糖，闽人所熬皆黑糖也。嘉靖中，一糖局偶值屋瓦坠泥于漏中，视之，糖之上白色如霜雪，味甘美，异于平日，中则黄糖，下则黑糖也。异之，遂取泥压糖上，百试不爽。白糖自此始见于世云。

还有几部清代的书，讲的事情却是清代以前的。我也抄一点资料。清黄任、郭赓武《泉州府志》卷一九物产，货之属，"糖"说：

> 凡甘蔗汁煮之为黑糖，盖以溪泥，即成白糖。……初，人不知盖泥法。相传元时南安有一黄姓，墙塌压糖，而糖白，人遂效之。

清鲁曾煜《福州府志》卷二六物产，货之属，"糖"说：

> 先取蔗汁煮之，搅以白灰，成黑糖矣。仍置之大磁漏中，候出水尽时，覆以细滑黄土，凡三遍，其色改白。……初，人莫知有覆土法。元时，南安有黄长者，为宅煮糖，宅垣忽坏，压于漏端，色白异常，因获厚赏，后人遂效之。

这像是一个故事，不可尽信，也不可不信，在科学技术史上，由于偶然机会而得到的发明成果，过去是有过的。据说盘尼西林就是由偶然性而被发现的。这都不重要，重要的是，我们有了用黄泥脱色的炼糖技术。

还可以再举一部明代的书：

《兴化府志》，明周瑛、黄仲昭同纂，同治十年（1871年）重刊。共五十四卷。北大图书馆藏善本。

卷一二　货殖旁考

> 黑糖，煮蔗为之。冬月蔗成后，取而断之，入碓捣烂，用大桶装贮。桶底旁侧为窍。每纳蔗一层，以灰薄洒之，皆筑实，及蒲用热汤自上淋下。别用大桶自下承之。旋取入釜烹炼。火候既足，蔗浆渐稠，乃取油滓点化之。别用大方盘把置盘内，遂凝结成糖。其面光洁如漆，其脚粒粒如沙，故又名沙糖。又按宋志，以今蔗为竹蔗，别有荻蔗，煎成水糖，今不复有矣。白糖，每岁正月内炼沙糖为之。取干好沙糖，置大釜中烹炼，用鸭卵连清黄搅之，使渣滓上浮，用铁笊篱撇取干净。看火候正，别用两器上下相乘，上曰圆$^{胡困}_{切}$，下曰窝，圆下尖而有窍，窝内虚而底实。乃以草塞窍，取炼成糖浆置圆中，以物乘热搅之，及冷，糖凝定，糖油坠入窝中。三月梅雨作，乃用赤泥封之。约半月后，又易封之，则糖油尽抽入窝。至大小暑月，乃破泥取糖。其近上者全白，近下者稍黑。遂曝干之，用木桶装贮。九月，各处客商皆来贩卖。其糖油乡人自买之。彭志云：旧出泉州。正统间，莆人有郑立者，学

得其法，始自为之。今上下习奢，贩卖甚广。

我还想再补上一点有关台湾的资料。清黄叔璥撰《台湾使槎录》，卷二"蔗苗"一节也谈到用泥土制白糖的方法。文长不具录，请参阅第十章《清代的甘蔗种植和制糖术》。

黄土脱色法就讲这样多。

接着就来了问题：这个技术是中国本国产生的呢，还是受了外来影响？李治寰先生首先假定是外来影响。他说："可能有人在西洋某地见到 '黄泥水淋' 瓦溜脱色制白沙糖的技术，把它传回国内。"接着他用比较长的论证否定了印度来源说，又否定了埃及和巴比伦来源说，最后的结论是，这个技术来源于哑齐，即苏门答剌国[39]。

在当时中外交通的情况下，设想一个外国来源，是完全可以理解的。我在"大胆的假设"时，心里也有类似的活动。但不幸的是，缺少根据。我不敢说把中外制糖的书籍都看遍了，重要的我应该说都涉猎了。无论是在 von Lippmann 和 Deerr 的著作中，还是在外国旅行家的游记中，阿拉伯制糖和波斯制糖，都没有讲到黄泥水淋的技术，李治寰先生所说的"西洋某地"好像是根本不存在的。《东西洋考》中关于哑齐的那一段，也只有"物产"项下列了"石蜜"，仅此而已。由此而得出结论：黄泥水淋即源于此地，实在是太过于"大胆"了。

远在天边，近在眼前，只有中国有这种技术，为什么还要舍近而求远呢？我个人认为，我想别人也会同意：这种技术是中国发明的。在近代工业制糖化学脱色以前，手工制糖脱色的技术，恐怕这是登峰造极的了。这是中国人的又一个伟大的科技贡献。

我在这里顺便讲一讲 von Lippmann 和 B. Laufer 的一段纠葛。von Lippmann 似乎非常强调，沙糖的精炼技术（Raffination）是波斯人在萨珊王朝时期在 Gundēšapūr 发明的。这个理论遭到了 B. Laufer 的反驳。von Lippmann 又进一步为自己的理论辩护。对这场争论我没有意见。使我最感兴趣的是，von Lippmann 说来说去也不过是说波斯人精炼的技术在于加牛奶而已[40]。他没有一字谈到黄泥水淋法。

（四）明代中国白糖的输出

把上面说的归纳起来，我们只能说，在十五六世纪，精炼白沙糖，中国居于领先的地位。因此，中国的白沙糖输出国外，是顺理成章的事。但是，这不是我要探讨的重点，因此，我只相当简略地讲一些情况。

明陈懋仁《泉南杂志》卷上说：

> 甘蔗，干小而长，居民磨以煮糖，泛海售焉。

这里说得非常清楚：泉州人把煮好的糖从海路运出去卖。"泛海"去的地方，不外两途：一是日本，二是印度和南洋国家。

关于日本，我在这里只想从一部书里抄点资料[41]。中日贸易往来，由来已久。但是，一直到了明末，才有糖从中国输入日本。这从另一个侧面上说明了明代中后期制糖质量之高和产量之富。在明代万历年间，日本萨摩和中国有了贸易关系。1609 年（万历三十七年）七月，中国商船十艘开到萨摩，船上装的货物中有白糖（shirosato）和黑糖（kurozato）。德川氏时代，两国仍有贸易往来。1615 年（万历四十三年）闰六月^①三日，有中国漳州商船载着大量的砂糖开到纪伊的浦津。中国清代同日本的贸易关系下面再谈。

至于印度和南洋一些地区，主要是讲印度。南洋一些地区同中国有沙糖贸易关系，到"国际编"再讲。印度同中国在蔗糖制造技术方面互相学习的历史可谓久矣。唐太宗时代中国正史就已经有了他派人到摩揭陀去学习熬糖法的记载。从那以后，在将近一千年的漫长时期中，两国互相学习，互相促进，尽管不都见于记载，事实却是有的。到了明代，中国在炼糖方面有了新发明，这就是黄泥水淋脱色法。于是中国制的白沙糖传入印度，首先传到了孟加拉地区。这个地方同中国泉州一带海上交通便利而频繁，传入当然要首当其冲。根据种种迹象，孟加拉（榜葛剌）不但输入了白沙糖，而且也输入了制造白沙糖的技术。孟加拉语和其他几种印度语言中，"白沙糖"名叫 cīnī（中国的），就是一个最有力的证明。关于这个问题，我写过两篇论文，上面已经提到过，这里就不再征引了。但是，我自己清醒地意识到，这个问题是异常复杂的，还有很多工作要做。不过，从总的轮廓上来看，我的看法是没有问题的，是能够成立的。

至于中国白沙糖输入英国，也从明末开始。我根据《东印度公司对华贸易编年史》⁴²，抄一点明末的资料。

1637 年（明崇祯十年）

---

① 疑为闰八月。见郑鹤声《近世中西史日对照表》。

英国派出了一个船队，共有四艘船和两艘轻帆船，到了广州。船员鲁滨逊用 28,000 八单位里亚尔，购买糖 1,000 担。（本书第一卷，第 23 页）

是年 12 月 20 日，四艘船之一的"凯瑟琳号"驶回英伦，购买了许多中国货品，其中有糖 12,086 担、冰糖 500 担。（第 27 页）

船队的领队之一蒙太尼购到的舱货中有糖 750 吨。后来发现苏门答剌和印度的比广州便宜。（第 31 页）苏门答剌和印度也产糖。

从威德尔（船队的另一个领队）投机以来的 27 年间，糖的市价由每担 $3\frac{1}{2}$ 涨到 $4\frac{1}{2}$—6 八单位里亚尔。这次航行是失败的。（第 35 页）

在这一部巨著中，有关明末中国糖输出的资料就只有这样多。下面全是清代的资料。我已经根据此书写成了一篇《蔗糖在明末清前期对外贸易中的地位》，将刊登在《北京大学学报（社会科学版）》上，如有兴趣，可参阅。这些材料将在本书下一章中充分介绍。

注释：

1　Deerr，上引用书，p.47。

2　具体地来说，应该是 *Kautilīya-Arthaśāstra*《矫胝厘耶利论》。据说此书出于印度古代孔雀王朝月护大帝宰相矫胝厘耶之手。对于这个问题，印度和世界各国梵文学者有过激烈的争论。一派认为此书不可能是公元前 4 世纪的产品，因此是伪书。另一派则认为它不是伪书。参阅 M. Winternitz, *Geschichte der Indischen Litteratur*, Ⅲ.Bd, Leipzig 1920, 第 504—535 页。我个人倾向于认为它是伪书，因为书中使用的梵文不像是公元前 4 世纪的。

3　同印度绝大多数古代典籍一样，此书年代难以确定。参阅 M. Winternitz, 上引书, 第 547 页。妙闻生活的时代较 Caraka 为晚，大概在公元后最初几个世纪中，有人说是在公元 4 世纪以前。

4　Rai Bahadur, *Sugar Industry in Ancient India*（《古代印度的制糖工业》）, Journal of Bihar & Orissa Research Society, Vol. Ⅳ, Pt. Ⅳ, 1918, pp.435—454.

5　Caraka, 印度古代的科学家, 与妙闻并称, 时间早于后者, 据说是贵霜王朝迦腻色迦（Kaniṣka）大王同时代的人, 约在公元后 2 世纪。

6　Rai Bahadur 上引文, 第 440—441 页。

7　同上, 第 448 页。

8　一篇是《cīnī 问题》, 一篇是《再谈 cīnī 问题》, 参阅本书附录。

9　除了 Rai Bahadur 的文章外, 我还参阅了 Lallanji Gopal, *Sugar-Making in Ancient India*（《古代印度的制糖术》）, Journal of the Economic and Social History of the Orient, Ⅶ, 1964, pp.57—72。

10　*The Bower Manuscript Facsimile Leaves*, Nāgarī Transcript, Romanised Transliteration and English Translation with Notes, ed.by A. F. Rud. Hoernle, Calcutta 1893—1912.

11　Deerr 上引书, 第 47—48 页。

12　Winternitz 上引书 Ⅲ.Bd. p, 544。

13　拉丁字母转写完全根据原书。

14 羡林按：这个写法是有问题的。因为，sitopala 系由 sita-upala 二字组成，前者义为"白"，后者义为"石"。按照梵文音变规律，a+u 变成 o。

15 作者是 Bāṇa，他是戒日王（606—648 年）的宫廷诗人。参阅 Winternitz 上引书、卷，第 362 页。这个介绍主要根据 L. Gopal，上引文，第 65 页。

16 Winternitz 上引书、卷，第 411 页，著者 Amarasiṃha 是佛教徒。Winternitz 推测，他大约生活在公元后 6 至 8 世纪。

17 Rai Bahadur，上引文，第 443—445 页。

18 关于巴比伦，我另有解释，参阅拙文《丝绸之路与中国文化》，《北京师范大学学报》，1994 年 4 月。

19 《一张有关印度制糖法传入中国的敦煌残卷》，《季羡林学术论著自选集》，北京师范学院出版社，1991 年，第 253—279 页。

20 潘吉星：《〈天工开物〉校注及研究》，巴蜀书社，1989 年，第 283 页。

21 Oskar von Hinüber, *Zur Technologie der Zuckerherstellung im alten Indien*（《古代印度的制糖技术》），ZDMG，Band 121—Heft 1，1971，pp.96—97.

22 上引 Oskar von Hinüber 的论文可参阅。

23 同上，第 97 页。

24 同上。

25 E. O. von Lippmann, *Geschichte des Zuckers*，p.639.

26 《季羡林学术论著自选集》，北京师范学院出版社，1991 年，第 253—279 页。见本书附录。

27 同上书，第 310—342 页，见"国际编"。

28 von Lippmann，上引书，第 108 页：因为 śarkarā 又名 Sitopala 和

sitā，所以它是 von hellerer Farbe。

29　同上书，第 111 页。sitā 决不是纯白色的精炼的糖。

30　同上书、页。

31　Alex Wayman，*Abhidhānaviśvalocanam of Srīdharasena*，Monograph

　　Series Ⅲ，2，Naritasan Shinoshoji Japan，1994.

32　同上书，第 290 页。

33　von Hinüber，上引文，第 97 页。

34　㊅（《大正新修大藏经》，下同）22，147c。

35　㊅22，627c。

36　㊅24，570c。

37　㊅23，185b。

38　㊅24，495a。

39　《中国食糖史稿》，第 136—139 页。

40　von Hinübet，上引文，第 105 页，正文和注。

41　日本木宫泰彦著、胡锡年译《日中文化交流史》，商务印书馆，1980

　　年，第 622、627 页。

42　《东印度公司对华贸易编年史（1635—1834 年）》，美马士著，区宗

　　华译，林树惠校，章文钦校并注，中山大学出版社，1991 年。

第十章　清代的甘蔗种植和制糖术（1616—1911年）

清代是我这一部《糖史》的时间的下限，因此这一章是《国内编》的最后一章。

清代是中国漫长的封建时期的最后一个王朝，是少数民族创立的第二个大帝国，统治者是满族。

这一个王朝时跨几个历史发展阶段，从封建统治的高峰和衰微，一直到旧民主主义革命。

这个王朝的开始适逢西学东渐的高潮，闭关锁国的政策难以继续实施。到了后期，从鸦片战争开始，中经太平天国、八国联军、义和团、甲午战争，战乱频仍，几无宁日。国势日衰，最后只剩下了一个空架子。

民族矛盾贯彻始终，再加上外来的侵略，各种矛盾纵横交错。之所以还能有凝聚力，必须归功于以汉族为主的各民族共同创造的灿烂的中华文化。

从糖史的角度来看，清代的甘蔗种植和沙糖制造，基本上是在中国过去的传统的基础上发展起来的。西方的坚船利炮和其他先进的科技，在这方面影响不大，不显著。专就欧洲而论，除南部少数地区外，不产甘蔗。比较晚地发展起来的制糖业，主要是用甜萝卜制糖。

这一章的写法，仍然同前几章一样，分为以下几大段：

（一）材料来源。

（二）甘蔗种植。

（三）沙糖制造和应用。

（四）外来影响和对外影响。

（一）材料来源

先说明几句：在以上各章，"材料来源"中第一节都是"正史和杂史"。但是，到了清代，我翻检了《清史稿》中我认为有关的章节，都没能找到有用的资料。即使勉强设此一节，也只能"开天窗"，成为笑柄。上面诸章有"诗文"一项。诗文中确有提及蔗和糖之处，但史料价值不大。因此，我一改过去的办法，删掉"正史和杂史""诗文"这两个标题。这样一来，本段的内容就包括以下各项：

1.本草和医书

2.科技专著

3.地理著作

4.中外作者的游记

5.笔记

6.类书

7.杂著

最后一项是新设的，是以上诸项包容不了的一些著作。我在这里再说明一下。项目分类只能表示一个大概的内容，有一些书无法严格地加以界定。《四库全书》的分类方法，我们也不见得没有异议。好在重要之处是在材料本身，而根本不在如何分类。

1. 本草和医书

同明代一样，清代的本草和医书，都是数量大，内容又极丰富。明代晚期出现的李时珍的《本草纲目》，是一部空前的巨著。在它以后，到了清代，又出现了一批本草著述。根据甄志亚、傅维康的《中国医学史》[1]，共有以下几种：

（1）《本草述》（1666 年），刘若金编撰。

（2）《本草述钩玄》（1832 年），杨时泰编撰。

（3）《本草备要》（1694 年），汪昂编撰。

（4）《本草从新》（1757 年），吴仪洛编撰。

（5）《得配本草》（1761 年），编撰者为严西亭、施澹宁、洪辑庵。

（6）《本草纲目拾遗》（1765—1803 年），作者赵学敏。

（7）《植物名实图考》（1848 年），作者吴其浚。

本书接着列举了大量的医书，各科都有，读者可自行参阅，这里不再列举。

对所有这一些本草和医书，我并没有一一借阅。因为，我觉得，没有那个必要。我之所以翻阅这些书，其目的不过是搜寻一点有关甘蔗和沙糖药用的材料而已。根据我翻阅上几代书籍的经验，本草和医书多半是在前代著作的基础上加以补充。多翻阅几本书，未必能找到什么新材料。因此，我就把自己阅读范围限制在北京大学图书馆和北京图书馆，后者还仅限于善本。这两个都是极大的图书馆，收藏丰富甲天下。能翻阅其收藏的有关书籍，虽不中，亦不远矣。

下面是资料。

（1）《医宗金鉴》

《四库全书提要》说："御定《医宗金鉴》九十卷，乾隆十四年（1749年）奉敕撰。首为订正《伤寒论注》十七卷，次为订正《金匮要略注》八卷……次为删补《名医方论》八卷……次为《四脉要诀》一卷……次《运气要诀》一卷……次为《诸科心法要诀》五十四卷……次为《正骨心法要旨》五卷……自古以来，惟宋代最重医学，然林亿、高保衡等校刊古书而已，不能有所发明。其官撰医书，如《圣济总录》《太平惠民和剂局方》等，或博而寡要，或偏而失中，均不能实裨于治疗，故《圣济总录》惟行节本，而《局方》尤为朱震亨所攻也。"从《提要》的叙述中可见此书之规模和雄心壮志。

下面仍按上面已经用过的办法从《四库全书》本抄取有关资料。页码依次为卷数，页数，栏数。前代医书中有而此处缺者，亦间或注出，以资对比。

780，576，下—780，578，下　干呕

　　此处没有蔗浆或沙糖

780，589　痛

　　此处没有甘蔗或沙糖

780，777，上

独圣散

南山查肉一两炒

水煎，用童便、沙糖和服

781，107，下　呃逆哕噫

此处没有沙糖

781，164，上　伤酒

此处没有蔗浆

781，190，下—193，上　欬嗽

781，463，下—466，上　欬嗽

都没有甘蔗或沙糖

782，65，下　八仙糕　此糕治痈疽等病

药方中有　白糖霜二两半

在制造过程中，"将白糖入蜜汤中炖化"。这个糕中既有白糖霜，
又有白糖。

（2）《医门法律》

《四库全书提要》说："十二卷，附《寓意草》四卷，国朝喻
昌撰。……每门先冠以论，次为法，次为律。法者治疗之术，运
用之机；律者明著医之所以失而刊定其罪，如折狱然。"这就是
这一部医学书为什么竟以"法律"命名的原因。

783，507，下　化涎散　治热痰，利胸膈，止烦渴
说明中有"小儿风热痰涎，用沙糖水调下半钱"。

（3）《绛雪园古方选注》

《四库全书提要》说："三卷，国朝王子接撰。……是书所选之方虽非秘异，而其中加减之道，铢两之宜，君臣佐使之义，皆能推阐其所以然。"

篇末附有《得宜本草》，其中：

783，931，下　甘蔗　夹注：

> 味甘，入足太阴经，功专润肺，生津，得姜汁治胃反，得麦冬、生地治春瘟液涸。

甘蔗被列入"中品药"中，至于沙糖、石蜜和糖霜，则根本不见。

（4）《兰台轨范》

《四库全书提要》说："八卷，国朝徐大椿撰。……（所采诸方）最为谨严。每方之下，多有附注，论配合之旨与施用之宜，于疑似出入之间，辨别尤悉，较诸家方书但云主治某症而不言其所以然者，特为精密。"

785，480，上，卷六　蛟龙病方

> 硬糖$\frac{二三}{升}$　日两度服之，吐出如蜥蜴三五枚差。

羡林按：在台湾商务印书馆影印的《四库全书》同一册中，有《神农本草经百种录》，其中只有野蜂产的石蜜，甘蔗、沙糖等均不见。

（5）《医学源流论》

清徐大椿撰。本书没有胪列具体的药名，但所讲理论极富启发性。我抄几段有关的论述，供参考：

785，666，下"本草古今论"

本草之始，昉于神农。药止三百六十品。此乃开天之圣人，与天地为一体，实能探造化之精，穷万物之理，字字精确，非若后人推测而知之者。……迨其后药味日多。至陶弘景倍之而为七百二十品。后世日增一日。凡华夷之奇草逸品，试而有效，医家皆取而用之，代有成书。至明李时珍增益唐慎微《证类本草》为《纲目》，考其异同，辨其真伪，原其生产，集诸家之说，而本草更大备，此药味由少而多之故也。至其功用，则亦后人试验而知之。

这些话讲得都很有道理。

（6）清王如鉴《本草约编》[2]

卷之十　目录　果部五　蔗类　甘蔗

中品
别录　藷《说
文》竿蔗《草木状》，又《离骚》《汉书》皆作"柘"。苏颂分荻蔗、竹蔗。孟诜有崑崘蔗。王灼《糖霜谱》有四种，曰西蔗；曰杜蔗，即竹蔗也；曰荻蔗，亦名蜡蔗，即荻蔗也；曰红蔗，亦名紫蔗，即崑崘蔗也。

子目　蔗滓

沙餹　《唐本草》吴瑞曰：稀者为蔗餹，干者为沙餹，毬者为毬餹，饼者为餹饼。沙餹中凝结如石，破之如沙，透明白者为餹霜。李时珍曰："此紫沙餹也。其清者为蔗锡，凝结有沙者为沙餹，漆瓮造成，如石如霜如冰者为石蜜，为餹霜，为冰餹也。

卷之十　果部五　蓏类　甘蔗

　　性则具夫甘寒，用则泻夫火热，为脾之果，止渴之功，下气和中，宽膈胸之烦燥；利肠解酒，助脾胃之安和。汁共取乎生姜，止干呕与吐食。《肘后方》云：干呕不息，蔗汁温服半斤，日三次，入姜汁更佳。《梅师方》云：反胃吐食，朝食暮吐，暮食朝吐，旋旋吐者，甘蔗汁七升，生姜汁一升，和匀，日日细呷之。

粥并煮夫梁米，润欬嗽与燥喉。《董氏集验方》云：虚热欬嗽，口干涕唾，用甘蔗一升半，青梁米四合，煮粥，日食二次，极润心肺。痁疾惄啖而瘳。《野史》云：卢绛中痁疾疲瘵，忽梦白衣妇人云：食蔗可愈。及旦，买蔗数挺食之，翌日疾愈。痰喘入藷而愈。《简便方》云：痰气喘急，生山药捣烂半碗，入甘蔗汁半碗，和匀顿热，饮之立止。咀汁去小便之赤涩。《外台秘要》云：发热口干，小便赤涩，取甘蔗去皮，嚼汁咽之，饮浆亦可。烧皮掺童口之疳疮。《简便方》云：眼肿赤疼，蔗皮烧研掺之。榨浆养黄连而点。《普济方》云：眼暴赤肿，碜涩疼痛，甘蔗汁二合，黄连二两，入铜器内，慢火煮浓，去滓点之。头疮白秃，烧滓和柏油而涂。时珍曰：蔗滓烧存性研末。乌柏油调，涂小儿头疮白秃，频涂取瘥。但烧烟勿令入人目，能使暗明。

　　蔗为脾果味甘寒，

　　止渴常教口不干。

　　润燥清痰消内热，

　　酒伤胃反俱能安。

沙餹

　　蔗浆煎而能结，沙色紫而为干，性则温而有殊，味则甘而不变，缓肝以助脾胃，和中以润肺心，去暴热而清大小之肠，解酒毒而安渴干之患。腊月窨而绞其汁，治天行之热狂。大明曰：腊月瓶封，窨粪坑中，治天行热狂者，绞汁服，甚良。乌梅伴而煮其汤，疗痢下之禁口。《摘玄方》云：沙糖半斤，乌梅一个，水二碗，煎一碗，时时饮之。腹紧胀满，配之以米醋。《子母秘录》云：白糖，以气逆嗽烦，加之以姜汁。酒三升煮服之，不过再服。古方云：上气喘嗽，烦热，食即吐逆。用沙糖、姜汁，等分相和，慢煎二十沸。每咽半匙取效。调新水而痘痂自落。刘提点方云：痘不落痂，沙糖调新汲水一杯服之，白汤调亦可。日二服。化清泉而虎损即瘥。《摘玄方》云：虎伤人疮，水化沙糖一碗，服并涂之。彼啖韭者取吞，可以除夫口臭。又云：食非口臭，沙糖解之。若餐鲫者并食，乃以动夫痭虫，不化成症，则因共笋，致生流澼。又为同葵，多则发蜃而损齿牙，久则痛心而消肌肉。

蔗浆煎炼结沙餹，

变冷成温性不凉。

渴解脾和肝气缓，

莫同笋鲫与葵尝。

《本草选余备考》卷六下　果部五

石蜜 唐本草　白沙餹　时珍曰：凝结作饼块如石者为石蜜，轻白如霜者为餹霜，坚白如冰者为冰餹，即成人物狮象形者为飨餹，《后汉书》注所谓狻餹也。和诸果仁及橙橘皮、缩砂、薄荷之类者为餹缠，和牛乳酥酪者为乳餹。

（7）清石成金《传家宝》[3]

石成金，字天基，号惺斋，扬州人。约生于清顺治十六年（1659 年），卒于乾隆初年。出身于扬州望族，一生读书授徒，著述甚多，《传家宝》为其代表作。

《传家宝》四集，卷之八《食鉴本草》第四十三

养生调摄须知，却病延年之法味　阴之所生，本于五

味。人之五脏，味能伤耗。善养生者，当以淡食为主。

白糖 润五脏，多食生痰。

红糖 即砂糖。多食损齿，发疳，消肌，心痛，虫生。小儿尤忌。同鲫食，患疳；同笋食，生痔；同葵菜食，生流澼。能去败血。产后宜滚汤热服。

饴糖 进食健胃。多食发脾气，损齿，湿热中满人忌食。

（8）清杨时泰《本草述钩元》[4]

卷前有《本草述》初刻原序，共有三篇：吴骞、高佑铦、毛际可各一篇。毛序作于清康熙三十九年（1700 年）。序中讲到，本草"汉末不过三百六十五种，至有明李东壁搜葺至一千八百九十二种"。杨时泰此书是《本草述》的《钩元》。首有道光壬寅（1842 年）邹澍序，并有《武进阳湖合志》杨时泰传：杨时泰，字穆如，嘉庆己卯（1819 年）举人，工医事。此外还有杨时泰自序，写于道光癸巳（1833 年）。

卷二十 果之蓏部 甘蔗

味甘平涩，气薄味厚，阳中之阴，降也。入手足太阴，足阳明经。主治助脾气，利大肠，止渴，并呕哕，宽胸膈。蔗，脾之果也，其浆甘寒，能泻大热，煎炼成糖，则甘温而助湿热濒湖。

页上有眉批，不知出自何人之手，但饶有趣味，我也抄录下来："凡甘者总无大寒，其能泻热者，以其能润燥也。否则，煎成糖，何以能甘温？"下面再抄原文：

丹溪每用以助脾气，和中，解酒毒，止渴，利大小肠，益气。腊月置窖粪坑中，患天行热狂人绞汁服，甚良_{嘉谟}。最宜小儿食，能节蚘虫。不多食，亦不发虚热动衄血，如吴瑞所云也。

又有眉批："蚘虫，人所必有。过少则小儿脾不健。过多则伤脾，肚大筋青，惟蔗能节之。蔗之功以此为最效。"原文：

蔗浆单服，润大肠，下燥结。同芦根汁、梨汁、人乳、童便、竹沥和匀，时时饮之。主治胃脘干枯，噎食，呕吐。

反胃吐食，朝暮旋旋吐者，蔗浆七升，姜汁一升，和匀，日细呷之。

论　甘蔗，助脾润燥之益为多，性殆甘温。其治呕哕反食，或系阴中之阳不足，以此征原不属于热也。先辈有谓其共酒食发痰者，又有谓多食发虚热衄血者，然则遽以甘寒定之，可乎？

（9）清赵瑾叔《本草诗》[5]

卷首有乾隆元年（1736 年）陆文谟跋，前面似有残缺。

下卷　果部

甘蔗　味甘平，无毒，入肺胃二经。

内热何愁口燥干，蔗浆生啖味甘寒。

和平解酒脾堪助，下气消痰膈顿宽。

根别嫡生因取庶，茎同竹长更似竿。

若还笮汁经煎炼，制出沙糖更不难。

沙糖　味甘寒，无毒，入脾经。

沙糖甘蔗汁熬煎，妙法俱从西域传。

酒后热狂能解毒，口除韭秽可烹鲜。

调中管取经无阻，适口从教痢自痊。

最是笋鱼休共食，生虫更令齿难全。

（10）清汪昂《本草医方合编》[6]

正如书名所标出的，本书是"合编"，每页上半部为本草，下半为医方。卷首有乾隆五年（1740 年）胡宗文序，有康熙甲戌（1694 年）汪昂自序。

卷三　果部

甘蔗{白糖 沙糖}

甘寒，和中，助脾，除热，润燥，止渴{治 消渴}，消痰，解酒毒，利二便{《外台方》嚼咽或捣 汁，治发热，口干便涩}，呕哕反胃{《梅师方》：蔗 汁姜汁和服}，大便燥结，{蔗汁熬之，名石蜜，即白霜糖。 唐大历间，有邹和尚始传造法}性味甘温，补脾，缓肝，润肺，和中，消痰，治嗽。多食助热，损齿，生虫。紫沙糖，功用略同。

（11）清郭佩兰《本草汇》[7]

康熙五年（1666 年）刻本。卷首有康熙元年（1662 年）缪彤序，有康熙五年自叙。

卷一四　果部

甘蔗{二百 四九}

味甘，平冷，气薄，味厚，阳中之阴，降也。入手
足太阴，足阳明经，和中而下逆气，助脾而利大肠。干
呕不息，蔗浆姜汁同温服。小儿痄口，用皮烧末掺之，
良。　按甘蔗，脾之果也。其浆甘寒，能泻大热。《素问》
所谓甘温除大热之意。若煎炼成饧，则甘温而助湿热，所
谓积温成热也。其消渴解酒，自古称之，如孟诜乃谓其共
酒食发痰者，岂不知其有解酒除热之功耶！今人皆以蔗浆
为性热，独不观王摩诘诗云："饱食不须愁内热，大官还
有蔗浆寒。"盖详于本草者耶！惟胃寒呕吐，中满清泻者，
忌之。多食发虚热，动衄血。同榧子食，则渣软。

石蜜 即白沙糖 8
二百五十

甘温，入足太阴经，生津解渴，除咳痰，润心肺燥
热，助脾气，缓肝。　按白沙糖，即蔗汁煎而曝之，凝结
作饼块者是也。甘喜入脾，多食则害必生于脾。西北地高
多燥，得之有益。东南地下多湿，得之未有不病者。比之
紫沙糖，性稍平，功用实相同也。入药略胜。若久食，助
热损齿之害一也。中满者禁用。

红沙糖 二百
五一

甘温，功用与白者相仿。和血乃红者独长。　按沙
糖，蔗汁之清而炼至紫黑色者。虽云与白者同功，然而不
逮白者多矣。既经煎炼，则未免有湿热之气。故多食能损
齿生虫 糖生胃火故也。发痄胀满。与鲫鱼同食，成疳虫。与笋同
食，不消成症，身重不能行。今人每用为调和，徒取适口
而不知阴受其害矣。但其性能和脾缓肝，故治脾胃，及泻

肝药中用为先导。本草言其性寒。苏恭谓其冷痢（羡林按：应作"利"），皆昧此理。作汤下小儿丸散者，非也。

（12）清王龙撰《本草纂要稿》[9]

果部　甘蔗

气味甘平，益气，利大小肠，定狂驱天行热，助脾气，和中，止渴，解酒毒。

羡林按：本书中"谷部·饴糖"这一段很有意思，我抄在下面，然后加以解释：

气味甘苦而温，和脾润肺，止渴消痰。治喉鲠鱼骨，疗误吞铜钱，中满莫加，呕吐切忌。建中汤用之，取甘以能缓。

按唐代和其后的一些本草医方书中，治喉鲠鱼骨和误吞金银钗或铜钱，多用沙糖治疗。此处用饴糖，值得注意。

（13）清蔡烈先辑《本草万方针线》[10]

清康熙五十八年（1719年）刊本。原五十二卷，现只存八卷。甘蔗和沙糖、石蜜等，都在三十三卷，缺，我只能根据目录把品名抄出：

卷三十三　果之五 卅九种

甘蔗 十一　沙糖 十三　石蜜 十四

（14）清汪昂《新镌增补详注本草备要》[11]

康熙甲戌（1694年）刊本。一卷　草部；二卷　草部；三卷木部；四卷 谷菜部 糯米^{饴糖}归此部。后面是金石土木部、禽兽部、鳞介鱼虫部、人部。全书独缺果部，甘蔗和糖都属于这一部；因此，本书找不到蔗和糖。这个现象是稀见的。

本书最后一册是"汤头歌括"。其中多处有饴糖。

2. 科技专著

所谓"科技专著"，是指专门记述植物（间有动物）的著作。与《本草》不同之处在于，《本草》着重叙述甘蔗和沙糖的药用作用。当然还有其他的药用植物和动物，因与我要探讨的问题无关，所以就不提了。科技专著中的叙述是一般性的，不限于药用。世上一切科技方面的进步，都有一个继承问题，就是在前人已经达到的水平上，在前人已经奠定的基础上，再提高，发展，前进。清代的科技专著，情况也是这样。它们是在唐以前和唐、宋、元、明的同类著作的基础上继续前进的。

（1）清吴宝芝《花木鸟兽集类》

《四库全书提要》说："三卷，国朝吴宝芝撰。宝芝，石门贡生。……盖亦类书之体，而卷帙不繁，专掇取新颖字句，以供词藻之采撷。"

1034，33，上，卷上 甘蔗

《格物论》：蔗，丛生，畦而种之。身似竹而实初出地地节颇密，自后一节疏一节。

《清异录》：湖南马氏有鸡狗坊长，能种子母蔗。

野史：卢绛中疟疾。梦白衣妇人谓之曰："子之疾食蔗即愈。"既诘朝，见鬻蔗者。绛揣囊中且乏一镪，唯有唐文一册。遂请易之。其人曰："吾乃负贩者，将此安用？哀君欲之。"遂贻数挺。绛喜而食之，至旦即愈。

《海外志》：交趾所生甘蔗，围数寸，长丈余。取其汁曝之，数日可成饧。入口即消，彼人谓之石蜜。

王维诗：饱食不须愁内热，大官还有蔗浆寒。

（2）《御定广群芳谱》

清汪灏、张逸少等奉敕撰。首有康熙四十七年（1708 年）康熙皇帝序。《四库全书提要》说："一百卷，康熙四十七年圣祖仁皇帝御定，盖因明王象晋《群芳谱》而广之也。……至象晋生于明季，不及见太平王会之盛。今则流沙蟠木尽入版图，航海梯山咸通职贡。凡殊方绝域之产，古所未闻者，俱一一详载，以昭圣朝之隆轨。"羡林按：这一段提要，颂圣之气极浓，在当时不得不尔。但话却是实话。随着清代版图的扩大，群芳的范围也大大地扩大了。这对我们的探讨工作是非常有利的。

846，759上，卷六六　蔗

〔原〕[12] 甘蔗《齐民要术》云：按书传或为芉蔗，或干蔗，或肝睹，或都蔗，所在不同丛生，茎似竹，内实，直理，有节，无枝，长者六七尺，短者三四尺。根下节密，以渐而疏。叶如芦而大，聚顶上，扶疏四垂。八九月收，茎可留至来年春夏。王灼《糖霜谱》云：有数种，曰杜蔗，即竹蔗，绿嫩薄皮，味极醇厚，专用作霜；曰白蔗，一名荻蔗，一名芳蔗，一名蜡蔗，可作糖；

曰西蔗，作霜色浅；曰红蔗，亦名紫蔗，即崑苍蔗也，止可生啖，不堪作糖。（羡林按：这些话只能算是摘录，并非原话。）江东为胜，今江浙闽广蜀川湖南所生，大者围数寸，高丈许。又扶风蔗，一丈三节，见日即消，遇风则折。交趾蔗特醇厚，木（按应作"本"）末无厚薄，其味至均。围数寸，长丈余，取汁曝之，数日成饴，入口即消，彼人谓之石蜜。多食蔗，衄血。烧其滓，烟入目则眼暗。

汇考〔原〕《晋书·文苑传》：顾恺之每食甘蔗，恒自尾至本。人或怪之，云：渐入佳境。〔增〕《宋书·张畅传》世祖镇彭城，托跋焘南侵至小市曰：魏主致意安北，远来疲乏。若有甘蔗及酒，可见分。世祖遣人答曰：知行路多乏，今付酒二器、甘蔗百挺。〔原〕《南史·宜都王铿传》铿善射，常以埒的太阔，曰：终日射侯，何难之有？乃取甘蔗插地，百步射（846，760）之，十发十中。〔增〕《南史·范云传》永明十年，云使魏。魏使李彪宣命，至云所，甚见称美。彪为设甘蔗、黄甘、粽。随尽复益。彪笑谓曰：范散骑小复俭之，一尽不可复得。《孝义传》庾僧弥母刘好食甘蔗。母亡，僧弥遂不食焉。《唐书·南蛮传》阇婆有蔗大如胫。《神异经》南方有甘蔗之林，其高百丈，围三尺八寸，促节多汁，甜如蜜，咋啮其汁，令人润泽，可以节蚘虫。人腹中蚘虫，其状如蚓，此消谷虫也。多则伤人，少则谷不消。是甘蔗能减多益少。凡蔗亦然。《典论》（羡林按：上面已抄录，现省略）。〔原〕《江

表传》（上面已抄录，现省略）。〔增〕《齐民要术》雩都县
土壤肥沃，偏宜甘蔗，味及采色，余县所无。一节数寸
长，郡以献御。〔原〕《清异录》（前面已抄录，现省略）。
〔增〕《清异录》丘鹏南出甘蔗啖朝友，云黄金额。《谈薮》
甄龙友云卿，永嘉人，滑稽辨捷，为近世之冠。楼宣献自
西掖出守，以首春觞客，甄预坐，席间谓公曰：今年春
气，一何太盛！公问其故。甄曰：以果查甘蔗知之。根
在公前，而末已至此。公为罚掌吏，众訾其猥率。〔原〕
《野史》：卢绛中疟疾……（前面已抄录，现省略。但此处
作"惟有《唐韵》一册"，可补前录之不足。前录作 "唐
文"）。《糖霜谱》[13]（前面已抄录，现省略）。〔增〕《容斋
随笔》甘蔗只生于南方……（前面已抄录，现省略）〔原〕
《群碎录》宋神宗问吕惠卿曰……（前面已抄录，现省略）
〔增〕《瀛涯胜览》爪哇国有甘蔗……（前面已抄录，现
省略）《泉南杂志》甘蔗干小而长……（前面已抄录，现
省略）

　　集藻　赋　〔增〕魏文帝《感物赋》（前面已抄录，现
省略）。晋张协《都蔗赋》（前面已抄录，现省略）。

　　文赋散句　〔增〕司马相如《子虚赋》诸柘巴苴。张
衡《南都赋》藷蔗姜蟠。晋左思《蜀都赋》甘蔗辛姜阳荶
阴敷。梁昭明太子《七召》蔗有盈丈之名。

　　七言古诗　〔原〕 宋舒亶《咏甘蔗》（前面已抄录，
现省略）。

　　诗散句　〔原〕晋张载：江南都蔗，酿液丰沛。唐杜

甫：茗饮（846，762）蔗浆携所有，瓷罂无谢玉为缸。春
雨余甘蔗偶然存蔗芊。〔增〕韦应物：姜蔗傍湖田。韩愈：
初味犹啖蔗。〔原〕元稹：甘蔗消残醉。〔增〕白居易：浆
甜蔗节调。薛能：压春甘蔗冷。宋钱惟演：蔗浆销内热。
〔原〕唐王维：大官还有蔗浆寒。〔增〕韩翃：醒酒犹怜甘
蔗熟。宋陆游：蔗浆那解破余酲。金庞铸：蔗蜜浆寒冰皎
皎。〔原〕元顾瑛：蔗浆玉碗冰泠泠。

别录 〔原〕种植 谷雨内于沃土横种之，节间生苗，
去其繁冗。至七月，取土封壅其根，加以粪秽，俟长成收
取。虽常灌水，但俾水势流满润湿则已，不宜久蓄。 制
用 石蜜，即白沙糖凝结作块如石者，轻白如霜者为糖
霜。坚白如冰者为冰糖，以白糖煎化即成人物之形者为饗
糖，以石蜜和牛乳酥酪作成饼块为乳糖，以石蜜和诸色果
融成块为糖缠糖煎，总之皆自甘蔗出也。 蔗糖以蜀及岭
南者为胜。江东虽有，劣于蜀产。会稽所作乳糖，视蜀更
胜。《容斋随笔》糖霜之名，唐以前无所见……（上面已
录，现省略） 甘蔗所在皆植，独福塘、四明、番禺、广
汉、遂宁有糖冰，而遂宁为冠。四郡所产甚微，而颗碎，
色浅，味薄，才比遂之最下者。亦皆起于近世。唐大历
中，有邹和尚（846，763）者（前面已录，现省略）。

（3）清吴其濬著《植物名实图考》[14]

《植物名实图考长编》二十二卷，《植物名实图考》二十八
卷，固始吴其濬著，蒙自陆应谷校刊。吴是嘉庆间进士，官山

西巡抚。宦迹所到之处，对农产植物特感兴趣，上列两书就是他探究的结果。吴卒后二年，陆应谷刊其书于太原。卷首有陆道光二十八年（1848年）序。

本书卷三一为果类，卷三二仍为果类。有关甘蔗的名实图考见于卷三二。有甘蔗图。文字说明，抄录如下：

甘蔗　别录中品。《糖霜谱》博核，录以资考。

零娄农曰：䕞蔗，南产也。闽粤河畔，沙砾不谷，种之弥望。行者拔以疗渴，不较也。章贡间闽人侨居者业之，就其地置灶与磨以煎餳。必主人先艾刈，而后邻里得取其遗秉滞穗焉。否则罚利重，故稍吝之矣。而邑人亦以擅其邑利为嫉。余尝以讯其邑子，皆以不善植为词，颇诧之。顷过汝南郾许，时见薄冰，而原野有青葱林立如丛篁密筱满畦被陇者，就视之，乃蔗也。衣稍赤，味甘而多汁，不似橘枳画淮为限也。魏太武至鼓城，遣人求蔗于武陵王。唐代宗赐郭汾阳王甘蔗二十条。异物见重。今则与祖梨枣栗同为河洛华实之毛。岂地气渐移，抑趋利多致其种与法而人力独至耶？但闽粤植于弃地，中原植于良田，红蓝遍畦。昔贤所唏弃本逐末，开其源尤当节其流也。

《植物名实图考长编》，"果类卷之十五"

甘蔗　《别录》：甘蔗，味甘平，无毒，主下气和中，助脾气，利大肠。陶隐居云：今出江东为胜，庐陵亦有好者。广州一种，数年生，皆如大竹，长丈余。取汁以为沙糖，甚益人。又有荻蔗，节疏而细，亦可啖也。

《图经》：甘蔗，旧不著所出州土，今江浙闽广蜀川所生，大者亦高丈许，叶有二种，一种似荻，节疏而细短，谓之荻蔗。一种似竹，粗长，笮其汁以为沙糖，名竹蔗。泉福吉广州多笮之炼沙糖。和牛乳为石蜜，即乳糖也。惟蜀川作之。荻但堪啖。或云亦可煎稀糖。商人贩货至都下者，荻蔗多而竹蔗少也。

《食疗本草》：沙糖，多食令人心痛。不与鲫鱼同食，成疳虫。又不与葵同食，生流澼。又不与笋同食，使笋不消，成症，身重不能行履耳。

《本草衍义》：沙糖，又次石蜜，蔗汁清，故费煎炼致紫黑色，治心肺大肠热，兼啖驼马。今医家治暴热，多以此物为先导。小儿多食则损齿，土制水也。及生蛲虫，䗂虫属土，故因甘遂生。

《唐本草》沙糖味甘……（上面已录，现省略）

《神异经》（上面已录，现省略）

《南方草木状》（上面已录，现省略）

《齐民要术》（上面已录，现省略）

洪迈《糖霜谱》（上面已录，现省略）

《番禺县志·物产》：甘蔗，邑人种时，取蔗尾断截二三寸许，二月于吉贝中种。拔吉贝时，蔗已长数尺。又至十月，取以榨汁，煮为糖。此种名竹蔗。一种名白蔗，宜食，不能为糖。一种红者，伤跌折骨，捣同醋敷患处，仍断蔗破作片夹之，折骨复续。人家种以备用。

《山家清供》：雪夜，张一斋饮客。酒酣，薄书何君时奉出沆瀣浆一瓢，与客分饮。不觉酒容为之洒然。问其法，谓得之禁苑。止用甘蔗芦菔，各切作方块，以水烂煮即已。盖蔗能化酒，芦菔能化食也。酒后得其益，可知矣。楚词有"蔗浆"，恐即此也。

《镇江府志》：南唐卢绛，微时，往还涧壁，病痦且死。夜梦白衣妇人，颇有姿色，歌《菩萨蛮》劝绛樽酒。其辞云：玉京人去秋萧索，画檐鹊起梧桐落。欹枕悄无言，月和残梦圆。　　背灯惟暗泣，甚处砧声急。眉黛小山攒，芭蕉生暮寒。歌已，谓绛曰：子病食蔗即愈。诘朝求蔗食之，果瘥。

羡林按：卢绛的故事，上面已抄录过数次。但是都没有《镇江府志》这样详尽。

《南越笔记》（参阅本章（一）材料来源，5.笔记，这里从略）。

《说文解字注》：藷，藷蔗也。三字句或作诸蔗，或都蔗。藷蔗二字叠韵也。或作竿蔗，或干蔗，象其形也。或作甘蔗，谓其味也。或作扞𥣡。服虔《通俗文》曰：荆州竿蔗，从艸，诸声，章鱼切。五部：蔗，藷蔗也。从艸，庶声，之夜切。古音在三部。

石蜜 《唐本草》：石蜜。味甘寒……（前面已录，现省略）

《食疗本草》：石蜜，治目中热膜……（前面已录，现省略）

《本草衍义》：石蜜，川浙最佳……（前面已录，现省略）

3. 地理著作

由于过去的积累，由于版图的扩大，由于东西交通之路大畅，清代的地理著作，无论是从内容方面来看，还是从规模方面来看，都超过了前代。因此，在地理著作中，甘蔗和糖的资料特别丰富。

（1）清顾祖禹《读史方舆纪要》

顾祖禹，明末清初人（1631—1692 年），字瑞五，号景范；入清改名隐，字石耕，自号宛汉子。江苏无锡人，亦因其母家自称常熟人。清顺治十六年（1659 年）决意著此书，临终前方成。共一百三十卷[15]。卷首有嘉鱼熊开元序，延陵吴兴祚序，宁都魏禧序。又有"总叙"二篇，然后有南昌刘士望序。魏序说："其书言山川险易，古今用兵战守攻取之宜，兴亡成败得失之迹所可见，而景色游览之胜不录焉。"此书内容可见一斑。我不可能翻阅全书，仅根据过去载籍中提到的蔗和糖的产地，翻检本书中有关章节，录出材料如下，此种材料史料价值不大，录之聊备一格而已。

卷七一 四川遂宁县

广山 又伞子山。在县北十五里，山形圆耸如伞。环山之民，以植蔗凝糖为业。

卷九六 福建福州府

甘蔗洲 府西北二十五里，横亘江心。居民皆种蔗为业。税课甚丰。

羡林按：以上两条，上面都已有过，没有多少史料价值。顾祖禹著书，志不在此也。

（2）清屈大均《广东新语》[16]

屈大均（1630—1696年），生值明末清初。原名绍隆、邵龙，字翁山、泠君、介子，广东番禺人，明季诸生。清军入广州前后，参加抗清斗争，知事无成，谢归乡里，北游关中、山西等地，与顾炎武等交往。著述甚多，《广东新语》是其中之一。全书二十八卷，其所以名《广东新语》者，据自序说："吾于《广东通志》，略其旧而新是详，旧十二而新十七，故曰《新语》。"

卷一四　食语　419 糖

广中市肆卖者有茧糖，窠丝糖也。其炼成条子而玲珑者，曰糖通。吹之使空者，曰吹糖。实心者小曰糖粒，大曰糖瓜。铸成番塔人物鸟兽形者，曰飨糖，吉凶之礼多用之，祀灶则以糖砖，燕客以糖果。其芝麻糖、牛皮糖、秀糖、葱糖、乌糖等，以为杂食。葱糖称潮阳，极白无滓，入口酥融如沃雪。秀糖称东莞，糖通称广州。乌糖者，以黑糖烹之成白，又以鸭卵清搅之，使渣滓上浮，精英下结。其法本唐太宗时贡使所传。大抵广人饮馔多用糖。糖户家家晒糖，以漏滴去水，仓囷贮之。春以糖本分与种蔗之农，冬而收其糖利。旧糖未消，新糖复积。开糖房者多以是致富。

卷二七　草语　792 蔗

蔗之珍者曰雪蔗。大径二寸，长丈，质甚脆。必扶以木，否则摧折。《世说》云：扶南蔗，一丈三节，见日即

消，风吹即折，是也。其节疏而多汁，味特醇好，食之
润泽人，不可多得。今常用者曰白蔗，食至十挺，膈热尽
除。其紫者曰崑苍蔗，以夹折胘，骨可复接。一名药蔗。
其小而燥者曰竹蔗，曰荻蔗，连冈接阜，一望丛若芦苇。
然皮坚节促不可食，惟以榨糖。糖之利甚溥。粤人开糖房
者多以致富。盖番禺、东莞、增城糖居十之四，阳春糖居
十之六，而蔗田几与禾田等矣。凡蔗以岁二月必斜其根种
之。根斜而后蔗多庶出。根旧者以土培壅，新者以水久浸
之，俟出芽乃种。种至一月，粪以麻油之麸。已成干，则
日夕揩拭其蟥，剥其蔓英，而蔗乃畅茂。蔗之名不一。一
作竿蔗。蔗之甘在干在庶也。其首甜而坚实难食。尾淡不
可食。故贵其干也。蔗正本少，庶本多，故蔗又曰诸蔗。
诸，众也，庶出之谓也。庶出者尤甘，故贵其庶也。曰都
蔗者，正出者也。曹子建有都蔗诗，张协有都蔗赋，知其
都之美，而不知其诸之美也。增城白蔗尤美。冬至而榨，
榨至清明而毕。其蔗无宿根，悉是当年，故美。榨时，上
农一人一寮，中农五之，下农八之十之。以荔支木为两
辘，辘辘相比若磨然。长大各三四尺。辘中余一空隙，投
蔗其中，驾以三牛之牿。辘旋转则蔗汁洋溢。辘在盘上，
汁流槽中，然后煮炼成饴。其浊而黑者曰黑片糖，清而黄
者曰黄片糖，一清者曰赤沙糖，双清者曰白沙糖，次清而
近黑者曰漠尾，最白者以日曝之，细若粉雪。售于东西二
洋，曰洋糖。次白者售于天下。其凝结成大块者，坚而
莹，黄白相间，曰冰糖，亦曰糖霜。

（3）《大清一统志》

清乾隆时和帅等奉敕撰。乾隆二十九年（1764 年），上谕：
"此时特就已成之书，酌加厘核，即新疆幅员辽阔，而一切事实
又有《西域图志》及《同文志》诸书为之蓝本。馆臣采撮排撰，
实为事半功倍。"可见成书之原因及编撰原则。我用的是《四库
全书》本。我不可能通读全书，用的仍然是上面用过的办法：根
据过去载籍有关产蔗和糖地区，在本书有关章节中加以检索。好
在每一州府后面都有"土产"一项，翻检起来，并不十分困难。

475，388　扬州府　没有

479，264—265　绍兴府　没有

479，799上　卷二五四　江西赣州府　土产有：

　　石蜜　（夹注）《唐书·地理志》虔州土贡石蜜、梅
桂子。《元和志》：贡蜜梅干姜。　糖《寰宇记》：虔州土
产。《省志》：红糖各邑俱出。

480，257　荆州府　没有

481，87上　卷二九四　四川成都府　土产有：

　　蔗糖《唐书·地理志》：成都府，土贡蔗糖。《元和
志》：蜀川，土贡沙糖。

481，160　卷二九七　四川保宁府　土产有：

　　石蜜《唐书·地理志》：巴州贡。《寰宇记》：集州
产蜜。

481，321 下—322 上　卷三〇八　四川潼川府　山川

　　伞子山　在遂宁县东北。《方舆胜览》：在小溪县白水
镇。环山之民，素以植蔗凝糖为业。相传唐大历间有僧教

以凝成糖霜，色如琥珀，遂为上品。旧志：山在县东北十五里。

481，338 下　卷三〇八　潼川府　土产

　　糖　《唐书·地理志》：梓州贡蔗糖。《寰宇记》：梓州贡砂糖。《方舆胜览》：遂宁府出蔗霜。

481，513 下　卷三二五　福建福州府

　　甘蔗洲　在侯官县西北二十五里，横亘江心。居民皆种蔗为业。相近有白龙洲。

481，536 下　卷三二六　福州府　土产

　　干白沙糖　《寰宇记》：各邑土产最饶。

481，621 下　卷三二九　福建漳州府　土产

　　糖　《府志》：各县俱出。[17]

羡林按：482，52 下—53 上　卷三四〇　广东广州府　土产中没有糖，值得注意。下面卷三四四　潮州府　482，147 上　土产中也没有糖。

　　483，727 上　卷四二四　榜葛剌^{在西海中}　土产糖霜

（4）《江西通志》

清谢旻等监修，成于雍正十年（1732 年），《四库全书》本。

第二七卷土产　广信府　513，853 下

　　砂糖　以蔗汁煎成，铅山县出。

513，857 下　饶州府

　　甘蔗　乐平出。

　　糖　德兴出。

513，867 上 南安府

　　糖 用蔗浆煎成，与闽粤所产相类，南康出。

513，868 上 赣州府

　　红糖 即紫砂糖，以蔗汁煎成，各邑俱产，而赣宁雩信最多。

（5）《浙江通志》

清嵇曾筠等监修，沈翼机等编纂。成于乾隆元年（1736 年），《四库全书》本。

521，566 上 卷一〇一 物产 浙江通省 甘蔗

521，572 下 杭州府

　　甘蔗 《咸淳临安志》：旧贡。今仁和临平多种之。以土窖藏至春夏，可经年，味不变。小如芦者曰荻蔗，亦甘。

521，614 卷一〇三 宁波府

　　蔗 《嘉靖鄞县志》：产鄮山下，称为蔗田。

　　糖冰 《容斋随笔》：甘蔗所在皆植，独福唐、四明、番禺、广汉、遂宁有糖冰。（夹注）杨万里冰糖诗：亦非崖蜜亦非锡，青女吹箫冻作冰。透骨轻寒清着齿，嚼成人迹板桥声。

　　谨按糖霜有谱，制法绝佳。今闽人治此为利。浙民多种蔗，而不知造糖。惟宁郡能作冰糖。推其法，亦可治霜也。

521，629 上 卷一〇四 绍兴府

　　蔗 《会稽三赋注》：赤者名崑苍蔗，白者名荻蔗。赤

者出会稽，作乳糖。《弘治绍兴府志》：山阴灵芝乡出蔗。
（夹注）《群芳谱》：蔗糖以蜀及岭南为胜。会稽所作乳糖，
视蜀更胜。

521，646 下　卷一〇五　台州府

甘蔗　《赤城志》：有竹、荻二种，出黄岩、亢山等
处。（夹注）《台州府志》：近世闽人教以栽蔗。秋熟，压
其浆，煎之。惟不能取霜，故其利薄。

521，671 上　卷一〇六　金华府

蔗　《西安县志》：有紫白二种。紫者产龙游，供咀嚼。
白者种自闽中来，可碾汁炼糖。但土人不知以糖为霜耳。

521，678 下　卷一〇六

蔗　《万历严州府志》：淳安县蔗山，昔人于此种蔗。

521，698 上　卷一〇七　处州府

蔗　《龙泉县志》有糖蔗、竹蔗。

（6）《福建通志》

清郝玉麟等监修，谢道承等编纂。书成于乾隆二年（1737
年），全书七十八卷。卷一〇至卷一一为"物产"。

527，452 下　卷一〇　福州府

甘蔗　赤者曰崑崙蔗，白者曰荻蔗。土人捣取其汁，
以为沙糖。

527，464 上　卷一〇　兴化府

货之属　糖

冰糖（夹注）曾师建《闽中记》：荻蔗，节疏而细短，

可为稀糖，即冰糖也。

　　465上　果之属　甘蔗

527，468下　卷一〇　泉州府

　　货之属　糖　俱出晋江、南安、同安、惠安四县。

　　469上　果之属　蔗

527，471上　卷一〇　漳州府

　　货之属　糖

　　471下　果之属　蔗

527，476上　卷一一　建宁府

　　货之属　糖　出建阳、崇安二县。

　　477上　果之属　蔗

527，479上　卷一一　邵武府

　果之属　甘蔗

527，480下　卷一一　汀州府

　　货之属　糖

481上　果之属　蔗

527，481上　卷一一　福宁府

　　货之属　糖

482上　果之属　蔗

527，483上　卷一一　台湾府

　　货之属　糖　冰糖

483下　果之属　蔗

527，485下　卷一一　永春州

　　货之属　糖

果之属　甘蔗

（7）《四川通志》

清黄廷桂等监修，张晋生等编纂，书成于乾隆四十六年（1781年）。全书四十七卷。卷三十八之六有"物产"。《四库全书》本。

561，243 上　卷三八之六　成都府

蔗糖　《唐志》：成都府土贡。《元和志》：蜀州土贡沙糖。

561，245 上　卷三八之六　保宁府

石蜜　《唐志》：巴州贡。《寰宇记》：集州产蜜。

561，249 上　卷三八之六　直隶潼川州

蔗霜　遂宁出。宋时入贡。唐大历中，有僧跨一白驴，至伞子山下，结茅以居。环山之民素以植蔗凝糖为业。僧白驴颇食民蔗。民苦之，诣僧。僧曰："汝知蔗之为糖，而不知蔗之为霜，其利十倍。"因示以法，遂成蔗霜，色如琥珀，称奇品。

561，249 下　卷三八之六　直隶资州

蔗饧　《寰宇记》：资州产甘蔗。

　　　　　直隶绵州

蔗饧　《唐志》：绵州土贡甘蔗。梓州贡蔗饧。《寰宇记》：梓州贡沙饧。

（8）《安徽通志》

《安徽通志》，不同的版本，颇有几个。我用的是陶澍奏修的

本子。

卷六四　食货志

物产

果之品，曰桃，曰李，曰杏，曰梅……（最后是）曰甘蔗。

羡林按：由此可见，安徽是产甘蔗的。但是，在后面州府的物产中，却没有哪个地方有甘蔗。这也可以证明，安徽的甘蔗种植，面不广，量不大。

在"滁州"项下，有"蓼花糖"一种。夹注说："州邑多以芋和糖为之，用相馈遗。"

我为了探讨安徽产甘蔗和沙糖的问题，翻阅了一下《嘉庆重修一统志》，卷一〇八"安徽统部"，没有"土产"一项。下面各州府，虽然都有"土产"一项，但没有哪个地方有蔗或糖。因此，关于安徽产蔗的问题，只能暂时悬而不决。

（9）《广西通志》

清金鉷等监修。一百二十八卷。书成于雍正十一年（1733年）。《四库全书》本，卷三一，物产。

565，774 上　浔州府

甘蔗各县出。

（10）《云南通志》

清鄂尔泰等监修，靖道谟等编纂。三十卷。书成于乾隆元年（1736 年）。《四库全书》本，卷二十七，物产。

570，282 下 果属

   甘蔗

570，285 下 临安府 沙糖 出建水、宁州。

（11）《八纮译史》

清陆次云著。全四卷。自序："继《大荒经》而作也。"《丛书集成》初编本。

  卷二 天竺 物产

   椰树甚大，干可造舟车，叶可覆屋，实可疗饥，浆可止渴，又可为酒，为油，为糖，为醋。

    榜葛剌

   乃东印度也。……言其地广人稠，财物丰衍，赋法十二，文移、刑法、阴阳、医卜、百工、技艺，大类中国。

羡林按：这一段也见于其他书中，上面已引。它对说明中国同孟加拉的文化交流关系，有重要意义。

    苏禄

   酿柘（蔗）为酒，煮海为盐。

（12）徐继畲《瀛寰志略》

  卷首有道光己酉（1849 年）刘韵珂序，有道光二十八年（1848 年）彭蕴章序，有道光戊申陈庆偕跋，有道光二十八年鹿泽长序，有道光戊申徐继畲自序。自序中讲了他撰写此书的过程。原来他于道光癸卯（1843 年）因公驻厦门，晤米利坚（美国）人雅裨理，看到他所携的地图册子。后来又看到了地图二册，较雅裨理册子尤为详密，并觅得泰西人汉字杂著数种，复搜求得若干种，荟萃采择，得片纸亦存录不弃。"每晤泰西人，辄披册子考证之。于域外诸国地形时势，稍稍得其涯略。乃依图立说，采诸书之可信者，衍之为篇。久之积成卷帙。每得一书，或有新闻，辄窜改增补，稿凡数十易。自癸卯至今，五阅寒暑，公事之余，惟以此为消遣，未尝一日辍也。"我写这一段的目的，就是想告诉今天的读者，当年中国有识之士渴求了解世界大势，是多么勤苦，多么认真！

此书对 19 世纪中晚期的清代，对日本的明治维新，有重大的影响。最近美国学人德雷克（Fred. W. Drake）有专著研究此书，名 *China Charts the World, Hsu Chi-yu and his Geography of 1849*，任复兴有汉译本《徐继畲及其〈瀛寰志略〉》，文津出版社 1990 年版。

全书共十卷，亚、欧、非、美都包括在里面。我现在把有关蔗和糖的资料抄在下面：

卷二　南洋各岛　吕宋

土肥湿，宜稻，产米最多。又产白糖、棉花、麻、烟草、加非、可可子。

西里百　一作失勒密，又作细利窟，诸岛物产，与吕宋略同。

噶罗巴　即爪哇。

巴地所产者，米谷、白糖、加非、燕窝。

卷四　欧罗巴

果实则桃、杏、李、柰、柠檬、柑橘、葡萄、樱桃、橄榄、桑葚、无花果、甘蔗皆有之。

　饮用加非，煮汤和以酥、糖。

卷七　佛郎西国

　种菜菔，造糖，味同于蔗。

　　西班牙国　安达卢西亚

　产谷、果、丝绵、蜜、酒、油、盐、甘蔗、牲畜。

卷八　阿非利加　努北阿

　地产麻、烟、米、酒、二麦、甘蔗、棉花、檀香、乌木、象牙。

　　桑给巴尔　马加多朔

　土产谷、果、金、银、铜、铁、糖、蜡、棉花、象牙、鸟羽、木料、药材。

　　莫三鼻给

　种加非，造白糖。

　　几内亚

　土产黄金、珊瑚、琥珀、纹石、甘蔗、烟草、香料。

　　公额　一作公我，在几内亚之南

　土产铜、锡、甘蔗、胡椒、薯粉、象牙。

　　毛里西亚岛

　土产白糖。

卷九　亚墨利加　北亚墨利加

　甘蔗、葡萄、橙柑、加非、胡椒、芋薯之类，皆从欧罗巴移种，亦俱繁硕。

卷九　北亚墨利加米利坚合众国

纽罕什尔国

又产洋参、冰糖、铜、铁、铅。

阿拉巴麻国

产金、铁、稻、谷、果实、甘蔗、烟叶、棉花、洋蓝。

鲁西安纳国

土产甘蔗、棉花，甲于诸国。种蔗十五亩，得糖五千斤。

阿里颜达多里

又有一种树，其脂如糖。秋收其子，作饼甚美。

卷十 南亚墨利加各国

可仑比亚

地产加非、白糖、烟叶、靛饼。

秘鲁

其物产金银之外，兼产铜、铅、水银、胡椒、甘蔗、棉花、药材、橡胶、颜料、香料。

玻利非亚

物产与秘鲁同。

巴拉圭

产牙兰米、甘蔗、棉花、蓝靛、烟叶、蜂蜜、大黄、血竭、桂皮。

巴西

产棉花、白糖、烟叶、加非、可可、红木、牛皮、药材。

歪阿那

亦产白糖、加非。

南北亚墨利加海湾诸岛　古巴

产白糖、加非、酒、烟、金、银、铜、铁、水晶、吸
铁石。

（13）《小方壶斋舆地丛钞》

清王锡祺撰。卷帙繁多，计有：

正编　12 帙：

第一帙 79 种

第二帙 46 种

第三帙 74 种

第四帙 549 种

第五帙 31 种

第六帙 63 种

第七帙 53 种

第八帙 26 种

第九帙 68 种

第十帙　146 种

第十一帙　42 种

第十二帙　21 种

续编　58 种

再补编　90 种

所谓一种，内容不同，长短迥异，中外地理著作都包括在里面，
对研究晚清地理，极有裨益。对研究当时有识之士渴望了解世界

各国的心情，极有裨益。

正编卷首有王锡祺自序。序中说："余不学，长益无所成就。然闻人谈游事，则色然喜。阅诸家纪录与夫行程日记，即忻然而神往。……因上溯国初，下逮近代，凡涉舆地，备极搜罗，得若干种，厘为十二帙，约数百万字，续有所获，仍逐次增入。"写序的时间是光绪三年丁丑（1877 年）。续编序写于光绪甲午（1894 年），再补编序写于光绪丁酉（1897 年）。

这一部庞大的地理著作丛抄，我大体上翻检了一遍。现将有关甘蔗与沙糖的资料依次抄在下面。为了醒目起见，我给每一部我抄的书也都编上一个号码，号码与上面相接。

（14）《福建考略》

见本书第一帙。龚柴著。

物产：金、银、铜、铁、锡、铅、靛、水银、粟、米、布帛、纸、烟、茶、药、糖、盐等。

值得注意的是：在同一作者的其他《考略》，比如说《江西考略》《浙江考略》《四川考略》《广东考略》《云南考略》等等中，却没有种蔗和制糖的记述。这些地方本来也是产糖的。

（15）《岭南杂记》

吴震方著。《小方壶斋舆地丛钞》第九帙，第 24 册：

四

高州府。春时，民间建太平醮，多设蔗酒于门。

八

　　燕窝有数种。白者名官燕，丝缕如细银鱼，洁白可
爱。黄者次之。中有红者，名血燕，能治血痢。白者入
梨，加冰糖蒸食，能治膈痰。

羡林按：翻检到第九帙，见有李调元《南越笔记》一种。按照
书名，此书应归到下面"笔记"一项内，其中有关资料，下面
再录。

　　此外，在第九帙，张汝霖著《澳蕃篇》，是专讲澳门的。在
本书"澳译"中有：

　　蔗　　奸那

　　糖　　亚家喇

颇有参考价值。但过于细碎，不立专书，抄在这里，以节省
篇幅。

（16）《安南小志》

姚文栋译。《丛钞》第十帙，第 25 册。

《小志》七：

　　国中输出之物产有……砂糖……

　　其输入之物品：织布、阿片、铳器、铁器、酒、糕、
茶、陶器、纸、生丝、医药、幼童玩弄物、干果、糖糕，
其他品则中国制造尤多云。

羡林按：这一段记载非常有趣。当年越南输入的物品，多为中国
制造，儿童玩具竟在其中。

（17）《中山传信录》

清徐葆光著。见《丛钞》第十帙，第25册。"中山"指琉球。

> 起居，日馈生猪、羊各一，鸡二，蛋、鱼、海蛇、海蚌、石鉅、车螯、面条、面粉、酱、蘸、醋、蒜、胡椒、甘蔗、蕉果 冬易以橘……

23

> 月令 四月，梯沽红（夹注略），铁钱花开，甘露见于蕉，山丹吐焰、蔗田熟。

24

> 果有藕、蔗、西瓜、青瓜、木瓜……

（18）《琉球实录》

清钱□□著。见《丛钞》第十帙，第26册。

> 甘蔗多红心，而无青皮者。

（19）《东洋琐记》

清王之春著。见《丛钞》第十帙，第26册。

> 现闻开辟琉球荒土，广植甘蔗。盖因购我中国之糖，出口之银甚夥，故思夺我利权。刻闻复议入口糖税，每百元加抽税银三十元，是欲使中国商民裹足不前也。

羡林按：《丛钞》，第十帙，第27册，清陈家麟著《东槎闻见录》，"物产""果实"中没有甘蔗。"饮食"中有"酒、酱、沙糖、盐、油等"。

（20）《东南洋岛纪略》

美国林乐知录。《丛钞》第十帙，第 27 册。

澳大利亚之北有一大岛，名巴布亚……本处人所种米、麦、珍珠米、山芋、茄、瓢、甘蔗、香蕉、肉桂暨各色药料出产，常运至东洋与中国发售。

（21）《海岛逸志》

清王大海著。《丛钞》第十帙，第 27 册。

二　北胶浪，为巴国东南之区，亚于三宝垅。……苗冬有蔗蔀二处，旧分东西，今合为一。

九　蔗种甚多，红者、白者、乌者、青者，有丝纹如七弦竹者。花如芦荻，一望无际。

（22）《葛剌巴传》

缺名。《丛钞》第十帙，第 27 册。

呀瓦，即葛剌巴也。产米、胡椒、燕窝、翠羽、白糖、棉花……

按："呀瓦"即"爪哇"。

（23）《三得惟枝岛纪略》

美国林乐知录。见《丛钞》第十帙，第 27 册。

运赴英国之糖、酱、米等货，每年约值洋七百余万元。

按："三得惟枝"，即檀香山。

（24）《海录》

杨炳南著。见《丛钞》第十一帙，第 28 册。卷首有杨炳南的说明："余乡有谢清高者，少敏异，从贾人走南海南，遇风覆其舟。拯于番舶，遂随贩焉。每岁遍历海中诸国。所至辄习其言语，记其岛屿、厄塞、风俗、物产。十四年而后反粤。自古浮海者所未有也。与余倾谈西南洋甚悉。因条记之。所述国名，悉操西洋土音，或有音无字，止取近似者名之云。"这讲成书过程，非常具体明确。

一 暹罗国

土产金银钱、锡、鱼翅、海参、鳆鱼、玳瑁、白糖、落花生、槟榔、胡椒……

五 明牙剌（按即孟加拉）

土产鸦片烟、硝、牛磺、白糖……

九 葛剌八（按即爪哇）

土产落花生、白糖、丁香、加达子、蔗、燕窝、带子、冰片、麝香、沉香。

十五 亚芉里隔国

土产五谷、钻石、金、铜、蔗、白糖。

（25）《欧洲总论》

缺名。见《丛钞》第十一帙，第 28 册。

果实有桃、杏、李、奈、柑、橘、葡萄、樱桃、橄榄、甘蔗、无花果等。

（26）《航海述奇》

张德彝著。见《丛钞》第十一帙，第 28 册。

六　安南

　　橘、橙、甘蔗、槟榔。

十五　巴黎

　　又地葚，形如桑椹，色红，味酸而甜，大者寸许，乃草本。人皆种于篱下，食必加以白沙糖。

按：此即草莓。

（27）《初使泰西记》

宜垕纂。见《丛钞》第十一帙，第 28 册。

二十八　布路司（普鲁士，德国）

　　十八日，本处爵绅拜勒约观造糖作。作在福尔司地方。其糖乃蔓菁所出，即中国所谓塔尔糖者。其色青白而质坚劲。虽溽暑不解。作场建楼数重。将田间所种之蔓菁头，以辘轳提至楼上层，由筐倾于长木槽。槽上有水管浇水，下有滚轮送出，以洗泥滓，为一层，隔层有女工，接上层送出之蔓菁头，切去尖毛，以掷于双层木盘，转至盘豁口，以木锹撮于转桶。桶如淘河之蜈蚣车，以去净尖毛，为一层。隔层又有转磨。磨置于桶中。桶里磨面，皆有龃龉如砻稻之砻，上下有口，上口接送出之菁头，下口出磨烂之菁浆，承以方斗，整而碎之，为一层。又有连案，分铺粗布，舀浆于布以包之，夹以薄铁板，累置于木架，满则开水机，由两端而挤之，以出菁汁，为一层。挤干之渣如豆饼，以饲牛。挤出之汁总承以铅槽，而分流入于提清之锅，锅下有热铁筒以烘之，酌入人骨灰。灰如黑胶以理之，则清汁浮而浊汁沉，为一层。清汁之中，又分次清为两等。故熬成之糖有精粗之别。盖浮者清而中间者微浊也。清出之汁，分管而归于总桶之管分两层。清者由总管之高管而出，数管归于一桶而流入于熬粗[18]糖之锅中间。微浊者由总桶之矮管而出，归于一桶而流入于熬粗糖之锅，为一层。铜锅椭圆丈许如立卵，周围大小数管，有流入者，泻出者，贯热气者，放气者，皆有关捩。又有圆孔如碗，玻璃隔之，自外而窥锅内之气泡，以验糖之老嫩。用热气以烘，非以火熬也。烘汁成糖，为一层。又菁斗既分清浊，清者提出矣。浊者仍有汁在，则用扁方布袋排而隔以铁片。前所分出浊汁，顺管分灌于布袋，两端以火机转轴而夹挤之，如榨酒，亦归于熬锅，至糖汁已成，泻于大木桶。舀稀糖于薄铁模，如圆筒而尖其底，即所谓塔糖之形也。每塔中国七八斤至二三十斤不等。支模有连架，模口有卷边架孔承模边，纵横排列数十百枚。浇汁其中，凉则凝为糖而色黄。又浇硫水以洗之，热机以烘之，干则洁白如雪，坚硬如石，而运之四海之内，皆食洋糖矣。虽其质色坚白，而味之甘香则弗如蔗糖远甚。西人或称其为炼中国之冰糖所成而昂其价，未有言其为蔓菁轧水而成者也。其烧锅烧酒，味劣无香气，乃番薯所造也。

这是一段非常重要的记载，在汉籍中实甚少见。这位作者，一位满洲大人，实在是一位有心人。他在书中还提到会见过俾斯麦

（书中作毕司马克）。

（28）《使英杂记》

清张德彝著。见《丛钞》第十一帙，第 29 册。

13　麦素尔

土产米、糖、烟、姜、芝麻、槟榔等。

14　新嘉坡岛

土产铅、胶、烟、米、胡椒、加非、槟榔、豆蔻、皮革、儿茶、树胶、潮脑、沙谷米、甘蔗、榛子等。

槟榔屿

土产与上同

卫拉奚里（正对槟榔屿）

土产亦同上

麻六甲

土产胡椒、甘蔗……

英吉阿那府（南阿美里加正北）

土产糖与木

澳大利亚洲

土产金、银、铜、铁、黑铅、白铅、锡、煤、水银、茶、烟、糖……

威隄蕾坞岛、瓦努阿蕾坞岛

欧瓦路岛（肥鸡——斐济群岛）

土产尚肥，如百果树、芭蕉、甘蔗……

扎美喀岛（牙买加岛）

土产姜、糖、五谷……

特立呢达岛

土产椰子、加非、铁、煤、糖、桃等。

安隈卦岛（在南阿美里加正北）

土产枸子、甘蔗、棉花、茨菇等。

贤契斯兜佛尔岛

土产甘蔗、硫磺、潮脑等。

洒威斯岛

土产惟糖一种。

斗米呢喀岛

土产棉花、加非、椰子、烟、糖。

倭尔真群岛

土产甘蔗、棉花……

巴尔巴多斯岛

土产糖、碱。

贤万三岛

土产甘蔗……

图巴沟岛

土产甘蔗最多。

贤鲁义萨岛

土产多糖。

巴哈玛群岛

土产……甘蔗……

那塔腊（在阿斐里加正南迤东临海）

　　土产甘蔗、加非……

上面这一些记载十分有用。

　　45

　　外国糖分四五种。碎者如中土之红糖、潮白、雪花之类。碎方块者，光明清净，名曰水晶。以上为甘蔗与米谷所造。惟常用者造以蔓菁。其色青白而质坚。虽溽暑而不化。其大块如塔形，上尖下圆而平底，长二三尺，重由七八斤至一二十斤不等。铺中出售，锯成寸方，块厚三四分，按斤论价。所余渣末，价稍廉。

这也是很有用的记载。

（29）《使法杂记》

清张德彝著。见《丛钞》第十一帙，第 29 册。

　　冈白鸥士（在亚细亚之东南，南临暹罗湾，东界安南，当即柬埔寨）

　　土极肥沃，产胡椒、甘蔗……

羡林按：《丛钞》第十一帙，第 30 册，邹代钧著《西征纪程》，十八，尼科巴群岛："居民煮果为糖。"录于此，供参考，不另立专节。

（30）《西俗杂志》

清袁祖志著。见《丛钞》第十一帙，第 30 册。

　　糖之为用，皆取莱菔制成。莱菔能除煤毒。既济食用，又能除病，益叹天能生人，即能养人。近来制糖，皆以火轮机器，人力尤省。

（31）《闽游偶记》

清吴振臣著。见《丛钞》续编第九帙，第 35 册。

土产……甘蔗_{有红白二种。}又有竹蔗者，煮汁为糖。糖_{有黑砂、白砂二种。}上白者成砖。

（32）《暹罗政要》

清郑昌棪著。见《丛钞》续编第十帙，第 35 册。

出口米与蔗糖为多。

（33）《法兰西国志略》

清沈敦和辑。见《丛钞》续编第十一帙，第 35 册。

又种红萝卜，可造糖。

（34）《美国地理兵要》

清顾厚焜著。见《丛钞》续编第十二帙，第 36 册。

近自欧罗巴移植甘蔗、葡萄、橙、柑、加非、胡椒、芋薯之类，无不繁硕。

此外，麻、亚麻之纺织，甘蔗、枫糖之精制。

洼满的邦　（佛网脱　乏梦读）

物产……蔗……

纽约克帮　（纽约）

物产米、麦、糖……工作铁皮农具……白糖。

倭海阿邦（怐海鹤　华海育）

　　物产稻、白糖、糖汁蜜……

佛勒尔勒厘邦（佛勒里大　福祸力大　富六里达）

　　物产棉花、加非、白糖……

蜜士失必邦（美雪雪比……密士希比）

　　物产白米、白糖……

鲁西安那邦

　　物产棉花、白糖……

英厘安纳邦

　　物产中没有蔗和糖。

　　"工作白糖、糖汁、靴鞋。"

亦伦诺尔邦

　　"物产麦、五谷、麻、白糖……"

（35）《古巴节略》

清余思诒著。见《丛钞》续编第十二帙，第 36 册。

　　物产　古巴地土肥沃，种植最宜，谷果花木俱备，惟地税繁重，必种蔗烟方有利息。若种谷品，即不敷地税、人工之资。……巡行所见，烟蔗外，椰蕉诃子咖啡为多。

（36）《英国论略》

息力□□□著。见《丛钞》再补编第十一帙，第 45 册。

　　不止贸易一国一地，乃与天下万国通商也。所运进广州府之货物，如海菜、沙血蝎（原文如此）、洋蜡……所有运出者：茶叶、湖丝、绸缎、手巾、紫花布、夏布……麝香、大黄、白糖、冰糖、糖果、姜黄、银朱等货，一年间所出入之货，价值不下银二千二百万圆，而雅片不在此数。

（37）《游历意大利闻见录》

清洪勋著。见《丛钞》再补编第十一帙，第45册。

烟叶、考非、白糖、红茶四种，亦来自他处，共计值二千万两。

（38）《庚哥国略说》（按即刚果）

清王锡祺著。见《丛钞》再补编第十二帙，第47册。

内革罗人……种五谷、水果、甘蔗……

（39）《万国地理全图集》

缺名。见《丛钞》再补编第十二帙，第50册。

占城　产米，多白糖。

小吕宋岛　出白糖、棉花。

呀瓦岛（爪哇）果实繁多：珈琲、米、谷、白糖。……其都曰葛剌巴，经商甚盛。另有北滨砥利文苏拉圭呀钑马廓埔头，皆运出珈琲、白糖、米、谷。

印度自主各国，一曰廓尔喀国……产大麦、玉麦、棉花、甘蔗……

榜葛剌国，东印度也。……物产如山，如糖、硝、棉花、鸦片……

巴悉国　其国出红木、珈琲、棉花、白糖。

古巴岛　所运出之白糖、烟、珈琲等货，一年共计银二千万圆。

羡林按：《小方壶斋舆地丛钞》再补编，在《万国地理全图集》后面，还有林则徐译的《四洲志》等几种，没有什么新材料，我不再抄录了。

（40）《海国图志》

清魏源（1794—1857 年）撰。原刻五十卷，道光二十七年（1847 年）扩至六十卷。咸丰二年（1852 年）增补为一百卷。魏源，原名远达，字默深，法名承贯，湖南邵阳人，道光进士。生平著述颇多，而以《海国图志》为最重要。此书传至日本，竞为翻译。对日本的"维新"起了重要作用。此书在"国际编"第七章"欧、美、非三洲的甘蔗种植和沙糖制造"中将作详细介绍。这里就先不谈了。

（41）《厦门志》

清周凯等纂辑。道光己亥年（1839 年）开雕。北大图书馆善本部藏。十六卷。

卷七　关赋略　关税科则

食类　糖蜜

冰糖　蜂蜜百斤例一钱二分　白糖　橘饼百斤例一钱　青糖　赤糖例六分　黑糖　乌糖　糖膏　冰糖　麦

芽糖每百斤例三分　水糖例一分　甜葡萄百斤例二钱五分（下略）。

卷八　番市略　日本

交易在马崎之大唐街，贸易不用金银，以所有易所无……爱台湾之白糖、青糖。鹿獐等皮，价倍他物。

琉球

有甘蔗酒

苏禄

酿蔗为酒

亚齐　相传旧为苏门答剌国

土产　石蜜见《唐书·大食传》　甘蔗

（42）《泉州府志》

清黄任、郭赓武纂。卷首有杨廷璋序，作于乾隆二十八年（1763年），定长序、怀荫布序、朱春序，乾隆二十八年郭赓武序。同治庚午（1870年）重刊，有同治九年（1870年）章倬标序。共七十六卷。藏北大图书馆善本部。

卷一九　物产　果之属　甘蔗

丛生似芦，多节，盈握，竿高六七尺。赤色名昆峇蔗，白者名荻蔗。魏文帝《典论》时方食竿蔗。唐诗：大官还有蔗浆寒。又有一种名菅蔗。旧志所谓荻蔗，用以煮糖。泉地沙园强半皆植菅蔗。甘蔗不中煮糖，但充果食而已。吕惠卿对神宗言（上面已引，今略）。然薯蓣亦侧重，旁出。嵇含《草木状》作竿蔗，谓其挺直如竹竿也。今人

乃作甘蔗，误矣。《泉南杂志》（上面已引，今略）。其地
为稻利薄，蔗利厚，往往有改稻田种蔗者，故稻米益乏。
国朝丁炜诗：野圃丛生茂，抽竿带叶长。剖时分地味，压
处坠天浆。齿健通佳境，肠枯得秘分，世情真嚼蜡，谁解
幻为霜。

货之属　糖

有黑砂糖，有白砂糖。白糖有三种，上白曰清糖，次
白曰官糖，又次曰贩尾。其響糖、冰糖、牛皮糖，皆煮白
砂糖为之。晋江为多，南安、惠安、同安、安溪俱有。闻
人茂德言（上已引，今略）。[19] 按《泉南杂志》载煮糖法，
误。凡甘蔗汁煮之为黑糖，盖以溪泥，即成白糖。煮冰糖
乃以鸭蛋搅之。盛黑糖者曰礵，下有孔，置于小缸上，上
置泥，则下注湿，是为糖水。其清者为洁水。盛水糖以砵
凿其底而注湿，为霜水，不用盖泥。初，人不知盖泥法。
相传元时南安有一黄姓，墙塌压糖，而糖白。人遂效之。

（43）《遂宁县志》

清张松孙纂，李培嵋等修。乾隆丁未刊。卷首有乾隆五十二
年寇赍言序、李培嵋序、张松孙序，又有乾隆十一年柴鹤山旧
序。共十二卷。藏北大图书馆善本部。

卷四　土产　果之属　甘樜

《通志》：蔗有三种，赤崑苍蔗，白竹蔗，亦曰蜡蔗，
小而燥者荻蔗，抽叶如芦，可充果食，可作沙糖。邑产最
佳，□（漫漶）号名品，因有糖霜之号。

（下面抄录了一段《糖霜谱》，今略。）

（44）《广州府志》

清史澄等纂，冯端本等主修。光绪五年（1879 年）刊本。共一四三卷。北大图书馆善本部藏书。

卷一六　舆地略八　物产　果品　蔗

　　诸蔗，一名甘蔗。围数寸，长丈余，颇似竹，断而食之，甚甘，彼人谓之石蜜。蔗之珍者曰雪蔗，大径二寸，长丈，质甚脆，必扶以木，否则摧折。《世说》云：扶南蔗，一丈三节，见日即消，风吹即折，是也。其节疏而多汁，味特醇好，食之润泽人，不可多得。今常用者曰白蔗。食至十挺，膈热尽除。其紫者曰崑崙蔗，以夹折肱骨，可复接。一名药蔗。其小而燥者曰竹蔗，曰荻蔗。皮坚节促，不可食，惟以榨糖。糖之利甚溥，粤人开糖房者，多以致富。盖番禺、东莞、增城糖房十之四。蔗田几与禾田等矣。凡蔗每岁二月必斜其根种之，根斜而后蔗多庶出。根旧者以土培雍，新者以水久浸之，俟出萌芽乃种。种至一月，粪以麻油之麸。已成千，则日夕揩拭其蝱，剥其蔓荚而蔗乃畅茂。蔗之名不一，作肝蝱。蔗之甘在干在庶也。蔗正本少，庶本多，故又曰诸蔗。诸，众也。庶出之谓也。庶出者尤甘，故贵其庶也。曰都蔗者，正出者也。曹子建有都蔗诗。张协有都蔗赋，知其都之美而不知其诸之美也。增城白蔗尤美。冬至而榨，榨至清明而毕。其蔗无宿根，悉是当年，故美。榨时，上农一人一寮，中农五人，下农八之十之。以荔枝木为两辕，辕辕相比若磨然。长大各三四尺，辕中余一空隙，投蔗其中，驾以三牛之牯，辕旋转则蔗汁洋溢。辕在盘上，汁流槽，然后煮炼成饴。雪蔗数年始折，高逾一丈。又铁蔗可以续骨。糖蔗专以为糖。据《南中八郡志》《广东新语》《西樵山志》参修。葱糖极白而后（无？）滓（？）。乌糖用甘蔗汁煮。黑糖烹炼成白，擘鸭卵搅之，使渣滓上浮。《老学庵笔记》云：始自唐太宗时贡使所传。古饮蔗浆。南人云：甘蔗可消酒。司马相如《乐歌》曰：太尊蔗浆析朝醒，是其义也。唐初以蔗为酒。后煎为蔗锡。又曝为石蜜。糖霜则自大历间有邹和尚传其法。福建四明番禺有冰糖，他处皆颗碎色浅味薄。唯竹蔗绿嫩味厚，作霜最佳。浊而黑曰黑片糖，清而黄曰黄片糖。一清者曰赤沙糖，双清者曰白沙糖。次清而近黑者曰粪尾。最白者以日曝之，细如粉雪，售于东南二洋，曰洋糖。次白者行于内地。凝结成块坚而莹黄白相间，曰冰糖，亦曰糖霜。据《南方草木状》、王灼《糖霜谱》、《粤东笔记》、《广东新语》、《张府志》参修。

食品类　糖通

广中市肆卖者有茧糖，窠丝糖也。其炼成条子而玲珑者曰糖通。吹之使空者曰吹糖。实心者，小曰糖粒，大曰糖瓜。铸成番塔、人物、鸟兽形者曰饷糖。吉礼多用之。祀灶则以糖砖，燕客以糖果。其芝麻糖、牛皮糖、秀糖、葱糖、乌糖等，以为杂食。秀糖称东莞糖，通称广州。

（45）《澄海县志》

李书吉、王恺纂修。嘉庆十九年刻本。

卷六　风俗　生业　第8页

行舠艚船，亦云洋船。商船之载货出洋，闽粤沿海皆有之。闽船绿头较大，潮船红头较小，用粉白油腹，而甚便于行，故名。各有双桅、单桅之别。其船头目有三：首出海掌数，兼管通船诸务。次舵公把舵。次押班，能直上桅端，整修索帆等物。邑之富商巨贾，当糖盛熟时，<small>按糖赤白不同，皆绞甘蔗汁煮成，惟澄人习此，故以煮糖。佣工雷琼等处甚多。</small>持重货，往各乡买糖，或先放账糖寮<small>即煮糖厂</small>，至期收之。有自行货者，有居以待价者。候三四月好南风，租舠艚船，装所货糖包，由海道上苏州、天津。至秋，东北风起，贩棉花色布回邑，下通雷琼等府。一往一来，获息几倍，以此起家者甚多。

（此条承蔡鸿生先生惠告）

（46）《东莞县志》

陈伯陶修纂。宣统三年铅印本。

卷一三　物产上　果类（首列蔗，次列蕉，三列荔枝）

蔗　诸蔗，一曰甘蔗。交趾所生，围数寸，长丈余，颇似竹，断而食之，甚甘。榨取其汁，曝数日成饴，入口消释，彼人谓之石蜜。《南方草木状》：粤中尝食者，曰白蔗。食至十挺，膈热尽除。其紫者，曰崑仑蔗。以押折肱骨，可复接。皮坚节促者，为竹蔗，为荻蔗，止可榨糖。糖之利甚丰。（<small>六页</small>）番禺、东莞、增城，糖居十之四，其蔗田几与禾田等。凡蔗以岁二月，必斜其根种之。根斜而后蔗多庶出。根旧者以土培壅，新种必先以水浸，出萌芽，种。至一月，粪以麻麸，已成竿，须揩去其蟖，剥其蔓荚，而蔗乃畅茂。《粤中见闻》：邑中水乡，多种白蔗及木蔗，一年即成。无宿根，山乡多种竹蔗。初年日新栽，次年日旺头。三年日老蔗。榨糖甜而清，尤佳。采访册……（七页）

按邑中诸果蔗为最，蕉次之，荔枝、龙眼、橄榄等又次之。缘邑人榨蔗为糖，其制法旧胜于他县，故获利厚而种植多。近因外洋以萝菔制糖搀入内地，邑之糖业渐衰落矣……（十一页）

（以上两条材料承中山大学历史系章文钦先生抄示）

（47）《福州府志》

清鲁曾煜等纂修，共七十六卷，卷首有徐景熹等序，徐序作于乾隆甲戌。现藏北大图书馆善本部。

卷二五至二六为"物产"。卷二五　物产一　果之属　甘蔗

《三山志》：二种，短者似荻节而肥，长者可八九尺，似竹管。宋孝武送蔗百挺与魏太武。今郡人称之为杖。互见糖类。

卷二六　物产二　货之属　糖

《闽书》引《本草图经》：蔗有两种，赤色名崑崙蔗，白色名荻蔗。出福州以上，皮节红而淡。出泉、漳者，皮

节绿而甘。其干小而长者，名菅蔗，又名蓬蔗。居民研汁煮糖，泛海鬻吴越间。糖有二种：曰黑糖，曰白糖。有双清，有洁白。炼之有糖霜，亦曰冰糖。有蜜片，亦曰牛皮糖。其法，先取蔗汁煮之，搅以白灰，成黑糖矣。仍置之大瓷漏中，候出水尽时，覆以细滑黄土，凡三遍，其色改白。有三等：上白名清糖，中白名官糖，下名奋尾。其所出之水，名糖水矣。官糖，取之再行烹炼，劈鸡卵搅之，令渣滓上浮。复置瓷漏中，覆土如前，其色加白，名洁白糖。其所出之水，名洁水矣。又取烹炼，成糖霜、蜜片矣。瓷漏器如帽盏，底串一眼出水其处也。初，人莫知有覆土法。元时，南安有黄长者，为宅煮糖，宅垣忽坏，压于漏端，色白异常，因获厚赏，后人遂效之。

（48）《福建通志》

清谢道承、刘敬与总辑。共七十八卷。卷首有乾隆二年（1737年）郝玉麟等序。现藏北大图书馆善本部。

卷一〇、一一　物产。　卷一〇　福州府　果之属

甘蔗　赤者曰崑仑蔗，白者曰荻蔗。土人捣取其汁，以为沙糖。

兴化府

货之属　糖　冰糖　曾师建《闽中记》：荻蔗，节疏而细短，可为稀糖，即冰糖也。

果之属　甘蔗

泉州府

　　货之属　糖　俱出晋江、南安、同安、惠安四县。

　　果之属　蔗

漳州府

　　货之属　糖

　　果之属　蔗

延平府

　　货之属　糖

　　果之属　没有蔗。

建平府

　　货之属　糖　出建阳、崇安二县。

　　果之属　蔗

邵武府　货之属没有糖。

　　果之属　甘蔗

汀州府

　　货之属　糖

　　果之属　蔗

福宁府

　　货之属　糖

　　果之属　蔗

台湾府

　　货之属　糖　冰糖

　　果之属　蔗

永春州

　　货之属　糖

果之属　甘蔗

（49）《福建通志·台湾府》

清道光九年（1829 年）陈寿祺总纂。《台湾文献丛刊》第 84 种。共有"诏谕"等 35 项。"物产"是其中的一项。其中有"甘蔗"，还有"糖"。仅有其名而已，没有任何资料价值。

（50）《广东通志》

清鲁曾煜等辑修，共六十四卷。卷首有雍正九年（1731 年）郝玉麟、鄂弥达表。书藏北大。

第五二卷　物产志

诸蔗　一名甘蔗。南人云：可消酒。又名干蔗。司马相如《乐歌》曰：大尊蔗浆析朝醒。是其义也。泰康六年秋。扶南国贡诸蔗，一丈三节《草木状》。

交阯有甘蔗，围数寸，长丈余，颇似竹，断而食之，甚甘。笮取汁，曝数时，成饴，入口消释，彼人谓之石蜜。（夹注）《南中八郡志》：按粤东蔗糖行四方。《肇庆志》云：始于闽人浮连种蔗为之。今利侔于闽矣。《潮州志》云：葱糖极白而无滓。乌糖用甘蔗汁煮。黑糖烹炼成白，劈鸭卵搅之，使渣滓上浮。《老学庵笔记》云：始自唐太宗时贡使所传。

羡林按：这一段话上面已屡见。我之所以仍加以抄录者，不过想指出，清代编地方志者，不管是省志，还是府志、县志，抄录者多，而亲身调查者少。使用这一类资料，要多加小心。

（51）《海国闻见录》

清陈伦炯著，有雍正八年（1730 年）自序。见台湾《中国史学丛书》续编 35。

南洋记 安南

产金、楠、沉诸香……糖，与交阯相类。

（52）《琉球国志略》

清周煌撰，乾隆二十二年（1757 年）刊本，台湾华文书局《中华文史丛书》之 12。共十六卷。

卷一四为"物产"货之属

糖 碾小蔗汁熬成。亦有冰糖、白霜。闻天使馆闲时，国人设厂造糖其中。

果之属 蔗 色红节短，一年皆有。小者用以造糖。

（53）《使琉球记》

清张学礼撰。《丛书集成新编》97。附《中山纪略》："所出土产，惟蕉布琉璜。其烟、刀、纸张、折扇、漆器之类，皆来自日本国。"没有讲到蔗和糖。但讲到与日本的贸易关系，有参考价值，所以我也抄录下来。

（54）《台湾使槎录》

清黄叔璥撰。卷首有乾隆元年（1736 年）鲁曾煜序。共八卷。台湾《丛书集成新编》97。见《畿辅丛书》。

卷三

蔗苗，种于五六月，首年则嫌其嫩，三年又嫌其老，惟两年者为上。首年者熟于次年正月。两年者熟于本年十二月。三年者熟于十一月。故硤煮之期，亦以蔗分先后。若早为砍削，则浆不足而糖少。大约十二月正月间，始尽兴工，至初夏止。初硤蔗浆，半多泥土。煎煮一次，滤其渣秽，再煮入于上清，三煮入于下清，始成糖。入礵，待其凝结，用泥封之，半月一换，三易而后白，始出礵晒干，舂击成粉入篓，须半月为期。未尽白者，名曰糖尾。并礵再封，盖封久则白，封少则淄，其不封者则红糖也。所煎之糖，较闽粤诸郡为尤佳《东宁政事集》。

插蔗之园，必沙土相兼，高下适中，乃宜。每甲栽蔗，上园六七千，中园七八千，下园八九千地薄蔗瘦，多栽冀可多硤糖斤。三春得雨，易于栽插。无雨亦犁种，但庳水灌溉，为力颇艰。十月内筑廊屋，置蔗车，雇募人工，动廊硤糖。上园每甲可煎乌糖六七十担，白糖六七十礵，沙土陶成，中园下园只四五十担。煎糖须觅糖师，知土脉，精火候，用灰汤大沸，用砺房灰止之，用油将成糖，投以蓖麻油，恰中其节。煎成置糖槽内，用木棍频搅，至冷便为乌糖，色赤而松者，于苏州发卖。若糖湿色黑，于上海、宁波、镇江诸处行销。至制白糖，将蔗汁煎成糖时，入糖礵内，下用礵锅盛之，半月浸出糖水，名头水。次用泥土盖礵上，十余日，得糖水，名二水。再用泥土覆十余日之糖水，名三水。合煎可为糖膏。或用酿酒，每礵白糖只五十余斤。地薄或糖师不得其人，糖非上白，则不得价矣。每廊用十二牛，日夜硤蔗。另四牛载蔗到廊。又二牛负蔗尾以饲牛。一牛配园四甲或三甲余。每园四甲，现插蔗二甲，留空二甲，递年更易栽种。廊中人工，糖师二人，火工二人^{煮蔗}^{汁者}，车工二人^{将蔗入石}^{车硖汁}，牛婆二人^{鞭牛}^{硖蔗}，剥蔗七人^{园中砍蔗}^{去尾去箨}，采蔗尾一人^{采以}^{饲牛}，看牛一人^{看守}^{各牛}。工价逐月六七十金。

唐大历中，邹和尚始教民黄氏造蔗霜法。其器用有蔗削、蔗镰、蔗凳、蔗碾、抬床、榨斗、漆瓮之属。今蔗车两石矗立，状如双碾，夹取其汁，想即蔗碾遗制。酒有蔗浆用锡汁酿成，与荔子酒俱味极甘。北路有用梨仔茇酿酒者，又在蔗浆荔子之下。

（55）《台湾府志》

清高拱乾纂辑。康熙三十五年（1696 年）刊本。台湾《中国地方志丛书》台湾地区 1。共十卷。

卷七　风土志　土产　果之属　甘蔗

性温，味甘，有红白二种。又有一种干小者，名曰竹蔗，煮汁成糖。

货之属

糖　有黑砂糖，有白砂糖。

冰糖　用糖煮成，如坚冰。

（56）《重修台湾府志》

清周元文重修，康熙五十一年（1712 年）。台湾《中国地方志丛书》台湾地区 2。共十卷。

卷七　风土志　土产

　　完全与《台湾府志》同。

另外还有一部乾隆六年（1741年）重修的《重修福建台湾府志》，内容全同。

（57）《续修台湾府志》

清余文仪主修。同上丛书台湾地区5。共二十六卷。

卷一七　货币　糖　有黑白二种

　　冰糖

　　附考

　　台人植蔗为糖，岁产二三十万。商船购之，以贸日本、吕宋诸国《稗海纪游》。

　　蔗苗种于五六月……下面一长段引《东宁政事集》，与上面（54）《台湾使槎录》同，今略。

　　台人十月内筑廍屋……下面一长段引《赤嵌笔谈》，与《台湾使槎录》同，今略。

　　唐大历中……这一长段也见于《台湾使槎录》，今略。下面还有几段，是《台湾使槎录》所没有的。因为十分重要，我也抄在下面：

　　三县每岁所出蔗糖约六十余万篓。每篓一百七八十斤，乌糖百斤，价银八九钱。白糖百斤，价银一两三四钱。全台仰望资生，四方奔趋图息，莫此为甚。糖斤未出，客人先行定买。糖一入手，即便装载。每篓到苏，船价二钱有零。自定联艚之法。非动经数旬，不能齐一。及

至厦门，归关盘查。一船所经，两处护送。八次挂验，俱不无费。是以船难即行，脚价贵而糖价贱矣。^{同上}

海船多漳泉商贾。贸易于漳州，则载丝线、漳纱、煎绒、纸料、烟、布、席草、砖瓦、小杉料、鼎铛、雨伞、橘柚、青果、橘饼、柿饼。泉州则载磁器、纸张。兴化则载杉板、砖瓦。福州则载大小杉料、干笋、香菰。建宁则载茶。回时载米、麦、菽豆、黑白糖锡、番薯、鹿肉，售于厦门诸海口。或载糖、靛、鱼翅至上海。小艇拨运姑苏行市。船回则载布匹、纱、缎、果棉、凉暖帽子、牛油、金腿、包酒、惠泉酒。至浙江则载绫罗、绵绸、绉纱、湖帕、绒线。宁波则载棉花、草席。至山东贩卖粗细碗碟、杉枋、糖、纸、胡椒、苏木。回日则载白蜡、紫草、药材、茧绸、麦、豆、盐、肉、红枣、核桃、柿饼。关东贩卖乌茶、黄茶、绸缎、布匹、碗纸、糖曲、胡椒、苏木。回日则载药材、瓜子、松子、榛子、海参、银鱼、蛏干。海壖弹丸，商旅辐辏，器物流通，实有资于内地。^{《赤嵌笔谈》}

卷一八　草木

甘蔗　性温，味甘，有红白二种。又干小者名曰竹蔗，煮汁成糖。

（58）《台湾通志稿》

三十八卷，清薛绍元、王国瑞纂辑。同上丛书台湾地区 6。稿本影印。

物产志　草木类　甘蔗

《广志》：竿蔗，又名都蔗。皮带红而节短。亦有青黄皮者。北路初植不佳，近则甘脆，不亚内地。^{诸罗县志}有红白二种。又干小者名曰竹蔗，煮汁成糖。^{台湾府志}邑产甚多。^{凤山县志}性温，酱（羡林按：此字似涂掉）浆甘。^{彰化县志}皮有青绘（涂掉）红二种。^{噶玛兰厅志}性冷味甘^{淡水厅志}湖东西南寮等社有之。^{澎湖厅志}

谨按：蔗味甘，故谓之甘蔗。状似竹，故谓之竿蔗。又名诸蔗。《西京杂记》云：诸蔗二十五区是也。又考司马相如《乐歌》云：太尊蔗浆析朝酲。是蔗浆也，可消酒。

羡林按：在台湾出版的《中国地方志丛书》台湾地区许多县志、厅志中，例如上面引的那几种中，都有些关于甘蔗和糖的记述。因为并没有什么新东西，为了节省篇幅起见，我不再抄录了。

地理著作中的资料就抄到这里。

4. 中外作者的游记

属于这一项的书籍，有的同地理著作难以区分。因此，我也不去勉强划分。上面地理著作一项收书极多，留给现在这一项的就不多了。反正重要意义在于资料，而不在把书归入哪一项。

（1）《海国闻见录》

清陈伦炯撰。有雍正八年（1730 年）陈自序。书分上下两卷。

上卷 南洋记 安南

产金楠沉诸香、铅、锡、桂皮、象牙、绫、绢、燕窝、鱼翅、赤菜、糖，与交阯相类。

（2）《使滇杂记》

清徐炯撰，作于康熙二十六年（1687 年）。

临安甘蔗小而佳。造糖供通省之用。永昌有黑色者。

5. 笔记

我在上面曾指出来过，笔记几乎是中国一种特有的，使用非常广的著述体裁，历代都有不少，而且总的发展趋势是越来越多。到了清代，笔记已经达到了极为可观的数量。但是，笔记记述驳杂，往往没有什么排列原则和体系。兴之所至，一有灵感，立即来上一条。在浩如汪洋大海的笔记丛中，再加上这样一种写作特点，又几乎没有索引一类的东西，要想从中寻觅有关甘蔗和蔗的资料，简直像是大海捞针，苦不堪言。我在这大海中捞了几下，不可能也没有必要全捞。我现在就把我捞的结果抄在下面。

（1）《广阳杂记》

清刘献廷撰。有关资料已经抄在第九章"白糖问题"，（三）"明代中国白糖的熬制方法"。

（2）《表异录》

王淑士辑。这一部书也可以归入明代。因为明崇祯时刊出过。到了清康熙戊子（1708 年）又雠校数过，加以刊印。

卷八　花果类

甘蔗　一名诸蔗^{出相如赋}。一名都蔗^{出曹子建诗}。亦作邯蹖^{出《神异经》}

（3）《纯常子枝语》

清文廷式（1856—1904 年）撰。廷式，江西萍乡人。光绪进士，授翰林院编修，升侍读学士，兼日讲官起居注。工词，名噪京师。中日甲午之战，主战甚力，激烈反对签订《马关条约》。光绪二十一年（1895 年），与康有为、陈炽等在北京发起强学会，遭御史杨崇伊参劾，革职永不叙用。戊戌政变，曾避地日本。有《闻尘偶记》《纯常子枝语》《云起轩词钞》等著作。

《纯常子枝语》是一部规模极其巨大的笔记。涉及范围极广，上天下地，古今中外，几乎都有。从中可见当时变法图强，有世界眼光的先进的知识分子，读书之广，知识之博。

我现在从这一部巨著中抄点资料。

册（一）　第 287 页

安徽老人传治咳嗽方：用干瓜子壳四五十枚冲水，少加冰糖，服之可愈。（羡林按："干"字，原作"生"字，涂掉。）

册（三）　第 784 页

东坡诗：已输岩蜜十分甜。或释岩蜜为樱桃，此附会之说耳。东晋佛陀跋陀译《大方等如来藏经》云：淳蜜在岩树中，无复群蜂围绕守护。此岩蜜二字之所本。

册（六）　第 1903 页

世界商业史云：商业之发达，实以十字军后为最隆盛。十字军以前，东西洋交易，虽未全断，而较之太古，不及十之三四。自十字军兴，东西洋贸易乃大盛，货物流转，甚为活泼。盖十字军之役，于宗教之目的虽未发达，而别显一大功果者何？即其从军之人知东洋之文化胜于欧洲，感染其风俗，慕其产物，将之而归，如沙糖、装饰品及真珠等输入欧洲，年多一年。且不独有形之货物也。即无形之学问技术亦因之而西渐。故余辈以十字军为东西两洋交通再兴之媒，非过论也。余谓宗教之事立于仁慈，而其祸之激，必生惨烈。至惨烈之极，复开文明，循环迭见，靡有穷也。善观其通者，于时时在在可以遇之于目前也。

羡林按：文廷式所云之"世界商业史"，不知系泛指，或系一专门书名。这一段议论，大概在一百年前之欧洲，流传颇广，其中确含部分真理。我所注意者是"沙糖"。这条材料，我曾找到过，但微有不同。我在这里，先不讨论[20]。

（4）《南越笔记》

清李调元著。共十六卷。

卷一四　蔗

蔗之珍者曰雪蔗。大径二寸，长丈，质甚脆，必扶以木，否则摧折。《世说》云：扶南蔗一丈三节，见日即消，风吹即折是也。其节疏而多汁，味特醇好，食之润泽人，不可多得。今常用者曰白蔗。食至十挺，膈热尽除。其紫者曰崑苍蔗。以夹折胅，骨可复接。一名药蔗。其小而燥者曰竹蔗，曰荻蔗。连冈接阜，一望丛若芦苇。然皮坚节促，不可食，惟以榨糖……

羡林按：下面还有，一直到"曰冰糖，亦曰糖霜"。这一大段完全抄自屈大均《广东新语》。我统统省略。下面还有几句，看来是李调元的话：

余尝舟至罗定州之界碑塘，见岸上灶烟冲突。停舟上岸访之，始见作糖之法，一一不爽如此。

（5）《小知录》

清陆风藻辑。嘉庆甲子年（1804 年）刊。卷首有嘉庆甲子七月朔钱大昕序。共十二卷。

卷一〇　饮食

糖馄　《表异录》：宇文让置毒糖馄。今元宵。《子明通记》，永乐十年元夕，听臣民赴午门观鳌山三日，以糖圆油饼为节食。

蔗饴　《集韵》糖名，玄奘《西域记》以西域石蜜来，询知其法。用蔗汁蒸造。太宗令人制，色味皆逾其初。中国有沙糖之始。按《物原》谓孙权始效交阯作蔗糖。而宋玉《大招》有柘浆。《后汉·显宗纪》有貌糖。《齐民要术》有茧糖。《隋书·真腊传》有沙糖。非始于唐也。

果木

肝蔗　甘蔗，一名甘藷，亦谓都蔗。曹子建有都蔗诗。东方朔：南方有肝蔗林。相如赋：诸柘巴苴。诸蔗，甘蔗也。《通志》：赤者名崑峇蔗，白者名竹蔗。

（6）《艺林汇考》[21]

《四库全书提要》云："四十卷，国朝沈自南撰。自南，字留侯，吴江人，顺治壬辰（1652 年）进士。……是书凡五篇，曰栋宇，曰服饰，曰饮食，曰称号，曰植物。……其所征引，博赡有根柢。……又有采必载书名，令习其书者，可一望而知；欲观原文者，亦可按籍以求。"

卷二　饮食篇　羹豉类

859，198 下—200 上

《容斋随笔》：糖霜之名，唐以前无所见……

羡林按：上面已抄录，今略。

859，199 下

《能改斋漫录》：近世造糖之精者，谓之狮子乳糖……

上面已录，今略。

859，199 下

《演繁露》：《太平御览·异物志》曰交趾甘滋，大者数寸……

上面已录，今略。

859，200 上

《宛委余编》：石蜜，非蜜也。《本草》云：石饴也。

生武都，此品今不见。今所谓石蜜者，糖精也。案《唐书》，番胡国出石蜜，中国贵之。上得其法，令扬州煎诸蔗之汁造焉。色味逾于西域。《异物志》云：交趾之单（羡林按：应作"甘"）滋，大者数寸……

前面已录，今略。

859，200 上

《名义考》：杜诗："崖蜜亦易求。"注以为樱桃。《南中八郡志》：榨甘蔗汁曝成饮（饴？）谓之石蜜。诗注：枳枸树，高大似白杨。有子着枝端如指，长数寸。啖之甘美如饴。八月熟。亦名木蜜。《孔氏六帖》：蜀中有竹蜜蜂，好于野竹上结窝，窝与蜜并绀色，甘倍于常蜜。《一统志》：安南有波罗蜜，大如冬瓜，皮有软刺。五六月熟，味最甜香，食能饱人。

859，204 下—207 上

羡林按：这几页讲到饧饧，讲到餳，讲到饴等等。我在上面已经谈过，不再抄录。只有 859，207 上一段话还有点资料价值，录之如下：

然唐史已载糖蟹曰：蟹之将糖，躁扰弥甚。岂其以白糖淹之耶？（夹注）按古乐府有"酒无沙糖味"句，"沙糖"二字不始于唐也。

（7）《湛园札记》

《四库全书提要》云："四卷，国朝姜宸英撰。宸英，号西溟，慈谿人，康熙丁丑进士。"

羡林按：此书卷二有一条札记，没有多少资料价值，录之以广见闻：

859，592 上

《摩揭它国传》：太宗遣使取熬糖法，诏扬州取蔗，作沈如其剂，色味愈西域远甚。此则中国用糖之始。以诸蔗为糖，其法始于佛氏。然《吴志·孙休传》已有甘蔗锡矣。

（8）《癸巳存稿》

清俞正燮（1775—1840 年）撰。原稿三十卷，为缮写方便，分《存稿》与《类稿》两次刊刻，内容和体例大致相同。

卷五引余文仪《台湾府志》

蔡世远送黄侍御巡按台湾序云：……物产繁滋，果樆蕰蛤，流黄、水藤、糖、蔗，靡不充裕，固东南之大聚落也。

（9）《癸巳类稿》

俞正燮撰。内容上面已介绍过。十五卷，与《癸巳存稿》同。

卷九　台湾府属渡口考

……泛海者以鸡笼山为准则也。山中番族百四十有奇。人无姓，依妇以居。山田植薯芋、甘蔗……番有生熟。熟番属中国，号中国曰唐……熟番畏生番。每出捕鹿，收芋、蔗，啁哳而歌。大意言愿出行不遇生番，然遇生番则尽力杀之……

6. 类书

中国自古以来就有类书，其出现之早，种类之多，内容之丰富，延续时间之悠久，在世界上，实无与伦比。类书，有点像今天的百科全书，是专门供人查阅的，是一个国家文化教育发展到一个比较高的水平上时的一个标志。在上面唐、宋、元、明各章中，我都从类书中抄录了一些有关甘蔗和糖的资料。到了清代，类书发展到了空前的水平。种类之多、之大，远迈前古。但是，类书也自有它的局限性，这是由它的性质所决定的。它抄录多，而创新少，材料不都是有用的。因此，我在下面仅选几部有代表性的类书，挑拣比较有用的资料，加以抄录。

（1）《渊鉴类函》

清张英等奉敕撰。前有康熙四十年（1701年）序。共四百五十卷，收入《四库全书》中。982—993。

992，791 下—793 下　　卷四〇四

甘蔗一

引《说文》、王灼《糖霜谱》、《神异经》、《广志》、《南中八郡志》、《世说》、楚辞、《汉书·礼乐志·郊祀歌》等，所有这一些，上面都已抄录，今略。

甘蔗二

引《江表传》、《世说》、魏文帝《典论》等，上面已

录，今略。接着一条引《三国典略》，今录如下：

陆纳反湘州，夜袭巴陵。晨至城下，宜丰侯修出垒门，坐胡床以望之。纳众乘水来攻，矢下如雨。修方食甘蔗，曾无惧色。部分军旅，鼓而进之，遂获其舰一，生擒六十人。纳遂归保长沙。

下面又引沈约《宋书》"魏主致意安北……"一段，《南史》"庾仲文好货……"一段，《齐书》"宜都王铿善射……"一段，"永明十年范云使魏……"一段，《魏史》"元嘉二十七年魏太武引兵攻彭城……"一段，《梁书》"庾沙弥性至孝……"一段，《隋书》"大业三年常骏使赤土国……"一段，《西域传》太宗遣使摩偈陀一段，都略。接着一段：

《云南记》曰：唐韦齐休聘云南，会州都督刘宽使致甘蔗，节疏似竹，许（？）削去后，亦有甜味。

下面又引《唐书》郭汾阳一段，略。

甘蔗三

这里面都是类似典故的短语，有"析醒""愈疾"。夹注引《郊祀歌》、《野史》卢绛的故事。因糖为霜，杂瓜作酒。夹注引宋王灼《糖霜谱》。

甘蔗四　992，793 上

仍然是一些典故短语：增消残醉。（夹注，下同）元稹诗：甘蔗消残醉。傍湖田。韦应物诗：姜蔗傍湖田。对松筠。杜甫诗：偶然存蔗芋，幸各对松筠。吴刀截断。见舒信道诗：冰刀切下。古诗：冰刀切下水晶盘，坚节谁将冷眼看。

　　甘蔗五　992，793 上下

　　　　引魏曹植诗，略。引唐舒信道诗，略。引晋张协《都
　　　蔗赋》，略。

羡林按：此书卷三九一食物部，没有糖，而有蜜，蜜二
石蜜
附　　992，587—588 没有能区别岩蜜与石蜜。真正与沙糖有关
的石蜜，只有一条涉及：刻庐，《地理志》：西域自拂菻西南度碛
二十里，有国曰磨邻，曰老勃萨，刻石蜜为庐，如犟状。下面
992，588 又有"餳"，引书我在上面都已抄录，略。但必须指出，
此书并没有能区别餳与餹。

（2）《骈字类编》

　　清吴士玉、沈宗敬等奉敕撰。康熙五十八年（1719 年）敕
撰，雍正四年（1726 年）告成，共二百四十卷。《四库全书》
994—1004。

　　卷一七一　1001，677 上

　　　　糖　有糖霜、糖蟹、糖酪等条。

　　　　餳　有餳粥、餳饧，餳字、餳白等条。

　　　　饴　有饴津、饴露、饴盐、饴醴、饴餳、饴蜜、饴饵
　　等条。

羡林按：这里没有"餹"字。估计撰者也没有能分清"餳"和
"餹"。

　　卷一七七　1002，69 上—71 下

　　　　蔗林　引《神异经》，略。方回《次韵张耕道喜雨

诗》：香润回瓜圃，声酣起蔗林（见"瓜圃"条）。

蔗苗　引《糖霜谱》。

蔗尾　引《晋书·文苑传》顾恺之语。李俊民《游青莲诗》：渐佳如蔗尾，薄险似羊肠。

蔗滓　引《洞天清录》米南宫事。

羡林按：下面词条很多，引诗文量大，抄不胜抄。除有史料价值者加以抄录外，只写词条，不录引文。

蔗榨　引洪希文《糖霜诗》。

蔗浆　引《宋史·乐志》：羽觞更陈，厥味清凉，饮之不烦，又有蔗浆。下面引《糖霜谱》、《乾淳岁时记》、梁元帝《谢东宫赉瓜启》，于邵《谢赐柑子状》、洪咨夔《老圃赋》、杜甫《入奏行　赠西山检察使窦侍御》：蔗浆归厨金碗冻，洗涤烦热足以宁君躯。又《进艇诗》：茗饮蔗浆携所有，瓷罂无谢玉为缸。王维诗，一首上面已抄录。又《春过贺遂员外药园诗》：蔗浆菰米饭，蒟酱露葵羹。钱惟演诗、晁补之诗、许有壬诗、陆游诗、耶律楚材诗、马祖常诗、周权诗、顾瑛诗。

蔗竿

蔗条

蔗挺

蔗节　引谢惠连《祭古冢文》：水中有甘蔗节及梅里核瓜瓣，皆浮出，不甚烂坏（见"瓜瓣"条）。白居易《想东游五十韵》诗：味苦莲心小，浆甜蔗节稠。方回诗。

蔗味　引《齐民要术》《群芳谱》。

蔗名　引何逊《七召》。

蔗色　《糖霜谱》。

蔗利　《泉南杂志》。

蔗境

蔗橘

蔗芋

蔗藕　引祝允明《南园赋》、徐渭诗。

蔗山　引《名山记》。

蔗田

蔗畦

蔗庵

蔗削

蔗镰

蔗凳

蔗碾

蔗糖　引《群芳谱》《糖霜谱》。

蔗霜　引《蔬食谱》：团团秫粉，点点蔗霜。浴以沉水，清甘且香（见"秫粉"条）。引《糖霜谱》《两钞摘腴》《熙朝乐事》。黄庭坚诗、杨万里诗、《清明果饮诗》、王逢词。

蔗锡　引《元史·泰定帝纪》《江表传》《容斋随笔》。陆龟蒙《江南秋怀寄华阳山人》：野馈夸菰饭，江南贾蔗锡。

蔗饴

蔗蜜

蔗粽　引刘孝感《谢东宫赐净馔启》：饼兼髓乳，浆
包蔗粽。

蔗酒

蔗酐　引王勃《七夕赋》：香涵蔗酐，吹肃兰旌。

蔗杖

蔗庶　引吕惠卿言。

蔗长

蔗熟

蔗冷

（3）《分类字锦》

清何焯、陈鹏年等奉敕撰。《四库全书》1005—1007。
1007，410 下，卷五十二

蔗第二十五

二字
成对　流液　清津

二字
备用　（仄）红蔗　芳蔗　西蔗　杜蔗　诸柘　醒酒：
引韩翃诗：加餐共爱鲈鱼肥，醒酒仍怜甘蔗熟。畦蔗：引
黄庭坚诗。百挺　为杖　绛节　酿液　榨沈　蔗酒　若
胫　盈丈　蔗境　（平）柘浆　横生　浆甜　成饴　蔗霜

三字
成对　销内热　破余酲

三字
备用　（仄）冰皎皎　压春冷　消残醉　爪哇蔗　子
母蔗将军杖　黄金额　（平）肝蟆林　节如鞭　析朝
酲　甘蔗锡　春雨余

四字
备用 （仄）唐韵谐易：引卢绛故事　一节数寸　渐
入佳境　（平）色弄鹅黄　泛海售商：引《泉南杂志》；根
在公前：引《谈薮》甄龙友故事。　本末味均

（4）《佩文韵府》

清张玉书、陈廷敬等奉敕撰。《四库全书》1011—1028。

1011，559—560　没有"糖狮"。《韵府群玉》中有，见
《四库全书》951，38。

1015，561—563　没有"糖霜"。《韵府群玉》中有，见
951—241。

1015，603下，卷二二之七　柘浆

1015，835下—836上　餹

干餹　滑餹　卖糖　沙糖　熬糖　药糖　蜜糖　湿
糖　软餹　蜂糖　霜糖　蟹将糖

1024，524下—525下　蔗

射蔗　啖蔗　求蔗　蕉蔗　藷蔗　扶南蔗　崑岺
蔗　倒餐蔗　食蔗　甘蔗　都蔗　诸蔗　干蔗　仙蔗　软
蔗　短蔗　断蔗　姜蔗　紫蔗　颊蔗　压蔗　畦蔗　浇
蔗　干似蔗　江南蔗

（5）《格致镜原》

清陈元龙撰。《四库全书》1031—1032。《四库提要》说：
"是书皆采辑事物原委，以资考订，故以格致为名。凡分三十
类……每类中又各为条目，采撷极称繁博。又以明人类书多不载

原书之名，攘古自益，因详加考订……而体例秩然，首尾贯串，无诸家丛冗猥杂之病，亦庶几称核者焉。"羡林按：《提要》对此书评价之高，可供我们参考。而提到明代类书之弊病，亦切中要害。

1031，330 上—332 下　卷二三，饮食类三　糖

《集韵》糖，一名蔗饴。下面引《凉州异物志》，略。《太平御览》，略。《续汉书》：天竺国出石蜜。《本草》，略。《演繁露》，略。《唐书》太宗遣使，略。《老学庵笔记》，略。《三国志》，略。王灼《糖霜谱》，略。《学斋佔毕》，略。《湘烟录》，略。其中一段有新资料，录之：猊糖见《后汉书·显宗纪》。贩糖之妾见《冯敬通与妇弟任武达书》。南箕无舌，饭多沙糖，见《易林·大畜之益》。饴餃锡餹见《广雅》。锡谓之餹见扬子云《方言》。茧糖见《齐民要术》。卖糖老姥见《南齐书·傅琰传》。苏（羡林按：似应作酥）酪沙糖见《隋书·真腊传》。蟹之将糖，躁扰弥甚，见《梁书》钟岏上何胤议。酒无沙糖味为他通颜色，见《古乐府·郎曲》。燋糖幸一盘，见杜诗。菟马食之如糖，故名马唐，见陈藏器《本草》。引《后汉书·显宗纪》注，略。《能改斋漫录》，略。《谈苑》：乳糖师子，冬至前造者，色白不坏。冬至后者，易败多蛀。阳气入物，其理如此。《时镜新书》：粔妆蜜饵即糖馆，龙山食有糖馆菊酒。《升庵外集》：《周官》鉡鬵，《仪礼注》作逢鬵。熬麦曰麸，熬麻曰鬵。鉡，今之麦牙糖。鬵，今之麻糖也。又茧糖，窠丝糖也。《传芳略记》：陈昉得蜀糖，

辄以蜜浇之曰：与蜜本莫逆交。《糖霜谱》，略。《幽燕异记》：洗心糖，茅地经冬烧去枝梗，至春取土中根白如玉者，捣汁煎成，至甘。《武林旧事》有泽州锡、花花糖、玉柱糖、琥珀蜜。范石湖诗注：乌腻糖，即白糖。俗言能去乌腻。《都城纪胜》：市食有专卖小儿戏剧糖果，如打娇惜虾须糖、宜娘打秋千稠锡之类。《事物绀珠》：缠糖或以茶芝麻砂仁胡桃杏仁薄荷，各为体缠之。響糖有升斗碗子石榴瓜蔞仙人鸳鸯等样。糖精，白糖再炼，凝如冰，又曰冰糖。《逸雅》：锡，洋也。煮火消烂，洋洋然也。饴，小弱于锡，形怡怡也。《说文》，略。《淮南子》柳下惠、盗跖故事，略。《演繁露》，略。《荆楚岁时纪》，略。《文昌杂录》，略。《资暇录》，略。《一统志》，略。

（6）《读书纪数略》

清官梦仁撰。《四库全书》1033。

1033，780 下　卷五四

蔗四色　洪景卢
　　　　　五笔

杜蔗　紫嫩味佳，专用作霜

西蔗　可用作霜，色浅不贵

芳蔗　《本草》谓荻蔗可作沙糖

红蔗　《本草》名崑崙蔗，止可生啖

（7）《事物异名录》

清厉荃原辑，关槐增纂，三十八卷，乾隆五十二年（1787

年）粤东刊本。

卷五一，饮食部　糖

羡林按：没有什么新资料，只引异名：

蔗饴　引《集韵》

石蜜　引《太平御览》

柘浆　引《前汉·礼乐志》

饧馆　引《方言》

饴餳　引《方言》

餦餭　引《酉阳杂俎》

黍膏　引《正字通》

蔗霜　引黄庭坚诗

糖冰　引《糖霜谱》

糖精　引《事物绀珠》

拌赟　引《杨慎外集》

卷三四　甘蔗

都蔗（8）

竿蔗　引《本草纲目》

诸柘　引《容斋随笔》

石蜜　引《留青日记》

黄金额　引《清异录》

（8）《事物源会》

清汪汲录，有嘉庆元年（1796 年）自序。共四十卷。

卷三〇　糖

引王灼《糖霜谱》，引玄奘故事，引《学斋佔毕》。

（9）《增补事类赋统编》[22]

清黄葆真增辑，何立中校字。道光己酉（1849 年）刊本。共九十三卷。

卷八四　果部　甘蔗

先引原文，后引注；注中前面已引者，略：

若夫春雨初余	注引杜甫诗
宿醒未析	注引《汉书·郊祀歌》
呼彼甘藷	注引《通雅》
为余疗渴	注引《张协赋》
咽此寒浆	
何愁内热	注引钱惟演诗
切下冰刀	注引刘克庄诗
调来石蜜	注引《容斋随笔》
高有百丈	注引《神异经》
产惟四色	注引王灼《糖霜谱》
岂独成饴	注引《南中八郡志》
兼能愈疾	注引《野史》卢绛故事
则有舞竿魏帝	
善射宜都	
或数交而三中	
或十发而无虚	注引魏文帝《典论》、《齐书》宜都王铿故事

或出垒坐床而不惧	注引《三国典略》陆纳反的故事
或应弦落手而惊趋	注引《梁书》：庚信守朱雀门，侯景兵至，信帅众开桁，见景军皆着铁面，退隐于门。信方食甘蔗，有飞箭中门柱。信手甘蔗，应弦而落，遂弃军走。
更闻赋出《子虚》	注引《容斋随笔》
标为佛姓	注引《释迦志注》：大茅草王老而无子，传位大臣，出家学道。弟子以笼盛之，悬于树上。猎人射之，滴血于地。出二甘蔗，化为一男一女，即善生与妃也。故佛以甘蔗为姓
赐与汾阳	注引《唐书》
求于刘骏	注：求蔗事详下"付百挺"注
偿驴足于糖霜	注引王灼《糖霜谱》
入虎头之佳境	注引《世说》顾恺之故事
虽作杖之何堪	注引曹植诗
独浮节而不尽	注引谢惠连祭古冢文
杂瓜作酒	
既美而甘	注引《隋书》
付百挺于安北	注引《宋书》
识三节于扶南	注引《世说》扶南国蔗

谅子母之有种　　　注引《清异录》
信蔗出之虚谈　　　注引《野史》

（10）《恒言录》

清钱大昕纂。卷首有嘉庆十年（1805年）阮常生序，见《文选楼丛书》，商务印书馆《丛书集成初编》，1219。

卷五　饮食衣饰类　糖

当作餹。《方言》：餳谓之餹。《释文》：餳，餳也。常生案：《易林》：南箕无舌，饭多沙糖。又《后汉书》冯敬通与妇弟任武达书：贩糖之妾，皆作糖，疑误。《广雅》又作餳，餳，洋也。煮火消□，洋洋然也。

（11）《通俗编》

清翟灏撰。卷首有乾隆十六年（1751年）周天度序。共三十八卷。

卷三〇　草木

甘蔗老头甜　《晋书》：顾恺之倒食甘蔗曰：渐入佳境。谚语本之。

卷二七　饮食

蜜渍　《三国志·孙亮传》注引吴历：使黄门至中藏取蜜渍梅。蜜中有鼠矢。案：今谓之蜜煎。煎，音饯，或遂书饯字，非。

羡林按：这个故事，上面已抄录过，多次见于古籍中。这里取的是蜜渍或蜜饯，同以前诸本都不同，值得注意。

（12）《古今图书集成》

清陈梦雷（1651—1741 年）原编，蒋廷锡（1669—1723 年）等校勘重编。一万卷，总目四十卷，附《考证》二十四卷。初成于康熙四十五年（1706 年）。雍正初，复命蒋廷锡等重编，雍正四年（1726 年）书成。全书约一亿六千万字，分六汇，三十二典，六千一百零九部。所录多将原书整篇抄入，并注明出处，核查极便。全书采集广博，资料宏富，分类详细，条理清晰，是古今中外规模最大的类书。国外汉学家备极赞美，誉之为中国古代大百科全书。但也有缺点，引文问题多。

第 540 册 博物汇编 草木典第一一三卷 甘蔗部 甘蔗部汇考

释名

盰蔗 《神异经》

甘蔗 《草木状》

藷 《说文》

竹蔗 陶弘景

荻蔗 陶弘景

崑崙蔗 孟诜

杜蔗 《糖霜谱》

西蔗 《糖霜谱》

芳蔗 《糖霜谱》

蜡蔗 《糖霜谱》

红蔗 《糖霜谱》

紫蔗 《糖霜谱》

羡林按：甘蔗的异名和种类，决不止这样多。只要看过本书上面的几章，就能够了解。

甘蔗部汇考

甘蔗图

东方朔《神异经·南荒经》，略。

嵇含《南方草木状》，诸蔗，略。

贾思勰《齐民要术》，甘蔗，略。

洪迈《糖霜谱》，略。

《本草纲目》，甘蔗　沙糖　石蜜，略。

王象晋《群芳谱》甘蔗，略。

直省志书　西安县

物产　甘蔗。有紫白二种。紫者产出龙游，仅供咀嚼。白者种自闽中来，可碾汁炼糖，与闽中所鬻糖利几相伯仲，但不知以糖为霜耳。

泉州府

物产　甘蔗，性温，味甘。泉南沙糖，煮蔗所成。又有一种，干小而甜薄，名曰荻蔗。

番禺县

物产　甘蔗。邑人种时，取蔗尾断截二三寸许，二月于吉贝中种之。拔吉贝时，蔗已长数尺。又至十月，取以榨汁煮为糖。此种名竹蔗。一种名白蔗，宜食，不能为糖。一种红者，伤跌折骨，捣用醋敷患处，仍断蔗破作片夹之，折骨复续。人家种以备用。

甘蔗部艺文一

《感物赋》^{并序} 魏文帝 略

《都蔗赋》 晋张协 略

  甘蔗部艺文二^诗

《咏甘蔗》 宋舒亶 略

  甘蔗部选句

汉刘向《杖铭》 略

司马相如《子虚赋》 略

张衡《南都赋》 略

晋左思《蜀都赋》 略

梁昭明太子《七召》 略

晋张载失题诗 略

唐杜甫诗 王维诗 韦应物诗 韩愈诗 元稹诗 白居易诗

韩翃诗 薛能诗 均略

宋钱惟演诗 陆游诗 均略

金庞铸诗 略

元顾瑛诗 略

  甘蔗部纪事

文帝《典论》 略

《江表传》 略

《晋书·顾恺之传》 略

《宋书·张畅传》 略

《南史·宜都王铿传》 略

《范云传》 略

《庾沙弥传》 略

《隋书·赤土国传》 略

《唐书·南蛮传》 略

《清异录》 略

湖南马氏 略

《镇江府志》卢绛故事 略

《群碎录》 吕惠卿 略

《谈薮》 略

《瀛涯胜览》 略

《泉南杂志》 略

　　甘蔗部杂录

《搜采异闻录》 略

　　甘蔗部外编

《糖霜谱》 略

经济汇编 食货典第三〇一卷 糖部 糖部汇考

《方言》糖杂释 略

《释名》释饮食 略

《说文》释饴锡 略

《齐民要术》 略

宋洪迈《糖霜谱》 糖霜

羡林按：洪迈并没有著《糖霜谱》，他的《容斋随笔》中引王灼
《糖霜谱》七篇而已。《古今图书集成》这样标题，不妥。

明王世懋《闽部疏》 糖 略

《本草纲目》 饴糖 沙糖 略

《玉篇》　糖　略

《广韵》　糖：飴也，又蜜食。

《天工开物》　蔗种　蔗品　造糖　造白糖　飴锡　略

《遵生八笺》　起糖卤法　略

《泉南杂志》　造白沙糖　略

　　　糖部艺文一

《苏合山赋》　唐王泠然　略

　　　糖部艺文二诗

《长林令卫象锡丝结歌》　唐李峤　略

《答梓州雍熙长老寄糖霜》　宋黄庭坚　略

《糖霜》　元洪希文　略

　　　糖部纪事

《后汉书》马皇后事　略

《三国·吴志·孙亮传》注引《江表传》　略

《晋书·石崇传》　略

《四王起事》　略

《世说》王君夫飴铺澳釜

《幽明录》　略

《宋书·颜竣传》　略

《唐书·西域传·摩揭它》　略

《老学庵笔记》　略

《集异记》　略

《资暇录》　略

《云仙杂记》　略

《文昌杂录》 略

《玉照新志》 略

《元史·廉希宪传》 略

《见闻录》 略

《金台纪闻》 略

《近峰闻略》 略

　　糖部杂录

《诗经·大雅·緜篇》 略

《礼记·内则》 略

《淮南子·说林训》 略

《盐铁论》 略

张衡《七辩》 略

崔寔《四民月令》 略

《王大令集》 略

卢谌《祭法》：各祠用荆锡

《云仙杂记》

洛阳人家，冬至煎锡。

《清异录》 略

《嫩真子》 略

《缃素杂记》 略

《鸡肋编》 略

《老学庵笔记》

羡林按：《老学庵笔记》，上面已有，重出。

《野客丛谈》 略

《闽部疏》略

《瀛涯胜览》阿丹国　略　古俚国　略

《泉南杂志》略

蜜部汇考

羡林按：以下关于蜜的记载中，与我要研究的糖无关，略。只有个别地方讲到石蜜，与糖有关，但又把"岩蜜"与西极石蜜（冰糖之类）混淆。《本草纲目》中石蜜部分，已录，今略。

（13）《清稗类钞》

清徐珂编撰。徐珂，杭州人，清光绪间举人。曾参袁世凯小站练兵戎幕，后入商务印书馆担任编辑。少时曾师事谭献、况周颐。喜搜辑有清一代朝野遗闻以及基层社会事迹，成《清稗类钞》一书，凡九十二类，一万三千余条，约三百余万言，是研究清代掌故有用的书籍。但引用资料，不注出处，无从核查。引用必须慎重。中华书局版。

第五册　农商类　商品

糖产福建、广东、四川。　第 2283 页

科布多商务

至俄商所销之货，以糖、铁器、布匹为大宗，余如钢瓷各器及他种货物，均无不备。　第 2339 页

工艺类　制糖秆

出义乌城而西，至佛堂镇，迤逦三十里，弥望皆糖秆也。糖秆为甘蔗之别种，茎干较细，水分亦多，其所含糖分不及唐楼及广东所产者。惟土人种作殊勤，四月下种，

十月刈之，以菜饼为肥料。其地以溪流近旁为适，盖土多沙质，轻松柔软，地下茎易于发育也。刈时，妇孺均出，削其尖端及外包之叶，捆送于制糖之厂。厂屋极朴陋，且尘滓满地，不加洁除。器皆木造，以坚木制螺旋之二轴，外附以活动之木孔，糖秆自孔中两轴之间，用两牛之力，旋转其轴，轴动则秆被压，糖汁下流，导之入沟，灌注于埋土之缸中，盛满入于尖底锅，煎熬成糖，糖色红褐，味亦不恶，土人常以杂物羼之。其煎锅不用平底，且深逾尺半，故蒸发较难。而灶又劣，旁无烟囱，以至炭养气不能排出，旋烧锅底，而徒耗燃料也。

第十二册　植物类

5713—5948 页

洋洋洒洒，二百多页，简直是包罗植物类的万象。我原希望能够从中找到点关于甘蔗的记载，然而却非常使我失望：根本没有。原因我说不出来。

本书第十三册　饮食类

6232—6531 页

共三百页，也是包罗饮食类的万象，没有专节讲到沙糖、石蜜或者糖霜。原因大概是，到了清末民初，糖早已进入家家户户，没有必要再专门讲了。

我粗粗翻阅了一遍，其中提到糖的地方，颇为不少。事实上做点心加糖，炒菜加糖，早已司空见惯，不在话下了。我在下面顺手抄几个例子：

6234 页

油煎之物与糖果之类，皆难消化，自以不食为是。

6238 页　食物之所忌

黑砂糖与鲫鱼同食，生虫。

羡林按：这种禁忌，上文已屡屡言之。不意又见于此。对此我是有怀疑的。

6240 页　苏州人之饮食

惟多用糖

6242 页　闽人之饮食

至随意啖嚼之品，惟点心、糖食、水果耳。

7. 杂著

著作分类，看似容易，实极困难，我在写上面几章时，已有所感。现在写到清代，又碰到了一些性质难以确定的书，分类困难。同我上面已经用过的那一些类别，似有联系，又不完全合拍。我索性不"率由旧章"，另立新名，称之为"杂著"，把其他类别无法收容的几种书，网罗在这里。我在上面好像已经提到过，最重要的是资料，是切实可靠的资料，至于资料来源之书籍归入何类，实在无足轻重。

（1）《粤海关志》

《清末民初史料丛书》21，全书共三十卷。

卷二一　贡舶　暹罗国

花木有猫竹、黄竹……蒲萄、甘蔗……

卷二四　市舶　哧哎唎国

羡林按：此国恐即系孟加拉。

噶喇巴国

噶喇巴国，本爪哇故地，巫来由种也，后属荷兰。……明时诸番互市，其国未尝一至。其地产燕窝、麝香、丁香、沉香、落花生、蔗糖……

（2）《出使日记续刻》

清薛福成著。见《中华文史丛书》第四辑。羡林按：清代驻外使臣的著作，上面已引《初使泰西记》，参阅本章（一）材料来源 3.地理著作 27。现在偶然翻阅薛福成此书，书中间或提到蔗和糖，没有多大史料价值，又感弃之可惜。抄录如下，以资谈助：

光绪十七年（1891 年）七月十二日记

柬埔寨　其土产杂物如棉、丝、烟、糖、胶、靛、槟榔、肉桂、樟脑、香料、颜料、材木、药材，以及皮革、骨、角之属，华民皆得分其货利。

羡林按：最后一句话，值得注意。

光绪十八年（1892 年）正月初七日记

散维齿群岛（按即夏威夷群岛）　低地产棉花、桑、蔗、烟叶、甘薯、大芋、椰子、加非

光绪十八年二月初九日记

近十年来，英国每年所用之费，酒一万三千六百万

镑，面包七千万镑，牛奶油牛奶饼三千五百万镑，牛乳三千万镑，糖二千五百万镑，茶叶加非等二千万镑……

十五日记

　　古巴一岛　物产以蔗糖、烟叶为大宗……自道光季年，华民闻古巴易于谋生，陆续前往。截至同治十二年（1873 年）止，来古巴者共计十四万三千有奇。

羡林按：古巴甘蔗园及糖厂均有华工，形同奴隶。"国际编"还要谈到这个问题。

二十四日记

　　巴拉圭　又多印度麦米、加非、橘、烟、糖、靛青……

五月十五日记

　　天地间物，不外凝流二质。……西人精研物理，专立化学一门。变化物质，大要有四：一曰性变……一曰色变……一曰味变。硫硝二气，凝时无味，流为硝强水则味酸。木炭二质，凝时无味，流为红白糖则味甜……

羡林按：这一段日记极为有趣。薛福成从化学方面来解释红白糖。在当时的中国闭塞情况下，实在值得注意。

光绪十八年八月十二日记

　　暹罗　花生榨油，甘蔗制糖，竹器竹席，各物具备。

十九日记

　　老挝　有靛、漆、藤、竹、麻棉、椰叶、桄榔、甘蔗……

九月十五日记

土货出口价值一万零零九十四万余两。内……糖价二百五十九万余两。……如欲整顿土货，仍须就丝茶著力，庶能握其纲领。其余如棉、糖、纸、席、草帽鞭等类，虽皆系利源所在，尚无绝大关系。然能随事讲求，随时整理，必有大益。

羡林按：同年月十四日记：洋货进口价值一万二千四百万余两。与出口价可以对比。

十九日记

光绪十七年（1891年）又土货进（羡林按：当作"出"）口，估价二百九十三万四千余两。其中棉花最多，糖、纸次之……

光绪十八年闰六月二十日记

美国……全地广土肥饶，民多务农，勤于耕作。其南产木、棉、烟、糖。……国内产棉，每岁约一千兆磅，运英国者七百兆磅。进口货为羊毛、冬布、竹布、生铜、铜器、铁、糖、加非、茶、酒。

九月二十日记

烟台　沿海贸易出口土货价银三百八十七万三千余两。其货以豆饼、豆油、枣子、豆子、皮张、蚕茧、黄丝、草帽鞭为较多。复出口之洋货价银二十一万二千余两，如洋布、棉纱、糖、铁、鹿茸、自来火之类。复进口货价银七百四十四万九千余两。洋货以洋布、棉纱、铜、铁、锡、自来火为较多。土货以开平煤、沪局仿织布纱，及糖、麻、丝、棉花、夏布为较多。

二十一日记

宜昌 汉口 复进口之土货，黑胡椒、绸缎等物，胜于上年。药材、檀香、糖等项，逊于上年。

二十二日记

九江 土货进口则墨鱼、白糖，亦见加增。

芜湖 复进口之土货，赤白糖最旺。

二十四日记

宁波 洋货由外洋直运宁波者，煤为大宗 计二千四百余吨，来自日本。其余白糖、靛青、沙藤之属，仅装两轮船。复进口之洋土货，布匹 内有沪织之布六百匹，似甚厚实，又无浆粉涂刷之弊、火油、自来火、糖、豆饼为最盛。

二十五日记

厦门 其运往沿海各口者，以糖为首，计二十万担，价银七十九万余两。

二十六日记

淡水 即沪尾口 台南 即打狗口 进口货价银一百四十九万余两。出口土货价银一百六十三万余两。土货赤白糖为大宗，桂圆、樟脑、果子次之。

二十七日记

汕头 土货出口赤白糖，共一百六十四万余担，最为大宗。

广州 出口土货，如地席、土丝、桂皮，及他项，俱增于上年。茶叶、爆竹、赤糖，俱减于上年。

二十九日记

九龙　出口土货……绸缎、赤白糖、烟叶、烟丝，均有起色。

（3）《光绪二十四年中外大事汇记》

《中华文史丛书》第四辑，台湾华文书局印行。按光绪二十四年为公元 1898 年。

《农事汇》第六

1564 页　户部议复各省自辟利源折

户部谨奏，为遵旨议奏，恭折仰祈圣鉴事，工部尚书淞桂等奏，工部候补郎中唐浩镇请令各省自辟利源，以赡国用一折，光绪二十四年三月三十日，钦奉谕旨，户部议奏，钦此钦遵。……一曰蚕桑……二曰葡萄……三曰种棉……四曰种蔗。甘蔗为中国独有之利。西人试种爱尔兰之地，而不合土宜，且枯瘦无糖。故中国丝茶而外，蔗糖为西人嗜。虽法人之萝卜糖，美国之枫脂糖，不足比也。惟不用机器提制，色味不洁。若合江西、浙江、江苏、安徽素常种蔗之地，广植丰收，购机制造，则岁增之利无算。

羡林按：这一段简短的论述，内容十分重要，我在下面还要谈到，为了让读者了解当年所谓"自辟利源"的途径，我接下去从奏折中抄一些有用的资料：

五曰种竹……六曰种樟，樟脑为制炸药所必需……七曰种橡……八曰种烟……加非一物，始于非洲，西人日用必需，销路大广。故各国市肆，俱设加非之馆。近通商口岸，华人俱嗜，与纸烟同。如令各直省添种加非之树，其利较种茶尤厚。……臣部郎中陈炽复编辑《续富国策》一书，内详载种树富民，种桑育蚕，葡萄造酒，种竹造纸，种樟熬脑，种木成材，种橡制胶，种茶制茗，种棉轧花，种蔗制糖，种烟及加非以供食用……此外如轧花、制糖、造纸、熬脑、制胶、烟卷各事，非购买外洋机器，则货物不精……

1611 页　古巴物产

地土丰腴，不须肥料而能生产。尤奇者甘蔗一业。一种可留数载或十余载。其始也，将蔗分截平放，或斜插于地。初年下种，次年收割。其收成之丰歉，视雨水之多寡。每年除芟草割蔗外，不用粪草，不须人工。……种植以蔗、烟、架腓、栗、椰子、百果等物为最美，贸易以糖、烟为大宗。……兹就光绪四年（1878 年）之出口货物登录，约略测其大数，均以实银申算，以昭划一。糖六十五万八千八百六十七桶_{每桶约一千六百磅}，共值银四千五百二十六万四千四百四十三员六角　糖二十四万三千三百七十四箱_{每箱约五百磅}，共值银四百七十四万九千二百二十五员三角　糖三十一万三千四百四十七袋_{每袋约二百六十磅}，共值银三百八十一万五千二百五十八员一角……（下面还有糖胶、蜜糖等等，略）。大小糖寮按一千八百六十一年册载，共一千三百六十五所。

《商业汇》第七

1624 页　檀美糖寮

檀国全岛，共糖寮五十九家，合值银一千八百七十七万四千六百四十四元。近年美国巨商联合公司，共创糖寮三十家，合值银一千二百三十六万九千二百七十六元，可知美国商务之在檀岛者多矣。^{华夏报}

1649 页 英国商务

英国 1897 年……今将各项受亏之处胪列于后……六，货件太多，如咖啡、茶、糖、蓝靛等类是也。

羡林按：这些都是英国进口货。

1672 页 日货盈绌

日本去年共用糖三百五十万担，值银二十兆员。此糖来自外国者居二百二十六万担，值银一十四兆九十二万七千员。说者谓，日本宜谋振兴糖务，庶免进口之糖挽夺其利。但其未能振兴之故，约有数端：一、初学制糖，制成之货，获利必微，不足以弥补经费。二、土产蔗或别种产糖之料均罕。三、邻国制造糖务，多藉朝廷资助，而日廷无津贴于创办者，故商家不甚鼓舞。坐此不能与外来糖商相竞。幸自中日战后，各商务大兴，而糖务则兴办于台湾。因此岛富产制糖之料也。^{二月中外新报载伦敦商务月报。}

1702 页 西贡商务

糖果等项食物，均法国运往。^{三月时务报译伦敦中国报。}

1711 页 西江通商情形

广西又产米、糖、桂、大回香、菜油并林木。

1719—1720 页 砂糖产额

世界上制糖一业，近十数年来甚为旺盛。如欧洲诸国政府辄赏金以奖励之。是故制糖之业，比十数年前几倍之。

今查其全球年年产出额：1892—3 年，产额六百十一万三千吨（原作墩，下同）。1893—4 年，七百零四万六千吨。1894—5 年，七百八十二万八千吨。1895—6 年，九百七十八万八千吨。1896—7 年，七百二十万四千吨。而其1896—7 年之产额，不及1895—6 年者，盖因玖巴（美林按：当即古巴）岛土匪蜂起，扰乱岛内，而该岛之制糖业因之不振也。若玖巴岛镇定，则产出总额增加，洵可必矣。三月汉报载法国经济报。

商业汇第七之二　法国在华商务

法国在中国属地……如东京、越南、西贡等处，并监布打（按即柬埔寨）金边，均可试办。……商务总办又言：中国最富之省莫如四川。计其面积之大，约法国五分之四，人民至少亦有四千万。该地多山，寻常所食谷稻，均是山足低田所种，惟麦则植山上，无须灌溉。他若丝茧、鸦片烟、蔗糖，以及花生、豆、果等类，并有他处不常经见之物。三月时务报译伦敦中国报。

1799 页　鄂督张之洞创设商务公所札

照得今日阜民之道，自以通商惠工为要策。汉口为南北水陆交冲之地，华洋商贾萃荟之区……各州县所有出产造成各货得以传播流通……查湖北地产所有各物，如……蕲水之蔗……拟于汉口创设商务公所，预备宽敞明洁之屋，将以上各种货物分别陈列，标明出产地方、价值、运本，合华洋商民，均得到局纵观。

1805 页　古巴纸税

1821 页——　商业汇第七之三

1838 页——　汕头商务

英驻汕头领事具报 1897 年汕头商务云……豆饼销路多在日本一带。因豆饼长价，故糖价亦随之而长。

1848 页　飞猎滨（菲律宾）群岛税则

糖　一磅半仙

1849 页　宁波商务

进口之糖，不外台湾、汕头两处运来。惟汕头之糖，由香港轮船装运至宁波销售，故可作为洋货出口。

1854 页　各国出糖总数

天下所出之糖，约八兆顿（吨）。其五十万顿，系红萝葡所造。三兆五十万顿，系甘蔗所造。甘蔗糖大半由西印度及南洋加弗岛来。萝葡糖首推德国，所奇者沿海各国商舶多，食糖亦多。碓海各国商船少，食糖亦少。英每年每人约食糖八十六磅，丹国四十五磅，荷国三十一磅，法国三十磅，瑙威、瑞典二十五磅，俄国十磅，希腊六磅，塞而维四磅。食糖之数，又不相等。奥地利造糖人多，每年每人用糖只十九磅。瑞士造糖人少，每年每人用糖竟四十四磅。六月国闻报译伦敦中国报。

1864 页　东方商埠考略

汕头　出口以糖为大宗，岁约一兆五十万担。香港某公司于汕头设一炼糖厂，作輮冈文，不能夺其利。八月工商学报。

1885 页 东洋物价历年比例表^{此表与中国市面商情大有}关系，明眼人不可不知。

货物类 1887 年正月价目 1897 年 4 月 1898 年 4 月

糖 一百 一百二十六 一百三十

1900 页 墨西哥糖业

墨西哥国种蔗之务，年盛一年，殊令人钦美。其白糖味极浓厚，尽由甘蔗制成。此国有多处地土，甚宜于种蔗，收蔗又甚丰。数年不须换种。现在墨西哥未有制炼极净之糖房。所出之糖果带黄色。粗沙之糖亦无大造。将来必有设炼糖房以图利者。今查墨国会城各店零沽之正立方白糖，每磅价银九先士。又其制粗沙糖法，仍恃手工云。

九月知新报译
伦敦商务报。

（4）《大英商馆日志》[23]

时间	输出地	船种	船数	物品
1636 年				
11 月 21 日	厦门		1	砂糖等
24 日	厦门		1	砂糖等
28 日	厦门	商船	4	砂糖等
12 月 2 日	厦门	商船	5	砂糖等
6 日	厦门		3	砂糖等
13 日	厦门		5	砂糖等
18 日	厦门		1	砂糖等
25 日	厦门		1	砂糖等

时间	输出地	船种	船数	物品
26 日	厦门		1	砂糖等
1637 年				
1 月 14 日	厦门		1	砂糖等
15 日	厦门		1	砂糖等
16 日	厦门		1	砂糖、砂糖桶板等
20 日	厦门	商船	8	砂糖等
2 月 5 日	厦门		1	砂糖等
22 日	中国沿岸	商船	1	砂糖等
27 日	中国沿岸	商船	1	砂糖等
3 月 1 日	安平		1	砂糖等
7 日	厦门		4	砂糖等
10 日	厦门		8	砂糖等
22 日	厦门		3	砂糖等
23 日	厦门		3	糖等
4 月 12 日	厦门	大商船	4	砂糖等
30 日	安平		1	白砂糖 200 担
5 月 6 日	中国沿岸		3	砂糖等
10 日	厦门	商船	1	白糖等
15 日	厦门		2	白糖一千担
22 日	厦门	商船	2	白糖等
28 日	广东	商船	6	砂糖等
1637 年				
6 月 8 日	厦门		1	白砂糖、砂糖桶板等

时间	输出地	船种	船数	物品
16 日	厦门	商船	1	砂糖 500 担
17 日	广东		3	白砂糖
17 日	厦门		1	砂糖等
18 日	厦门		1	白砂糖等
19 日	厦门	商船	3	白砂糖等
23 日	厦门		1	白砂糖 600 担
7 月 1 日	安平		1	白砂糖等
9 日	厦门	商船	2	砂糖 600 多担
10 日	厦门	贩糖船	2	砂糖桶板等
12 日	厦门	大贩糖船	2	白砂糖 2300 篓等
14 日	厦门		1	白砂糖 400 担
15 日	厦门	贩糖船	2	白砂糖 600 担
19 日	厦门	贩糖船	2	白砂糖 1100 担
29 日	厦门	糖船	1	白砂糖 300 担等
30 日	厦门	商船	2	白砂糖等
31 日	厦门		1	白砂糖 400 担
8 月 1 日	厦门	贩糖船	2	白砂糖 800 担
3 日	厦门		1	白砂糖等
6 日	厦门		1	白砂糖等
7 日	广东		1	砂糖 500 担
8 日	广东	商船	2	白砂糖等
15 日	广东	商船	3	白糖等
20 日	厦门	商船	3	白糖等

时间	输出地	船种	船数	物品
27 日	厦门	商船	3	白砂糖 150 担
31 日	厦门		3	白砂糖 600 篓
9 月 3 日	厦门		3	白砂糖等
4 日	厦门		2	白砂糖等
6 日	厦门	贩绢丝船	1	糖等
19 日	厦门		1	砂糖等
1638 年				
1 月 2 日	厦门	商船	3	砂糖等
3 日	厦门		1	砂糖等
6 日	厦门		1	糖等
24 日	厦门			糖、砂糖桶板等
3 月 14 日	厦门		2	糖等
25 日	厦门	小商船	4	砂糖等
29 日	厦门		1	砂糖等
4 月 13 日	安平	商船	1	砂糖等
14 日	厦门		1	砂糖等
23 日	厦门	商船	4	白砂糖等
24 日	安平		1	砂糖 250 担
5 月 1 日	厦门		1	砂糖等
12 日	厦门		2	白糖等
16 日	厦安		1	砂糖等
25 日	厦门		1	砂糖等
6 月 2 日	安平		1	砂糖 450 担

时间	输出地	船种	船数	物品
11 日	厦门		5	砂糖 1930 担
12 日	厦门		5	砂糖 1420 担
14 日	厦门		2	砂糖
15 日	安平		1	砂糖 400 担
15 日	厦门		1	砂糖等
7 日	厦门		1	砂糖 265 担
19 日	厦门		2	砂糖 1150 担
23 日	厦门		1	砂糖等
25 日	厦门		2	砂糖等
26 日	厦门		1	砂糖等
28 日	厦门		1	砂糖等
29 日	安平		21	砂糖等
30 日	厦门		1	砂糖等
7 月 8 日	安平		1	砂糖
12 日	厦门		1	砂糖等
16 日	安平		1	砂糖等
22 日	中国		1	砂糖
25 日	Hun lay		1	砂糖
8 月 2 日	金门		1	砂糖
23 日	中国沿岸		2	砂糖
24 日	中国沿岸		3	砂糖
27 日	中国沿岸		1	砂糖 600 担
9 月 4 日	安平		1	砂糖

时间	输出地	船种	船数	物品
10 日	Hun lay		3	砂糖
13 日	中国沿岸		3	砂糖等
10 月 1 日	安平		1	砂糖
2 日	安平		2	砂糖
9 日	厦门		2	砂糖等
	海澄		1	砂糖等
13 日	福州		1	砂糖
11 月 1 日	厦门		2	砂糖
7 日	中国	商船	3	砂糖等

（5）《粤海关改正归公规例册》[24]

乾隆二十五年（1760 年）刊。两广总督李侍尧粤海关监督尤拔世奏定。

广州府属各税口归公则例

佛山挂号口

— 佛山茶叶、白糖往下路各乡，每百斤收银一分二厘往上路无收。

— 佛山茶叶、白糖往香壆，每百斤收银二分四厘。

江门正税口

— 山货冷饭颈牛皮皮碎等艮姜砂仁碱砂三籐木耳草仁芝麻蜜糖白糖 每包捆埕收钱四文。

— 往省佛糖漏，每大船收钱一百二十文，每中船收钱六十文，每小艇收钱三十文。

— 往省佛各乡蔗种甘蔗，每大船收钱一百二十文，每中船收钱五十文，每小艇收钱二十文。

镇口挂号口

—— 装甘蔗艇出口收钱四十文。

—— 装片糖船进口收钱五十文。

垦门正税口

—— 到垦上税绅缎、中细磁器、茶叶、白糖、倭铅^{此五宗作色货}每百斤收担银五分。

惠州府属各税口归公则例

甲子正税口

—— 黄白糖两篓作一担，每担重五拾二三斤。每船免水手每名一担，免神福舵工船户三担外，余数每担毛收十字银一钱零二厘。科饷九折一归八除分黄糖六分，白糖四分。照例科税，火耗加一。每两补水七分。每船除红单银五钱，又每担收银一分九厘，总于一钱银二厘内除算，余剩作余羡，担头归公开报。

—— 乌糖两篓作一担，每担九折一归八除。照黄糖例，科火耗加一，每两补水七分，毛重每担收银三分三厘。每船收红单银五钱。又每船出口收银一两一钱五分五厘。

—— 路糖往墩头，每担九折收银六分。又领印票，每张收银五钱。

—— 葵潭路糖往墩头九折，每担收银五分。又领印票，每张收银五钱。

—— 零星乌糖往福潮者，照黄糖例，科饷火耗加一，每担毛重收银一分三厘。

外馆

—— 商船载路糖、咸鱼、生猪往墩头，收钱三十文。

—— 商船装糖、咸鱼往闽，收钱四十四文。

乌墩正税口

—— 黄白糖每担毛收银八分八厘，税耗平水等银在内。

—— 乌糖饷耗照例征收，每担毛重收担头银三分。

—— 糖水饷耗照例科算，每百斤收担头银二分。

—— 往墩头货物

—— 路糖九折，二包作一担，银六分。

凡路糖每载收银一两四钱。

以上所收各项归公银两，每两加平余银六分。另收钱
六文。惟路糖并单票不计两，加收平余，共止收钱
一百文。

平海正税口

商船潮来税过货物

桁条每条收钱八文　纲浮　线面　白面　青竹　竹蔑　蓬
斗　油烛　米糖　柑子　黄白藤　草纸　赤果　蒜头　布
鞋　茹员　水靛　黄麻　黄白糖　糯米饭干　米粉干　京
果等货，以上每百斤收钱五十文。

糖水　竹叶，每百斤收钱三十文　新绸每张收钱二百文。

沙尾正税口

—— 路糖装往墩头，每二包作一担，八折每担收银六分六
厘，领给印票，每张收银二两五钱。

— 凡黄白糖及虾米等货往惠府本口发卖，惟照例收担银，正税无征。

— 糖水往江南闽浙，每三担折白糖红重一担收税耗。

— 黄白糖两篓作一担，每篓重五十二三斤。每船免水手每名一担，免神福舵工船户三担外，余照数每担收十字银一钱零二厘，科饷九折一归八除，黄糖六分，白糖四分，照则科税加一火耗，每两补水七分，每船除红单银五钱，又除每担一分九厘，总于一钱零二厘内除算，所有余剩作余美，担头归公开报。

靖海挂号口

— 路糖往墩头，每两包作一担，收银六分六厘。

— 路糖每载收银五钱，钱三百文，不收放关。

神泉正税口

— 黄白糖两篓作一担，每篓五十二三斤。每包作一担。免水手每名一担，又免神福舵工船户共三担，余照收。每担毛收纹银八分一厘，如十字银，每两补水七分，另每担收十字银一分三厘，科饷九折一归八除。

— 黄糖六分，白糖四分，按则征收火耗加一，总于八分一厘内除算，余剩作余美，担头归公开报。

— 零星乌糖往福建等处，九折一归八除算。每担征税银六分，耗银加一，每担收担头银三分三厘。

— 往上海乌糖，每担收银六分。其余税耗照黄白糖例。

— 路糖往墩头，每二篓每二包作一百斤，不折，每担收银六分六厘。每载收银五钱，另钱三百文。

潮州府属各税口归公则例

府馆正税口

—— 黄白糖毛重每百斤收银四分。糖船上海船每只收归公银八钱。

—— 白糖每包收红单银二厘　黄糖一厘。

庵埠正税口

—— 黄白糖往上海，除饷耗外，每毛重一百斤收府担银四分，本口担银二分。满载收归公银三两一钱，又府馆归公银八钱。如不上五百包及单桅小船者，各项归公银减半，每百包例免五包，免饷不免担。

大锅每口收银一分五厘　中锅每口收银一分　小锅每口收银六厘

大猪每只收银三分　中猪每只收银二分　生羊小猪每只收银一分

土碗大篓收银一分小篓收银六厘　香米乌烟每篓收银二厘　草纸每块收银六厘

竹叶草蔗每把收银五厘　黄糖每篓收银一分九厘　糖漏每篓收银一分

以上渡船装载，各货九折收钱。如小船装往潮阳、揭阳等处，实收钱不折，另收加一归公钱以上收银者，正耗、府担、府馆、印票归公银系纹银司平，其余俱十字番银司平基。

溪东小口

—— 商船装载黄白糖往上海，每包收担番银六厘一毫，满载收归公银八钱，又挂号收银六钱。

今将征收归公银钱开后

— 铁船满载收银四钱。

— 糖船及棉花船收银三钱。

— 棉花船大船糖船铁船收船头银二钱。

— 往汕头查棉花大船糖船收银二钱。

— 糖漏船进口，每载收钱六十文　以上俱收十字番银
　 司平。

汕头小口

— 进口空糖漏船每载收钱一百文，半载收钱五十文。

双溪小口

— 糖船棉花船进出口收银三钱，铁向收银四钱。

— 小船驳糖至大船，每载收钱三十文。（按：溪东汕头
　 双溪三小口，此册内俱属庵埠正税口）

澄海正税口

— 糖船往江南，每百包例免五包，作九十五包科税。每
　 百斤收本府担纹番银四分二分。另每包收番银二厘。又每船收
　 番银三两一钱。如载糖不及四百包者，收番银一两六
　 钱五分。

卡路挂号小口

— 商船装糖往上海收银二钱　装上海货进口收银二钱。

东陇正税口

— 商船装黄白糖往江南，每百包例免五包，免税不免
　 担。每糖一包收府担纹银四分，本口担番银二分，及
　 红单白糖每包收银二厘，黄糖每包收银一厘。每载府

馆收归公纹银八钱，本口收归公番银二两八钱

— 糖漏每十个收钱七十七文。空糖漏每十个收钱十一文。

— 海山进口糖员，每担收钱三十三文。

樟林小口

— 南澳渡船往来装茶豆牛榼等油土布、干果、水靛、麻布、每担收钱五十文。　黄白麻　红曲　咸鱼　篓叶　海山糖员　烟梗　杂货　薯苓^{进口八折}　麦芽糖　豆面^{进口往省八折}　鱼脯^{进口往府八折}　金针菜　灿铁锅^{进口}　土碗过澳　篷蒉^{四捆作一担}　鱼鲑　已上每担收钱三十文。

黄冈正税口

— 柿饼、烟叶、白糖过埠发卖者^{每十担作八担，每担钱六十六文，过墨者收钱一百一十文}。

— 黄糖、苎麻每担收钱三十三文。过墨者收钱六十六文。糖漏每漏收钱五文五毫，进口同。无糖空漏每漏收钱一文一毫，进口同。

— 糖水三篓作一担，每担收钱三十三文。

糖船例

每百包例免五包，作九十五包后用一归八除折实科税，免糖免馆不免担。每包红单白糖收银一厘，黄糖收银一厘，免糖包，不收红单银，府担毛算每百斤收担头银四分，米照每张收银二钱，商照每张收银八钱，客二名共一张者，收银一两二钱，以上俱系纹银司平。

乌糖小口归公则例

— 各口进口照车单每张收钱四十四文。（按：乌糖为小

　　口之名）

潮阳正税口

—　糖船往江南双桅满载，收本口银五两。又府馆收纹银

　　八钱。如半载者及单桅船俱减半征收。

—　黄白糖每百包内免神福舵水五包，免饷不免担。

—　黄白糖每一百八十斤作一百斤收饷，其担银仍照

　　一百八十斤收。每百斤收府担收银四分 本担番银二分。又红单白糖每黄糖

　　包收纹银二厘二厘。

—　糖水每三百斤作黄糖一百斤收饷，其担银仍照三百斤

　　征收。

—明瓦每百斤收府担纹银四分，本担番银二分二厘。如系糖船载往上海者，

收府担纹银四分 本担番银二分。

　　渡船小船例

　　黄糖　鱼脯　墨蹄脯　米糖　烟仔　冰糖　小虾干　以上

渡船装载，每担收钱十七文，小船装载，每担收钱三十三文。白糖渡船每担收钱三十四文，小船每担收钱六十六文。

　　达濠口例

—　糖船往江南，每载收银一两七钱。如不满载者及单桅

　　船，俱减半征收。

—　渡船二只，每月共收钱八十文。装鯟鱼虾米每担收钱

　　二百二十文。黄糖白糖每担收钱二十二文四十四文。若潮阳给单，

　　本口每担收钱五文五毫。再庵埠来照单麻皮、桐油、

　　铁钉、铁锅，十口作一百斤，收钱五文五毫。

—— 小船装糖往潮属口岸，每百斤^{收钱三十三文}。菜脯丝蚶每百斤^{收钱二十二文}。

海门口例

—— 糖船往江南，每载收银一两七钱。如不满载者及单桅船，俱减半征收。

后溪口例

—— 糖船往江南，每载收银二两五分。如不满载者及单桅船，俱减半征收。

—— 小船出单往潮属等口，装载^{黄糖豆油}各货，每担收钱十一文。

—— 渡船往庵埠装白糖，每百斤收钱五文五毫，废铁每百斤收钱十一文。

—— 油槽、蔗枝每副收钱二百二十文。

北炮台正税口

—— 黄白糖每包收担银二分九厘，每船收^{青红}单银一两二钱，又收银七钱六分，免担每包收银一分九厘，每百包免神福糖五包，免饷不免担。又每包收银一厘，每船收银一两三钱，又收府饷纹银八钱。

—— 蒜头、糖水、豆、麦、菜脯、豆枯、茶枯等货，每担收钱三十三文。

—— 油校、蔗校每副收钱四百四十文。旧者收钱二百二十文。

—— 糖漏船有糖者，每个收钱十文，无糖空漏，每船照缸瓦船收。

高州府属各税口归公则例

梅菉正税口

—— 黑白糖一百八十斤作一百斤征收。

梅菉口外馆

—— 黄波墟渡船装载糖碗、柑橙子、烟，每箩收钱五文。

—— 往各墟片糖，每篑收钱二十二文。

—— 琼来黄蜡、黄白藤碗青、白糖、山马鏖皮等什三百斤作一篑，每篑收钱二十文。

—— 海安来白糖，每包收钱十一文。

芷芎挂号口

—— 硇州来片糖，上铺每大篓收钱三十三文，中篓二十二文，小篓二十一文。

阳江正税口

—— 白糖、碱、砂土、藤白叶油、米各山货，由内河往省佛，每一河船外馆收钱一百二十文，小船收钱六十文。

晴铺两家滩正税口

—— 硇州来片糖，每担收钱三十六文。

—— 黑糖往广西，每篓收钱六十文。

麻章墟挂号口

—— 黑片糖往各墟村，每篓收钱六十文。往广西每百斤收钱三十六文。

查麻章墟口向系雷州口兼收，雍正十一年十月归并石城两家滩口兼收，理合注明。

雷廉二府属各税口归公则例

海安正税口

— 黄白片糖三项俱以一百八十斤作一斤算饷。

— 糖水以三百斤作黄糖一百斤算饷。

— 黄白糖雇小艇驳往海口上行转搭商船往江南者，每百包上饷之外，向例准免驳载糖五包。

— 黄白片糖、糖水，毛重每百斤收银一分一厘。
又毛重每百斤收钱十八文。又每包件收钱四文。

— 苦糖水每桶收钱十五文。

— 白醩船来安装载苦糖水，每担收银二分。

— 黄白糖出口每包收钱二文五毫。

— 片糖每簝收钱十文。

雷州正税口

白糖、黄糖、片糖每一百八十斤折算一百斤。

糖水每三百斤折算一百斤。

— 官中渡船载片糖进口及小船载片糖往石城，每簝收钱一百文。

廉州正税口

— 琼雷各处来税过白糖、豆油各项杂货，每百斤收担银七厘，每二百斤作一包，收钱四十文。

钦州正税口

— 税过片糖，每篓约重二百七八十斤，收钱五十文。

— 税过白糖约重一百余斤，收钱二十文。

琼州府属各税口归公则例

海口正税口

—— 苦糖水每担收钱十文^{往福建、江南等处，每担另收银一分}。

外馆征收

—— 苦糖水每百斤收钱五文。

—— 糖船放关大船收钱三百文^{小者收钱一百五十文}。

铺前正税口

—— 黑糖一百八十斤作一百斤，毛收银八分八厘。

乾隆二十四年（1759 年）十一月

因为材料难得，所以都抄了下来。从这些"则例"中我们可以看到：一、糖在粤海关税收中所占的重要地位；二、糖的种类颇多，有白糖、片糖、黄糖、乌糖，另外还有糖水和苦糖水；三、广东糖运往的地点，包括福建、上海、江南、广西等；四、广东境内货物交流的情况。此外，与糖有关的还有糖漏，包括空糖漏。其中还提到麦芽糖。另外，税收用的货币也不同，有钱、纹银、番银等等。

（6）《粤海关志》

下面（6）、（7）、（8）三种资料，均系中山大学历史系章文钦教授最近寄到的。现在补抄在这里。

《粤海关志》，上面（1）已列有专条，为什么这里又重列？原因有二：第一，上面（1）中抄的是清末民初的资料，时间颇近，而且没有现在抄的资料。我现在抄的资料是道光时期的。第二，这些资料与（5）中的资料，性质相同，必有重复之处。但（5）是乾隆二十五年（1760 年）时的资料，这里是道光十九年

（1839年）以前的，二者相距七八十年，后者难免有所增删。互相对比，可能有利于专门研究这个问题的学者。又因为资料来之不易，所以仍不厌其烦，全部抄录。

《粤海关志》，清梁廷枏等纂。章文钦教授在此处加了一个按语："道光十九年，林则徐至粤，已读到此书。可见在此之前已经成书，叙事至同年林则徐禁烟止。"

卷九　税则二　食物

……蜜糖^{蜜糖每百斤税二钱　麦芽糖、白糖、冰糖每斤各税一钱　黄糖、片糖每百斤糖水每三百斤各税六分}

凡琼潮高惠雷廉　白糖、黄糖、片糖　每一百八十斤作

一百斤

科税，大关仍照百斤实算

同卷　各口税货

乌坎总口^{出产黄白糖及咸鱼虾米各货}

神泉口^{出产黄白糖及咸鱼虾米等货}

甲子口^{出产黄白糖咸鱼虾米各货}

…………

汕尾口^{出产黄白糖咸鱼虾米各货}

…………

平海口^{出产黄白糖咸鱼虾米各货}

…………

墩头口^{出产黄白糖咸鱼虾米各货}

庵埠总口^{出产黄白糖各货}

…………

潮阳口 出产黄白糖各货
…………

澄海口 出产黄白糖各货
…………

黄冈口 出产黄白糖及棉花瓜子等货
…………

北炮台口 出产黄白糖各货
…………

海安总口 出产黄白糖花生豆油油楷各货
…………

雷州口 出产黄白糖花生豆油油楷各货

卷一一　税则四　佛山挂号口　（出口澳门等处各货）

……佛山绒线绸缎纱湖丝往香澳 每百斤收银二钱四分　……佛山茶叶白糖往下路各乡 每百斤收银一分二厘 往上路不收　佛山茶叶白糖往香澳 每百斤收银二分四厘　佛山木油往香澳并下路各乡 每桶收银六分 每埕收银一分 往上路不收　佛山磁器往香澳并下路各乡 每子收银一厘 每笠收银二厘 每百子收银一钱二分 每桶收银二分四厘 往上路不收　佛山白铅往香澳 每百斤收银三分六厘 往别处不收　佛山水银辰砂往香澳 每百斤收银六分往别处不收　佛山白矾冷饭颈往香澳 每百斤收银一分二厘 往别处不收　佛山火腿漆器往香澳 每百斤收银一分八厘 往别处不收　佛山矾石往香澳 每百斤收银二分四厘往别处不收

同卷　江门正税口

……往省佛糖漏 每大船收钱一百二十文，中船收钱六十文，小船收钱三十文　往省佛各乡

蔗种甘蔗 每大船收钱一百二十文　中船收钱五十文　小艇收钱二十文

镇口挂号口

……装柑蔗艇出口 收钱四十文　装片糖船进口 收钱五十文

右归公例一

卷一二　税则五　甲子正税口

凡黄白糖 两篓作一担，每篓重五十二三斤。每船免水手每名一担，免神福舵工船户三担外，余数每担毛收十字银一钱零二厘 科饷九折一归八除，黄糖六分白糖四分，照则科税，火耗加一，每两桶水七分，每船除红单银五钱，又每担收银一分九厘，总于一钱零二厘内除算，乌糖 两篓作一担，每担九折一归八除，照黄糖例科饷，火耗加一，每两补水七分，毛重每担收银三分三厘，每船收红单银五钱，又每船出口，收银一两一钱五分五厘

…………

……路糖往墩头 每担九折收银六分　……葵潭路糖往墩头 九折每担收银五分

……零星乌糖往福潮者，照黄糖例科饷 火耗加一，每担毛重收银三分三厘

外馆

……商船载路糖咸鱼生猪往墩头 收钱三十文　……商船装糖咸鱼往闽 收钱四十四文，其余空船出口一总不收。以上俱收十字番银，司平正耗，每两补水七分

…………

乌坎正税口

凡黄白糖 每担毛收银八分八厘税耗平水等银在内　乌糖饷耗照例征收 每担毛重收担头银三分

…………

……糖水饷耗照例科算 每百斤收担头银二分……

凡往墩头货物　路糖 九折二包作一担收银六分……

凡路糖 每载收银一两四钱六分，另收钱六文，惟路糖并单票不计两加收平余共止 以上所收各项归公银两每两加平余银

收钱……
一百文

平海正税口

…………

凡商船潮来税过货物……米糖……黄白糖……京果等项
以上每百斤
收钱五十文

糖水　竹叶每百斤收……糖油……黄麻以上每百斤
钱三十文　　　　　　　　　收钱五十文

凡海丰大鹏贩转进口……

……糖油……黄麻以上每百斤　糖水　豆麦详见大关按语仅及
收钱五十文　　　　　　　　　苴麦，不及糖水

……甘蔗每把收……　凡省来……甘蔗每把收……
钱三文　　　　　　　　　　　　钱五文

汕尾正税口

……公平渡装糖水每担收钱　糖每篓收钱……
十一文　　　　十一文

凡路糖装往墩头每二包作一担八折……黄白糖及虾米等货
每担收银六分六厘

往惠府本口发卖惟照例收担……糖水往江南闽浙每三担折白
银正税不往　　　　　　　　　　　　糖红重一

担收……黄白糖两篓作一担，每篓重五十二三斤。每船免水手每
税耗　　　　　　名一担，免神福舵工船户三担外余照数每担毛收

十字银一钱零二厘，科饷九折一归八除，黄糖六分，白糖四分，照
则科税，加一火耗，每两补水七分，每船除红单银五钱，又除每担
一分九厘，总于一钱零二厘内除
算，所有余剩作余美担头归公开报

同卷　靖海挂号口

……路糖往墩头每两包作一担　路糖每载收银五钱，钱……
收银六分二厘　　　　　　　　三百文不收放关

神泉正税口

凡黄白糖两篓作一担，每篓重五十二三斤，每包作一担。免水手
每名一担。又免神福舵工船户共总三担，余照数每担毛

收纹银八分一厘，加十字银每两补水七分，另黄糖六分白糖四
每担收十字银一分三厘科饷九折，一归八除

分按则征收，火耗加一，总于八分一厘
内除算，余剩作余美，担头归公开报

零星乌糖往福建等处 [九折一归八除算，每担征税银六分，耗银加一，每担收担头银五分三厘] 往

上海乌糖 [每担收银六分其余税耗照黄白糖例] ……

凡路糖往墩头 [每二篓每二包作一百斤不折，每担收银六分六厘每载收银五钱另钱三百文] ……

潮州府馆正税口

凡黄白糖 [毛重每百斤收担银四分] 糖船上海船 [每只收归公银八钱] 白糖 [每包收红单银二厘]

黄糖 [一厘]

庵埠正税口

凡黄白糖往上海 [除饷耗外每毛重一百斤收府担银四分，本口担银二分，满载收归公银三两一钱 又府馆归公银八钱，如不上五百包及单桅小船者，各项归]

公银减半，每百包例免五百免饷不免担 ……

凡渡船往潮阳达濠…… 白糖大布 [以上每百斤收银六分] …… 黄糖 [每篓收银

一分九厘] 糖漏 [每篓收银一分]

溪东小口

凡商船装载黄白糖往上海 [每包收担番银六厘一毫，满载收归公银八钱，又挂号收银六钱] ……

……糖船及棉花船 [收银三钱] ……棉花大船糖船铁船 [收船头银二钱]

……往汕头查绵花大船糖船 [收银二钱] ……糖漏船进口 [每载收钱六十文]

汕头小口

……糖漏船 [每载收钱一百文，半载收钱五十文] ……

双溪小口

凡糖船绵花船进出口 [收银三钱] ……

……小船驳糖至大船 [每载收钱三十文] ……

澄海正税口

……

凡糖船往江南^{每百包例免五包作九十五包科税，每百斤收府担纹}

银四分，本担番银二分，另每包收番银二厘，又每

船收番银三两一钱如载糖不及……
四百包者收番银一两六钱五分

卡路挂号小口

凡商船装糖往上海^{收钱}……
二钱

东陇正税口

……商船装黄白糖往江南^{每百包例免五包，免税不免担，每糖}
一包收府担纹银四分，本口担番银二

分，又红单白糖每包收银二厘，每载府馆收……
归公纹银八钱，本口收归公番银二两八钱

……糖漏^{每十个收钱}　空糖漏^{每十个收}　海山进口糖员
七十七文　　钱十一文

每担收钱……黄麻糖水灰面杂货^{每担收钱}……
三十三文　　　　　　　　　　三十三文

樟林小口

……海山糖员……

……柴藤面线香锡薄糖水仙草薯粉鱼鲑薯芩^{过（南）}……
澳
以上每担各
收钱三十文

黄冈正税口

凡柿饼烟叶白糖^{过埠发卖者每十担作八担，收钱}
六十六文，过澳者收钱一百一十文

黄糖苎麻^{每担收钱三十三文，}……蔗木^{每副收钱}……糖漏
过澳者收钱六十六文　　　　二百二十文

每漏五文五
毫进口同

无糖空漏^{每漏收钱一文}……
一毫，进口同

……糖水^{三篓作一担，每}……
担收钱三十三文

凡糖船^{每百包例免五包，作九十五包用后用一归八除折实科税，}
免糖免馅不免担，每包红单白糖收银二厘，红糖收糖一

厘，免糖包，不收红单银，府担毛算每百斤收担头……
银四分，末照每张收银二钱，商照每张收银八钱

潮阳正税口

凡糖船往江南 双桅满载，收本口番银五两　又府馆收纹银八钱　如半载者及单桅船俱减半征收

黄白糖 每百包内免神福艎工五包，免饷不免担，每一百八十斤作一百斤收饷，其担银仍照一百八十斤收，每百斤府担纹银四分，本担番银二分又红单白糖每包收纹银二厘，黄糖每包纹银一厘

……糖水 每三百斤作黄糖一百斤收饷，其担银，其担起仍照三百斤征收，府担纹银四分，本担番银二分二厘

……如系糖船载往上海者 收府担纹银四分，……本担番银二分　，……

……黄糖……末糖……冰糖　小虾干 以上渡船装载，每担收钱三十三文　每白糖

渡船每担收钱三十四文
小船每担收钱六十六文……

达濠口

凡糖船往江南 每载收银一两七钱，如不满者及单桅船，俱减半征收……渡船二只……

装……黄糖 每担收钱二十二文　白糖 每担收钱四十四文，若潮阳给单，本口每担收钱五文五毫……

凡小船装糖往潮属口岸 每百斤收钱三十三文

海门口

凡糖船往江南 每载收银一两七钱，如不满载者及单桅船，俱减半征收……

后汉口

凡糖船往江南 每载收银二两五分，如不满载者及单桅船俱减半征收……

……出单往潮属等口装载黄糖豆油各货 每担收钱二十一文

渡船往庵埠装白糖 每百斤收钱五文五毫……

北炮台正税口

凡黄白糖 每包收担银二分九厘，每船收青红单银一两二钱，又收银七钱六分。免担每包收银一分九厘，每百包免神福糖五包，免饷不免担，又每包收银一厘，每……船收银一两三钱，又收府馆纹银八钱

……蒜头糖水豆麦菜脯豆枯茶枯等货每担收钱三十三文，豆麦详见大关按语

……糖漏船有糖者每个收钱十文无糖空漏每船照缸瓦船收

右归公例二

卷一三　税则六　梅菉正税口

……黑白糖一百八十斤作一百斤征收

梅菉口外馆

……黄波墟渡船装载糖碗柑橙子烟每箩收钱五文

……往各墟片糖每篓收钱二十二文

……琼来黄蜡黄白藤碗青白糖山马獐皮等计三百斤作一篓，每篓收钱二十文

海安来白糖每包收钱十一文

阳江正税口

……白糖咸砂土藤白叶油末各山货由内河往省佛每一河船外馆收钱一百二十文小船收钱六十文

暗铺两家滩正税口

……硇州来片糖每担收钱三十六文……黑糖往广西每篓收钱六十文……

麻章墟挂号口

……黑片糖往各村墟每篓收钱六十文往广西每百斤收钱三十六文

海安正税口

凡黄白片糖三项俱以一百八十斤作一百斤算　糖水以三百斤作黄糖一百斤算饷　……黄白糖雇小艇驳往海口上行转搭商船往江南者每百包上饷之外向例准免驳载糖五包……凡黄白片糖糖水毛重每百斤收担银一分一厘又毛重每百斤收钱十八文　又每包件收钱四文……

……苦糖水每桶收钱十五文　白醋船来安装载苦糖水每担收银二分……

东西二乡各小港征收

凡黄白糖出口每包收钱二文五毫 ……片糖每篓收钱十文……

……杂木蔗每副收钱五十文……

雷州正税口

……白糖黄糖片糖每一百八十斤折算一百斤 糖水每三百斤折算一百斤……

凡官中渡船载片糖进口及小船载片糖往石城每篓收钱一百文

廉州正税口

凡琼雷各处来税过白糖豆油各项杂货每百斤收银七厘,每二百斤作一包收钱四十文……

钦州正税口

……税过白糖约重一百余斤收钱二十文……

(海口正税口)外馆征收

……苦糖水每百斤收钱五文……糖船放关大船收钱三百文,小者收十文

儋州正税口

……蔗木每副收银一钱六分五厘……

铺前正税口

……黑糖一百八十斤作一百斤毛收银八分四厘……

右归公例三

(7)《中国丛报》(*Chinese Repository*)

甲 Vol.2　1834 年 2 月号　p.471

Samuel W. Williams, *Articles of Import and Export of Canton*（[美]：卫三畏《广州的进出口商品》),又见 Andrew Ljungstedt,

An Historical Sketch of the Portuguese Settlements in China；*And of the Roman Catholic Church and Mission in China*（［瑞典］龙思泰《在华葡萄牙居留地及罗马天主教布道团简史》）之 A Supplementary Chapters，Description of the City of Canton（附篇《广州城概述》），Boston 1836，P.321。

下面是龙思泰书，吴义雄、郭德焱、沈正邦的译文"糖"（《中国丛报》，1834 年 2 月，第 471 页。中译本尚未出版，蒙章文钦教授抄寄）：

糖（sugar）

本品是用甘蔗（Saccharum officinale）的汁加工成的产品。据所有可得到的古代历史记载来看，中国很可能是首先栽培甘蔗的国家。它的原产地为亚洲大陆南部，其特性很久以来已为当地居民所熟知。中国人种植甘蔗的规模之大，除足以供给自己需要之外，还可构成一种出口商品。

甘蔗有好几个不同品种，但本地所产的品种大部分有微红的汁，所制的糖不受买家欢迎。唯一的栽培品种是西印度群岛所种的那一种。加工制作的过程是简单的，劳动强度很大，机械很粗笨，劳动主要靠人力进行。在印度群岛，糖的加工都掌握在华人手中，土人向他们供应甘蔗，但是土人也生产一种粗糖，供他们自己食用，叫作"粗沙糖"（jaggery）。由中国出口的糖主要是结晶状态的糖，所以通常叫作冰糖。本品大量输往印度，其纯净美观长期以来得到公正的评价。

羡林按：这一条记载虽短，然而却含有极重要的资料，下面还要谈到。

乙 Vol.2　1834 年 4 月号　p.532　有关资料翻译如下：

　　广东省海岸一般外貌被描述为荒芜贫瘠；那里的人被描述为受雇制糖；糖是在访问过的大多数县内的主要产品。

丙　Vol.4　1835 年 6 月号　p.77　有关资料翻译如下：

　　甘蔗用同样的方式捆绑，为了更加安全，外面的甘蔗用斜捆的甘蔗叶加固，同时还能排成一种篱笆。

丁　Vol.18　1849 年 12 月　p.661—662　《中国丛报》Vol.20 索引称此条为"糖不付双倍关税"。内容不具引。

（8）里斯本坡塔国家档案馆所藏有关清代澳门中文档案

甲

嘉庆十四年六月初十日（1809 年 7 月 22 日）署澳门军民府朱谕夷目唛嚟哆

　　谕

　　署澳门军民府朱　为禀明事：现据引水人陈有胜禀称：本月初八日，澳夷自用三板将前贮白糖九十余包至鸡颈洋面等候黄埔港脚嚪洋船出口起卸顺带出洋。于初八日开行，等情到府。据此，查前月内咪唎哩国嚟嗯哩船湾泊鸡颈洋面。先后据引水禀报，将白（美林按：原作百，误）糖四百余包装运入澳，存贮呵哵夷馆。业经本府报明大宪在案。兹据引水禀报，澳夷将所存白糖九十余包装运搭船出洋。合即谕查。谕到该夷目即便遵照确查，前项白糖是否澳夷得价私行售卖，抑系装运回国。该夷目即日细查明白，星飞禀复本府立等转报。毋得含混率复，致干严谴。速速！特谕。

乙

嘉庆十四年六月九日（1809 年 7 月 21 日）署香山县左堂郑谕夷目喥嚟哆

谕

署香山县左堂郑　谕夷目　嚟哆等知悉。现据引水人陈有胜禀称：前月咪唎喤国嚜噁喱船所起运入澳存贮吲哒夷馆之白糖，前于本月初八日澳夷自用三板将白糖九十余包装运至鸡颈洋面。交黄埔出口港脚嚛船顺带出洋，等情到厅。据此查存贮吲哒夷馆白（原文又系"百"，误）糖系奉　大宪委员查核之件，应先行□□转报，听候批示遵行。该夷目等何得擅自起交嚛船顺带出洋，大干禁令。合行谕饬。谕到该夷目等即速将前贮白糖因何不先行禀报，擅自起交嚛船缘由刻日禀复，本分县以凭转报　大宪察核办理。毋得违延。速速！特谕。

羡林按：这一件公文乙同上一件公文甲，讲的是同一件事。但其中有一点新信息，又因为此种材料极为难得，故又全文录之。

上面（6）（7）（8）中有非常重要的材料。有的我在本编中就派上了用场，比如（6）《粤海关志》中有关糖的种类的记载，我在下面（三）2."沙糖的种类"就加以引用。《中国丛报》1834 年 2 月，第 471 页讲到甘蔗原产地；讲到在印度群岛，糖的加工都掌握在华人手中；讲到土人生产一种粗糖；讲到中国向印度出口冰糖，等等，都是重要的资料，在"国际编"有关的章节中还会提到。

清代糖史资料的搜集，就到此为止。

本书国内资料的搜集，也到此为止。应该指出，我搜集的范围基本上是中国古籍，但是资料却不限于中国蔗和糖，外国的也有。为了省事划一起见，我都抄在这里。到了写"国际编"的时候，再来分析使用，用不着再重复抄录。

我搜集的资料看上去已经够多了。但是，如果再努一下力，还能够搜集得更多。我没有这样的做，原因是，这些资料已经够用了，间有遗漏，在所难免，但决不会影响大局。

资料既然就中国古籍来说搜集已经告一段落，我想在这里集中讲一讲我搜集资料的情况和原则，否则易滋误会。关于这一方面，上面零零碎碎讲过一点，现在不过是再集中一点，再完全一点，再深刻一点而已。这对于某一些读者还是会有用的。

开宗明义第一句话，我在上面已经点到过，这就是，我搜集资料用的方法是最拙笨、最原始、最吃力、最简单，然而却又最复杂的方法，同时也是唯一可行的方法。没有索引，总的索引没有；中国古籍又决不加索引，电脑更谈不上，托人使用了一次，结果极不理想，反而不如我这原始方法搜集到的多，我就绝了那个念头。最后只有倚靠自己的双眼和双手。

我曾多次勉励自己，也曾多次告诉学生，作文章搜集资料，要有"竭泽而渔"的劲头。然而事实上，有的文章能做到，有的则万难做到，《中国糖史》就属于后者。到了现在，我只能说一句"我已经尽上了我的力量"，以此安慰自己。说多了，都将会是多余的话。

在我搜集的资料中，有一些显然是没有多少用处的，不搜集，也决不会影响论文的写作。但我为什么又搜集了呢？原因似乎有点天真：我辛辛苦苦找到一本书，即使我那"竭泽而渔"的政策对整个搜集工作来说实在难以贯彻，但是对我拿到手的这一本书来说，我则必须贯彻。于是只要遇上"蔗""糖"等字眼，我必然抄录下来。还有对某一些整套的书，我也使用了类似的做法。

另外还有一个原因。我们做学问的人大概都有一个经验。有些资料在此时此地很难说有用没有；但是，在另一个地方，当你遇到有关的问题时，则无用的资料立即变为非常有用。韩文公所说的"牛溲马勃，败鼓之皮"大概指的就是这种情况吧。

最后我还想讲一个至关重要的问题：为什么我先把资料都搜集罗列在一起，然后再进行分析写成文章？有一些学者并不这样做，他们在写文章时在适当的地方使用适当的资料，他们的文章同样可以写得非常精彩。我对这种做法不加评断。我之所以使用现在这种做法，原因并不深奥。在文章中引上一段话，没头没脑，会让读者如见神龙，见首不见尾。而把资料完整抄下来，在论文中只引必要的句子，可以避免这个弊病。如果有读者愿见神龙全貌的话，可以回头去看我抄录的比较完整的资料。

此外，我这样做，有意学习先师陈寅恪先生的做法。有一些文章，陈师往往先罗列资料，然后再对资料进行分析与评断，如剥春笋，愈剥愈细，最后画龙点睛，点出要害。到了此时，读者往往会豁然开朗，或者小吃一惊，如拨云雾而见青天。人们会想："原来是这样子呀！"顿时得到一种解悟甚至顿悟的快感。陈师在讲课时，往往也采用这种办法：先在黑板上，密密麻麻，写满了资料，然后再开讲，根据的就是黑板上的资料。学生们得到的感受，同读他的文章完全相同。

闲言少叙，书归正传，下面就是资料的分析和使用。

（二）甘蔗种植

上面我尽可能全面地抄录了有关清代甘蔗和糖的原始资料。现在我就根据这些资料来进行叙述。办法仍然同前几章一样，先讲"甘蔗种植"，共分以下几节：

1.甘蔗种植的地区

2.甘蔗种植的技术

3.甘蔗种植的传播

4.甘蔗的种类

在正式叙述以前，有几个问题我要在这里先说明一下。甘蔗和糖有密切的联系。没有甘蔗就制不出蔗糖来，从遥远的地方运蔗来制糖，是难以想象的。因此产蔗区与产糖区往往是一致的。我在上面几章没有专门立产糖区一节，原因就在这里。但是，蔗糖两区又并非完全一致，下面的叙述中就会碰到这种情况。因为有的蔗种只能生吃，不能制糖，可能还有一些别的原因，下面有机会再谈到。

此外，甘蔗，同世界上其他植物一样，它的种植是会传播的。这样的例子俯拾即是，举不胜举。甘蔗的传播，我在上面曾经讲到过，特别是在元代的北传。在"国际编"中还会碰到同样的问题，讲的是国际间的传播。

1. 甘蔗种植的地区 [25]

仍然按照上面几章的做法：以地方为纲，所见典籍写在后面。为了醒目起见，我想做一点小小的变动：把相当于现在省一级的地区写在前面，省以内较小的地区写在后面。大家都知道，在中国历史上，地区变化颇大，朝分暮合，朝合暮分，都是常见的现象。但在本书中，这种变化影响不大。至于省区的排列先后，没有严格的标准可资遵循，可以说是以意为之。这种排列并不产生什么影响，可以听之任之。

湖南　　《清异录》[26]

　　　　《御定广群芳谱》

湖北　　《光绪二十四年中外大事汇记》

　　　　《鄂督张之洞创设商务公所札》："蕲水之蔗。"

江东　　参阅臧励龢：《中国古今地名大辞典》："谓长江以东之地"，比较含糊，但大概方位不错。

江（苏）一般指江苏。《御定广群芳谱》："今江、浙、闽、广、蜀川、湖南所生。"

　　　　镇江《镇江府志》，南唐卢绛的故事，屡次出现，这里也有。他所吃的甘蔗是否本地所产，存疑。

浙（江）参看上面江（苏）。

　　　　《本草衍义》："石蜜，川浙最佳。"

　　　　《浙江通志》甘蔗通省皆产。

　杭州府

　宁波府　能作冰糖

绍兴府 《会稽三赋注》 会稽所作乳糖，视蜀更胜。

金华府 能炼糖，但不能为霜。

台州府 近世闽人教以栽蔗。

　　赤城（山）《浙江通志》

　　西安县 很多地方都有西安县，这里指的应是浙江衢州府
　　　　　　治的。见《浙江通志》，参阅臧励龢《大辞典》。

　　龙游

严州府 淳安县。

处州府 龙泉县 均见《浙江通志》。

河南 《植物名实图考》

　　汝南（郡或县） 很多地方都有此名。从前后文看，这
　　　　　　　　　里指河南。

　　郾（城）

　　许（昌）

福建（闽）《御定广群芳谱》《福建通志》

　　福州府 《读史方舆纪要》《大清一统志》《福建通志》

　　兴化府 "可为稀糖，即冰糖也。"稀糖即冰糖，很值得
　　　　　　注意。《福建通志》，卷一〇。

　　泉州府 晋江、南安、同安、惠安四县俱出糖。《福建
　　　　　　通志》卷一〇。《泉州府志》《古今图书集成》

　　漳州府 《福建通志》

　　建宁府

　　邵武府

　　汀州府

福宁府

永春州 [27]　以上皆见《福建通志》。

广东（粤）《御定广群芳谱》《广东通志》

肇庆

潮州　均见《广东通志》

番禺　《植物名实图考》《广东新语》《古今图书集成》

东莞

增城　均见《广东新语》

广州　《广东新语》

佛山　《粤海关改正归公规例册》《粤海关志》

羡林按：根据《粤海关改正归公规例册》和《粤海关志》，广东种蔗产糖之地，多不胜数。我在这里不一一列举了。

讲完了福建和广东这两个南方种蔗产糖的重镇，我想讲几句《植物名实图考》的作者吴其濬的话："但闽粤植于弃地，中原植于良田，红蓝遍畦。昔贤所唏弃本逐末，开其源尤当节其流也。"这段颇值得注意。原因大概是由于天气条件不同。南方气候宜于种蔗，中原气候偏干燥，不植于良田和加以灌溉不可也。

广西《广西通志》

浔州府　甘蔗各县出

《光绪二十四年中外大事汇记》，p.1711："广西又产米、糖……"

四川（蜀，蜀川）《四川通志》《御定广群芳谱》《光绪二十四年中外大事汇记》

成都府　《四川通志》《大清一统志》

　　　潼川州　遂宁县　《四川通志》《遂宁县志》

　　　资州

　　　绵州　均见《四川通志》

　　　保宁府　《大清一统志》

台湾（原隶福建）《福建通志》《台湾使槎录》《台湾府志》

　　　　　　　《重修台湾府志》《续修台湾府志》《癸巳

　　　　　　　类稿》《光绪二十四年中外大事汇记》

　　　台湾产蔗、制糖，地区极多，请参阅上面所录资料，不

　　　再细分。

江西《江西通志》

　　　庐陵　《植物名实图考》

　　　广信府

　　　饶州府

　　　南安府

　　　赣州府　均见《江西通志》，赣州府又见《大清一统志》

云南　《云南通志》

　　　临安府

　　　安徽　上面（一）材料来源 3.地理著作（8）《安徽通志》，

　　　　　　我已经讲了这个问题，在卷六四食货志　特产　果

　　　　　　之品中有甘蔗。但后面各州府的特产中却没有。

　　甘蔗（实际上也包括蔗糖）生产地区的表就列到这里。这个
表肯定还不够全面。因为我列表，并非抄自什么现成的著作，而
是完全根据我亲眼目睹的典籍资料。既然我不可能把一切有关典
籍资料都看个净尽，地名表中有所遗漏，也就是不可避免的了。

但是，在另一方面，我又相信，这个表虽不中亦不远矣。重要的遗漏是不会有的。

2. 甘蔗种植的技术

在前面几章中，我没有让甘蔗种植的技术重点突出。唐代和宋代都没有谈。元代和明代，我也只列举了几部有关的书名，请读者自行参阅。现在，到了本书国内编的最后一章的清代，清代以后就不包括在本书的叙述范围内，这是中国几千年甘蔗种植史的结尾部分，我觉得有必要，即使简短也罢，在上面抄录的资料的基础上，把甘蔗的种植技术集中归纳一下，多说上几句话。

我按照上面资料来源的顺序来谈。

《御定广群芳谱》：

> 谷雨内于沃土横种之，节间生苗，去其繁冗。至七月，取土封壅其根，加以粪秽，俟长成收获。虽常灌水，但俾水势流满润湿则已，不宜久蓄。

《植物名实图考》：

《番禺县志·物产》：甘蔗，邑人种时，取蔗尾断截二三寸许，二月于吉贝中种之。拔吉贝时，蔗已长数尺。又至十月，取以榨汁，煮为糖。

羡林按："吉贝"是由梵文 kārpāsa 辗转而来的音译，意思是"棉花"[28]。在棉花中种甘蔗，应该说是一种新技术，极值得重视。

《广州府志》：

> 凡蔗每岁二月必斜其根种之，根斜而后蔗多庶出。根

旧者以土培壅，新者以水久浸之，俟出萌芽乃种。种至一月，粪以麻油之麸。已成干，则日夕揩拭其蟥。剥其蔓英而蔗乃畅茂。

《台湾使槎录》：

插蔗之园，必沙土相兼，高下适中，乃宜。每甲栽插，上园六七千，中园七八千，下园八九千^{地薄蔗瘦，多栽冀可多硤糖斤}。三春得雨，易于栽插。无雨亦犁种，但戽水灌溉，为力颇艰。

中国方面的甘蔗种植技术，就写这样多。在我上面抄录的资料中，有一段关于这方面的叙述：《光绪二十四年中外大事汇记》，1611页"古巴物产"。按本书的结构，本应到"国际编"中去叙述。但是，为了便于同中国对比，我也抄在这里：

地土丰腴，不须肥料而能生产。尤奇者甘蔗一业。一种可留数载或十余载。其始也，将蔗分截平放，或斜插于地。初年下种，次年收割。其收成之丰歉，视雨水之多寡。每年除荽草割蔗外，不用粪草，不须人工。

这是气候条件和土质所决定的，中国恐怕很难与之相比。

3. 甘蔗种植的传播

我在上面很多地方都曾讲到甘蔗种植的传播问题；但是，讲得都比较笼统，没有立过专节。现在，我觉得有必要立此一节，可也不是普遍地讲，而只讲与福建有关的几种记载：

《植物名实图考》：

闽粤河畔，沙砾不谷，种之（按指甘蔗）弥望。行者

拔以疗渴，不较也。章贡间闽人侨居者业之，就其地置灶
与磨以煎糖。必主人先苃刈，而后邻里得取其遗秉滞穗
焉，否则罚利重，故稍客之矣。

《浙江通志》卷一〇五　台州府：

> 近世闽人教以栽蔗。秋熟，压其浆，煎之。惟不能取
> 霜，故其利薄。

卷一〇六　金华府：

> 白者种自闽中来，可碾汁炼糖，但土人不知以糖为霜耳。

《广东通志》卷五二

> 按粤东蔗糖行四方。《肇庆志》云：始于闽人浮连种
> 蔗为之，今利侔于闽矣。

从上面简短的叙述中，我们可以看到，福建种植甘蔗的技术，
北传浙江，南传广东，旁传江西。这些都是非常具体的事例。至
于其他方面的传播，规模极大，历时极久，我们就不谈了。

4. 甘蔗的种类

仍然袭用上面几章的做法，以典籍为基础，按照上面"资料
来源"中出现的顺序排列下来，把蔗名写出，不避重复，有时稍
加解释。

（1）《花木鸟兽集类》

引《清异录》　湖南有"子母蔗"。

羡林按：此书上面已引过。"子母蔗"，顾名思义，颇为含混，不

知是蔗种，还是生长的形状？

（2）《御定广群芳谱》

引宋王灼《糖霜谱》对甘蔗的分类。下面又引上面已经引过的扶风蔗，"一丈二节，见日即消，遇风则折"。

（3）《植物名实图考》

竹蔗　白蔗　红蔗

（4）《广东新语》

雪蔗　屈大均明说，即扶风蔗。

白蔗　"增城白蔗尤美。"

崑崘蔗　屈大均说："一名药蔗"，因为能够夹折肱，骨可复接。

竹蔗

荻蔗

（5）《浙江通志》

荻蔗　　杭州府

崑崘蔗　"赤者出会稽，作乳糖。"

（6）《泉州府志》

崑崘蔗　赤

荻蔗　　白

菅蔗　　旧志　　所谓荻蔗

（7）《遂宁县志》

崑崙蔗　赤

竹蔗　　白，亦曰蜡蔗

荻蔗　　可作沙糖（糖霜）

（8）《广州府志》

雪蔗　　蔗之珍者。上面《广东新语》中已经提到。
　　　　后面《南越笔记》中又讲到，是最珍贵的蔗
　　　　种，可能来自扶南。

（9）《福州府志》

引《三山志》　　　　二种，一短一长。

引《闽书》　　　　　崑崙蔗　赤

荻蔗　　　　　　　　白

菅蔗　　　　　　　　又名蓬蔗，干小而长。是否即
　　　　　　　　　　"出泉漳者"？

（10）《台湾通志稿》

引《广志》　　　　　皮带红而节短
　　　　　　　　　　青黄皮者

引《台湾府志》　　　红白二者，又干小者名曰竹蔗，
　　　　　　　　　　煮汁成糖

引《噶玛兰厅志》 皮有青红二种

（11）《使滇杂记》

临安甘蔗小而佳，永昌有黑色者。

（12）《南越笔记》

雪蔗	参阅上面（8）。
白蔗	今常用者。
崑崙蔗	紫，一名药蔗，参阅上面（4）。
竹蔗	小而燥
荻蔗	

（13）《分类字锦》

红蔗 芳蔗 西蔗 杜蔗

爪哇蔗 子母蔗

（14）《佩文韵府》

扶南蔗 崑崙蔗

（15）《读书记数略》

引洪景卢《五笔》 蔗四色

（16）《古今图书集成》

甘蔗部 释名 引陶弘景、孟诜、《糖霜谱》的蔗名，既混杂，又不完整。

上面我罗列了一大批甘蔗的名称，其中许多名字上面已多次出现。这些蔗种中肯定有新的品种；但是，我却无法确定。我没有研究过甘蔗分类学，不敢冒充内行。Deerr在他的书 *The History of Sugar*（《糖史》）中，讲到甘蔗的分类[29]。他还特别讲到中国甘蔗，没有详细讨论[30]，请读者参阅。在目前的情况下，我只能做到这个地步。

（三）沙糖制造和应用

这一节的内容，与上面几章不完全一样。总之是颇为简单。现在我想扩大一下，共分为以下几部分：

1.沙糖制造的技术

2.沙糖的种类

3.沙糖的贩运

4.沙糖的药用

5.沙糖的食用

6.食用沙糖的禁忌

1. 沙糖制造的技术

关于产糖地区，因为基本上与蔗区一致，上面一节中已经有所涉及，这里不讲，专讲制造的技术，有时也会涉及地区。现在我按照上面资料抄录的顺序，来加以叙述。

屈大均《广东新语》：

> 乌糖者，以黑糖烹之成白，又以鸭卵清搅之，使渣滓
> 上浮，精英下结。

这种技术，上面已屡屡言之。

在同一书中，屈大均（卷二七 草语 792 蔗）对当时广东的熬糖技术作了详尽的叙述：

> 榨时，上农一人一寮，中农五六，下农八之十之。以
> 荔支木为两辘，辘辘相比若磨然。长大各三四尺。辘中余
> 以空隙，投蔗其中，驾以三牛之牯，辘旋转则蔗汁洋溢。
> 辘在盘上，汁流槽中，然后煮炼成饴。

《福州府志》：

> 其法，先取蔗汁煮之，搅以白灰，成黑糖矣。仍置之
> 大瓷漏中，候出水尽时，覆以细滑黄土，凡三遍，其色
> 改白。

台湾的制糖法，很值得重视。《台湾使槎录》引《东宁政事集》：

> 故硖煮之期，亦以蔗分先后。若早为砍削，则浆不足
> 而糖少。大约十二月正月间，始尽兴工，至初夏止。初硖
> 蔗浆，半多泥土，煎煮一次，滤其渣秽，再煮入于上清，
> 三煮入于下清，始成糖。入礴，待其凝结，用泥封之，半
> 月一换，三易而后白，始出礴晒干，舂击成粉入篓，须半
> 月为期。未尽白者，名曰糖尾，并礴再封，盖封久则白，
> 封少则淄，其不封者则红糖也。

下面还有，我不再抄了，请读者参阅上面"材料来源"3.地理著作（54）《台湾使槎录》。

上面"材料来源"6.类书（13）《清稗类钞》中工艺类有一段"制糖秆"的记载，讲的也是榨甘蔗的做法，同台湾的方法差不多，不再抄录，请参阅。

有一件极其重要的事情，必须在这里讲一讲。在写明代糖史时，我曾闪过一个念头，希望在欧风东渐中找到一点欧洲制糖（用机器制糖）的材料。但我立即醒悟过来：这是根本不可能的。欧洲产蔗极少，后来造糖多用糖萝卜。在明末清初时是否已大规模制糖？恐怕未必。我那种想法只能算是一时的幻想。因此，我在上面讲的整个清代的制糖的技术，都是土法制糖。一直到了清代快要结束时，有人才开始想到利用西方的机器制糖，下面我举几个例子：

《光绪二十四年中外大事汇记》，1564 页"户部议复各省自辟利源折"：

> 甘蔗为中国独有之利。西人试种爱尔兰之地（羡林按：指种蔗），而不合土宜，且枯瘦无糖。故中国丝茶而外，蔗糖为西人嗜。虽法人之萝卜糖、美国之枫脂糖，不足比也。惟不用机器提制，色味不洁。

最后一句极为重要。从这句话中，我们可以知道：一、机器制糖可使颜色洁白；二、当时我国还没有使用机器制糖。关于普鲁士造蔓菁糖的技术，参阅《初使泰西记》，"国际编"再谈。

《粤海关志》中提到的"糖漏""糖校"等，可能都是制糖的工具。

2. 沙糖的种类

在上面一些章中，我也谈到沙糖的种类，但未立专节。为了醒目起见，我现在立一专节，专谈沙糖的种类。我以典籍为基础，按照它们出现的先后顺序，加以叙述。

（1）《本草约编》（附《本草选余备考》）
引李时珍，上面已有，不赘。

（2）《御定广群芳谱》
石蜜　即白沙糖凝结作块如石者。

糖霜　轻白如霜。

冰糖　坚白如冰。

饗糖　白糖煎化，印成人物之形。

乳糖　以石蜜和牛乳酥酪作成饼块。

糖缠　糖煎　以石蜜和诸色果融成块。

（3）《广东新语》
茧糖　窠丝糖也。

糖通　炼成条子而玲珑者，称广州。

吹糖　吹之使空。

糖粒　实心者。

糖瓜　糖粒之大者。

饗糖　铸成番塔人物鸟兽形者，吉凶之礼多用之。参阅上面（2）。

　　糖砖　祀灶。

　　糖果　燕客。

　　芝麻糖

　　牛皮糖

　　秀糖　称东莞。

　　乌糖　以黑糖烹之成白。

　　葱糖　称潮阳，极白无滓，入口酥融如沃雪。

上面这些糖中，有的下面还会提到。

同书下面卷二七草语 792 蔗又提到糖：

　　黑片糖　蔗汁煮炼成饴，浊而黑者。

　　黄片糖　清而黄者。

　　赤沙糖　一清者。

　　沙糖　　双清者。

　　瀵尾　　次清而近黑者。

　　洋糖　　最白者，以日曝之，细若粉雪，售于东西

二洋。

　　请参阅上一章"资料来源"中 7.科技专著（1）《天工开物》。

这里还有一种次白者，售于天下。

　　冰糖　凝结成大块者，坚而莹，黄白相间。

（4）《江西通志》

　　砂糖　蔗汁煎成。

　　红糖　紫砂糖，蔗汁煎成，各邑俱产。

（5）《浙江通志》

糖冰　惟宁郡能作冰糖，推其法，亦可治霜也。

乳糖　出会稽，用赤崐苍蔗造，视蜀更胜。

（6）《福建通志》

稀糖　用获蔗造，即冰糖也。

羡林按：稀糖即冰糖，颇难理解。

（7）《厦门志》

白糖

青糖　这个名称只见于此处。

赤糖

黑糖

乌糖　以上两种，参阅上面《广东新语》。下面也提到乌糖。

糖青　不知何所指。

冰糖

麦芽糖　不属于我研究的范围，录之以资参考。

（8）《泉州府志》

黑砂糖　白砂糖　白糖

羡林按：可见白砂糖与白糖不是一种东西。

白糖有三种：上白曰清糖（是否即糖青？），次白曰官糖，又次曰贩尾（恐即上面《广东新语》中的

"漢尾"）。

　　響糖 （"響"，恐为"饗"字之讹）。

　　冰糖

　　牛皮糖 以上三者皆煮白砂糖为之。

　　黑糖 盖以溪泥，即成白糖。

（9）《广州府志》

　　葱糖 参阅上面《广东新语》。

　　乌糖 参阅上面《厦门志》。

　　黑糖

　　黑片糖

　　黄片糖

　　赤沙糖

　　白沙糖

　　糞尾 当即"漢尾"，"販尾"。

　　洋糖

　　冰糖 亦曰糖霜

羡林按：以上七种，同《广东新语》中的种类和排列顺序完全一样。《广州府志》或者抄自《广东新语》，只有"糞"字上加水旁。

　　茧糖 窠丝糖也。

　　糖通

　　吹糖

　　糖粒

　　糖瓜

饗糖

糖砖　糖果　芝麻糖　牛皮糖　秀糖　葱糖　乌糖
以上统统抄自《广东新语》。

（10）《福州府志》

黑糖

白糖　有双清，有洁白　糖霜，亦曰冰糖　蜜片，亦
曰牛皮糖

上白名清糖，中白名官糖，下名奋尾（羡林按：即溪
尾、粪尾、贩尾）。

（11）《广东通志》

引《潮州志》：葱糖极白而无滓。

乌糖　黑糖

（12）《台湾使槎录》

乌糖　白糖

（13）《台湾府志》

黑砂糖　白砂糖　冰糖

（14）《格致镜原》

𩛿　今之麦牙糖

饧　今之麻糖

洗心糖

这里引用了许多书，其中有很多糖名：泽州锡　花花糖　玉柱糖　琥珀蜜　乌腻糖（即白糖）　打娇惜虾须糖　宜娘打秋　千稠锡（按：上面已见）　缠糖　响糖　糖精（又曰冰糖）

（15）《事物异名录》

有许多糖名，上面已见，不具引。

（16）《清稗类钞》

糖秆　上面已引。

（17）《粤海关改正归公规例册》

这里面出现了许多糖的名字：白糖　黄糖　乌糖　片糖　路糖（？）　糖水　苦糖水　米糖　冰糖　黑糖　黑片糖

（18）《粤海关志》

蜜糖　麦芽糖　白糖　冰糖　黄糖　片糖　冰水　乌糖　路糖　米糖

3. 沙糖的贩运

在上面几章中，都没有这样一节。我现在觉得有必要增加上。贩运就等于交流，对国内和国外来说，这都是文化交流的一种形式。在这里，我主要谈国内的贩运，间或也会涉及对国外的贩运，后者我还将在"国际编"中谈到。

（57）³¹《续修台湾府志》：

> 台人植蔗为糖，岁产二三十万。商船购之，以贸日本、吕宋诸国。

下面有很长一段话，讲到台湾产糖品种和数量以及贩运的情况。沙糖运到苏州。此外，漳泉商贾的海船来往于很多地区，贩运多种货物，是研究经济贸易史的好材料，请读者参阅，不能尽抄。

《光绪二十四年中外大事汇记》中，有很多关于货物贩运的情况，文长不能再抄，也请读者参阅，比如第 1849 页，就讲到宁波进口糖，来自台湾和汕头。

《大英商馆日志》对中国砂糖等的输出地，以及船种、船数和物品等，都有详细的记录，一目了然，不须再抄。这也是十分重要的贸易史的资料。

《粤海关改正归公规例册》和《广州府属各税口归公条例》也是非常重要的贸易史的资料，很值得利用。这里面讲到的要缴税的物品，主要是品种不同的糖，还有制糖用的材料，比如甘蔗和糖水，以及制糖的工具，比如糖漏等等。我在上面已经谈过一些，这里不再重复。

4. 沙糖的药用

我在上面曾说到过，沙糖的应用不出两途：一药用，一食用。我先谈药用。

在上面几章内，我处理药用的办法，不尽相同。唐代根本没专门谈。宋代，我把唐代蔗和糖的药用，以书为基础，简略地回顾了一下，目的在于同宋代作对比，对比也写得比较简略。元代，叙述也极简略。明代，我的叙述也不详尽。之所以出现这种情况，在我的思想中恐怕有"避短"的用意。因为自己不是医学家，对于医药少说为妙。我现在并没有突然变成医学家，也没有顿悟。但是，我却想尽量叙述得详细一点。这样对读者，包括内行的医学家读者，会多少有点好处的。然而，外行话恐怕就在所难免了。

办法不想大改，仍然像过去一样，以书籍为基础，按照出现的顺序，把药和病同时开列出来。大多数的地方，甘蔗或糖不占主要的地位，只是众药中之一员，甚至是在众药之外，只起"糖水送下"的作用。只因为毕竟有糖，所以我也记录下来。在叙述中，我还尽量注意一个现象：同样的病，前代使用甘蔗或糖，后代不用了；前代不使用，后代使用了。我认为，这现象表面简单、平常；但内涵却有耐人寻思的意义。

（1）《医学金鉴》

治干呕　没有使用甘蔗或沙糖。

治痈　没有甘蔗或沙糖。

独生散　沙糖和服。

八仙糕　治痈疽等病，有白糖霜。

（2）《医门法律》

化涎散　治热痰，利胸膈，止烦渴。用沙糖水调下。

（3）《绛雪园古方选注》

甘蔗润肺，生津，治春瘟液涸。

（4）《兰台轨范》

治蛟龙病 有硬糖。

（5）《本草约编》

甘蔗 泻火热，下气和中，宽胸膈烦燥，利肠解酒，助脾胃，止干呕与吐食，润咳嗽与燥喉，润心肺，治痞疾疲瘵，治痰喘，去小便赤涩，治痔疮，治眼暴赤肿，治头疡白秃。

沙糖 同甘蔗大同而小异，能落痘痂，治虎伤人疮，去啖韭口臭。

（6）《传家宝》

白糖 润五脏。

（7）《本草述钩元》

甘蔗，助脾气，利大肠，止渴并呕哕，宽胸膈。治天行热，能节蚘虫。

羡林按：甘蔗能节蚘虫，过去没有见过。

蔗浆单服，润大肠，下燥结。同其他一些配合，主治胃脘干枯，噎食，呕吐。又治反胃吐食。

（8）《本草诗》

甘蔗　治内热口燥干，解酒，下气，消痰，宽胸膈。

沙糖　解酒毒，除食韭口臭，治痢疾。

（9）《本草医方合编》

甘蔗　助脾，除热，润燥，止渴，消痰，解酒毒，利二便，治呕哕反胃，大便燥结。

石蜜，即白霜糖　补脾，缓肝，润肺，和中，消痰，治嗽。

紫沙糖　功用略同。

（10）《本草汇》

甘蔗　助脾，利大肠，和中，下逆气，治干呕不息；小儿痄口，用皮烧末掺之。

石蜜　生津解渴，除咳痰，润心肺燥热，助脾气，缓肝。

红沙糖　功用与白者相仿，和血乃红者独长，不逮白者多矣。

（11）《本草纂要稿》

甘蔗　同上面相同，不再重复。

饴糖　和脾，润肺，止渴，消痰，治喉鲠鱼骨。

羡林按：治鱼骨鲠喉，过去皆用蔗糖，这里用饴糖，值得注意。

（12）《植物名实图考》

红蔗　伤跌折骨，捣用醋敷患处，仍断蔗破作片夹之，折骨复续。

关于甘蔗能治伤跌折骨的功用，清代书中颇有一些记载，比如屈大均《广东新语》[32]："其紫者曰崑崙蔗，以夹折肱，骨可复接。"《广州府志》[33]："其紫者曰崑崙蔗，以夹折肱，骨可复接。"

《植物名实图考》引《山家清供》，记载着一种沆瀣浆，其中有甘蔗，能解酒，说是"得之禁苑"，可见其珍稀。

最后，在蔗和糖的药用问题上，我觉得有一件事件极值得一提，杨时泰的《本草述钩元》卷二〇说："其（指甘蔗）浆甘寒，能泻大热，煎炼成糖，则甘温而助湿热。"郭佩兰的《本草汇》卷一四说：

按甘蔗，脾之果也。其浆甘寒，能泻大热。……若煎炼成糖，则甘温而助湿热，所谓积温成热也。

下面还有，请读者自行参阅，不再抄录。另外还有八个地方提到同样的问题。这都说明，中国古代的医学家是有辩证思想的，对蔗浆和由蔗浆而炼成的沙糖的性能，作过细致的分析，这是难能可贵的。

甘蔗和沙糖的药用，就讲到这里。现在我想归纳一下讲几点意见，夸大一点说，就是讲点规律性的东西。从古代中国以及印度和伊朗等国的沙糖药用的情况来看，甘蔗（至少在某一个地区）和沙糖，都是相当贵重的。我在上面谈到的唐代皇帝赐郭子仪甘蔗可以作证。在印度和波斯（伊朗），沙糖最初主要是作药用。不是糖不甜，不好吃，而是制造困难，因而价钱贵，一般人吃不起。以后，大概是因为制糖工艺改进了，产量增加了，价钱降低了，才逐渐扩大到食用。中国的情况也告诉我们，沙糖应用是药用日减，而食用日增。在我上面的叙述中，从唐代和唐代以前一直到清代，沙糖在众多的本草和医书中，其应用范围表现出来的就是上面这个倾向。在唐代，甘蔗和沙糖在药用中充当主力军的地方比较多。到了后来，它们越来越滑向辅佐的地位。这种例子，不胜枚举。我在上面的"资料来源"和后来对资料的分析中，曾举过一些例子，这些例子远远不够。如果能把唐代用蔗和糖治的病同后来同一种病而用其他药品一一加以对比，肯定会有更多的发现。这种工作我没有做，只好留待将来有能力有兴趣的学者去完成了。

我在将近两年来翻阅大量的本草和医书时，上面说的这种倾向越来越觉得明确无误。在明清的本草和医书中，我翻到唐代使用沙糖的疾病，立即心明眼亮，期望在药品中找到沙糖或石蜜、糖霜等，然而往往是失望，嗒然如失掉什么东西。在一些医书中，比如上面"材料来源"1."本草和医书"（3）《绛雪园古方选注》，把甘蔗列入"中品药"，沙糖根本不见。又如（14）《新镌增补详注本草备要》，全书不见甘蔗和沙糖。在明清许多医书中的药方中，只有"糖水送下"一类的词句，药方中并不见沙糖。可见沙糖作为药用的价值和地位，早已今非昔比了。

但是，我们也不能忽略，天下事物的发展是非常错综复杂的。一方面，蔗和糖的药用价值降低；但是，另一方面，它们又有了新的药用价值，比如，我上面提到的，崀苍蔗夹折肱，甘蔗治头疡白秃，等等，都是在前代医书中没有见过的。《本草约编》中讲到，烧蔗皮可治童口之疳疮，也属于这一类。据我看，上面 5.笔记（3）《纯常子枝语》册（一）第287页引安徽老人传治咳嗽的药方，也是新发展。

5. 沙糖的食用

关于沙糖的食用问题，上面唐代根本没有谈。宋、元、明三代，也都谈得很简单，都不足一页，原因并不复杂，沙糖产量增加了以后，人尽可食，我在"材料来源"中引用的一些书中也多有关于食用的记载，读者可以任意参阅，再详细叙述，反而会显得累赘。现在到了清代，更没有详细叙述的必要。"沙糖的种类"中的那许多名称不同的沙糖产品，几乎都是食品。从广东一地的"海关归公规例册"中，就能够看到，沙糖一类的产品在应缴税的物品中占有多么重要的、几乎是垄断的地位。这些糖之所以运来运去，难道不就是为了食用吗？总之，沙糖的食用问题就不再谈了。

6. 食用沙糖的禁忌

这种禁忌，过去也有过；但是我没有立专节来谈。现在，我觉得，这也是很有趣的一个题目，因此想说上几句。

（1）《本草约编》

若与鲫鱼并食，生疳虫。同笋共食，生流澼。同葵共食，发蠚而损齿，久则痛心而消肌肉。

（2）《传家宝》

白糖　多食生痰。

红糖　多食损齿，发疳，消肌，心痛，虫生，小儿尤忌。同鲫鱼食，患疳。同笋食，生痔。同葵菜食，生流澼。

（3）《本草诗》

最是笋鱼休共食　生虫更令齿难全。

（4）《本草汇》

甘蔗　多食发虚热。

石蜜，即白沙糖　多食则害心生于脾。西北地高多燥，得之有益。东南地下多湿，得之未有不病者。……若久食，助热损齿，中满者禁用。

红沙糖　多食能损齿生虫，发疳胀满。与鲫鱼同食，成疳虫。与笋同食，不消成症，身重不能行。

（5）《植物名实图考》

沙糖，又名石蜜　小儿多食则损齿，生蛲虫。

（6）《清稗类钞》

黑沙糖　与鲫鱼同食，生虫。

禁忌就写这样多。有些禁忌，过去几代的医书中已有记载。这多是人们经验之谈，有的是可信的，比如多损齿之类。有的则在可信与不可信之间，比如黑沙糖与鲫鱼同食生虫之类。中国有许多食物禁忌，多属此类。

（四）外来影响和对外影响

在上面的几章中，我只讲了"外来影响"。现在我忽然发现，这样做是不全面的，因此增加了"对外影响"这个内容。可是我却碰到了一个难题。在中国历史上，无论是种蔗，还是造糖，从一开始就有涉外问题。有时候内外纠缠在一起，极难处理。我之所以把本书分为国内和国际两编，仅是为了叙述方便不得已而为之的办法。在"国内编"中，难免讲到"国际编"中的事情，反之，在"国际编"中，也会讲到"国内编"的内容。我的做法是尽量避免重复；但是，少量的重复仍然是难以避免的。

我现在根据我在上面"材料来源"中抄录的材料，把清代种蔗和制糖中的外来影响和对外影响，简要地加以叙述，有的内容要到"国际编"中去讲。

（1）《花木鸟兽集类》

引《海外志》讲到交趾甘蔗。

羡林按：历代许多书中都讲到交趾甘蔗。

（2）《御定广群芳谱》

引《唐书》讲到阇婆甘蔗。

引《瀛涯胜览》讲到爪哇甘蔗。

（3）《大清一统志》

卷四二四　榜葛剌糖霜。

（4）《广州府志》

卷一六　讲到"洋糖"售于东南二洋。

（5）《续修台湾府志》

卷一七"附考"台湾糖运往日本、吕宋诸国。

（6）《海国闻见录》

上卷　讲到安南糖。

（7）《清稗类钞》

第五册　科布多商务　至俄罗斯所销之货中有糖。

（8）《粤海关志》

卷二一　"贡舶"中有暹罗国。

卷二四　"市舶"中有味哎唎国（孟加拉？）。有噶喇巴国（爪哇）。

（9）薛福成《出使日记续刻》

此书涉及许多国家，留待"国际编"中去谈。

光绪十七年（1891 年）日记，讲到烟台出口土货，其中有糖。（九月二十日记） 九月二十四日记：宁波 洋货由外洋直运宁波者，"煤为大宗，来自日本。其余白糖、靛青、沙藤之属，仅装两轮船"。白糖似乎也来自日本。

淡水、台南 出口土货中有赤白糖。（二十六日记） 二十七日记：汕头出口赤白糖。广州出口土货有赤糖。二十九日记：九龙出口土货中有赤白糖。

（10）《光绪二十四年中外大事汇记》

p.1649 英国商务 这里，文字似乎很不清楚。"货件太多，如咖啡、茶、糖、蓝靛等类是也。"咖啡对中国来说是进口货，茶和糖是出口货。对英国来说，都是进口货。这里的"糖"，不知道是从哪一国进口的，是否是中国？

最后，我还想讲一个有趣的历史事实。上面引文廷式《纯常子枝语》讲到十字军把东方沙糖带往欧洲，没有讲沙糖的来源，不管怎样，这总是一个以沙糖为载体的文化交流的具体的例子。

（五）几点总结

所谓"总结"，其中也包括一点说明或解释和感觉或观察。这几点总结，虽然在形式上是附在本书最后一章第十章"清代的甘蔗种植和制糖术"之后的，但是总结的范围实际上却连前面几章都包括在里面了。按理说，似乎应该专设一章；但又觉得这样做，必然显得太单薄。因此就附在这里。

我在上面用了三十多万字的篇幅，写了两千多年中国国内种蔗与制糖（时间要晚得多）的历史。其间虽然也时不时地讲点规律性的东西；但主要是叙述事实，少谈理论。这样究竟不能算是完整全面。我觉得，很有必要再对这一段相当漫长的历史进行一番宏观考察，找出几条规律性的线索。这样似乎更有意义，对读者也会更有用。

下面就是我的几点总结。

1.讲中国种植甘蔗和制造沙糖的历史而不讲甘蔗的原生地，似乎有点不够全面。但我是有意这样做的，因为这个问题牵涉到许多国家，必须留待"国际编"中去解决。这里暂且只好不谈。

在中国，首先出现的不是"蔗"字，而是"柘"字。这就表明，这两个字都是音译。举一个眼前的例子，现在叫作"咖啡"的东西，是外来的东西，这两个字是音译，现在写法统一了，过去却有一些不同的写法。比如"加非"之类。上面材料中都可以找到。我认为"蔗""柘"也是如此。至于"甘蔗"，因为"甘"字也有不同的写法。《神异经》中就写作"肝蔗"，可见也可能是一个音译字，与"甘甜"的"甘"无关。段玉裁《说文解字注》说："或作甘蔗，谓其味也。"这只能是想当然尔之词，靠不住的。关于"甘蔗"的各种写法，以及它与"藷"字的关系，还有它的来源，在"国际编"第二章"甘蔗的原生地问题"中还要谈到。

2.甘蔗是热带或亚热带植物。在中国，它首先出现在南方，这是很自然的。但是，正如其他植物一样，甘蔗也会扩散的。扩散的总方向是由南到北，这是我们中国地理环境所决定的。这一点，我在上面已经在许多地方都已讲过，比如在元代一章，我就特别讲到这个问题。上面在本章（二）甘蔗种植 3.甘蔗种植的传播一节，专讲这个问题，这里不再细说。我只想引《植物名实图考》的一段话：

> 余尝以讯其邑子，皆以不善植为词。颇诧之。顷过汝南、郾、许，时见薄冰，而原野有葱林立如丛篁密筱满畦被陇者，就视之，乃蔗。衣稍赤，味甘而多汁，不似橘枳画淮为限也。

这一段话，非常具体，又非常生动。汝南、郾、许都在今天河南。天气偏凉，结了薄冰，甘蔗照样生长，可见甘蔗向北移适应环境的能力。这是一个很有意义的例子。

李治寰《中国食糖史稿》第四章甘蔗史略中专门谈甘蔗传播的路线，第60—73页，请参阅。

《御定广群芳谱》中有一句话："甘蔗所在皆植。"这似乎是过分夸大了，中国的自然环境不会容许甘蔗所在皆植的。

3.在熬炼蔗糖方面技术的进步，主要表现在糖的颜色上，颜色是越炼越白，换句话说，杂质越来越少。关于这个问题，我在上一章"白糖问题"中，已经作了详尽的叙述，不重复了。我只想再补充上几句。我不是技术专家，凭我的臆测，所谓"白"，笼统地可以分为三个层次。中国古代所谓"白沙糖"，只不过是颜色比红糖稍为鲜亮一点接近淡黄而已。这是第一个层次。第二个层次是元代的白沙糖，《马可波罗游记》中讲的是用某一种树的灰炼成，颜色可能比第一个层次更加鲜亮了一点，决不可能是纯白的。第三个层次是明代的白沙糖。《天工开物》称之为"西洋糖"。在这里，"西洋"指的是张燮《东西洋考》的"西洋"，也就是今天的南洋群岛的西半部。从宋代起，这里就向中国进贡"白沙糖"。至于这样的"白沙糖"是怎样生产的，我还没能掌握足够的切实可靠的材料，无法详谈。我怀疑它同阿拉伯国家有联系。但也只是猜想而已。根据 Lippmann 和 Deerr 的著作，阿拉伯国家还有波斯并没有用黄泥水淋法造糖的技术。

至于红白沙糖的药用和食用价值，大同而小异，并不是加工越精，价值越高。有时候红糖的价值更高，比如孕妇初生婴儿，往往吃红糖来补养，而不用白沙糖。

4.蔗糖在中国出现比较晚。虽然先秦就已经有了关于甘蔗的记载。但是很长时期只是饮用蔗浆或者生吃甘蔗。在后汉三国时期，中国文献中间有关于"西极（国）石蜜"的记载，中国还不炼造蔗糖。中国开始制造蔗糖以后，总的发展趋势是：产量越来越多，价钱越来越低，药用越来越少，食用越来越增。中国从前有一句话，讲到日用烹调的材料：柴、米、油、盐、酱、醋、茶。实际上本应该把糖也列上。如果再增加一项，那就必然是糖无疑。从经济意义或者国家税收方面来讲，盐、茶占第一二位，第三位恐怕就是糖。我在上面引用的资料中，有不少是讲糖的经济意义的。最显著的是《粤海关改正归公规例册》。从这里完全可以看出糖在国家税收中的重要地位。

5.在写作本书过程中，我征引了大量的《本草》。所谓《本草》，在中国古代典籍中，占有特殊的地位，最早的一部《本草》托名神农，因为有神农尝百草的传说，因而托名，实际上当然不是这样。以后，在一千多年中，出现了许许多多的《本草》。我们的先民对植物，特别是药用植物的观察和研究越来越细致，范围越来越扩大。这是一件好事。

我在过去两年翻阅了大量的《本草》，有一个印象越来越深，这就是：《本草》一类的书籍，因袭者多，而创新者少。像明代李时珍的《本草纲目》，实如凤毛麟角。李时珍本人对每一种药用植物（还有非植物）几乎都亲自观察研究，一方面继承前贤遗说，一方面增添新东西，他的著作之所以成为千古名著，实有因也。

6.最后我还想谈一谈文化交流问题。我在上面几个地方都讲到：本书虽然也谈科技的发展与进步，但这却不是重点，重点是文化交流。我想先对一般人所了解的文化交流，做一点补充或者纠正。现在一般谈文化交流，好像指的就是国与国之间的交流。据我看，在一国范围以内，也有文化交流的问题。就以种蔗制糖而论，种植的扩大和炼糖技术的传播，有关地域的居民首先获得利益，难道这不能算作文化交流吗？我常说，文化交流是推动社会前进的动力之一。征诸甘蔗和沙糖，这个说法也是完全能站得住的。

谈到对外的文化交流，我在上面引用了大量的资料，所谓"西极（国）石蜜"，所谓交趾蔗的传入——广东最优良的蔗种白蔗就是这一种蔗，马可波罗谈到的从埃及或伊拉克引进的炼糖法，以及"西洋糖"之类，都是从外国引进的。见之于中国正史中的唐太宗派人赴摩揭陀取熬糖法的记载，更是众所周知的。关于这些问题，资料虽然引在上面，我也不可避免地谈了一点；但是，从总体上来看，它们都应该是属于"国际编"的。所以，我在这里只好说一句"且听下回分解"了。

注释：

1 第 298—301 页。

2 见《清代稿本百种汇刊》，49，子部，全四册，台湾文海出版社。

3 天津社会科学院出版社，1992 年。

4 北京大学图书馆藏善本，道光壬寅（1842 年）刊本。

5 清钞本。北京大学图书馆藏。

6 北京大学图书馆藏善本。

7 同上。

8 原书漫漶。下同。

9 北京大学图书馆善本部藏清抄本。

10 北京大学图书馆藏善本。

11 同上。

12 指王象晋的《群芳谱》，参阅上面第八章《明代的甘蔗和沙糖制造》（一）材料来源，7.科技专著（3）《如亭群芳谱》。下同。

13 见前面第六章《宋代的甘蔗种植和制糖霜术》。

14 《万有文库》第二集，317。

15 主要根据吴枫等《简明中国古籍辞典》。

16 中华书局《清代史料笔记丛刊》，1985 年。

17 前一卷，卷三二八泉州府土产中没有糖，值得注意。

18 疑当作"精"。

19 见上面第六章《宋代的甘蔗种植和制糖霜术》（一）材料来源，7.笔记（10）《老学庵笔记》。

20 在"国际编"中，在适当的地方，我将叙述 Noel Deerr, *The History of Sugar*, p.74 关于十字军与甘蔗的内容。

21　此书也可以归"类书"一类。《四库全书提要》归之于子部杂家,但又称之为"类书"。

22　清吴世旃《广事类赋》中没有"甘蔗"。

23　以下几项资料系广州中山大学历史系章文钦教授提供,都是极其重要的资料,我在这里谨向他表示诚挚的谢意。《大英商馆日志》,引自林仁川《明末清初私人海上贸易》(华东师范大学出版社,1987年4月版),第六章《私人海上贸易的商品、贸易额与利润率》第一节《出口商品及运销地区》,三《糖制品的输出》第237页引曹永和《明代台湾渔业志略补说》。

24　这是极珍贵的资料,章先生手抄寄来。这资料极为难得,所以我不厌其烦全部抄录。

25　参阅李治寰《中国食糖史稿》,第73—76页。他讲到的,我基本上不再重复。

26　此后所列书籍名,指的是出处。

27　在《福建通志》中,上面有台湾府,因为台湾在当时隶属福建省。

28　梵文karpāsā,巴利文与之相应的字是kappasa。在中国新疆发现的吐火罗文A(焉耆文)残卷《弥勒会见记剧本》新博本编号1.21第7行有kappas这个字,这就接近了汉文的音译"吉贝"。

29　Volume One,Chapter Ⅲ。

30　上引书,第17页。在这里,他引用了王灼的《糖霜谱》。把蔗分为四种。可惜他把这本书的著者写成了李时珍。

31　指上面"资料来源"3."地理著作"的编号。

32　上面3.地理著作(2)。

33　同上,(44)。

附录一
清代糖史部分资料索引

杨宝霖制

方志类

1. 蒋毓英〔康熙〕《台湾府志》卷四《物产·货之属》

2. 高拱乾〔康熙〕《台湾府志》卷七《风土·土产·货之属》（文字全同蒋志）

3. 范咸〔乾隆〕《重修台湾府志》卷一七《物产》（一）《货币》及《附考》（《附考》详）

4. 怀荫布〔乾隆〕《泉州府志》卷一九《物产》（详，又引明·陈懋仁《泉南杂志》记煮糖之法颇详）

5. 孙尔准〔道光〕《重纂福建通志》卷五六《风俗·漳州府》

6. 杨廷璋〔乾隆〕《福建续志》卷九《物产》

7. 张汉〔民国〕《上杭县志》卷九《物产》（内有云："至冰糖、黄糖、白糖、块白，皆来自潮州。"）

8. 阮元〔道光〕《广东通志》卷九五《舆地略》（一三）《物产》（二）《果类》

9. 吴颖〔顺治〕《潮州府志》卷一《物产》

10. 饶宗颐《潮州志》中《实业志·农业》

11. 唐文藻〔嘉庆〕《潮阳县志》卷一九《艺文》（下）李文藻《劝农》诗

12. 同上书卷一〇《物产》

13. 卢蔚猷〔光绪〕《海阳县志》卷八《舆地略》（七）《物产》（糖一条，甘蔗一条）

14. 李星辉〔光绪〕《揭阳县续志》卷四《物产》（蔗、糖各一条）

15. 金廷烈〔乾隆〕《澄海县志》卷一九《生业》

16. 李书吉〔嘉庆〕《澄海县志》卷二三《物产》

17. 许普济〔光绪〕《丰顺县志》卷七《风土·物产》

18. 蔺埼〔乾隆〕《大埔县志》卷一〇《民风》

19. 张珂美〔雍正〕《惠来县志》卷四《物产》

20. 郭文炳〔康熙〕《东莞县志》卷四《物产》（周天成〔雍正〕《东莞县志》、彭人杰〔嘉庆〕《东莞县志》同）

21. 陈伯陶〔民国〕《东莞县志》（纪事至光绪）卷一三《舆地略》（一一）《物产》（上）《果类》又卷一五《舆地略》（一三）《物产》（下）《货类》（此两条详，有制糖之法及糖之种类）

22. 戴肇辰〔光绪〕《广州府志》卷一六《舆地略》（八）《物产·果品》（此条至详，引述各种有叙及蔗与糖之书）

23. 佚名〔光绪〕《南海乡土志》（不分卷）中《物产》（〔康熙〕《南海县志》不载蔗与糖）

24. 雷学海〔嘉庆〕《雷州府志》卷二《地理·土产》（蔗条、

糖条）

25. 明谊《琼州府志》卷五《舆地略·物产》

类书类

26.《古今图书集成·职方典·广州府部汇考》

27.《中国近代手工业史资料》

第一编第一章一节（六）制糖业

第四章一节（四）制糖业的商品生产和商业高利贷

资本

二节（六）制糖业的大作坊和手工工场

第五章二节（二）制糖业

第三编第十二章五节制糖业作坊和手工工场

第十四章四节（四）以制糖业为例

第四编第十五章一节（七）制糖业

第十六章一节（六）制糖业

第五编第二十章一节（十）制糖业

第二十三章二节（五）制糖业

笔记、说部类

28. 屈大均《广东新语》卷一四《食语·糖》

29. 李调元《南越笔记》卷一六《糖》（此条文字全同《广东新语》）

30. 钱以垲《岭海见闻》卷三《糖》（此条详）

31. 邓淳《岭南丛述》卷三六《饮食·糖》（此条引述多种资料）

32. 范端昂《粤中见闻》卷二五《物部》（五）《糖》

专著类

33. 邹尧年《番禺、增城、东莞、中山糖业调查报告书》（此书成于民国十四年，可以反映清末糖业生产情况，盖其时多沿清代生产方式与技巧也。下面34条同）

其他

34.《广东农业概况调查报告书续编》上卷（民国十八年出版）

　　①惠来县（九）作物（6页）

　　②大埔县（九）作物（20页）

　　③蕉岭县（九）作物（48页）

　　④五华县（九）作物（59页）

　　⑤兴宁县（九）作物（70页）

⑥ 龙川县（九）作物（85 页）

⑦ 南海县（八）作物（128 页）

⑧ 中山县（六）作物（143 页）

⑨ 东莞县（十六）农产制造（158 页）（此条较各县为详，各种糖类生产过程详细记叙）

⑩ 增城县（九）作物（168 页）

⑪ 龙门县（十）特产（180 页）

⑫ 宝安县（十）作物（189 页）

⑬ 恩平县（十）作物（210 页）（记清末之盛，民初之衰）

⑭ 云浮县（六）作物（228 页）

⑮ 郁南县（六）作物（235 页）

⑯ 始兴县（九）作物（245 页）

⑰ 曲江县（九）作物（257 页）

⑱ 乐昌县（九）作物（273 页）

⑲ 仁化县（九）作物（283 页）（记甘蔗栽培特详，但均食用〔当果蔗〕，销江西、湖南）

⑳ 翁源县（九）作物（297 页）

㉑ 阳山县（九）作物（331 页）

㉒ 阳江县（十）作物（360 页）

㉓ 阳春县（十）作物（383 页）

35.《广东农业概况调查报告书续编》下卷（民国二十二年成书）

㉔ 海丰县（六）作物（4 页）

㉕ 陆丰县（六）作物（10 页）

㉖ 台山县（六）作物（43 页）

㉗ 开平县（六）作物（53 页）

㉘ 新兴县（六）作物（60 页）

㉙ 合浦县（六）作物（122 页）

（尚有《广东农业概况调查报告书》一种，出版于民国十四年，内载：惠阳、博罗、河源、紫金、潮安、澄海、揭阳、潮阳、南澳、丰顺等四十三县农业概况，其中粤东诸县为广东糖的重要产区。此书华南农业大学、中山图书馆均无藏本，仅中山大学有一本，藏于历史系）

杂志类

36. 电白甘蔗状况之调查　谢申（民国十三年九月《农声》第三十期）

（内详叙各种糖类制作方法）

37. 本省复兴糖业情形　冯锐（民国二十四年七月《农声》第一八六期）

（内涉及清末广东糖业）

38. 潮属蔗糖业调查　郑作励（民国二十四年十一月《农声》第一九〇期）

（内涉及清末广东糖业）

补充

39. 叶梦珠《阅世编》卷七

40. 黄叔璥《台海使槎录》卷四（此条为武林郁永河《台湾竹枝词》咏榨蔗之诗）

41.《台湾农家要览·特用作物·甘蔗》（第 475、480 页）（有各种蔗传入年期及清代种蔗面积及产糖量）

42. 屈大均《翁山文钞》卷一

附录二

浅述明朝、清前期广东的甘蔗种植业和制糖业 ①

杨国儒

我国的甘蔗种植及榨蔗制糖的历史悠久，《汉书》《离骚》已有"柘"（即"蔗"）的记载，唐代鉴真和尚于唐天宝二年第二次东渡日本时所带去的货物中就有蔗糖及甘蔗八十束。尽管这样，在明以前，甘蔗的种植规模并不大，得糖尚为不易。以糖为例，《春明梦余录》有这样的记载：元朝"廉希宪病笃，或言但须砂糖作饮。是时糖尚难得，其弟求之阿合马，得二斤，希宪屏之曰，吾义不受奸人所遗。世祖闻之，特赐二斤。"[1]皇帝特赐砂糖，且仅二斤，可见当时糖之难得。到了明、清时期，甘蔗的种植及制糖较前有了很大的发展，是明清两朝主要的商品生产之一。广东的甘蔗种植及制糖业在这个时期也得到了前所未有的发展，清前期尤甚。据材料统计，清前期全国的产糖区以广东为首，故甘蔗种植亦以广东为最。因此，对明朝及清前期广东的甘蔗种植业和制糖业的研究，不仅可以了解这一时期广东的甘蔗种植和制糖的情况，亦有助于我们弄清明朝及清前期商品经济的发

---

① 本文是 1983 年于广州暨南大学"广东明清经济史学术讨论会"上提交的论文。

展情况及其他一些有关联的问题。

一 明朝、清前期广东的甘蔗种植情况

地方志及笔记是记录地方物产的一种重要史籍。从有关笔记和广东方志中看。明朝及清前期广东的甘蔗种植是相当普遍的。如明人屈大均在《广东新语》中载道：当时广东，"其平阜高冈，亦多有获蔗"[2]，特别是广东东莞的篁林、河田一带，"白紫二蔗，动连千顷"[3]。又清前期纂修的广东各方志，几乎都有甘蔗种植的记载：东莞"水乡多种白蔗及木蔗"，"山乡多种竹蔗"；增城"多蔗"，"白蔗尤美"；琼州"甘蔗……四时不绝"；阳山"有蔗"，"以蔗出产为大宗"。此外，广州、南海、番禺、肇庆、三水、潮州、澄海、阳春、阳江、海康、徐闻、电白、高州、雷州、韶关、乐昌、仁化等地的府、州、县志都有种植甘蔗的记载。总的来说，这一时期甘蔗的种植遍布全省，有的地区"连冈接阜，一望丛若芦苇"，有的地区"蔗田几与禾田等矣"[4]，其种植面积是相当可观的。据史料记载，明后期及清前期广东种植甘蔗最多的地带要数珠江三角洲，但就县份而言，又以阳春、番禺、东莞及增城四县为最，这四个县的甘蔗种植相当普遍，蔗田的面积几乎和禾田的面积相等，甘蔗的种植在这些地方的农业经济中占有相当重要的地位。

甘蔗大面积的种植，必须要占用大量的土地，必然要影响和排斥其他农作物的种植，特别是直接影响到水稻的生产。广东气候暖和，有着优越的自然条件，理应成为全国的重要产粮区，然而实际上并非如此。以清前期为例，这时期广东和长江下游江浙、福建沿海这些手工业、商业性农业都比较发达的地区一样，同属缺粮的省份。当时广东"一岁所产之米石，即丰收之年，仅足支半年有余之食"，"本省所产之米不足供本省之食"[5]。在这种供不应求的情况下，广东的粮食也只好仰给于广西等地。本省不能解决本省的粮食，反而要依赖外省的支援，这种情况长期下去的话，势必会引起外省的不满，雍正朝就曾经发生了这样的事情。雍正五年，广西巡抚韩良辅鉴在粮食问题上对广东的负担太重的情况，上奏朝廷，"奏称广东地广人稠，专仰给广西之米。在广东本处之人，惟知贪财重利，将地土多种龙眼、甘蔗……之属，以致民富而米少。广西地瘠人稀，岂能以所产供邻省"等语。对此，清朝廷希望两广总督及巡抚应劝众百姓"各务本业，尽力南亩"。不要"图目前一时之利益而不筹画于养命之源"，并责成广西应以国家为重，救济广东[6]。就此一事，我们便可看到，清前期广东的经济作物是相当发达的，而甘蔗则是其中的重要一项。甘蔗的大面积种植，直接地，在一定程度上影响了广东的粮食生产。

使用大面积的田地去种植甘蔗，这种生产无疑是属于商品生产，而不是自然经济。

二　明朝、清前期广东的制糖业

甘蔗大面积的种植，必然会推动制糖业的发展。据笔者查阅，凡提到甘蔗方面内容的史籍（包括方志及笔记），或详或略都有制糖的记载，制糖在当时广东农村中是相当普遍的情况。

当时广东的蔗糖大概可分黑片糖、黄片糖、冰糖、赤沙糖、白沙糖等五大类。其实如果细分的话，大类中还可分为若干种类。制糖的季节性很强，"冬至而榨，榨至清明而毕"。

生产工具的发展情况如何，是衡量生产力发展的重要标志之一。因此，有必要搞清楚制糖的机械——糖车的制造情况及其演变。关于糖车的制造，明人宋应星在《天工开物》一书中是这样描述的："凡造糖车制，用横板二片，长五尺，厚五寸，阔二尺，两头凿眼安柱，上笋出少许，下笋出板二、三尺，埋筑土内，使安稳不摇。上板中凿二眼，并列巨轴两根，（木用至坚重者）轴木大七尺围方妙，两轴一长三尺，一长四尺五寸。其长者出笋安犁担，担用屈木，长一丈五尺，以便驾牛团转走。轴上凿齿，分配雌雄。其合缝处，须直而圆，圆而缝合。夹蔗于中，一轧而过，与棉花赶车同义。……"[7]从上面这段史料中，我们可以得出：第一，当时糖车是以坚硬的木料制造而成的；第二，做工相当精巧；第三，以牛为动力。宋应星这里所谈到的是明朝时期普遍的情况。至清前期广东仍然存在这种糖车，如清前期人李调元在《南越笔记》一书中记到：广东当时糖车"以荔枝木为两辘，辘辘相比若磨然，长大各三四尺，辘中余一空隙，投蔗其中，驾以三牛之牯，辘旋则蔗汁洋溢，辘在盘上，汁流槽中……"[8]值得注意的是，清前期广东除了存在上述这种以牛为动力的糖车外，还出现了一种以水为动力的糖车，道光三年（1823年）由陆向荣纂修的《阳山县志》载道：当地"初用牛车榨糖，今改用水车，车轻工捷，而获利尤丰，自淇谭黄佛秀始也"。可惜此书没有谈到这种以水为动力的糖车的具体制造方法。当时广东是否比较普遍使用这种糖车制糖，因材料缺乏，难以断言。以牛作为糖车的动力古已有之，然而以水作为糖车动力的这个问题，从我所接触的材料来看（包括宋应星的《天工开物》），清以前却没发现。以水为动力的糖车，无论在制造技术上，还是在工作效率上都要比以牛为动力的糖车高得多，因此"获利尤丰"。这种糖车的出现，无疑是清前期广东制糖业在明朝的基础上进一步发展的重要标志。

榨蔗制糖在当时来说，是本微利薄的行业。如《广东新语》："开糖房者，多以致富。"[9]又《南越笔记》："糖之利甚溥，粤人开糖房者多以是致富。"[10]另外，《东莞县志》还记到："糖户之利亦不逊岷山千亩，芋埒封君也。"[11]这虽属夸大之词，然而当时如果没有"利甚溥""多以是致富"这种情况存在，想必纂修者也不至于下此重墨。

由于从事制糖可以发家致富，故吸引了大批的人来从事这一行业。屈大均在《广东新语》中载道：明朝的广东是"糖户家家晒糖"。至清前期，这种现象有增无减，业糖者甚多，"人竞趋之"。从事制糖的人家在当时称为"糖户"，而制糖的作坊则叫"糖寮"，即"编叶为屋，名糖寮"。由于"人竞趋之"从事制糖，因而糖寮也随之增多。从明朝及清前期的有关材料来看，当时是凡有种蔗之处，必有制糖之寮。有的地方的糖寮之多，是十分惊人的。如明朝东莞篁林、河田一带，每到制糖季节，"遍诸村冈垅，皆闻戛糖之声"[12]。到处都可以听到制糖的响声，可见糖寮之多。又清前期阳山县的黎埠一乡就有"糖寮三十余间"[13]。阳山县在当时来说，并不是制糖业最发达的县份，由此可见，当时广东制糖业是非常普遍，相当发达的。

明朝及清前期广东的糖户，一般说来可分为两种类型，一是兼种甘蔗，即自种自榨，这种糖寮规模较小；二是专门经营榨糖，其经营方法一般是"春以糖本分与种蔗之农，冬而收其糖利"[14]。这里的"糖利"指的是"课收其蔗，复榨为糖"[15]。这种糖寮规模较大。就糖寮的数量而言，自种自榨的经营方式占多数；但如果按糖的产量来讲，则第二种经营方式占主导，有着举足轻重的地位。

甘蔗种植的发展，榨糖之寮的普遍，随之而来的便是蔗糖产量的增多。据材料统计，鸦片战争前后，广东年产糖量已达到四千万至四千五百万斤[16]。虽然这个数字远远比不上现在广东出糖县的年产糖量，但在当时的条件下，却是相当可观的。明朝、清前期，在广东一些县份中产糖已经占有很重要的地位。如东莞"出产糖为大宗，而冰糖制法尤为他邑之冠"[17]。当时，广东产糖最多的县份要数阳春、番禺、东莞、增城四县，而其中又以阳春为最，史称"番禺、东莞、增城糖居十之四，阳春糖居十之六"[18]。有不少文章在谈到明清时期榨糖问题时都引用了这段史料，我本人认为，在引用这段史料时，决不能望文生义，认为番禺、东莞、增城的糖产量占广东的糖产量的十分之四，而阳春则占十分之六。因为，粤之蔗糖，不止以上四县所产，如前所述，凡有种蔗之处，必有榨糖之寮，有寮即有糖。其实，除以上四县外，广州、南海、潮州、阳山、琼州、海康等地的蔗糖数量也是相当可观的。所以，此段史料的价值观是在于说明当时广东的蔗糖产量要数阳春、番禺、东莞、增城四县较多，而这四县当中又以阳春为最，否则就会使人误认为当时广东产糖仅此四县。阳春地处山区，但甘蔗的种植及榨糖都相当发达，据陆向荣于嘉庆二十五年（1820年）纂修的《阳春县志》来看，当时阳春是"出糖之地，利之所在，人竞趋之"，"邑人多以榨糖为业"，糖寮相当普遍，在这种情况下，产糖位广东之首也是可能的。

三　有关资本主义萌芽的问题

　　明朝及清前期广东的甘蔗种植业和榨糖业方面究竟是否出现资本主义萌芽？由于掌握史料不够，故明朝难以断言，下面所谈的只是清前期的情况。

　　按照马克思主义政治经济学的观点，资本主义生产关系在封建社会内部的萌芽，其表现方式一是小商品生产者的分化产生了资本主义性质的企业主与雇佣工人；一是以商人为代表的商业资本直接控制了生产而转化为产业资本。因此，商品经济的高度发展，是资本主义萌芽的历史前提，而商品经济又包括商品生产与发展了的商品流通。清前期广东甘蔗种植业和榨糖业的商品生产情况如前所述是相当发达的，这伴随而来的便是高度发展的商品流通。

鸦片战争前后，广东年产糖量已达四千万至四千五百万斤，这大量的产品，自然需要相当大的销售市场。从材料来看，当时广东蔗糖的贩卖相当活跃，如在甘蔗种植和榨糖都很发达的阳春县，蔗糖商品化的程度很高，贩糖已成为当地的一个专门行业——"糖行"。当时广东所产蔗糖，除在当地或本省市场销售外，还远销其他省份，关于这个问题，许多方志都有记载。兹摘抄如下：

乾隆年修《广州府志》："按粤东蔗糖行四方，始于闽人，今则利侔于闽矣。"

嘉庆年修《澄海县志》：澄海蔗糖"由海道上苏州、天津"等地贩卖。

嘉庆年修《潮阳县志》："黄糖白糖，皆竹蔗榨，商船装往嘉、松、苏州，易布及棉花。"

嘉庆年修《雷州府志》："雷之乌糖，其行不远，白糖则货至苏州、天津等地。"

道光年修《琼州府志》："琼之糖，其行至远，白糖则货至苏州、天津等处。"

这里只举几例，其余散见于其他方志中的不具引。当时的贩糖，除走海道外，还有通过陆路的，如粤北一些县份所产蔗糖，由陆路进入湖南等地贩卖。不过，当时主要是走海道，这是因为陆路交通不发达的缘故。用大船将收购来的蔗糖运往外省出售这种买卖，非拥有巨额资金不可，故投资者也只能是那些"厚资商人""富商大贾"。

此外，当时广东的蔗糖还过海渡洋，远销外国，出口的蔗糖质量都是最好的，曰洋糖。如《东莞县志》载道："其为糖沙者，以漏滴去其水，清者为赤沙，双清为白沙糖，最白者晒之以日，细若粉雪，售于东西二洋，是为洋糖，次白者售于四方。"李调元在《南越笔记》一书中也有类似记载。

恩格斯曾说：无论在什么时候，"经济发展总是毫无例外地和无情地为自己开辟道路"[19]。商品经济的高度发展，必然要引起生产关系在某些方面的变化。据有关材料来看，清前期广东的甘蔗种植业和榨糖业都存在资本主义萌芽问题，这种"萌芽"表现在以下两个方面：

1.商业高利贷资本对小生产者的控制。广东的澄海县在当时是一个比较发达的产糖区，又因此县靠海，海上交通方便，故蔗糖商品化的程度也比较高。据嘉庆年修《澄海县志》所载，当地的"富商大贾，当糖盛熟时，持重资往各乡买糖，或先放账糖寮，至期收之。有自行贷者，有居以待价者，候三、四月好南风，租舶艚船装所贷糖包，由海道上苏州、天津，至秋东北风起，贩棉花色布回邑，下通雷琼等府，一往一来，获息几倍。以此起家者甚多"[20]。从这段史料来看，当时澄海县从事贩糖的商人是非常富有的，否则也就难以"持重资往各乡买糖"。同时，正因为这些富商巨贾有着雄厚的经济力量，于是便凭借着这种经济力量，用放账的形式来控制小生产者——糖户的生产，以此来保证资源。这说明了当时广东的商业高利贷者对从事制糖的小生产者的控制，是商业资本从流通领域向生产领域转化的一个表现。

2.雇工的存在。李调元在《南越笔记》中谈到：当时从事制糖的人家，"上农一人一寮，中农五之，下农八之，十之"[21]。上农之所以能够一人（即一户）一寮，这主要是由资金而定的，因为如果以耕牛为动力的话，转动一个榨蔗的辘轳要使用三头牛，如果没有一定的资金是不可能独立开寮的。然而，如果是一户人家开一间糖寮的话，那在人手上就成问题了。制糖的生产过程相当复杂，并且还要赶季节，没有许多人的分工协助是不可能的。这样，除非合作经营，否则便要雇佣他人，即雇工。据材料看，这时期广东的制糖业存在着雇工的现象。如乾隆六年，罗定州的"杨仕奕在马栏茜搭寮榨蔗做糖发卖，雇钟亚卯、钟蒂保赴寮榨蔗，言定每人每日工钱二十五文，按五日一次给发工钱，未有写立文约"[22]。又嘉庆八年，英德县"钟毓化雇吴书城在蔗寮帮工，议明每月钱五百文，未立文契年限，并无主仆名分"[23]。以上两则材料，雇主一是杨仕奕，一是钟毓化，这两人应该属于那种"一人一寮"，拥有一定资金，所开糖寮具有一定规模的糖寮主。同时，"未有写立文约"，"未立文契年限，并无主仆名分"，都说明了雇主与被雇者的关系——雇佣关系并不牢固，不包括整个人身乃至人格。经济关系在这里占优势，这反映了封建束缚逐渐解体，而雇农的人格隶属——人身依附关系在广东农村有所松弛的表现。

另外，在甘蔗种植业中也存在着同样的问题。如乾隆二年，电白县"冯伴上短雇苏亚养砍蔗，言定每日工钱一十五文"[24]。又乾隆十九年，东莞"梁占澜受熊国彦雇往大涵头地方挑泥培蔗，言定每担工钱二文"[25]。

本文在第一、二两部分中曾指出了当时广东的甘蔗种植及制糖要数阳春、番禺、东莞、增城四县为最，而上面四则材料所涉及的县份，除东莞县外，其他二县皆属不甚发达的产糖区。据此，我们可以推断，在其他一些重要的产糖区存在着雇工问题，这是完全可能的。

以上管见，挂一漏万在所难免，恳请专家暨同行们指正。

注释：

1　《春明梦余录》卷六四。

2　屈大均《广东新语》卷一四。

3　屈大均《广东新语》卷二。

4　屈大均《广东新语》卷二七。

5　《东华录》雍正五年二月。

6　同 5。

7　宋应星《天工开物》卷上"甘嗜"。

8　李调元《南越笔记》卷一四"蔗"。

9　屈大均《广东新语》卷二七。

10　出处同 8。

11　周天成修《东莞县志》，清雍正四年修成。

12　屈大均《广东新语》卷二"地语""茶园"。

13　陆向荣修《阳山县志》，清道光三年修成。

14　李调元《南越笔记》卷一六"糖"，又屈大均《广东新语》"货语""糖"。

15　出处同 11。

16　见《中国近代对外贸易史资料》第三册，1503 页。

17　彭人杰修《东莞县志》，嘉庆三年修成。

18　见屈大均《广东新语》卷二七、李调元《南越笔记》卷一四等。

19　《马克思恩格斯全集》二十卷，人民出版社 1971 年版，199 页。

20　蒋继坤等修《澄海县志》卷六。

21　李调元《南越笔记》卷一四"蔗"。

22　清代刑部钞档，乾隆六年十一月五日管理广东等处地巡抚事王安国
　　题。转抄于彭泽益《十七世纪末到十九世纪初中国封建社会的工场
　　手工业》一文。

23　清代刑部钞档，嘉庆八年十二月十六日管理刑部事务董诰等题。转
　　抄于彭泽益《十七世纪末到十九世纪初中国封建社会的工场手工
　　业》一文。

24　转抄于《中国近代农业史资料》第一辑，110 页。

25　转抄于中国人民大学清史研究所档案系、中国政治制度史教研室合
　　编《康雍乾时期城乡人民反抗斗争资料》上册，275 页。

附录三
一张有关印度制糖法传入
中国的敦煌残卷

季羡林

法国学者伯希和（Paul Pelliot）在 20 世纪初曾到中国敦煌一带去"探险"，带走了大量的中国珍贵文物，包括很多敦煌卷子。卷子中佛经写本占大多数，还有相当多的中国古代文献的写本和唐宋文书档案，以及少量的道教、景教、摩尼教的经典。大都是希世奇珍，对研究佛教和其他宗教以及中国唐宋时代的历史有极大的价值。因此国际上兴起了一种新学科，叫作"敦煌学"。

但是卷子中直接与中印文化交流有关的资料，却如凤毛麟角。现在发表的这一张残卷是其中之一。卷号是 P.3303[1]，是写在一张写经的背面的。我先把原件影印附在下面。

这张残卷字迹基本清晰，但有错别字，也漏写了一些字，又补写在行外。看来书写者的文化水平不算太高；虽然从书法艺术上来看，水平也还不算太低。

残卷字数不过几百，似乎还没有写完。但是据我看却有极其重要的意义，它给中印文化关系史增添了一些新东西。因此，我决意把它加工发表。我自己把它抄过一遍，北大历史系的卢向前同志也抄过一遍，有一些字是他辨认出来的。

西天五印度出三般甘蔗一般苗长八尺造沙唐多

不妙第二校一二足短造好沙唐及造上熟割令第三

般亦好初造三时取甘蔗董弃却撩叶五寸截断

大牛时牛拥拶出汁於中和拶於十

绞得一锅著前瓶许冷定打著煮青熟心

又煎若造热割令却於镜中打

著其下来水造也其甘蔗苗川高昌枣无子所

余其

残卷 P.3303

　　我现在将原件加上标点，抄在下面。改正的字在括号内标出，书写的情况也写在括号内。原文竖写，我们现在只能横排，又限于每行字数，不能照原来形式抄写。抄完原文以后，我再做一些必要的诠释；在个别地方，我还必须加以改正或补充。错误在所难免，请读者指正。

　　下面是原文：

　　西天五印度出三般甘蔗：一般（这里写了一个字又涂掉）苗长八尺，造沙唐（糖）多（以上第一行）不妙；第（第）二，技（？）一二尺矩（？），造（这里又涂掉一个字）好沙唐（糖）及造最（写完涂掉，又写在行外）上煞割（割）令；第（第）三（以上是第二行）般亦好。初造之时，取甘蔗茎，弃却楸（梢）叶，五寸截断，著（以上是第三行）大木白，牛拽，拗出汗，於（于）瓮中承取，将於（于）十五个铛中煎。（以上第四行）旋写（泻）一铛，著筋（？筋？），瘨（？置）小（少）许。冷定，打。若断者，熟也，便成沙唐（糖，此四字补写于行外）。不折，不熟。（以上第五行）又煎。若造煞割（割）令，却於（于）铛中煎了，於（于）竹甋内盛之。禄（漉）水下，（行外补写闭〔関？闩？〕）门满十五日开却，（以上第六行）着瓮承取水，竹（行外补写）甋内煞割（割）令禄（漉）出后，手（行外补写）遂一处，亦散去，日煞割（割）（以上第七行）令。其下来水，造酒也。甘蔗苗茎（行外补写）似沙州、高昌縻，无子。取（以上第八行）茎一尺（此二字行外补写），截埋於（于）犁垅便生。其种甘蔗时，用十二目（？月？）（以上第九行）。

原卷右上角有藏文字母五。

残卷短短几百字，牵涉到下列几个问题：

一、甘蔗的写法；二、甘蔗的种类；三、造沙糖法与糖的种类；四、造煞割令（石蜜）法；五、沙糖与煞割令的差别；六、甘蔗酿酒；七、甘蔗栽种法；八、结束语。

现在分别诠释如下：

一 甘蔗的写法

甘蔗这种植物，原生地似乎不在中国。"甘蔗"这两个字似乎是音译，因此在中国古代的典籍中写法就五花八门。我先从汉代典籍中引几个例子：

司马相如《子虚赋》　　　　　诸蔗

刘向《杖铭》　　　　　　　　都蔗

东方朔《神异经》（伪托）　　玗蹠

我现在再根据唐慧琳《一切经音义》[2] 举出几个简单的例子：

第 341 页下　甘蔗　注：下之夜反。

第 343 页中　甘蔗　注：之夜反。《文字释训》云：甘蔗，
　　　　　　　　　　美草名也。汁可煎为砂糖。《说文》：藷也。从
　　　　　　　　　　草从遮，省声也。

第 402 页上　甘蔗　注：上音甘，下之夜反。或作蘸蚶草，
　　　　　　　　　　煎汁为糖，即砂糖、蜜缑等是也。

第 408 页下 　干蔗　注：经文或作芉柘，亦同。下之夜反。
《通俗文》荆州干蔗，或言甘蔗，一物也。经
文从走，作蔗，非也。

第 430 页下 　甘蔗　注：遮舍反。王逸注《楚辞》云：蔗，
藷也。《蜀都赋》所谓甘蔗是也。《说文》云：
从草庶声。

第 461 页上 　苷蔗　注：上音甘，下之夜反。《本草》云：能
下气治中，利大肠，止渴，去烦热，解酒毒。
《说文》：蔗，藷也。从艸庶声。苷，或作甘也。

第 489 页上 　甘蔗　注：之夜反。诸书有云芉蔗，或云藉
柘，或作柘，皆同一物也。

第 654 页中 　于（疑当作干）柘　注：支夜反。或有作甘
蔗，或作竽（疑当作竿）蔗。此既西国语，随
作无定体也。

第 669 页中 　甘蔗　注：下之夜反。

第 701 页上 　竿蔗　注：音干，下又作柘，同诸夜反。今蜀
人谓之竿蔗，甘蔗通语耳。

第 734 页上 　蔗芎　注：上之夜反，考声，甛草名也。《本
草》云：蔗味甘，利大肠，止渴，去烦热，解
酒毒。下于句反。《本草》：芎，味辛，一名土
芝，不可多食。

第 735 页上 　蘪蔗　注：上莽佳反。字书：蘪，草也。《本
草》有葀蘪，草也……下之夜反。王逸注《楚
辞》：蔗，美草名也。汁甘如蜜也。或作蔗。

第 803 页下　甘蔗　注：下遮夜反。

第 1237 页 C　《梵语杂名》把梵文 iksu 音译为壹乞刍$\overline{\underset{合}{二}}$，意译为甘蔗。

我在上面引得这样详细，目的是指出"甘蔗"这个词儿写法之多。倘不是音译，就不容易解释。值得注意的是第 654 页中的两句话："此既西国语，随作无定体也。"这就充分说明，"甘蔗"是外国传来的词儿。至于究竟是哪个国家，我现在还无法回答。《一切经音义》说："作蔗，非也。"但唐代梵汉字典也作"蔗"，足征不是"非也"。无论如何，残卷中的"蔗"字，不是俗写，也不是笔误。此外，过去还有人怀疑，《楚辞》中的"柘浆"，指的不是甘蔗。现在看来，这种怀疑也是缺乏根据的。

二　甘蔗的种类

残卷中说："西天五印度出三般甘蔗"。但是，三并不是一个固定的数目。梵文 iksu 是一个类名，并不单指哪一种甘蔗。不同种类的甘蔗各有自己的特定名称。据说是迦腻色迦大王的御医、约生于公元 1、2 世纪的竭罗伽（Caraka），在他的著作中讲到两种甘蔗：一是 Pauṇḍraka，产生于孟加拉 Puṇḍra 地区；一是 vāṃśaka。公元 6 至 8 世纪之间的阿摩罗僧诃（Amarasiṃha）在他的《字典》中讲到 Puṇḍra、kāntāra 等等，没有讲具体的数目。较竭罗伽稍晚的妙闻（Suśruta）列举了十二种：Pauṇḍraka, bhīruka, vaṃśaka, śataporaka, tāpaseksu, kāṣṭeksu, sūcipatraka, naipala, dīrghapatra, nīlapora, kośakṛt 等 [3]。在这名称中，有的以产生地命名，有的是形状命名。无论如何，上面引用的这些说法都告诉我们，印度甘蔗品种很多，但不一定是三种。

甘蔗传到中国以后，经过长期栽培，品种也多了起来。我在下面举几个例子。

陶弘景《名医别录》：

> 蔗出江东为胜，庐陵亦有好者。广东一种数年生者。

宋洪迈《糖霜谱》：

> 蔗有四色：曰杜蔗；曰西蔗；曰芳蔗，《本草》所谓荻蔗也；曰红蔗，《本草》崑崙蔗也。红蔗只堪生啖。芳蔗可作沙糖。西蔗可作霜，色浅，土人不甚贵。杜蔗，紫嫩，味极厚，专用作霜。

宋陶榖《清异录》卷二：

> 青灰蔗　甘蔗盛于吴中，亦有精粗，如崑崙蔗、夹苗蔗、青灰蔗，皆可炼糖。桄榔蔗，乃次品。糖坊中人，盗取未煎蔗液，盈盈啜之。功德浆，即此物也。

明宋应星《天工开物》：

> 凡甘蔗有二种，产繁闽广间。他方合并，得其十一而已。似竹而大者，为果蔗，截断生啖，取汁适口，不可以造糖。似荻而小者，为糖蔗，口啖即棘伤唇舌，人不敢食，白霜、红砂，皆从此出。

明何乔远《闽书南产志》：

> 白色名荻蔗，出福州以上。

乾隆《遂宁县志》卷四"土产"：

《通志》：蔗有三种：赤崑崙蔗；白竹蔗，亦曰蜡蔗，小而燥者；荻蔗，抽叶如芦，可充果食，可作沙糖，色户最佳，号名品，因有糖霜之号。

《嘉庆重修一统志》卷四二八泉州府：

蔗《府志》：菅蔗，旧志所谓荻蔗。诸县沙园植之，磨以煮糖。甘蔗，不中煮糖，但充果食而已。

现在我们把残卷的记载同中国古书的记载比较一下。残卷的第一种："苗长，造沙糖多不妙"，大概相当于中国的红蔗、果蔗、甘蔗，顾名思义，颜色是红的。只能生吃，不能造糖。第二种和第三种大概相当于中国的艻蔗、荻蔗、西蔗、菅蔗，可以造糖，西蔗并且可以造糖霜。颜色可能是白或青的。

三　造砂糖法与糖的种类

残卷对造砂糖法讲得很详细：把甘蔗茎拿来，丢掉梢和叶，截成五寸长，放在大木臼中，用牛拽（磨石压榨），拶出汁液，注入瓮中。然后用十五个铛来煮炼，再泻于一个铛中，放上竹筷子（？），再加上点灰（？）。冷却后，就敲打，若能打断，就算熟了，这就是砂糖。否则再炼。这是我对残卷中这一段话的解释。为什么这样解释？下面再谈。

印度从古代起就能制糖。在巴利文《本生经》（Jātaka，其最古部分可能产生于公元前3世纪以前）中，比如在第二四〇个故事中，已经讲到用机器榨甘蔗汁。这种机器巴利文叫mahājanta，梵文叫 mahāyantra，巴利文还叫 kolluka[4]。竭罗伽也讲到制糖术。他说，制造 kṣudra guḍa（低级糖），要蒸煮甘蔗汁，去掉水分，使原来的量减少到一半、三分之一、四分之一。guḍa（糖或砂糖）是精炼过的，所含杂质极少[5]。

在不同的糖的种类中，guḍa 只是其中的一种。印度糖的种类好像是按照炼制的程度而区分的。在这方面，guḍa 是比较粗的一种，换句话说，就是还没有十分精炼过。以下按精炼的程度来排列顺序是：matsyandikā, khaṇḍa, śarkarā，后者精于前者，śarkarā 最精、最纯。这是竭罗伽列举的糖的种类。妙闻在竭罗伽列举的四种之前又加上了一种：phāṇita，也就是说，他列举了五种。《政事论》（*Arthaśāstra*）在叫作 kṣāra 的项目下列举的名称同妙闻一样。耆那教的经典 Nāyādhammakahā 中列举的名称是：khaṇḍa, guḷa, sakharā（śarkarā）, matsyandikā[6]。顺序完全不一样，因为只此一家，所以不足为凭。

guḍa 的原义是"球"，意思是把甘蔗汁煮炼，去掉水分，硬到可以团成球，故名 guḍa。这一个字是印欧语系比较古的字，含义是"团成球"。在最古的《梨俱吠陀》中还没有制糖的记载。大概是在印度雅利安人到了印度东部孟加拉一带地区，看到本地人熬甘蔗为糖，团成球状，借用一个现成的 guḍa 来称呼他们见到的糖，guḍa 就逐渐变成了"糖"或"沙糖"的意思。在梵文中 Cauḍa 是孟加拉的一个地方。印度古代语法学大家波你尼认为，Cauḍa 这个字就来源于 guḍa，因为此地盛产甘蔗、能造砂糖，因以为名。

在中国唐代的几部梵汉字典中，有关糖的种类的名称只有两个：一个是精炼程度最差的 guḍa 或 guḷa，一个是程度最高的 śarkarā。各字典记载的情况如下：

唐义净《梵语千字文》：

　　guḍa　糖

　　ikṣu　蔗[7]

唐义净《梵语千字文别本》：

　　guṇa　糖[8]

　　ikṣu　伊乞刍二合　蔗[9]

这里值得注意的是 guṇa 这个写法。别的书都作 guḷa 或 guḍa，独独这里是 guṇa。guṇa 这个字在梵文里有很多意思，但还没发现有"糖"的意思。究竟如何解释？我现在还没有肯定的意见。

唐全真集《唐梵文字》：

　　guḍa　糖[10]

　　ikṣu　蔗[11]

唐礼言集《梵语杂名》：

　　甘蔗　壹乞刍二合　ikṣu[12]

　　缩砂蜜　素乞史二合谜罗 sukṣimira[13]

　　沙磄　遇怒　guḍa[14]

唐僧怛多蘖多波罗瞿那弥舍沙二合集《唐梵两语双对集》：

　　缩砂蜜　素乞史谜啰

　　石蜜　舍㗚迦啰

　　沙糖　遇怒[15]

"石蜜"这个词儿只在这里出现，只有汉文译音，而没有梵文原文。但是"舍㗚迦啰"这个译音，明白无误地告诉我们，原

文就是śarkarā，也就是我们残卷中的"煞割令"。前一个译法是
传统的译法，是出于有学问的和尚笔下的；后一个译法则显然是
出于学问不大或者根本没有学问的老百姓之口。这一点非常值得
我们注意。

还有一点值得我们注意的是，印度糖的种类很多，有四种五
种或者更多的种类。但是残卷只提到两种，而唐代的梵汉字典也
仅仅只有两种，难道这只是一个偶合吗？

我在这里还想顺便讲一个情况。今天欧美国家的"糖"字，
比如英文的sugar，法文的sucre，德文的zucker，俄文的caxap等
等，都来自梵文的śarkarā。英文的Candy来自梵文的khaṇḍa。我
们汉文，虽然也有过"舍哩迦啰"和"煞割令"的译音，但终于
还是丢弃了音译而保留了"石蜜"这个词儿。

前面已经谈到了印度的造糖法[16]，中国的造糖法怎样呢？从
中国古代文献上来看，中国造糖已经有了很长的历史。尽管两国
的情况是不同的，但规律却是一样的：都是由简单向复杂发展。
我在下面从中国古书中引几个例子：

宋王灼《糖霜谱》第四、第五描写得最详细。

第四说：

　　糖霜户器用曰蔗削，如破竹刀而稍轻。曰蔗镰，以削
蔗，阔四寸，长尺许，势微弯。曰蔗凳，如小杌子，一角
凿孔立木义（叉？）。束蔗三五，挺阁义（叉？）上，斜
跨凳刉之。曰蔗碾，驾牛以碾所刉之蔗。大硬石为之，高
六七尺，重千余斤。下以硬石作槽底，循环丈余。曰榨
斗，又名竹袋，以压蔗，高四尺，编当年慈竹为之。曰枣

杵，以筑蔗入榨斗。曰榨盘，以安斗，类今酒槽底。曰榨
床，以安盘，床上架巨木，下转轴引索压之。曰漆瓮，表
裹漆，以收糖水，防津漏。凡治蔗，用十月至一月。先削
去皮，次剉如钱。上户削剉至一二十人，两人削供一人
剉。次入碾，碾阙则舂。碾讫号曰泊。次烝泊，烝透出甑
入榨，取尽糖水，投釜煎。仍上烝生泊。约糖水七分熟权
入瓮。则所烝泊亦堪榨。如是煎烝相接，事竟歇三日^{过期}^{则酿}。
再取所寄收糖水煎，又候^{九分}熟，稠如锡^{十分太稠则沙}脚，沙音嗄
插竹编瓮中，始正入瓮，籱箕覆之。此造糖霜法也。已榨
之后，别入生水重榨，作醋极酸。

第五不再抄引。

明宋应星《天工开物》先讲蔗种和蔗品，然后讲到造糖：

凡造糖车，制用横板二片，长五尺，厚五寸，阔二
尺，两头凿眼安柱，上笋出少许。下笋出板二三尺，埋筑
土内，使安稳不摇。上板中凿二眼，并列巨轴两根^{木用至}^{坚重者}，轴木大七尺围方妙，两轴一长三尺，一长四尺五
寸。其长者出笋安犁担，担用屈木，长一丈五尺，以便驾
牛团转走。轴上凿齿，分配雌雄，其合缝处须直而圆，圆
而缝合，夹蔗于中，一轧而过，与棉花赶车同义。蔗过浆
流，再拾其滓向轴上鸭嘴，扱入再轧，又三轧之，其汁尽
矣，其滓为薪。其下板承轴凿眼只深一寸五分，使轴脚不
穿透，以便板上受汁也。其轴脚嵌安铁锭于中，以便捩
转。凡汁浆流板有槽枧，汁入于缸内，每汁一石，下石灰
五合于中。凡取汁煎糖，并列三锅，如品字，先将稠汁聚

入一锅，然后逐加稀汁两锅之内，若火力少束薪，其糖即成顽糖，起沫不中用。

明王世懋《闽部疏》：

凡饴蔗捣之入釜，径炼为赤糖。赤糖再炼燥而成霜，为白糖。再煅而凝之，则曰冰糖。

清方以智《物理小识》卷六：

煮甘蔗汁，以石灰少许投调；成赤砂糖。以赤砂糖下锅，炼成白土，劈鸡卵搅之，使渣滓上浮，成白砂糖。

中国在炼糖方面的文献，还多得很，现在不再引用了。就是这样，我的引文也似乎多了一点。但是，为了把残卷诠释清楚，不这样是不行的。

中印两方面关于造糖法的记载，我们都熟悉了一些。现在再来同残卷比较一下。残卷中讲到，把甘蔗茎截断，放在木臼中，用牛拉石滚或者拉机器榨汁，注入瓮中，然后再煮。这一些中国文献中都有，而且非常详尽。可是就遇到一个困难的问题：残卷中"著筋（？筋？），置小（少）许"，究竟是什么意思呢？我在上面的诠释是"放上竹筷子（？），再加上点灰（？）"。残卷漏掉了一个"灰"字。炼糖时，瓮中插上竹筷子，中国文献讲得很清楚。《糖霜谱》说："插竹编瓮中"，讲的就是这种情况。至于炼糖加石灰，《天工开物》说："下石灰五合于中"，《物理小识》说："以石灰少许投调"，说得也很明白[17]。煮糖加石灰，印度许多文献中也有记载，比如巴利佛典《律藏》（Vin. I 210, 1—12）就讲到，把面粉（piṭṭham）和灰（chārikam）加入guḷa中，"灰"这个字显然给西方的学者造成了不少的困难，他们不了解，制糖为什么要加灰。因此对 chārikam 这个字的翻译就五花八门 [18]。我们了解了中印的造糖技术，我们就会认为，造糖加灰是必要的事。回头再看残卷那两句话，可能认为，我补上一个"灰"字，是顺理成章的。

四 造煞割令（石蜜）法

残卷中对熬煞割令的程序说得很不清楚。从印度其他典籍中可以看出，砂糖与石蜜之间的区别只在于精炼的程度。把甘蔗汁熬成砂糖以后，再加以熬炼，即成石蜜。但是残卷讲的却似乎不是这样。"却于铛中煎了"，什么意思呢？是煎甘蔗汁呢？还是加水煎砂糖？根据中国记载，这两种办法都可以制造石蜜。下两句"于竹甋内盛之。禄（漉）水下"，在这里行外补的八个字意思大概是，在竹甋内闷上半个月。下面的"着瓮承取水"一句是清楚的。下面几句的含义就不明确。煞割令究竟是软是硬，也没有交代清楚。《政事论》中讲到，śarkarā 是半稀的生糖，被放置在编成的草荐上，kaṭaśarkarā 或 matsyaṇḍikā 和 khaṇḍa，才是硬的、发光的、颗粒状的石蜜 [19]。残卷中的煞割令究竟指的是什么呢？

中国古代有所谓"西极石蜜"这种东西，指的是印度、伊朗传进来的乳糖。残卷中的煞割令，指的应该就是印度的石蜜，换句话说，也就是"西极石蜜"。但是在制造过程中没有提到使用牛乳，殊不可解。

五　砂糖与煞割令的差别

砂糖与煞割令的差别是非常清楚的，这里用不着再多说。但是有几个有关的问题，必须在这里交代一下。

首先，我在上面已经讲过，印度糖的种类很多，到了中国就简化为两种：砂糖和石蜜（煞割令）。除了中国文献和唐代梵汉字典之外，我们这个残卷也能证明这一点。中国一些与佛教有关的书籍同样能说明这个情况。比如《唐大和上东征传》讲到鉴真乘舟东渡时携带的东西中，与糖有关的只有石蜜和蔗糖，此外还有甘蔗八十束[20]。这些都说明，中国在甘蔗汁熬成的糖类中只有砂糖与石蜜。

其次，śarkarā 是石蜜，这一点已经很清楚了。但是，还有一个梵文 phāṇita（巴利文同），在中国佛典翻译中有时也译为石蜜。这个字我们上面已经谈到。妙闻把它列为糖的第一种，列在首位，说明它熬炼的程度很差。《阿摩罗俱舍》认为 phāṇita 等于 matsyaṇdikā。竭罗伽还有 Nāyādhammakahā 则只有 Matsyaṇḍikā 而没有 phāṇita。《政事论》把 Phāṇita 与 matsyaṇḍikā 并列，显然认为，它们是两种东西。情况就是这样分歧。在汉译佛典中，一般是把 śarkarā 译为石蜜。但把 phāṇita 译为石蜜的也有。我在下面举几个例子：

《弥沙塞部和醯五分律》卷二二：

> 世人以酥、油、蜜、石蜜为药[21]。

与这四种东西相当的巴利文是 sappi，tala，madhu，phāṇita。

《五分比丘尼戒本》：

> 若比丘尼无病，自为乞酥食，是比丘尼应诸比丘尼边悔过[22]。

酥是第一，下面依次是油、蜜、石蜜、乳、酪、鱼、肉。前四种与《五分律》完全相同。

《摩诃僧祇律》卷三〇，我把汉文译文同有关的梵文原文并列在下面，以资对照：

> 若长得酥、油、蜜、石蜜、生酥及脂，依此三圣种当随顺学 [23]。

> atireka-lābhaḥ sarpis-tailaṃ madhu-phāṇitaṃ vasānavanitaṃ ime trayo niśrayā aryavaṃśā[24]

这样的例子还多得很，我现在不再列举了。例子举了，只是提出了问题。至于怎样去解决这个问题，怎样去解释这个现象，我目前还没有满意的办法。无论如何，phāṇita这个字有了石蜜的含义，是在含义方面进一步发展的结果。

我在这里附带说一下，phāṇita这个字在汉译佛典中有时候还译为"糖"，比如在《根本说一切有部毗奈耶药事》第一卷，汉译文是："七日药者：酥、油、糖、蜜、石蜜。"[25]梵文相当的原文是sāptāhikaṃ sarpis tathā tailaṃ phāṇitaṃ madhu śarkarā[26]，糖与phāṇitaṃ相当。从这个例子中可以看出，phāṇita的含义是非常不固定的。其原因也有待于进一步探讨与研究。

六　甘蔗酿酒

残卷说："其下来水，造酒也。"关于用甘蔗酿酒的技术，印度大概很早就发展起来了。《摩奴法典》XI，92、94规定：严禁婆罗门饮用糖酿造的酒 gaudī[27]。公元 4 世纪后半叶写成的《包威尔残卷》（Bower Manuscripts）也讲到用甘蔗酿酒[28]。

中国方面好像还没有甘蔗酿酒的记载。残卷中讲的似乎是印度的情况。但是中国史籍中讲到南洋一带用甘蔗酿酒的地方却是相当多的。我在下面举几个例子：

《隋书》卷八二，赤土：

> 以甘蔗作酒

元汪大渊《岛夷志略》，苏禄[29]：

> 酿蔗浆为酒

同书，尖山，吕宋：

> 酿蔗浆水米为酒

同书，苏禄：

> 酿蔗浆为酒

同书，宫郎步：

> 酿蔗浆为酒

同书，万年港：

> 酿蔗浆为酒

同书，层摇罗：

> 酿蔗浆为酒

七　甘蔗栽种法

关于种甘蔗的方法，残卷中也有几句话："取蔗茎一尺（此二

字补写），截埋于犁垄便生。其种甘蔗时，用十二月（？）"。最后
一个字不清楚，其他意思是明白的。《政事论》中有一些关于栽种
甘蔗的记载。这一部印度古书，总的倾向是不赞成种甘蔗，因为
据说种甘蔗不划算：花钱多，手工操作多，成长时要靠泛滥，靠
雨水，最好种在洪水常泛滥的地方，可以先在花园中种甘蔗苗。
种的方法是，在截断的地方涂上蜜、奶、山羊油和肥料混合成的
汁水[30]。《政事论》讲的这些自然地理条件，敦煌、沙州、高昌一
带一点都不具备。这一带人为什么对甘蔗发生兴趣，殊不可解。

八　结束语

甘蔗，估计原生地不是中国。但是，中国早就知道了甘蔗，
而且甘蔗制糖的技术也早就有所发展。到了唐初，据《新唐书》
卷二二一上《西域列传·摩揭陀》的记载：

> 贞观二十一年，始遣使者自通于天子，献波罗树，树
> 类白杨。太宗遣使取熬糖法，即诏扬州上诸蔗，拃沈如其
> 剂，色味愈西域远甚。

学习过程和学到后所采取的措施，都是合情合理的。因为在中
国，南方是产甘蔗的地区，扬州就是这样的地区之一。所以太宗
才派人到这里来要甘蔗，熬出来的糖比印度的还好看好吃。

总起来给人的印象是，这是一次官方的学习。虽然干实际工
作的都是人民，但发动这次学习的是官方。

还有另外一个说法。《续高僧传》卷四《玄奘传》：

> 使既西返，又敕王玄策等二十余人，随往大夏，并赠
> 绫帛千有余段。王及僧等数各有差。并就菩提寺僧召石蜜
> 匠。乃遣匠二人、僧八人，俱到东夏。寻敕往越州，就甘
> 蔗造之，皆得成就。[31]

石蜜匠当然是老百姓，但发动者派遣者也是官方。到了中国以后，奉敕到越州去利用那里的甘蔗造糖，也是合情合理的。

两个记载虽然有所不同，但总之都是官方的。我们过去所知道的仅仅就是这条官方的道路。这当然是很不全面的。

我们眼前的这张只有几百字的残卷告诉我们的却是另外一条道路，一条老百姓的道路。造糖看起来不能算是一件了不起的人事，但是它也关系到国计民生，在中印文化关系史上在科技交流方面自有其重大意义。今天我们得知，中国的老百姓也参预了这件事（官方的交流也离不开老百姓，官方只是发动提倡而已），难道这还不算一件有意义的事情吗？我在本文开始时已经讲到，这个残卷有极其重要的意义，我的理由也不外就是这些。我相信，我的意见会得到大家的同意的。

不过这里也还有没有能解决的问题。我在上面已经指出，敦煌、沙州、高昌一带自然地理条件不宜于甘蔗。这个残卷保留在敦煌，举例子又是"甘蔗苗茎似沙州，高昌糜，无子（不结粮食）"。书写人是这一带的人，这一点毫无疑义。在这沙漠、半沙漠的地带，人们为什么竟然对甘蔗和造糖有这样大的兴趣呢？这一点还有待于进一步的探讨。

1981 年 10 月 11 日写毕

后 记

此文写完以后，有一个问题还没有解决："第二挍（？）一二尺矩（？）"，究竟是什么意思？耿耿于怀，忆念不置。

今天偶读梁永昌同志《〈世说新语〉字词杂记》[32]。他从《世说新语》中出现的"觉"字，联想到"较"字。他说：

> 按《广韵》"觉"有"古岳切""古孝切"二音，又"较"字亦有"古岳切""古孝切"二音，"觉""较"字音完全对应，而《广韵》在"古孝切"这个音下释"较"字为"不等"。所谓"不等"就是相差，差别。

我脑中豁然开朗：敦煌残卷中的"挍"字难道不就是"较"字吗？我在文章中已经讲到，残卷中有错别字，"挍"亦其一例。这样一解释，残卷文字完全可通，毫无疑滞。所谓"挍一二尺矩"者，就是这第二种甘蔗，比"苗长八尺"的第一种甘蔗相差（短）一二尺。

1981 年 12 月 5 日

注释：

1　《敦煌遗书总目索引》，一九六二年，商务印书馆。

2　《大正新修大藏经》第五四卷。

3　李普曼（E. O. v. Lippmann）的《糖史》（Geschichte des Zuckers），柏林 1929 年，第 107 页 ff，高帕尔（L. Gopal）的《古印度的造糖法》（Sugar-Making in Ancient India），见 Journal of the Economic and

Social History of the Orient，Ⅶ 1954 年，第 59 页。

4 高帕尔，前引书，第 61 页。

5 同上书卷。

6 高帕尔，前引书。参阅李普曼，前引书，第 77 页 ff.。

7 《大正新修大藏经》第五四卷，第 1192 页上。

8 同上书卷，第 1203 页下。

9 同上书卷，第 1204 页上。

10 《大正新修大藏经》，第五四卷，第 1218 页下。

11 同上书卷，第 1219 页上。

12 同上书卷，第 1239 页下。

13 同上书卷，第 1238 页上。

14 《大正新修大藏卷》，第五四卷，第 1238 页中。

15 同上书卷，第 1243 页中。

16 关于这个问题，除了上面引用的李普曼和高帕尔的两本书外，还可以参阅狄尔（N. Deerr）的《糖史》（*The History of Sugar*），伦敦 1949 年；普拉卡士（Om Prakash）的《印度古代的饮食》（*Food and Drinks in Ancient India*），德里 1961 年。

17 参阅李治寰：《从制糖史谈石蜜和冰糖》，《历史研究》，一九八一年第二期，第 48 页。

18 参阅辛愚白（Oskar V. Hinüber）的《古代印度的造糖技术》（*Zur Technologie der Zuckerherstllung im alten Indien*），*Zeitschrift der Deutschen Morgenländischen Gesellschaft*，Band 121—Heft 1，1971，第 95 页。

19 李普曼，前引书，第 96 页。

20　《大正新修大藏经》第五一卷，第 989 页中。

21　《大正新修大藏经》第二二卷，第 147 页中。

22　同上书卷，第 212 页中。

23　《大正新修大藏经》，第二二卷，第 473 页上。

24　*Bhikṣuṇī-Vinaya*，ed. by Gustav Roth，Patna 1970，p. 40。

25　《大正新修大藏经》第二四卷，第 24 页中。

26　*Gilgit Manuscripts*，Vol. Ⅲ，part 1，ed. by Nalinaksha Dutt，Srinagar-Kashmir，p.iii.

27　李普曼，前引书，第 85 页。

28　同上书，第 105 页。

29　《大明一统志》有同样记载。

30　李普曼，前引书，第 96 页。

31　《大正新修大藏经》第五○卷，第 545 页下。

32　《华东师范大学学报》（哲学社会科学版）1981 年第 3 期，第 47—48 页。

附录四
对《一张有关印度制糖法传入中国的敦煌残卷》的一点补充

季羡林

在《历史研究》1982 年第 1 期上，我写了一篇论文，解释一张敦煌残卷。对残卷中的一句话"苐（第）二，挍（？）一二尺矩（？）"，我最初有点不懂。论文写成后，看到梁永昌同志的文章，写了一段《后记》，算是补充。现在论文，连同补充都已刊出。中国社会科学院外国文学研究所黄宝生同志告诉我，蒋礼鸿同志著的《敦煌变文字义通释》中有一段讲到"教交校较效觉"等字（第 167—169 页）。读了以后，胸中又豁然开朗了一番，觉得有必要再对补充作点补充。

我在补充中，根据梁永昌同志的文章指出了，残卷中的"挍"字就是《世说新语》中的"觉"字。我还说，残卷中间有错别字，挍亦其一例。现在看来，我的想法是对的；但说"挍"是错别字，却不正确。既然敦煌变文中教、交、校、较、效、觉等字音义皆同，都可以通借，为什么"挍"字就不行呢？"挍"字不是错别字，这一点是完全可以肯定的。蒋礼鸿同志指出，"教、交"等字都有两个意思：一是差、减；一是病愈。我看，"挍"字完全相同。蒋礼鸿同志还在唐代杜甫等诗人的诗中，以及唐代和唐代前后的著作中引了很多例子，请参阅原书，这里不再引用。关于通借与错别字的界限与关系，这是一个十分复杂的问题，请参阅原书第443—445页的《三版赘记》。

以上就是我对补充的补充。

我不但补充了我自己写的东西，还想补充一下我引用过的那一篇文章和那一本书。对梁永昌同志文章的补充是：除了"较"同"觉"以外，还要加上"挍、教、交、效、校"这几个字。对蒋礼鸿同志的书的补充是：在他举出的"教、交"等字以外，再加上一个"挍"字。在他列举的书籍中加上一部《世说新语》。这样一来，这几个通借字的使用范围，无论是从地理上来说，还是从时间上来讲，都扩大了不少。对研究中国字义演变的历史会有很大的帮助。

我还想借这个机会谈一谈"校"字和"挍"两个字的关系。在中国古书上，二字音义全同。它们究竟是一个字呢，还是两个字？下面我从《大正新修大藏经》中举出几个例子：

东晋佛陀跋陀罗共法显译《摩诃僧祇律》卷三：

　　谁敢检校（22，252b。一本作捡挍）

同书，卷四：

　　是名捡挍（22，261b）

　　若捡校若不捡挍

姚秦佛陀耶舍共竺佛念译《四分律》卷二二：

　　即敕左右检校求之（22，719b）

同书，卷三四：

　　捡挍名簿（22，807c）

同书，卷五四：

  一一检校（22，917b）

同书，卷五八：

  检按法律（22，999a）

后秦弗若罗多共罗什译《十诵律》卷五〇：

  又二非法捡按（23，370b）

唐义净译《根本说一切有部毗奈耶》卷七：

  所有家务令其检校（23，659a）

  我为检校，修营福业（23，663a）

同书，卷八：

  是十七人共来捡按（23，665c）

同书，卷一六：

  捡按家室（23，709b）

同书，卷二三：

  我等应差能捡按者（23，751c）

同书，卷四四：

  鞍辔装按，悉皆以金（23，870b）

  不可按量（22，871a）

义净译《根本说一切有部苾刍尼毗奈耶》卷一一：

  我妻颇能捡校家事（23，964b）

例子就举这样多。在这里，值得注意的是：一、在同一部经中，"按"同"校"混用；二、在不同版本中，有的用"按"，有的用"校"；三、"按"有时能代替"较"。至于产生这种现象的原因，因为同我要讲的问题无关，不再细究。我只引钱大昕几句话

"《说文》手部无'挍'字，汉碑木旁多作手旁，此隶体之变，非别有'挍'字"，来结束这个补充。

1982 年 4 月 3 日

cīnī 问题

——中印文化交流的一个例证

季羡林

我在《中印文化关系史论文集·前言》中写过一段话：

> 我们是不是可以做如下的推测：中国唐代从印度学习了制糖术以后，加以提高，制成了白糖。同时埃及也在这一方面有所创新，有所前进，并且在元朝派人到中国来教授净糖的方法。实际上中国此时早已经熟悉了这种方法，熬出的白糖，按照白图泰的说法，甚至比埃及还要好。这件事从语言方面也可以得到证明。现代印地语中，白糖、白砂糖叫作cīnī，cīnī的基本含义是"中国的"。可见印度认为白糖是中国来的。

因为我当时对于这个问题还没有深入研究，只是根据个人的理解提出了上面这个看法。

我认为，解决这个问题的关键在于cīnī这一个字。为什么白糖是"中国的"？cīnī这个字产生于何时何地？是否白糖真是从中国去的？近几年来，我脑袋里一直萦回着这样几个问题。但是没能得到满意的答案。1985年我到印度新德里去参加"印度文学在世界"国际讨论会，在我主持的一次大会上，我向印度学者提出了cīnī的问题，可惜没有一个人能答复我。

最近承蒙丹麦哥本哈根大学教授Chr. Lindtner博士的美意，寄给我一篇W. L. Smith写的Chinese Sugar? On the Origin of Hindi cīnī（Sugar）[1]，这正是我在研究的问题，大有"踏破铁鞋无觅处，得来全不费工夫"之感。但是读完之后，一方面感到高兴，一方面又感到遗憾，或者失望。现在把我自己的想法写出来，以求教于W. L. Smith先生和国内外的同行们。

先介绍一下Smith先生的论点。他引用了不少的词典，这些词典对cīnī这个字的词源解释有一些分歧。其中Hindī śabdsāgar说cīnī可能源于梵文sitā，是完全站不住脚的。其余的词典，尽管解释不同，但基本上都认为它与中国有关，cīnī的意思是"中国的"。Smith还指出了一个很有意义的现象：全世界很多语言表示"糖"的字都来自梵文śarkarā。在西印度近代语言中也多半用一个来源的字来表"糖"，比如马拉提语的sākar/sākhar，古扎拉提语的sākar等等。但是，在印地语等新印度雅利安语言中却用一个非印度来源的字cīnī来表示"糖"。这里面就大有文章了。

Smith先生接着说："另外还有一个谜：制糖术是印度的发明创造，在公元前800年左右已经有了。而中国则从来没有向印度输出过任何量的糖。正相反，印度一直是糖的主要输出国。因此，糖在任何意义上都决不可能像一些词典学家解释的那样是中国的产品。根据某一些权威的看法，甘蔗的原生地是中国和印度；另一些权威不同意。看来后者的意见很可能是正确的。因为，直到唐代中国人都甘心食用麦芽糖当作甜料，是从发了芽的粮食，特别是大麦制成的，或者食用各种水藻的加过工的汁水，比如 Limnanthemum nymphoides，同甘蔗很相似。"（p. 227）下面 Smith 讲到，玄奘在戒日王统治后期到印度去，在犍陀罗看到石蜜。其后不久，中国人自己制糖，又从摩揭陀输入糖，李义表在印度学会了制糖术，如此等等。关于中国糖决不会输入印度，Smith 的话说得何等坚决肯定。可惜事实不是这个样子，下面再谈。

Smith 又说："把 cīnī 同中国联系起来的假设似乎基于这个事实：既然 cīnī 的意思是'中国的'，糖在某种意义上也必须来自那里。可是这不一定非是这个样子不行。"（p. 228）他又指出，梵文中有足够的字来表示"糖"，创造 cīnī 这个字一定有其必要性。确定这个字的产生时期，非常困难。杜勒西达斯（Tulsīdās 1532—1623）或 Mohammad Jāyasī 的著作中没有 cīnī 这个字。苏尔达斯（Sūrdās 约 1503—1563）的著作中有。在孟加拉，cīnī 这个字 16 世纪已确立。它最早见于 Maithili 诗人 Jyotirīśvara 的 Varṇaratnākara 中，这一部书成于 14 世纪末的第一个 25 年中。因此可推断，这个字开始出现于 13 世纪末，如果不是更早的话。

Smith 的文章接着又讲到，印度制糖术传入中国以前已经传至西方。公元 700 年左右，在幼发拉底河流域，景教徒发明精炼白糖的技术，制出来的糖比较干净，比较白。以后几个世纪炼糖中心移至埃及。当时埃及的染色、制玻璃、织丝、金属冶炼的技术高度发达。炼出来的糖色白，成颗粒状，与今日无异。埃及的冰糖（rock sugar 或 sugar candy）质量极高，甚至输入印度，在印地语和乌尔都语中这种糖叫 miṣrī，这个字源于 miṣr，意思是古代开罗或埃及。这种新的制糖技术从埃及传至东方。根据马可波罗的记载，蒙古人征服中国的 Unguen 以前，这个城市的居民不知道什么精糖（zucchero bello）；可是一旦这个城市被占领，忽必烈汗把"巴比伦人"送到那里，教中国人炼糖的技艺。所谓巴比伦人 Uomini di Bambillonia，不是久已被忘掉的古代巴比伦或伊拉克人，而是来自 Bābaljūn，指的是开罗最古的城区，当时意大利称之为 Bambillonia d'Egitto。换句话说，他们是埃及的制糖高手。

　　这种制糖技术似乎也传到了当时被信伊斯兰教的土耳其人所统治的北印度。苏丹们在德里建立了巨大的糖市场，并同埃及争夺中东市场。两个世纪以后，葡萄牙人来到印度，他们发现印度糖质量高，产量大。Duarte Barbosa 在 1518 年写道，在西印度和孟加拉有很好的白糖。

　　Smith 又进一步对比了 cīnī 等字与从梵文字 śarkarā 和 guḍa 派生出来的字，他发现前者指精糖，后者指粗褐色的糖。他说："为了把颜色比较白的熬炼得很精的糖同传统的糖区分开来，才引进了 cīnī 这个字，白糖是使用埃及人开创的新技艺制成的。"（p. 230）做了许多论证，绕了一个大弯子之后，Smith 又强调说："这种'新'糖本身与中国毫无关系，但是，既然我们不能另外找出这个字的来源，我们只能假定，它实际上就等于'中国的''与中国有关的'，如此等等。那么，问题就是要确定，为什么这种白色的糖竟同中国联系起来了。"（p. 231）这话说得既坚决又肯定，但也同样地玄虚。什么叫"它实际上就等于'中国的'"呢？且看他怎样解释。他说，cīnī 是印度阔人、贵人食用的，价钱非常昂贵。乡村的土制糖，是老百姓吃的，价钱非常便宜。"为什么印度人，更确切地说是印度阔人，食用 cīnī 的阔人把它与中国联系起来呢？"（p. 231）在这里，Smith 的幻想充分得到了发挥。他从印度阔人所熟悉的中国东西讲起，他认为就是中国瓷器。在乌尔都语、尼泊尔语、古扎拉提语中，cīnī 兼有"瓷器"与"白糖"的意思。印度阔人把瓷器的白颜色转移到糖上边来，这个词很可能原是 cīnī śakkar，后来丢掉了 śakkar，只剩下 cīnī。这个字的来源可能是印度穆斯林阔人所使用的语言。因为印度教徒食物禁忌多如牛毛，他们对于 cīnī 这种东西怀有戒心。印度北方穆斯林统治者的官方语言是波斯文。cīnī 这个字很可能来自波斯文。印度西部方言中 cīnī 这个字不流行，也可以透露其中消息。在西部，印度教徒占垄断地位。

我个人觉得，Smith 先生这种推理方法有点近似猜谜。为了坚决否认中国有白糖传入印度，他费了极大的力气，绕了极大的弯子，提出了自己的论断。但是这种论断可靠不可靠呢？下面我用事实来回答这个问题。Smith 先生之所以前后矛盾，闪烁其词，捉襟见肘，削足适履，就是因为没有把事实弄清楚。只要事实一弄清楚，这个貌似繁难的问题就可以迎刃而解了。

Smith 说，中国在唐以前只有麦芽糖，这不是事实。《楚辞》已经有"柘（蔗）浆"。从公元 2、3 世纪后汉后期起，"西极（国）石蜜"已经传入中国。大约到了六朝时期，中国开始利用蔗浆造糖[2]，在过去蔗浆是只供饮用的。7 世纪时，唐太宗派人到印度摩揭陀去学习熬糖法，结果制出来的糖"色味愈西域远甚"。看来中国人从印度学来了制糖术以后，加以发扬，于是就青出于蓝而胜于蓝。《新唐书》所谓"色味"，"味"比较容易理解，"色"我理解是颜色白了一点。总之是在技术方面前进了一步。这种技术当然又继续发展下去。到了宋代，出了讲制糖的书，比如洪迈的《糖霜谱》等，技术又有了新的进步。到了元代，在 13 世纪后半马可波罗（1254 ？—1324 年）来到中国。此事 Smith 也已谈到。沙海昂注，冯承钧译《马可波罗行记》[3]，第600、603 页，讲得比较简略。陈开俊、戴树英、刘贞琼、林键合译《马可波罗游记》[4]，第 190—191 页，讲得比较详细。我现在根据 William Marsden 的英译本[5]把有关福建制糖的那一段译在下面。Marsden 虽被冯承钧贬为"翻译匠"，可我觉得他这一段译文很全面，值得一译：

> 此地（福建的 Unguen）因大量产糖而引起重视。人们把糖从此地运往汗八里城，供宫廷食用。在归入大汗版图以前，此地居民不懂精炼白糖的手艺，他们只用不完备的办法来煮糖，结果是把糖熬好冷却后，它就变成一堆黑褐色的浆糊。但是，此城成为大汗的附庸后，碰巧朝廷上有几个从巴比伦来的人，精通炼糖术，他们被送到此地来，教本地人用某一些木材的灰来精炼白糖的手艺。

> （Book Ⅱ，chapter LXXV）

这里面有几个问题要弄清楚。第一，巴比伦是什么地方？Marsden 加了一个注，说是巴格达。上面引用的 Smith 的说法，说是埃及。后者的可能性更大一些。第二，为什么使用木材的灰？木头灰里面含有碱性，能使黑褐色的糖变成白色。这里需要对白色加几句解释。所谓白，是一个相对的概念，用一个模糊数学的术语来表达，白是一个模糊的概念。意思不过是颜色比较白一点，白中带黄，根本不能同今天的白糖相比。现在的白糖是机器生产的结果，过去是完全办不到的。第三，Unguen指的是什么地方？冯承钧，前引书，第603页，注7："武干一地，似即尤溪"。陈开俊等译《马可波罗游记》，第190页，注3："似今之尤溪。"

生在14世纪，比马可波罗晚生五十年的摩洛哥旅行家伊本·白图泰（1304—1377年），于元顺帝至正六年（1346年）以印度苏丹使者的身份来到中国，比马可波罗晚几十年。在这不算太长的时间，中国制糖术显然已经有了进步。在《伊本·白图泰游记》[6]中有这样一段话："中国出产大量蔗糖，其质量较之埃及蔗糖实有过之而无不及。"（第545页）可见中国学生已经超过埃及老师了。

到了16、17世纪的明代的后半叶，上距马可波罗和伊本·白图泰的时代，已经有二三百年多了。中国的熬糖术又有了新的相当大的提高。此时有不少讲制糖术的书，比如宋应星的《天工开物》、陈懋仁的《泉南杂志》、刘献廷的《广阳杂记》、何乔远的《闽书南产志》、顾炎武的《天下郡国利病书》、王世懋的《闽部疏》，还有《遵生八笺》等等。这些书有一个和从前不同的特点，这就是，几乎都强调白糖的生产。"白糖"一词儿过去不是没有；但是估计所谓"白"只不过是比黑褐色稍微鲜亮一点而已。到了明代后半叶，熬糖的技术更提高了，熬出来的糖的颜色更白了，于是就形成了当时"白糖"的概念。上面已经谈到，马可波罗在中国看到了用木材灰熬炼的白糖。明末的白糖可能比元代更白一点，决不可能同机器生产的白糖相提并论。

明末的白糖是怎样熬炼的呢？刘献廷《广阳杂记》说：

> 嘉靖（1522 年）以前，世无白糖，闽人所熬皆黑糖也。嘉靖中，一糖局偶值屋瓦堕泥于漏斗中，视之，糖之在上者，色白如霜雪，味甘美异于平日，中则黄糖，下则黑糖也。异之，遂取泥压糖上，百试不爽，白糖自此始见于世。

同一个故事或类似的故事，还见于其他书中，不具引。利用泥来熬糖，恐怕同利用木材灰一样，其中的碱性发挥了作用。科学史上一些新的发明创造，有时候出于偶然性，白糖的出现出于偶然，不是不可能的；但也不一定就是事实，有人故神其说，同样也是可能的。明末清初中国许多书中都有关于制造白糖的记载，我将在我准备写的《糖史》中专章论述，这里不再一一征引。至于说到嘉靖以前没有白糖，根据其他史料，这恐怕不是事实。

上面说的是从元到明中国能生产白糖[7]。

生产的白糖是仅供国内食用呢，还是也输出国外？根据记载，也输出国外，而且输出的范围相当广。日本学者木宫泰彦在他所著的《日中文化交流史》中，在《萨摩和明朝的交通贸易》一章中说，1609 年（明万历三十七年）七月，有中国商船十艘到了萨摩。船上装载的东西中有白糖和黑糖[8]。这说明白糖输出到了日本。韩振华教授讲到，在郑成功时代，中国白糖输出到巴达维亚[9]。中国白糖不但输出到亚洲一些国家，而且还输出到欧洲。日本学者松浦章在《海事交通研究》杂志（1983 年第 22 集）上发表了《清代前期中、英间海运贸易研究》一文，谈到康熙时期中国白糖输入英国[10]。康熙距明末不久，所以在此一并论及。

上面说的是中国白糖输出国外。

输出国外，是不是也输出到印度去了呢？是的，中国白糖也输出到了印度。德国学者Lippmann[11]在讲述了马可波罗在福建尤溪看到了白糖以后，又讲到蒙古统治者重视贸易，发放签证，保护商道；对外国的和异教的手工艺人特别宽容、敬重，不惜重金，加以笼络。"这件事情在精炼白糖方面也得到了最充分的证实，因为中国人从那以后，特别是在炼糖的某一方面，也就是在制造冰糖方面，成为大师，晚一些时候甚至把这种糖输出到印度，不过名字却叫作misri，这一个字的原始含义（埃及糖）已经被遗忘了。"英国马礼逊说："印度国每年亦有数船到是港（新埠），载布匹，易白糖等货。"[12]这里谈的可能是中国白糖经过新加坡转口运至印度。无论如何，中国白糖输出到印度已经是无可辩驳的事实了。

我在这里想顺便讲一件事情。《天工开物·甘嗜第六》有一句话："名曰洋糖。"夹注说："西洋糖绝白美，故名。"中国人造的白糖竟名之为"洋糖"，可见当时西洋白糖已经输入中国，而且给人们留下了深刻的印象。这情况在清朝末年屡见不鲜，在中国"洋"字号的东西充斥市场，什么"洋面""洋布""洋油""洋火"等等。但这是在19世纪后半叶和20世纪初叶。宋应星《天工开物》序写于明崇祯十年丁丑，公元1637年，是在17世纪前半。这情况恐怕是很多人难以想象的。在这里先提一句，以后还要继续探讨。

我在上面分三个层次论证了中国能生产白糖，中国白糖输出国外，也输出到了印度。我讲的全都是事实。把这些事实同Smith先生的说法一对照，立刻就可以看出，他的说法是完全站不住脚的。根据事实，我们只能说，cīnī 的含义就是"中国的"，转弯抹角的解释是徒劳的。印度自古以来就能制造蔗糖。不知什么原因，在一段相当长的时间内，反而从中国输入白糖，而且给了它"中国的"这样一个名称，说明它的来源。不管怎样解释，这个事实是解释不掉的。

Smith 先生的文章里不能否定 cīnī 的意思是"中国的"，但是却坚决否认中国白糖运至印度。他斩钉截铁地说，中国没有任何白糖运至印度。可同时他却又引用 Lippmann 的那一段说中国白糖运到印度的话，而不加任何解释，没有表示同意，也没有表示不同意，使他自己的论点矛盾可笑，殊不可解。

我觉得，还有几点需要进一步加以说明。第一个是中国白糖输入印度的地点问题。从种种迹象来看，进口地点是东印度。在这里，语言给了我很多启发。在西印度近代语言中，表示"糖"的字来自梵文字 śarkarā，我在上面已经说过。这些字的意思是黑褐色的粗糖，是农村制造为穷人食用的，价钱比较便宜。cīnī 或和它类似的字流行于中印度和东印度，包括尼泊尔语在内。意思是精细的白糖，是供印度贵人和富人食用的，价钱非常昂贵，最初都是"洋货"。东西和精粗的界限异常分明。所以结论只能是，中国白糖由海路首先运至东印度，可能在孟加拉的某一个港口登岸，然后运入印度内地。西印度路途遥远，所以难以运到，在语言上也就没有留下痕迹。

第二个是中国白糖输入印度的时间问题，这里问题比较复杂一点。我在上面着重讲的是明末清初中国白糖输入印度的情况。明末清初约略相当于 16、17 世纪。可是 Smith 在文章中说，cīnī

这个字在印度、孟加拉 16 世纪已经确立。他又推断，这个字开始出现于 13 世纪末。这就有了矛盾。在孟加拉最早出现的 cīnī 这个字不可能表示 16、17 世纪才从中国输入的白糖。这怎样来解释呢？我在上面讲到马可波罗在尤溪看到中国制的白糖，时间是 1275 年。中国人从埃及人那里学习了制糖术，造出了白糖。这样的白糖从近在咫尺的泉州港装船出口是完全可能的。泉州从宋代起就是中外贸易的著名港口，同印度有频繁的交通关系，至今还保留着不少的印度遗迹。白糖为什么不能从这里运到印度去呢？从时间上来看，这同 Smith 所说的 13 世纪末是完全吻合的。因此，我们可以说，孟加拉文中的 cīnī 最初是指 13 世纪后半从中国泉州运来的白糖的。

cīnī 这个字在印度出现的时间，是我多年来考虑的一个问题。Smith 先生的文章至少帮助我初步解决了这个问题，谨向他致谢。

注释：

1　*Indologica Taurinensia, Official Organ of the International Association of Sanskrit Studies*, Volume Ⅻ, 1984, Edizioni Jollygrafica, Torino（Italy）.

2　参阅季羡林：《蔗糖的制造始于何时？》，《社会科学战线》，1982 年第 3 期，第 144—147 页。

3　1937 年，商务印书馆，上、中、下三册。

4　1982 年，福建科学技术出版社。参阅张星烺译本。

5　*The Travels of Macco Polo*, translated from the Italian with Notes by William Marsden, London 1918.

6　马金鹏译，1985年，宁夏人民出版社。

7　参阅于介：《白糖是何时发明的？》，《重庆师范学院学报》（哲学社会科学版），1980年第4期，第82—84页。

8　《日本文化交流史》，［日］木宫泰彦著，胡锡年译，商务印书馆，1980年，第622页。

9　韩振华：《1650—1662年郑成功时代的海外贸易和海外贸易商的性质》，《南洋问题文丛》，1981年，第73页。

10　转引自《中国史研究动态》2，1984年，页30—32。明陈懋仁《泉南杂志》，卷上："甘蔗干小而长，居民磨以煮糖，泛海售商。"在这里"泛海"，可能指的是用船运往国外。

11　E. O. v. Lippmann，*Geschichte des Zuckers seit den altesten Zeiten bis zum Beginn der Rubenzucker-Fabrikation*，Berlin，1929，p.264.

12　英国马礼逊著《外国史略》，《小方壶斋舆地丛钞》再补编一五。

附录六
再谈 cīnī 问题

季羡林

1987年，我写过一篇文章，叫作《cīnī问题——中印文化交流的一个例证》，刊登在《社会科学战线》1987年第4期上。文章的主要内容是针对W. L. Smith一篇文章中的论点的。cīnī在印度的一些语言中有"白沙糖"的意思，而这个字的本义是"中国的"。这就说明，印度的白沙糖，至少是在某一个地区和某一个时代，是从中国输入的，产品和炼制术可能都包括在里面。然而，Smith先生却坚决否认这一点，说中国从来没有把白沙糖输入印度。他说出了许多理由，却又自相矛盾，破绽百出。他的论点是根本不能成立的。

针对Smith先生的论点，我的论点是：中国的白沙糖确曾输入印度。输入的地点是印度东部的孟加拉，输入的道路是海路。至于输入的时间，则问题比较复杂。我经过一番考证，得到了这样的认识：中国的明末清初，也就是公元16、17世纪，中国的炼糖术在从13世纪起学习埃及或伊拉克巴格达的制糖技术的基础上，又有了新的发展，中国的白沙糖大量出口。至迟也就是在这个时候，中国的白沙糖也从泉州登船，运抵印度的孟加拉。这是从中国到印度来的最方便的港口。时间还可能更早一些。这就是cīnī这个涵义为"白沙糖"的字产生的历史背景。

论证是完美无缺的，结论也是能站住脚的，然而并非万事大吉，它还是有缺憾的，而且是致命的缺憾：它没有证据。实物的证据不大可能拿到了，连文献的证明当时也没有。我为此事一直耿耿于怀。

最近写《明代的甘蔗种植和沙糖制造》，翻检《明史》，无意中在卷三二一《外国传》榜葛剌（即孟加拉）这一节中发现了下列诸语：

> 官司上下亦有行移医卜阴阳百工技艺，悉如中国，盖皆前世所流入也。

我眼前豁然开朗，大喜过望：这不正是我要搜求的证据吗？地点是孟加拉，同我的猜想完全符合。这里的"百工技艺，悉如中国"，紧接着就说"皆前世所流入"，是从前从中国传进来的。"百工技艺"，内容很多。但从各方面的证据来看，其中必然包括炼糖术，是没法否认的。有此一证，我在前文中提出的论点，便立于牢不可破的基础之上。

到明初为止，中印文化交流可能已经有了两千多年的历史；也就是说，在佛教传入中国之前，中印文化已经有了交流。到了明成祖时代，由于政治和经济的发展，孟加拉成了交流的中心。这从当时的许多著作中都可以看到，比如马欢的《瀛涯胜览》、费信的《星槎胜览》、巩珍的《西洋番国志》等等。从明代的"正史"《明史》（清人所修）也可以看到。从《明会典》中也可以看到同样的情况。这些书谈到孟加拉（榜葛剌），往往提到这里产糖霜，有的还谈到贡糖霜，比如《明会典》卷九七。

从表面上来看，白沙糖（cīnī）只不过一个微末不足道的小东西，值不得这样大作文章。然而，夷考其实，却不是这样子。研究中印文化交流史的人，都感到一个困难：既然讲交流，为什么总是讲印度文化如何影响中国呢？印度学者有的甚至称之为one-way traffic（单向交流）。中国文化真正没有影响印度吗？否，决不是这样。由于印度人民不太注意历史，疏于记载，因此，中国文化影响印度的例证不多。我研究中印文化交流史，力矫此弊，过去找到过一些例证，已经写成文章，比如《佛教的倒流》等就是。我这样做，决不是出于狭隘的民族主义，想同印度争一日之长，而完全是出于对科学研究的忠诚。科学研究唯一正确的态度是实事求是，我们追求的是客观真理。

cīnī问题就属于这个范围。所以继前一篇之后，在得到新材料的基础上又写了这一篇。

1993 年 11 月 7 日

季羡林学术年表

张远

1911 年

8 月 6 日，先生在山东省清平县（后并入临清市）官庄一个农民家庭出生，乳名"双喜"，学名"季宝山"。随马景恭老师识字至六岁。

1917 年（六岁）

初，赴济南投奔叔父，进曹家巷私塾，读《百家姓》《三字经》《千字文》《四书》等，更名"季羡林"。

1918 年（七岁）

秋，进济南山东省立第一师范学校附设小学。

1920 年（九岁）

秋，转入济南新育小学读高小。课余在尚实英文学社学习英语。

1923 年（十二岁）

小学毕业后，考入正谊中学。课后参加古文学习班，读《左传》《战国策》《史记》等，晚上在尚实英文学社继续学习英语。

1926 年（十五岁）

初中毕业后，在正谊中学读高中半年，而后转入新成立的济南北园白鹤庄山东大学附设高中文科班，受时任国文教师的桐城派古文作家王崑玉先生影响，对古文产生浓厚兴趣，自学《韩昌黎集》《柳宗元集》、欧阳修、"三苏"等文集。开始学习德语。

1928 年（十七岁）

因日本侵华占领济南，辍学一年。

1929 年（十八岁）

转入新成立的济南杆石桥山东省立济南高中，受业师胡也频先生影响，阅读从日文转译的马克思主义文论。在写作方面得到董秋芳先生赏识，愈加热爱文学创作。

2 至 10 月，以笔名希逋在《益世报》发表短篇纪实《文明人的公理》、短篇小说《医学士》、短篇小说《观剧》。

1930 年（十九岁）

3 至 5 月，在《国民新闻·勺突周刊》及《益世报·前夜周刊》发表译文［俄］屠格涅夫著《老妇》《老人》《世界底末日（梦）》《玫瑰是多么美丽，多么新鲜呵……》。

夏，高中毕业，赴北京参加入学考试，同时考取清华大学和北京大学。

秋，进清华大学西洋文学系，主修德语，选修法语和俄语，还选修朱光潜先生的"文艺心理学"课程，旁听陈寅恪先生的"佛经翻译文学"课程，获益良多。

四年间，获清平县政府颁发的奖学金。协助业师吴宓教授编辑《大公报·文艺副刊》。发表论文、书评、译文、散文等多篇。

1931 年（二十岁）

4 月，发表译文［英］史密斯（L. Pearsall Smith）著《蔷薇》（《华北日报·副刊》第 454 号）。

1932 年（二十一岁）

9 月，发表译文［美］马奎斯（D. Marquis）著《守财奴自传序》（《华北日报》）。

11 月，发表书评《辛克莱回忆录》（《大公报·文学副刊》）。

1933 年（二十二岁）

4 月，发表译文［英］杰克逊（Halbrook Jackson）著《代替一篇春歌》（《清华周刊》第 39 卷第 1 期）。

5 月，发表论文《现代被发现了的天才——德意志诗人薛德林》（《清华周刊》第 39 卷第 5、6 期）、书评《勃克夫人新著小说〈诸子〉》（《大公报·文学副刊》）。

9 至 12 月，在《大公报·文学副刊》发表书评《烙印》《巴金著长篇小说〈家〉》《陆志韦白话诗第三集〈申酉小唱〉》《老舍的〈离婚〉》。

1934 年（二十三岁）

1 月，发表书评《夜会》（《文学季刊》创刊号）。

夏，清华大学西洋文学系毕业，获学士学位。毕业论文题为：*The Early Poems of Hölderlin*（荷尔德林的早期诗歌）。

秋，应母校山东省立济南高中校长宋还吾先生之邀，回母校任国文教员。

10 月，发表论文《近代德国大诗人薛德林早期诗的研究》《救救小品文》(《文学评论》第 1 卷第 2 期)。

1935 年（二十四岁）

7 月，被录取为清华大学与德国的交换研究生。

9 月，进德国哥廷根大学，主修印度学。先后师从瓦尔德施密特（Waldschmidt）教授、西克（Sieg）教授，学习梵语、巴利语、吐火罗语。还学习了俄语、南斯拉夫语、阿拉伯语等。继续散文创作。

1937 年（二十六岁）

交换研究生期满，因日本发动"卢沟桥事变"，无法回国。兼任哥廷根大学汉学研究所讲师。

1941 年（三十岁）

哥廷根大学毕业，获哲学博士学位。博士论文题为：*Die Konjugation des finiten Verbums in den Gāthās des Mahāvastu*（《大事》偈颂部分限定动词的变化）。

1943 年（三十二岁）

发表德文论文 *Parallelversionen zur tocharischen Rezension des Punyavanta-Jātaka*（吐火罗语《佛说福力太子因缘经》诸异本）(《德国东方学报》1943 年第 97 卷第 2 期)。

1944 年（三十三岁）

发表德文论文 *Die Umwandlung der Endung -am in -o und -u im Mittelindischen*（中印度语尾 -am 与 -o 和 -u 的转换现象）(《哥廷根科学院集刊·语言学历史学类》1944 年第 6 号）。

1945 年（三十四岁）

10 月，离开德国前往瑞士，等待大使馆安排回国。

1946 年（三十五岁）

春，经法国、越南以及中国香港地区，回到上海。

7 月，发表《东方语文学的重要性》(《大公报》)。

8 月，发表《老子在欧洲》(署名齐奘)(《中央日报·中央副刊》)、《〈印度寓言〉自序》(《上海联合晚报·文学周刊第 19 期》)。

秋，获聘北京大学教授兼东方语言文学系主任。系主任一职任至 1983 年（"文化大革命"期间除外）。

10 月，发表《学术研究的一块新园地》(《益世报》)。

11 月，发表《〈胭脂井小品〉序》(《北平时报·文园第 1 期》)、《论自费留学》(《大公报》)。

12 月，发表《关于东方语文学的研究》(《大公报》)、《一个故事的演变》(《北平时报·文园第 8 期》)。

1947 年（三十六岁）

任《问学周刊》主编。

发表论文 *Pāli āsīyati*（*MONUMENTA SERICA Journal of Oriental Studies of the Catholic University of Peking Vol. XII*, 1947）。

1月，发表《谈翻译》(《观察》1947年第1卷第21期)、《梵文〈五卷书〉：一部征服了世界的寓言童话集》(《文学杂志》1947年第2卷第1期)。

2月，发表《西化问题的侧面观》(《观察》1947年第2卷第1期)。

4月，发表《东方语言学的研究与现代中国》(《文讯月刊》第7卷第4期)、《我们应该同亚洲各国交换留学生——给政府的一个建议》(《大公报》)。

5月，发表《现代德国文学的动向》(《文艺复兴》1947年第3卷第3期)、《一个流传欧亚的笑话》(《大华日报·学文周刊》)、《我们应该多学习外国语言》(《北平时报》)、《近十年来德国学者研究汉学的成绩》(《大公报·图书周刊第19期》)、《木师与画师的故事》(《大公报·文史周刊第30期》)。

9月，发表《论伪造证件》(《北平时报》)。

10月，发表《从比较文学的观点上看寓言和童话》(《山东新报·问学周刊第1期》)、《论现行的留学政策》(《观察》1947年第3卷第7期)。

11月，发表《论梵本〈妙法莲花经〉》(《学原》第1卷第11期)、《中国人对音译梵字的解释》(《山东新报·问学周刊第5期》)。

12月，发表《语言学与历史学》(《申报·文史第1期》)。

1948年（三十七岁）

1月，发表《论梵文纯文学的翻译》(《山东新报·问学周刊第14期》)、《〈儒林外史〉取材的来源》(《申报》)。

3 月，发表《论聘请外国教授》(《观察》1948 年第 4 卷第 3 期)、《从中印文化关系谈到中国梵文的研究》(《经世日报》)、《论南传大藏经的翻译》(《申报》)。

4 月，发表《"猫名"寓言的演变》(《申报》)。

5 月，发表《佛教对于宋代理学影响之一例》(《申报》)、《忠告民社党和青年党》(《观察》1948 年第 4 卷第 13 期)。

6 月，发表论文《浮屠与佛》(《国立中央研究院历史语言研究所集刊》第二十本《本院成立第二十周年专号》上册)、书评《读马元材著〈秦史纲要〉》(《申报》)。

9 月，发表论文《柳宗元〈黔之驴〉取材来源考》[《文艺复兴·中国文学专号 (上)》]。

12 月，发表论文《论梵文 ṭ ḍ 的音译》[《国立北京大学五十周年纪念论文集 (文学院第五种)》，北京大学出版部]、《中国文学在德国》[《文艺复兴·中国文学专号 (中)》]。

1950 年（三十九岁）

7 月，发表论文《记根本说一切有部律梵文原本的发现》(《周叔弢先生六十生日纪念论文集》，香港龙门书店)。

1951 年（四十岁）

1 月，发表《语言学家的新任务》(《新建设》第 3 卷第 4 期)、《介绍马克思的〈印度大事年表〉》(《大公报》)。

2 月，发表《从斯大林论语言学谈到"直译"和"意译"》(《翻译通报》第 2 卷第 2 期)。

5 月，发表《对于编修中国翻译史的一点意见》(《翻译通报》

第 2 卷第 5 期）。

6 月，发表《史学界的另一个新任务》(《历史教学》第 1 卷第 6 期）。

7 月，当选为新成立的中国史学会第一届理事。

秋，作为中国文化代表团成员访问印度、缅甸。

12 月，出版译著［德］卡尔·马克思（Karl Heinrich Marx）著《马克思论印度》(人民出版社）。

1952 年（四十一岁）

5 月，当选为新成立的中国印度友好协会第一届理事。

10 月，发表《随意创造复音字的风气必须停止》(《中国语文》1952 年 10 月号）。

1953 年（四十二岁）

当选为北京市第一届人民代表大会代表。

5 月，发表《学习〈实践论〉心得》(《光明日报》)。

6 月，发表《纪念马克思的〈不列颠在印度的统治〉著成一百周年》(《光明日报》)。

1954 年（四十三岁）

5 月，发表论文《东方语文范围内的科学研究问题》(《科学通报》1954 年第 5 期）。

8 月，发表论文《中国纸和造纸法输入印度的时间和地点问题》(《历史研究》1954 年第 4 期）。

10 月，发表《中印文化交流》(《光明日报》)。

12月，当选为中国人民政治协商会议第二届全国委员会委员。任中国文字改革委员会委员。

1955年（四十四岁）

4月，参加在印度新德里举行的"亚洲国家会议"。

6月，任中国科学院哲学社会科学学部委员。

7月，出版译著［德］安娜·西格斯（Anna Seghers）著《安娜·西格斯短篇小说集》(作家出版社)。

8月，发表论文《中国蚕丝输入印度问题的初步研究》(《历史研究》1955年第4期)。

10月，参加在德意志民主共和国举行的"国际东亚学术讨论会"。

1956年（四十五岁）

2月，任中国亚洲团结委员会委员。

5月，出版译著［印度］迦梨陀娑（Kālidāsa）著《沙恭达罗》(人民文学出版社)。发表《纪念印度古代伟大的诗人迦梨陀娑》(《人民日报》)。

7月，发表《印度古代伟大诗人迦梨陀娑的〈云使〉》(《解放军文艺》1956年7月号)。

9月，被评定为国家一级教授。

10月，发表译文［德］托马斯·曼（Thomas Mann）著《沉重的时刻》(《译文》1956年10月号)。

12月，发表论文《吐火罗语的发现与考释及其在中印文化交流中的作用》(《语言研究》1956年第1期创刊号)。

1957 年（四十六岁）

2 月，发表论文《原始佛教的语言问题》(《北京大学学报（人文科学)》1957 年第 1 期)。

5 月，出版《印度简史》(湖北人民出版社)、《中印文化关系史论丛》(人民出版社)。

10 月，发表论文《试论 1857—1859 年印度大起义的起因、性质和影响》(《历史研究》1957 年 10 月号)。

1958 年（四十七岁）

1 月，发表论文《印度文学在中国》(《文学遗产》1958 年第 1 期)。

3 月，出版专著《1857—59 年印度民族起义》(人民出版社)。

6 月，发表论文《最近几年来东方语文研究的情况》(《中国语文》1958 年 6 月号)。

10 月，参加在苏联塔什干举行的"亚非作家会议"。

12 月，发表论文《再论原始佛教的语言问题——兼评美国梵文学者弗兰克林·爱哲顿的方法论》(《语言研究》1958 年第 1 期总第 3 期)。

1959 年（四十八岁）

4 月，当选为中国人民政治协商会议第三届全国委员会委员。

5 月，发表论文《五四运动后四十年来中国关于亚非各国文学的介绍和研究》(《北京大学学报（人文科学)》1959 年第 2 期纪念"五四"四十周年专号)。

6 月，发表论文《对于新诗的一些看法》(《文学评论》1959

年第 3 期）。

8 月，发表论文《研究学问的三个境界》（《北大青年》1959 年第 8 期）。

10 月，出版译著印度古代寓言故事集《五卷书》（人民文学出版社）。

1960 年（四十九岁）

初，参加在缅甸仰光举行的"缅甸研究会五十周年纪念大会"，参会论文为 *The Language Problem of Primitive Buddhism*（原始佛教的语言问题，英译版），后发表在《缅甸研究会会刊》（*Journal of the Burma Research Society Vol. XLIII*，1960 年 6 月）。

秋，开始亲自为北京大学东语系招收的第一批梵文巴利文专业本科学生授课，至 1965 年。

1961 年（五十岁）

2 月，发表论文《必须用汉语拼音字母的读法来读》（《文字改革》1961 年第 2 期）。

5 月，发表《纪念泰戈尔诞生一百周年》（《文艺报》）、《泰戈尔短篇小说的艺术风格》（《光明日报》）。

1962 年（五十一岁）

参加在伊拉克举行的"巴格达建城 1800 周年纪念大会"，会后访问埃及、叙利亚、乌兹别克斯坦、哈萨克斯坦等国。

4 月，当选为新成立的中国亚非学会理事兼副秘书长。

5 月，发表散文《春满燕园》（《人民日报》）。

7 至 8 月，发表译文《婆罗摩提的故事——〈十王子传〉选译》(《世界文学》1962 年 7、8 月号)。

10 月，发表论文《古代印度的文化》(《历史教学》1962 年第 10 期)。

12 月，出版译著〔印度〕迦梨陀娑著《优哩婆湿》(人民文学出版社)。

1963 年（五十二岁）

5 月，发表《关于巴利文〈佛本生故事〉》《〈佛本生故事〉选译》(《世界文学》1963 年 5 月号)。

10 月，发表《知识分子的一面镜子——看话剧〈三人行〉有感》(《光明日报》)。

1964 年（五十三岁）

4 至 5 月，作为中国教育代表团成员访问埃及、阿尔及利亚、马里、几内亚等国。

12 月，当选为中国人民政治协商会议第四届全国委员会委员。

1965 年（五十四岁）

5 月，任中国亚非团结委员会委员。

6 月，发表论文《原始佛教的历史起源问题》(《历史研究》1965 年第 3 期)。

1966—1976 年（五十五岁至六十五岁）

"文化大革命"期间，遭受不公待遇，一度被关入"牛棚"。

自 1973 至 1977 年，利用劳动之余完成长达 18755 颂的〔印度］蚁垤（Vālmīki）著梵语史诗《罗摩衍那》的汉译。

1977 年（六十六岁）

10 月，发表《努力做好外国文学工作：回顾与前瞻》（《世界文学（内部发行）》1977 年第 1 期）。

1978 年（六十七岁）

北京大学复课，复任北京大学东语系主任。

任北京大学副校长、北京大学与中国社会科学院合办的南亚研究所所长（1985 年北大与社科院分别办所后，任北京大学南亚东南亚研究所所长至 1989 年底）。

3 月，当选为中国人民政治协商会议第五届全国委员会委员。作为中国人民对外友好协会代表团成员访问印度。

5 月，发表《从拿来主义谈到借鉴》（《光明日报》）、《回到历史中去》（《人民日报》）。

8 月，发表《琼楼玉宇，高处不胜寒》（《人民日报·战地增刊》1978 年第 1 期）。

9 月，发表《〈沙恭达罗〉译本新序》（《外国文学研究集刊》第 1 辑，中国社会科学出版社）。

12 月，当选为新成立的中国外国文学会副会长。

1979 年（六十八岁）

任《中国大百科全书·外国文学》编委会副主任兼南亚编写组主编。

元旦，发表散文《春归燕园》（《人民日报》）。

5 月，当选为新成立的中国民族语言学会副理事长。发表论文《泰戈尔与中国——纪念泰戈尔诞生一百周年》（《社会科学战线》1979 年第 2 期）。

7 月，发表《漫话历史题材》（《光明日报》）。

9 月，出版专著《〈罗摩衍那〉初探》（外国文学出版社）。发表论文《〈罗摩衍那〉浅论》（《外国文学评论》1979 年第 1 辑）、《大力开展中外关系史的研究》（《中国史研究》1979 年第 3 期）。

11 月，当选为新成立的中国南亚学会会长。发表论文《吐火罗语与尼雅俗语——一九七九年八月二十九日在乌鲁木齐学术报告会上的报告》（《新疆史学（内部发行）》1979 年创刊号）。

1980 年（六十九岁）

任哥廷根科学院《新疆吐鲁番出土佛典的梵文词典》顾问。

1 月，应邀参加重建中国史学会座谈会。

2 月，发表《漫谈比较文学史》（《书林》1980 年第 1 期）。

7 月，参加在日本举行的"印度学佛学会议"，结识中村元等杰出日本学者。出版译著《罗摩衍那》（一）（人民文学出版社）。

8 月，任中国民族古文字学会名誉会长。发表《我是怎样研究起梵文来的》（《书林》1980 年第 4 期）。

9 月，出版《天竺心影》（百花文艺出版社）。

10 月，当选为新成立的中国语言学会副会长。

11 月，作为中国社会科学代表团团长访问联邦德国，在哥廷根会见了 85 岁高龄的恩师瓦尔德施密特教授。发表论文《关于〈大唐西域记〉》（《西北大学学报（社会科学版）》1980 年第 4 期）。

12 月，任国务院学位委员会委员。出版《季羡林选集》(香港文学研究社)。

1981 年（七十岁）

2 月，发表《关于"糖"的问题——致〈北京晚报〉》(《北京晚报》)。

3 月，出版《朗润集》(上海文艺出版社)。

4 月，发表论文《泰戈尔的生平、思想和创作》(《社会科学战线》1981 年第 2 期)。

5 月，任新成立的中国中外关系史学会名誉理事。出版译著《罗摩衍那》(二)（ 人民文学出版社)。

9 月，发表论文《关于大乘上座部的问题》(《中国社会科学》1981 年第 5 期)、《论〈五卷书〉》(《国外文学》1981 年第 2 期)、《〈西游记〉与〈罗摩衍那〉——读书札记》(《文学遗产》1981 年第 3 期)。

10 月，发表论文《新疆与比较文学的研究》(《新疆社会科学》1981 年第 1 期创刊号)。

11 月，当选为新成立的中国外语教学研究会会长。

1982 年（七十一岁）

2 月，发表论文《一张有关印度制糖法传入中国的敦煌残卷》(《历史研究》1982 年第 1 期)。

4 月，出版《印度古代语言论集》(中国社会科学出版社)。发表论文《论释迦牟尼》(《世界宗教研究》1982 年第 2 期)。

5 月，出版《中印文化关系史论文集》(三联书店)。

6月，当选为新成立的中国翻译工作者协会副会长。发表论文《对〈一张有关印度制糖法传入中国的敦煌残卷〉的一点补充》(《历史研究》1982 年第 3 期)、《〈惊梦记〉序》(《外国戏剧》1982 年第 2 期)。

7月，出版译著《罗摩衍那》(三)(人民文学出版社)。发表论文《蔗糖的制造在中国始于何时》(《社会科学战线》1982 年第 3 期)、《比较文学随谈》(《文汇报》)。

8月，发表论文《吐火罗语 A 中的三十二相》(《民族语文》1982 年第 4 期)。

10月，出版译著《罗摩衍那》(四)(人民文学出版社)。发表《〈中国大百科全书·外国文学〉评介》(《世界文学》1982 年第 5 期)。在《中国大百科全书·外国文学》(中国大百科全书出版社)发表词条"跋弥（蚁垤)""《佛本生故事》""迦梨陀娑""《罗摩衍那》""印度巴利语文学""印度俗语文学""《五卷书》"等。

12月，发表论文《正确评价和深入研究东方文学》(《外国文学研究》1982 年第 4 期)、《中印友谊谱新章》(《纪念柯棣华》，人民出版社)。

1983 年（七十二岁）

1月，发表论文《谈新疆博物馆吐火罗文 A〈弥勒会见记剧本〉》(《文物》1983 年第 1 期)。

4月，当选为中国史学会第三届理事会常务理事。发表《教学科研应结合，人才要交流》(《中国教育报》)。

5月，在中国语言学会第二届年会上，当选为中国语言学会会长。当选为新成立的中国高等教育学会副会长。获北京市教育系统先进工作者称号。

6月，当选为第六届全国人民代表大会代表、第六届全国人民代表大会常务委员会委员。

8月，参加中国敦煌吐鲁番学会筹备工作。

9月，当选为新成立的中国敦煌吐鲁番学会会长。

10月，出版译著《罗摩衍那》(五)(人民文学出版社)。发表论文《关于开展敦煌吐鲁番学研究及人才培养的初步意见》(《高教战线》1983年第10期)。

12月，发表论文《新博本吐火罗语A (焉耆语)〈弥勒会见记剧本〉1.31/2 1.31/1 1.91/1 1.91/2 四页译释》(《敦煌吐鲁番文献研究论集》第2辑，北京大学出版社)。

1984年（七十三岁）

任北京大学校务委员会副主任。

任《中国大百科全书》语言编辑委员会主任、总编辑委员会委员。

2月，发表论文《古代印度沙糖的制造和使用》(《历史研究》1984年第1期)、《关于葫芦神话》(《民间文艺集刊》第5辑，上海文艺出版社)。出版《中印文化关系史论：节录佛教相关部分》(台湾弥勒出版社)。

3月，出版编选的《印度两大史诗评论汇编》(中国社会科学出版社)。

4月，出版译著《罗摩衍那》(六)(人民文学出版社)。

5 月，发表论文《中世印度雅利安语二题》(《北京大学学报（哲学社会科学版）》1984 年第 3 期）。

6 月，出版译著《罗摩衍那》（七）（人民文学出版社）。

8 月，出版主编的《印度文学研究集刊（第一辑）》（上海译文出版社）。

9 月，发表论文《外国文学研究中的几个问题》(《外国语》1984 年第 5 期）。

10 月，出版主编的《印度民间故事集（第一辑）》（中国民间文艺出版社）。

12 月，任新成立的中国文化书院导师、院务委员会委员，并主持图书委员会。

1985 年（七十四岁）

1 月，当选为中国作家协会第四届理事会理事。出版《原始佛教的语言问题》（中国社会科学出版社）。

2 月，出版主持校注的《大唐西域记校注》，撰写了近 10 万字的《玄奘与〈大唐西域记〉——校注〈大唐西域记〉前言》。

3 月，作为印度和亚洲文学（中国和日本）分会主席参加在印度新德里举行的"印度与世界文学国际研讨会"和"蚁垤国际诗歌节"。回国途经香港地区，应邀在香港中文大学做题为"印度文学在中国"的演讲。

4 月，出版组织翻译的《大唐西域记今译》（陕西人民出版社）。

5 月，发表《〈摩奴法论〉汉译本序——兼谈印度封建社会起源问题》(《博览群书》1985 年第 5 期）。

6月，发表论文《说"出家"》(《出土文献研究》1985年第1辑)、《以文会友——记印度与世界文学国际讨论会及蚁垤国际诗歌节》(《国外文学》1985年第2期)。

7月，发表论文《商人与佛教》(《第十六届国际历史科学大会中国学者论文集》，中华书局)。

8至9月，作为第十六届国际历史科学大会中国代表团顾问参加在德意志联邦共和国斯图加特举行的"第十六届世界史学家大会"，参会论文为《商人与佛教》。

10月，参加中国比较文学学会筹备工作。任新成立的中国比较文学学会名誉会长。发表论文《原始社会风俗残余——关于妓女祷雨的问题》(《世界历史》1985年第10期)。

11月，出版译著[印度]梅特丽耶·黛维（Maitraye Devi）著《家庭中的泰戈尔》(漓江出版社)。

1986年（七十五岁）

任冰岛大学《吐火罗文与印欧语系研究》顾问。

1月，发表《〈饶宗颐史学论著选〉序》(《明报月刊（20周年纪念特大号)》1986年1月号)。

2月，发表论文《敦煌学、吐鲁番学在中国文化史上的地位和作用》(《红旗》1986年第3期)、《〈罗摩衍那〉在中国》(《中国比较文学》第3期，浙江文艺出版社)。

3月，当选为中国亚非学会副会长。发表论文《对于〈梦溪笔谈校证〉的一点补正》(《古籍整理出版情况简报》第154期)。

4月，出版主编的《中外文学书目答问》(中国青年出版社)，在该书发表《〈中外文学书目答问〉序》《〈东方文学简介〉》《〈罗摩衍那〉简介》《〈沙恭达罗〉简介》《〈五卷书〉简介》等。

5月，校庆日，北京大学东语系举办"季羡林教授执教四十周年"庆祝大会。论文集《印度古代语言论集》和论文《新博本吐火罗语A（焉耆语）〈弥勒会见记剧本〉1.31/2 1.31/1 1.91/1 1.91/2 四页译释》获1986年度北京大学首届科学研究成果奖。应邀访问日本，与中村元先生洽谈成立"国际文化交流中心"事宜。其间，应邀在早稻田大学做题为"东洋人之心"的演讲，在日本经济界、学术界集会上做题为"经济与文化"的演讲。发表《交光互影的中外文化交流》（《群言》1986年第5期）。

秋，作为中国教育国际交流协会访日赠书代表团团长访问日本。

9月，出版主编的《东方文学作品选（上、下）》（湖南文艺出版社）。发表《文化交流与比较文学——〈中国比较文学年鉴〉前言》（《国外文学》1986年第3期）。

10月，发表《我和佛教研究》（《文史知识》1986年第10期）、《对于文化交流的一点想法》（《瞭望周刊（海外版）》1986年第40期）。

11月，作为中国全国人民代表大会常务委员会代表团成员访问尼泊尔，参加在加德满都举行的"世界佛教联谊会第十五届大会"。其间，应邀在尼泊尔特里普文大学做题为"中国的南亚研究——中国史籍中的尼泊尔史料"的学术报告。

12月，发表论文《论东方文学——〈简明东方文学史〉绪论》（《国外文学》1986年第4期）、《新博本吐火罗语A（焉耆

语)〈弥勒会见记剧本〉第 39 张译释》(《敦煌吐鲁番文献研究
论集》第 3 辑，北京大学出版社)、《外语教学漫谈》(《外语界》
1986 年第 4 期)。出版《季羡林散文集》(北京大学出版社)。

1987 年（七十六岁）

2 月，发表《我和外国语言》(《外国语》1987 年第 1 期)。

3 月，发表论文《中国文化发展战略问题》(《我国社会经济
和科技发展战略问题》，知识出版社)。

5 月，发表《我和外国文学》(《外国文学评论》1987 年第
2 期)。

6 月，参加在香港中文大学举行的"国际敦煌吐鲁番学术讨
论会"，参会论文为《吐火罗语 A（焉耆语）〈弥勒会见记剧本〉
新博本 76YQ1.2 和 1.4 两张（四页）译释》。发表论文 *Translation
from the Tocharian Maitreyasamiti nataka the 39th leaf*（*2 pages*：
76YQ 1.39 1/1 and 1.39 1/2）*of the Xinjiang Museum Version*（《新
博本吐火罗语 A（焉耆语）〈弥勒会见记剧本〉第 39 页译释》）
（*Tocharian and Indo-European Studies. Reykjavik Iceland: The First
Issue May/June, 1987*）。

7 月，主编的《东方文学作品选（上、下）》获中国图书评论
编委会颁发的 1986 年度中国图书奖。发表论文《佛教开创时期的
一场被歪曲被遗忘了的"路线斗争"——提婆达多问题》(《北京
大学学报（哲学社会科学版）》1987 年第 4 期)、*The Rāmāyana in
China*（《罗摩衍那》在中国）(《Cowrie（文贝）》1987 年第 4 期)。

9 月，《大唐西域记校注》及《大唐西域记今译》获陆文

星—韩素音中印友谊奖。发表论文《传统文化与现代化》(《北京大学学报(哲学社会科学版)》1987年第5期)。

10月,发表论文《cīnī问题——中印文化交流的一个例证》(《社会科学战线》1987年第4期)。出版选编的《印度古代诗选》(漓江出版社)。

11月,论文集《原始佛教的语言问题》获北京市哲学社会科学和政策研究优秀成果奖。发表《要尊重敦煌卷子,但且莫迷信》(《群言》1987年第11期)、《印度史诗〈罗摩衍那〉的诗律》(《民间诗律》,北京大学出版社)、《中印智慧的汇流》(《中外文化交流史》,河南人民出版社)。

12月,出版主编的《简明东方文学史》(北京大学出版社,1987),在该书撰写《罗摩衍那》《五卷书》、迦梨陀娑、泰戈尔等章节。

1988年(七十七岁)

任中华人民共和国文化部"中国文学翻译奖"评委会委员。

任江西人民出版社《东方文化丛书》主编。

2月,在《中国大百科全书·语言 文字》(中国大百科全书出版社)撰写词条"吐火罗语""印度—伊朗语族""窣利文(粟特文)""巴利语""梵语""达罗毗荼语系""婆罗米字母""佉卢字母""波你尼"等。发表《为考证辩诬》(《群言》1988年第2期)。

4月,发表论文《唐太宗与摩揭陀——唐代印度制糖术传入中国问题(上)》(《文献》1988年第2期)。

5月,论文《佛教开创时期一场被歪曲被遗忘了的"路线斗争"——提婆达多问题》获北京大学科学研究成果奖。

6月，任中国文化书院院务委员会主席。

7月，发表论文《唐太宗与摩揭陀——唐代印度制糖术传入中国问题（下）》（《文献》1988年第3期）、《吐火罗文A（焉耆文）〈弥勒会见记剧本〉新博本76 YQ 1.2和1.4两张（四页）译释》（《敦煌语言文学研究》，北京大学出版社）。

8月，发表论文《对当前敦煌吐鲁番学研究的一点想法》（《文史知识》1988年第8期）。出版编选的《东方短篇小说选（上、下）》（中国青年出版社）。

9月，发表《再谈考证》（《群言》1988年第9期）。

10月，发表《论书院》（《群言》1988年第10期）、《他们把美学从太虚幻境拉到了地面上》（《瞭望周刊》1988年第44期）。

11月，应邀赴香港中文大学讲学，讲题为：一、吐火罗文剧本《弥勒会见记》与中国戏剧之关系；二、从大乘佛教之起源看宗教发展规律。发表论文《论梵文本〈圣胜慧到彼岸功德宝集偈〉》（《文化：中国与世界》第4辑，三联书店）。

12月，任重庆出版社科学学术著作出版基金会指导委员会委员。

1989年（七十八岁）

1月，获中国民间文艺家协会颁发的"从事民间文艺工作三十年"荣誉证书。发表论文《关于神韵》（《文艺研究》1989年第1期）。

3月，任重庆出版社《语言·社会·文化》丛书编委会顾问。

发表论文《寿寿彝》(《史学史研究》1989 年第 1 期)。

4 月,发表论文《关于"奈河"的一点补充》(《文史知识》1989 年第 4 期)。

5 月,出版主编的《南亚东南亚论丛》(中国社会科学出版社),在该书发表论文《欧、美、非三洲的甘蔗种植和砂糖制造——〈糖史〉的一章》。发表论文《从宏观上看中国文化》(《北京大学学报(哲学社会科学版)》1989 年第 3 期)、《从斯大林论语言学谈到"直译"和"意译"》(《当代文学翻译百家谈》,北京大学出版社)。

6 月,发表论文《从学习笔记本看陈寅恪先生的治学范围和途径》(《纪念陈寅恪教授国际学术讨论会文集》,中山大学出版社)。

7 月,发表论文《〈梨俱吠陀〉几首哲学赞歌新解》(《北京大学学报(哲学社会科学版)》1989 年第 4 期)。

8 月,发表《〈印度社会述论〉序》(《东亚东南亚评论》第 3 辑,北京大学出版社)。

9 月,获国家语言工作委员会颁发的"从事语言文字工作三十年"荣誉证书。发表论文《新博本吐火罗文 A(焉耆文)〈弥勒会见记剧本〉1.8,1.14,1.13 三张六页试释》(《中国历史博物馆馆刊》1989 年第 13—14 期中国历史博物馆新馆建成三十周年纪念专刊)。

10 月,出版编写的《东方文学名著题解》(中国青年出版社)。发表《关于中国弥勒信仰的几点感想》(《群言》1989 年第 10 期)。

12月，发表论文《新博本吐火罗文A（焉耆文）〈弥勒会见记剧本〉第1.42张译释》（《纪念陈寅恪先生诞辰百年学术论文集》，北京大学出版社）、《新博本吐火罗文A（焉耆文）〈弥勒会见记剧本〉第十五和十六张译释》（《中国文化》创刊号）、《中国知识分子的爱国传统》（《群言》1989年第12期）。

1990年（七十九岁）

1月，发表论文《梅呾利耶与弥勒》（《中国社会科学》1990年第1期创刊十周年纪念专号）、《吐火罗文A（焉耆文）〈弥勒会见记剧本〉与中国戏剧发展之关系》（《社会科学战线》1990年第1期）、《说"嚏喷"》（《文史知识》1990年第1期）、《困难虽在目前，希望却在将来》（《群言》1990年第1期）。

4月，发表论文《再谈"浮屠"与"佛"》（《历史研究》1990年第2期）、《迦梨陀娑评传》（《外国著名文学家评传》，山东教育出版社）。

6月，出版《佛教与中印文化交流》（江西人民出版社）。发表《敦煌吐鲁番文书研究笔谈》（《中国文化》1990年第2期）。

8月，《中印文化关系史论文集》获中国比较文学会与《读书》编辑部联合举办的全国首届比较文学图书评奖活动"著作荣誉奖"。发表《诗人兼学者的冯至（君培）先生》（《外国文学评论》1990年第3期）、《读日本弘法大师〈文镜秘府论〉有感》（《群言》1990年第8期）。

9月，任《神州文化集成》丛书主编。发表《比较文学之我见》（《人民日报》）。

10月，当选为中国亚非学会第三届会长。任河北美术出版社大型知识画卷《画说世界五千年》丛书编委会顾问。

12月，任香港佛教法住学会《法言》（双月刊）编辑顾问。

1991年（八十岁）

1月，发表论文《玄奘〈大唐西域记〉中"四十七言"问题》（《文史知识》1991年第1期）、《从中国文化特点谈王国维之死》（《群言》1991年第1期）、《对于X与Y这种比较文学模式的几点意见》（《文汇报》）。

2月，发表《〈异文化的使者——外来词〉序》（《语文研究》1991年第1期）、《东西方文化的转折点》（《二十一世纪》总第3期）。

3月，发表论文《吐火罗文和回鹘文本〈弥勒会见记〉性质浅议》（《北京大学学报（哲学社会科学版）》1991年第2期）。

5月，出版《季羡林学术论著自选集》（北京师范学院出版社）。发表论文《邹和尚与波斯——唐代石蜜传入问题探原》（《中国文化与中国哲学（1989）》，三联书店）、《再谈东方文化》及《续补》（《群言》1991年第5期）。

6月，主编的《简明东方文学史》获北京大学第三届科学研究著作荣誉奖。

7月，出版《季羡林序跋选》（四川人民出版社）。发表论文《再谈东西文化》（《哲学动态》1991年第7期）、《藏书与读书》（《光明日报》）。

8月，出版《比较文学与民间文学》（北京大学出版社）、《万泉集》（中国文联出版公司）、主编《印度古代文学史》（北京大学出版社）。发表论文《新疆古代民族语言中语尾 -aṃ〉u 的现象》（《中国文化》总第 4 期）。

10 月，发表《"高于自然"和"咏物言志"——东西方思想家对某些名画评论的分歧》（《群言》1991 年第 10 期）。

12 月，出版专著《中印文化交流史》（新华出版社）。

1992 年（八十一岁）

获印度瓦拉纳西梵文大学颁发的最高荣誉奖"褒扬状"。

2 月，发表《漫谈古书今译》（《群言》1992 年第 2 期）。

7 月，发表论文《21 世纪：东方文化的时代》（《文艺理论研究》1992 年第 4 期）、《东方文化与东方文学》（《文艺争鸣》1992 年第 4 期）。

9 月，出版《季羡林小品》（中国人民大学出版社）。发表《对于〈评申小龙部分著述中的若干问题〉的一点意见》（《语文建设通讯》1992 年第 37 期）。

10 月，发表《中国青年与现代文明》（《山西青年》1992 年第 10 期）。

12 月，出版《留德十年》（东方出版社）（《季羡林留德回忆录》，香港中华书局，1993 年 4 月出版）、主编《东方文学辞典》（吉林教育出版社）。发表《历史研究断想》（《群言》1992 年第 12 期）。

1993 年（八十二岁）

任第一届国家图书奖文学组评委会主任。

任中国民主同盟中央文化委员会副主任。

任泰国东方文化书院国际学者顾问。

发表论文 *Translation from the Tocharian Maitreyasamiti-Nātaka One Leaf (76 YQ1.30) of the Xinjiang Museum Version*，*Transliterated and Annotated*（《新博本吐火罗语 A（焉耆语）〈弥勒会见记剧本〉76 YQ1.30 译释》）（《知の邂逅：佛教と科学——冢本启祥教授还历纪念论文集》，日本佼成出版社）。

1 月，出版专著《敦煌吐鲁番吐火罗语研究导论》（台湾新文丰出版社）。发表论文《论〈儿郎伟〉》（《庆祝饶宗颐教授七十五岁论文集》，香港中华书局）、《"天人合一"新解》（《传统文化与现代化》1993 年创刊号）。

3 月，发表《〈汤用彤先生诞生一百周年纪念论文集〉序》（《读书》1993 年第 3 期）。

5 月，获北京大学首届"505 中国文化奖"。

6 月，发表《中国古史应当重写》（《群言》1993 年第 6 期）。

7 月，发表论文《飴餳餳餹》（《文化与传播》，上海文化出版社）。

8 月，发表论文《佛典中的"黑"与"白"》（《国故新知：中国传统文化的再诠释》，北京大学出版社）。

12 月，发表《漫谈文学作品的阶级性、时代性和民族性》（《群言》1993 年第 12 期）。

1994 年（八十三岁）

任《传世藏书》《四库全书存目丛书》《百卷本中国历史》

主编。

1月，主持校注的《大唐西域记校注》获中国第一届国家图书奖（古籍整理类）；译著《罗摩衍那》获中国第一届国家图书奖（文学类）。

2月，发表论文《关于"天人合一"思想的再思考》及《补充》（《中国文化》总第9期）、《再谈 cīnī》（《文史知识》1994年第2期）、《国学漫谈》（《人民日报》）。

3月，参加在泰国曼谷举行的泰国华侨崇圣大学揭幕庆典，任该校顾问。发表《漫谈东西文化》（《中华文化论坛》1994年第1期创刊号）、《赋得永久的悔》（《光明日报》）。

5月，发表《翻译的危机》（《书与人》1994年第3期）。

10月，任国际儒学联合会首届理事会顾问。出版《季羡林论印度文化》（中国华侨出版社）。发表论文《老少之间》及《再说"嚏喷"》（《文史知识》1994年第10期）。

11月，发表论文《所谓中天音旨》（《禅学研究（第二辑）》，江苏古籍出版社）、《建议重写中国通史》（《北京日报》）。

12月，发表《柳暗花明又一村——纪念中国文化书院创建十周年》（《文化的回顾与展望》，北京大学出版社）。

1995年（八十四岁）

任第二届国家图书奖评委会主任。

1月，发表论文《蔗糖在明末清中期中外贸易中的地位——读〈东印度公司对华贸易编年史〉札记》（《北京大学学报（哲学社会科学版）》1995年第1期）。

2月，发表论文《白糖问题》(《历史研究》1995年第1期)。出版《季羡林散文选集》(百花文艺出版社)。

4月，出版《季羡林佛教学术论文集》(台湾东初出版社)。

5月，发表论文《现代中国文学史研究回顾》(《北京大学学报(哲学社会科学版)》1995年第3期)。

7月，发表《〈糖史〉自序》(《社会科学战线》1995年第4期)。

10月，出版《季羡林文集》(24卷)(江西教育出版社)、译著［印度］梅特丽耶·黛维著《炉火情(泰戈尔谈话录)》(漓江出版社)。

11月，成立北京大学季羡林海外基金会。

12月，出版主编的《东方文学史(上、下)》(吉林教育出版社)。

1996年（八十五岁）

1月，出版《赋得永久的悔》(人民日报出版社)。

3月，任《东方文化集成》主编。出版《中国二十世纪散文精品·季羡林卷》(太白文艺出版社)。

4月，发表论文《"天人合一"新解》(《中国气功科学》1996年4期)。出版《怀旧集》(北京大学出版社)、《人生絮语》(浙江人民出版社)。

5月，北京大学举办"东语系建系五十周年暨季羡林教授执教五十周年"庆祝大会。出版译著［德］斯坦茨勒(A. F. Stenzler)著《梵文基础读本》(北京大学出版社)。发表论文《中国制造磁器术传入印度》及《后记》(《中外关系经史论丛（第五辑）》，中华书局）。

7月，发表论文《清代的甘蔗种植和制糖术》(《文史哲》1996年第4期）。出版《季羡林自传》（江苏文艺出版社）。

8月，出版《我的心是一面镜子》（延边大学出版社）。

9月，出版《季羡林学术文化随笔》（中国青年出版社）。

11月，任新成立的北京外国语大学中国海外汉学研究中心名誉主任。发表论文《中外文论门外絮语》(《文学评论》1996年第6期）。

12月，任新成立的北京文化发展基金会特邀理事。

1997年（八十六岁）

任第三届国家图书奖评委会主任。

任山东大学名誉学术委员会主任。

任曲阜师范大学名誉校长。

任聊城师范学院名誉院长。

3月，出版专著《文化交流的轨迹——中华蔗糖史》（经济日报出版社）。

4月，出版《当代散文名家精品文库：季羡林卷》（四川人民出版社）。

9月，主编的《东方文学史》获第三届国家图书奖。发表论文《美学的根本转型》(《文学评论》1997年第5期）。

12月，发表论文《中印文化交流源远流长》(《南亚研究》1997年第2期）。出版《朗润琐言》（上海文艺出版社）、《我和书》（湖南人民出版社）。

1998 年（八十七岁）

出版英文专著 *Fragments of the Tocharian A Maitreyasamiti-Nā-taka of the Xinjiang Museum*（《新疆博物馆藏吐火罗文 A〈弥勒会见记剧本〉残卷》）（*Mouton de Gruyter*）。

获伊朗德黑兰大学授予的名誉博士学位。

任中国语文现代化学会第二届理事会顾问。

1 月，出版《东方赤子·大家丛书：季羡林卷》（华文出版社）。

2 月，散文《赋得永久的悔》获第一届鲁迅文学奖。发表论文《新疆的甘蔗种植和沙糖应用》（《文物》1998 年第 2 期）。

4 月，出版《牛棚杂忆》（中共中央党校出版社）。

10 月，出版《梦萦未名湖》（新世纪出版社）、《书山屐痕——季羡林自选集》（山东教育出版社）。

12 月，出版主编的《敦煌学大辞典》（上海辞书出版社），在该书撰写词条"敦煌学"等。

1999 年（八十八岁）

获印度文学院授予的名誉院士头衔。

2 月，出版《季羡林散文全编（第一至四卷）》（中国广播电视出版社）。

4 至 5 月，参加在台湾法鼓山人文社会学院举行的"人文关怀与社会实践系列——人的素质学术研讨会"，拜谒胡适墓和傅斯年墓。散文《站在胡适之墓前》获韬奋新闻奖，收入该年度《全国优秀散文选》。

7月，任中国史学会名誉理事。

9月，《季羡林文集》(24卷)获第四届国家图书奖。出版《季羡林散文》(浙江文艺出版社)、《春归燕园》(吉林摄影出版社)。

10月，出版《清塘荷韵》(山西人民出版社)。

12月，出版《当代学者自选文库：季羡林卷》(安徽教育出版社)、《论世文聚》(河南文艺出版社)。

2000年（八十九岁）

获德国哥廷根大学博士学位金质证书。

1月，出版《漫谈人生》(百花文艺出版社)、《朗润园随笔》(上海人民出版社)、《东西漫步》(中国旅游出版社)、《季羡林人生漫笔》(同心出版社)、《书斋杂录》(中国工人出版社)、《缀玉集》(中国工人出版社)。

5月，获国家文物局、甘肃省人民政府颁发的"敦煌文物保护研究特殊贡献奖"。

7月，出版《汉语与外语》(语文出版社)、《世纪老人的话：季羡林卷》(辽宁教育出版社)。

10月，出版《中国社会科学院学者文选：季羡林集》(中国社会科学出版社)、《世态炎凉》(大众文艺出版社)。

11月，专著《文化交流的轨迹———中华蔗糖史》获首届长江读书奖"专家著作奖"。

2001年（九十岁）

任中国档案文献遗产工程全国咨询委员会名誉主任委员。

1月，发表论文《弥勒信仰在新疆的传布》(《文史哲》2001

年第 1 期）。出版《季羡林散文全编（第五卷）》（中国广播电视出版社）、《学海泛槎：季羡林自述》（山西人民出版社）。

3 月，发表论文《佛教传入龟兹和焉耆的道路和时间》（《社会科学战线》2001 年第 2 期）。

4 月，出版《季羡林人生小品》（花山文艺出版社）。

5 月，北京大学举办"庆祝季羡林先生九十华诞暨从事东方学研究六十六周年大会"。出版《千禧文存》（新世界出版社）。

12 月，在沈阳出版社出版《季羡林文丛：学问之道》《季羡林文丛：散文精粹》。

2002 年（九十一岁）

获香港中文大学授予的荣誉文学博士学位。

任澳门理工大学最高名誉教授。

任聊城大学名誉校长。

1 月，出版《我的求学之路》（百花文艺出版社）。

2 月，在沈阳出版社出版《季羡林文丛：感悟人生》《季羡林文丛：耄耋新作》。

6 月，出版《新纪元文存初编——季羡林自选集》（新世界出版社）。

7 月，发表论文《新日知录》（《北京大学学报（哲学社会科学版）》2002 年第 4 期）。

8 月，出版《清华园日记》（辽宁美术出版社）。

2003 年（九十二岁）

任《胡适全集》顾问。

1月，出版《季羡林散文全编（第六卷）》（全6册）（中国广播电视出版社）。

7月，出版《当代名家线装自选集（季羡林卷）》（线装书局）。

9月，出版主编的《胡适全集》（全44卷）（安徽教育出版社）。

10月，出版《季羡林语要：修身与治学》（沈阳出版社）。

12月，向清华大学捐赠十五万美元，建立"季羡林文化促进基金"。

2004年（九十三岁）

1月，出版《火焰山下》（山东画报出版社）。

6月，任新成立的中国西藏文化保护与发展协会名誉会长。

9月，获亚洲优秀作家奖。

10月，任国际儒学联合会第三届理事会顾问。

11月，任中国翻译协会名誉会长。发表论文《丝绸之路与西行行记考》（《中国海洋大学学报（社会科学版）》2004年第6期）。

12月，发表《东学西渐与"东化"》（《光明日报》）。

2005年（九十四岁）

1月，出版《季羡林散文选》（人民文学出版社）、《德国印象》（华中师范大学出版社）、《朗润思语》（中国友谊出版公司）。

9月，出版《当代散文大家精品文库·二月兰》（作家出版社）。

10月，任新成立的中国人民大学国学院学术顾问。

11月，在第19届世界诗人大会上获"世界桂冠诗人"称号。发表论文《鸠摩罗什时代及其前后龟兹和焉耆两地的佛教信仰》（《孔子研究》2005年第6期）。出版《季羡林名篇佳作》（东方出版社）。

2006 年（九十五岁）

任宁夏伊斯兰国际文化促进会名誉会长。

1 月，出版《季羡林论中印文化交流》（新世界出版社）、《学问人生——季羡林自述》（山东友谊出版社）、《季羡林学术精粹》（全 4 卷）（山东友谊出版社）、《此情犹思——季羡林回忆文集》（全 5 卷）（哈尔滨出版社）。

4 月，任北京 2008 年奥林匹克运动会开闭幕式团队文化艺术顾问。

5 月，北京大学举行"庆祝东方学学科建立六十周年、季羡林教授执教六十周年暨九十五华诞"盛大集会。任中华炎黄文化研究会名誉会长。出版《阅尽沧桑》（中国盲文出版社）、《故乡明月》（中国盲文出版社）。

6 月，出版《三十年河东，三十年河西》（当代中国出版社）、《我的人生感悟》（中国青年出版社）、《季羡林论佛教》（华艺出版社）。当代中国出版社在 2006 年 6 月至 2007 年 6 月先后出版系列图书《季羡林谈读书治学》《季羡林谈师友》《季羡林谈人生》《季羡林谈佛》《季羡林谈写作》《季羡林谈翻译》。

9 月，获中国翻译协会颁发的首届"翻译文化终身成就奖"。

10 月，出版《皓首学术随笔（季羡林卷）》（中华书局）、《另一种回忆录》（作家出版社）。

12 月，获北京大学颁发的首届"蔡元培奖"。发表论文《玄奘时代及其后两地的佛教信仰》（《延边大学学报（社会科学版）》

2006年第4期）。出版《禅与文化》（中国言实出版社）。

2007年（九十六岁）

1月，被中央电视台评为"2006年感动中国十大人物"之一。出版《佛教十五题》（中华书局）、《病榻杂记》（新世界出版社）。

5月，授权外语教学与研究出版社出版《季羡林全集》。

11月，出版《人生漫谈》（文汇出版社）。

12月，任北京志愿者协会名誉会长。

2008年（九十七岁）

1月，出版《季羡林序跋集》（新世界出版社）、《季羡林生命沉思录》（国际文化出版公司）、《季羡林谈公德》（中国社会出版社）。

5月，向北京大学捐赠100万元，建立"北京大学季羡林奖助学金"。任日本学士院客座院士。在华艺出版社出版自选集《谈国学》《谈人生》《佛》《红》《读书·治学·写作》。

6月，获印度政府颁发的"莲花奖"。在华艺出版社出版自选集《一生的远行》《悼念忆：另一种回忆录》。

9月，获德国哥廷根大学颁发的"哥廷根大学杰出校友"证书。

12月，被评为"中国改革开放30年30名杰出人物"之一。出版《季羡林谈义理》（黑龙江人民出版社）。

2009年（九十八岁）

1月，出版自选集《风风雨雨一百年》（华艺出版社）。

4月，任中华书局学术顾问。

7月11日上午8时50分，先生在北京301医院辞世。